Die **fett** gedruckten Begriffe sind im TERRA **Lexikon** erklärt.

Agenda 21: Ein globales Aktionsprogramm zur Zukunftssicherung unserer Erde. Ziel ist eine →nachhaltige Entwicklung, d.h. nicht nur die Bedürfnisse der heutigen Generation sollen erfüllt werden, sondern auch die unserer Nachkommen. Sie wurde 1992 auf dem „Umweltgipfel" in Rio de Janeiro beschlossen und soll in jedem Staat auch auf örtlicher Ebene umgesetzt werden soll („Lokale Agenda 21").

Agglomeration: Räumliche Konzentration von Bevölkerung, Wirtschaft sowie technischer Infrastruktur, häufig identisch gebraucht zu Verdichtungs- oder Ballungsraum.

Was diese Piktogramme bedeuten:

Teste dich selbst
Dieses Piktogramm findest du auf den Trainingsseiten. Lösungen zu den hier genannten Aufgaben stehen im Anhang.

Kaum zu glauben
Hier stehen außergewöhnliche Angaben zum jeweiligen Thema.

→Dieser Pfeil ist der Hinweis auf andere Seiten, wo du weitere wichtige Informationen zum Thema findest.

Mehr rund um TERRA im Internet unter:
www.klett.de/extra

[EXTRA-Link: 27850X-0001]
EXTRA-Link eingeben und du gelangst zu den passenden Informationen des jeweiligen Themas.

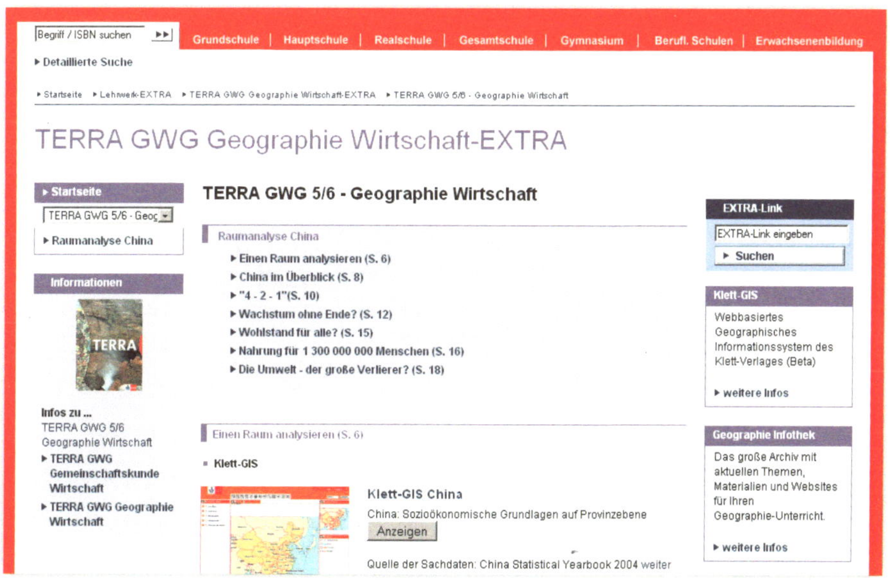

Impressum

GWG 5/6

Herausgeber
Helmut Obermann, Ettlingen

Autoren
Dr. Egbert Brodengeier, Dresden
Prof. Dr. Friedhelm Frank, Dresden
Dr. Thomas Hoffmann, Lauf
Helmut Obermann, Ettlingen
Dr. Andrea Rendel, Dossenheim
Kathleen Renz, Reutlingen
Frank Schuhmacher, Öhringen

Mit Beiträgen von
Ruth Kersting, Bochum
Lore Heinrich-Exner, München

1. Auflage
1 6 5 4 | 2012 2011 2010 2009

Alle Drucke dieser Auflage können im Unterricht nebeneinander benutzt werden, sie sind untereinander unverändert. Die letzte Zahl bezeichnet das Jahr dieses Druckes.

www.klett.de

ISBN 978-3-623-27850-6

Redaktion und Produktion
Christoph Rausch,
Christiane Berndt,
Michael Hebestreit
Einband-Design und Layoutkonzept
pandesign, Büro für visuelle Kommunikation, Karlsruhe
Karten
Klett-Perthes Gotha,
Dr. Henry Waldenburger
Zeichnungen
Steffen Butz, Karlsruhe
Rudolf Hungreder, Leinfelden-Echterdingen
Diana Jäckel, Erfurt
Wolfgang Schaar, Grafing
Satz und Reproduktion
d|m|z, Gotha
Druck
Stürtz GmbH, Würzburg

9 783623 278506

GWG Geographie Wirtschaft 5/6

Gymnasium Baden-Württemberg

TERRA

Ernst Klett Verlag
Stuttgart · Leipzig

Inhalt

GWG Geographie Wirtschaft 5/6

• Ergänzungsseiten für ein Schulcurriculum

Inhalt

Raumanalyse China

„China – Wirtschaftsmacht der Zukunft“, „China – Fabrik der Welt“, „Umweltschäden in China – Kehrseite des Wirtschaftswachstums“, mit solchen Schlagzeilen berichten die Medien fast täglich über die Entwicklungen in China. Seit mehr als 15 Jahren wächst die Wirtschaft mit Wachstumsraten zwischen 7 und 10 Prozent.
Doch welche Auswirkungen hat dieses Wirtschaftswachstum auf die Umwelt und Gesellschaft?

1 ***Reisbauern im Autonomen Gebiet Guangxi***

3 ***Wanderarbeiter suchen Arbeit in Shenyang***

2 ***Shanghai - Blick auf den neuen Stadtteil Pudong***

4 Schuhproduktion adidas in Shanghai

5 Auf dem Heimweg in einer Limousine nach der Shoppingtour

Einen Raum analysieren

Es gibt viele Gründe, einen Raum genauer zu untersuchen, zum Beispiel zur Vorbereitung einer Reise in ein Gebirge, eine Stadt oder ein Land. Oft wecken aktuelle Ereignisse oder Meldungen unser Interesse, mehr über einen Raum zu erfahren.
Bei einer Raumanalyse kommt es darauf an, dass du das, was du über den Raum wissen willst, mit geographischen Arbeitsmethoden selbstständig ermitteln und bewerten kannst. Leitfragen sollen dir bei der Arbeit mit den Materialien helfen.

Das Schema 2 zeigt, welche Faktoren bei einer Raumanalyse untersucht werden können. Dabei muss natürlich eine Auswahl entsprechend der jeweiligen Fragestellung erfolgen. Bei der Untersuchung der ausgewählten Faktoren reicht es aber nicht, die ermittelten Informationen wie eine Summe von Daten nebeneinander zu stellen. Um Ursachen und Zusammenhänge zu verstehen, müssen die Wechselbeziehungen zwischen mehreren Faktoren untersucht werden.
So bestimmen in der Regel mehrere Faktoren die Verteilung der Bevölkerung im Raum: klimatische Bedingungen, Höhenlage, Bodenfruchtbarkeit, Verkehrsverhältnisse, der Gang der historischen Erschließung, vorhandene Bodenschätze, die Nähe von Märkten oder politische Bedingungen.
Besonders wichtig ist auch der Faktor „Zeit", der zu einer „Raumentwicklung" führt. Zum Verständnis aktueller Entwicklungen sind oft Kenntnisse aus der Geschichte erforderlich.

1 Geographisch denken lernen ...
Geographen sehen die Erde mit „besonderen" Augen und wollen verstehen, wie sich der Lebensraum Erde verändert. Dazu müssen sie geographisch denken und arbeiten. Das bedeutet:
- Raummuster und Raumentwicklungen erkennen und erklären können;
- Zusammenhänge zwischen Merkmalen von natürlichen und gesellschaftlichen Faktoren verstehen;
- Wechselwirkungen zwischen der Umwelt und den Aktivitäten des Menschen aufdecken und Konzepte für eine nachhaltige und schonende Nutzung der Umwelt entwickeln.

Eine Raumanalyse durchführen

1. Schritt: Fragen formulieren
Formuliere eine oder mehrere Leitfragen zur Untersuchung des Raumes. Gut geeignet sind Fragen, die sich aus den angebotenen Materialien ergeben und auf Ursachen oder Zusammenhänge zwischen einzelnen Faktoren im Raum gerichtet sind.

2. Schritt: Überblick verschaffen
Grenze den Untersuchungsraum ab und beschreibe seine geographische Lage.
Ordne dazu den Raum in größere räumliche Einheiten ein (z. B. Klimazonen, Landschaftszonen, Staatengruppen, Gebirge usw.).
Verschaffe dir einen Überblick über die Natur- und Wirtschaftsräume des Untersuchungsraumes und arbeite dabei wesentliche, den Raum prägende Strukturen und Merkmale heraus.

3. Schritt: Arbeitsschritte planen
Wähle weitere Faktoren, Materialien und geeignete Untersuchungsmethoden aus, mit denen sich die Leitfragen am besten beantworten lassen.

4. Schritt: Faktoren analysieren
Untersuche die Merkmale einzelner Faktoren mithilfe der Materialien. Achte dabei besonders darauf, welche Informationen die Materialien jeweils zur Beantwortung der Fragen liefern. Ziehe gegebenenfalls weitere Materialien hinzu.

5. Schritt: Wechselwirkungen zwischen den Faktoren erklären
Stelle Zusammenhänge zwischen Merkmalen der untersuchten Faktoren dar.

6. Schritt: Einzelergebnisse zusammenfügen und bewerten
Erkläre die besonderen Merkmale, Strukturen und Entwicklungen des untersuchten Raumes, indem du zusammenfassend die Leitfragen beantwortest.
Betrachte abschließend kritisch die Ergebnisse der Raumanalyse sowie die verwendeten Materialien und angewandten Methoden.

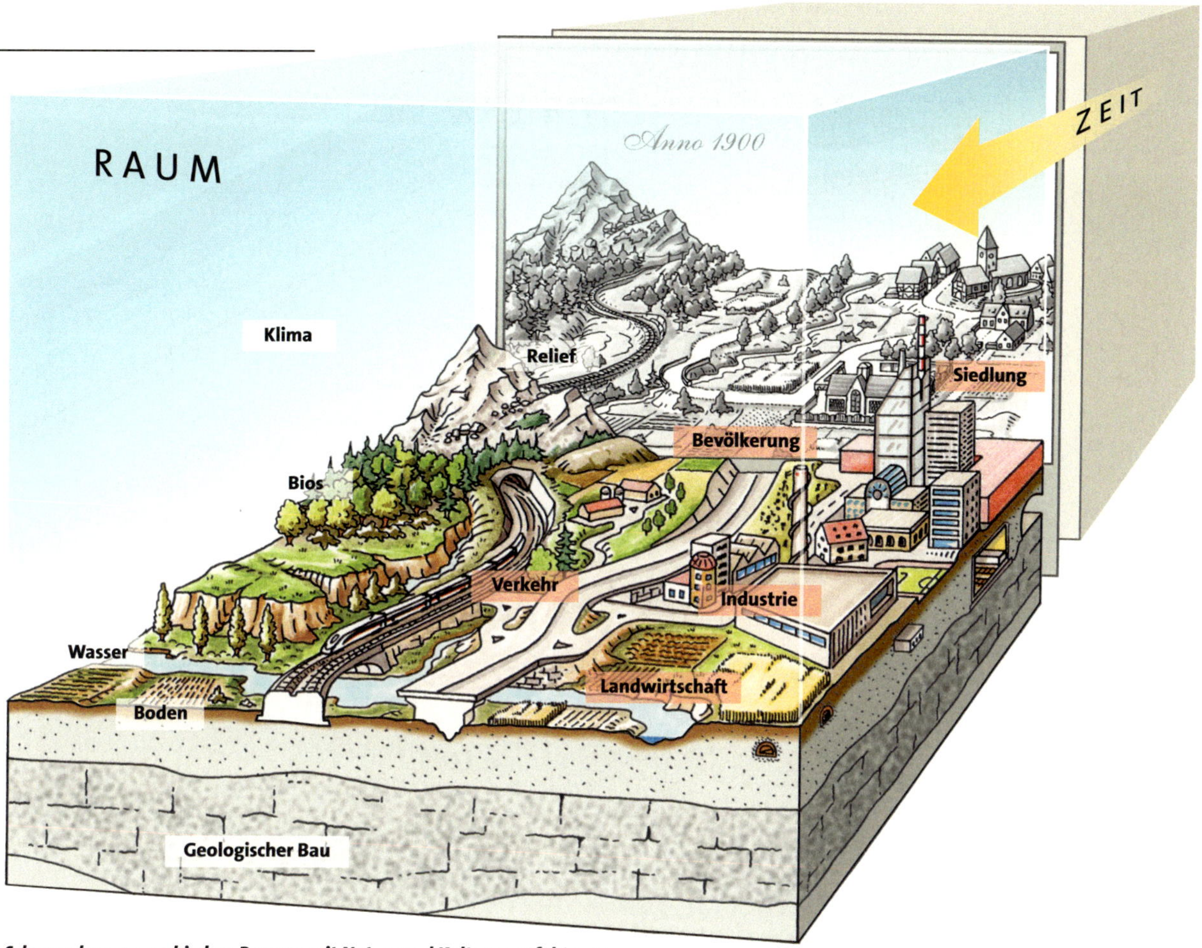

❷ ***Schema des geographischen Raumes mit Natur- und Kulturraumfaktoren***

Erste Schritte einer fragengeleiteten Raumanalyse zur Volksrepublik China

Zu den schwierigsten Aufgaben einer Raumanalyse gehört das Formulieren geeigneter Leitfragen. Eine Frage könnte lauten: **Wie verändert der Wirtschaftsboom China?**

Diese Frage berührt viele Bereiche, die zuerst ausgewählt werden müssen. Dabei ist es hilfreich, weitere Teilfragen zu formulieren. Zum Beispiel:

- Was sind die Ursachen für den Wirtschaftsboom in China?
- Welche Auswirkungen hat dieses Wirtschaftswachstum für die Bevölkerung, Industrie, Landwirtschaft und die Umwelt?
- Welche globalen Auswirkungen hat das Wirtschaftswachstum Chinas und inwieweit ist Deutschland davon betroffen?
- Die Skyline von Shanghai – sieht so die Zukunft Chinas aus?
- Welche Gegensätze prägen die Volksrepublik China und wie können diese überwunden werden?

Bei der Beantwortung der Fragen müssen immer die jeweils geeigneten Faktoren ausgewählt werden.

Zum Abschluss der Raumanalyse gehört die Bewertung der Ergebnisse. Differenziere dabei in positive und negative Auswirkungen der wirtschaftlichen Entwicklung für die betroffenen bzw. untersuchten Bereiche.

1 *Erstelle eine fragengeleitete Raumanalyse der Volksrepublik China.*

Surftipp

www.chinaseite.de
www.chinalink.de
www.china.org.cn
www.chinaweb.de
www.china-botschaft.de
www.chinafokus.de/themen

Klett-GIS

www.klett-gis.de oder
www.klett.de/extra
[EXTRA-Link: 27850X-0001]

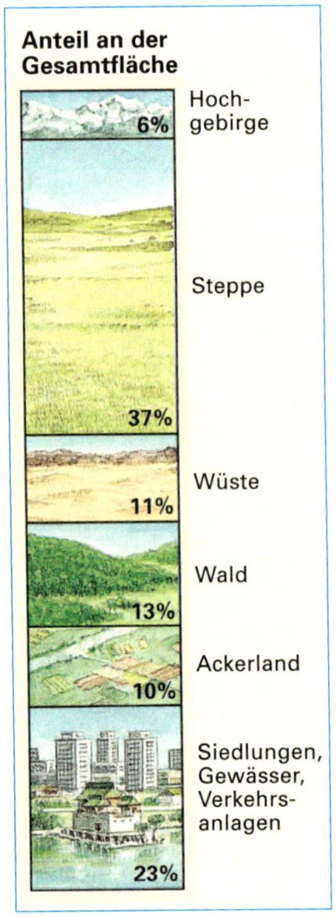

1 Landnutzung

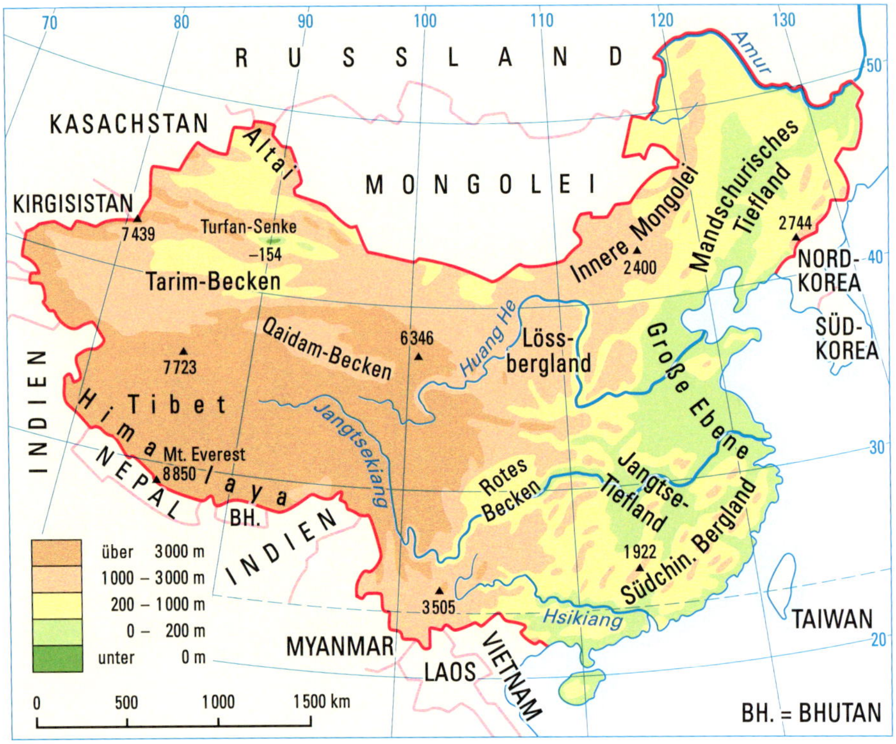

4 Landschaften und Höhengliederung

中

2 Zhong (= Mitte)

国

3 Guo (= Land)

China im Überblick

China gilt als eine der ältesten Kulturnationen der Erde mit einer über 4000-jährigen Geschichte. Mehr als zwei Jahrtausende lang wurde das Leben von den Lehren des Konfuzius (551–471 v. Chr.) bestimmt. Die von ihm geforderten Tugenden Ehrfurcht, Liebe und Gehorsam gegenüber den Eltern und dem Staat werden bis heute geachtet.

Lange vor der übrigen Welt gelangen den Chinesen bedeutende Erfindungen. Für sie war ihr Land stets das „Reich der Mitte“: geistiger und politischer Mittelpunkt der Welt und Inbegriff jeglicher Zivilisation. Die Völker jenseits der großen Mauer galten als Barbaren. Infolge langer Abschottung fiel das Land in der Neuzeit technologisch und wirtschaftlich zurück. Im 19. Jahrhundert musste es sogar Küstengebiete an ausländische Mächte abtreten.

Rund 2000 Jahre war China ein Kaiserreich. Die Revolution von 1911 führte zum Sturz des Kaisers. Es folgte die Zeit der Republik China (1912–1949) unter den Präsidenten Sun Yatsen und Chiang Kaishek. Beide waren Vertreter der Nationalen Volkspartei (Guomindang) und strebten eine Demokratisierung Chinas an. Die Kommunistische Partei unter Führung von Mao Zedong wollte eine neue Gesellschaftsordnung aufbauen, den Sozialismus. Beide Parteien kämpften in China um die Macht. Aus dem Bürgerkrieg (1947–49) ging die Kommunistische Partei als Sieger hervor. Die Guomindang floh nach Taiwan und gründete dort erneut die Republik China.

Mao Zedong rief am 1. Oktober 1949 in Peking die Volksrepublik China aus. Ein tiefgreifender Wandel begann.

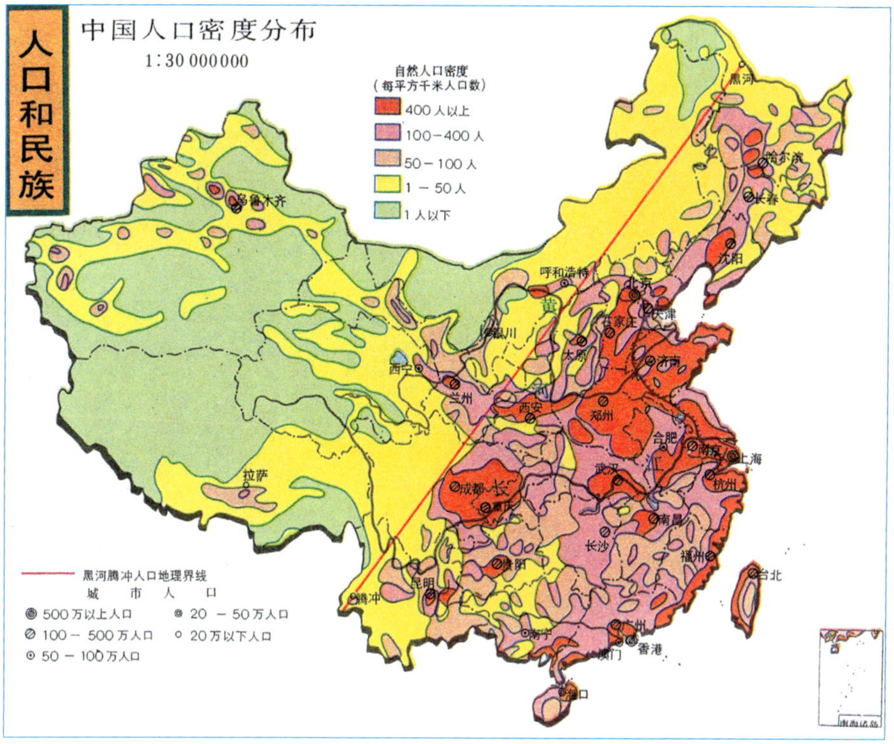

5 ***Volksrepublik China, Bevölkerungsdichte***

8 ***Anteile Chinas an der Weltproduktion (2005)***

Schuhe	*~50 %*
DVD-Spieler	*~80 %*
Spielwaren	*~70 %*
Fahrräder	*~60 %*
Kopiergeräte	*~70 %*
Textilien	*~25 %*

9 ***Anteile Chinas am Weltrohstoffverbrauch (2005)***

Kohle	*34,1 %*
Stahl	*30,9 %*
Erdöl	*8,5 %*
Erdgas	*1,5 %*

Klett-GIS
www.klett-gis.de oder www.klett.de/extra [EXTRA-Link: 27850X-0001] Bevölkerungsdichte nach Provinzen

6 **Erste sozialistische Reform**

1949–52 Periode des Wiederaufbaus; Bodenreform: Enteignung der Großgrundbesitzer, Bauern erhalten Land; Verstaatlichung der Betriebe

1953–57 Kollektivierung von Boden und Beginn des Aufbaus der Schwerindustrie

1958–60 „Großer Sprung nach vorn": Neue Politik zur schnellen Entwicklung der Wirtschaft; Gründung von Volkskommunen; innerhalb von drei Jahren sollte Großbritannien und in fünf Jahren die USA wirtschaftlich eingeholt werden; Misserfolge führen 1961 zum Ende dieser Politik.

1966 Kulturrevolution: Die Bewegung zur Schaffung einer neuen Gesellschaft durch den Kampf gegen traditionelle, nicht sozialistische Denk- und Verhaltensweisen; Zerstörung und Schließung vieler Tempel und Klöster zur Nutzung als Lagerhallen oder Fabriken.

7 **Zweite sozialistische Reform**

Maos Nachfolger leiten eine grundlegende Wende ein:

1978–85 Unter der Führung von Deng Xiaoping Start der „sozialistischen Modernisierungen" der Wirtschaft; Programm zur schnellen Entwicklung der Bereiche Landwirtschaft, Industrie, Landesverteidigung sowie Wissenschaft und Technologie. Auflösung der Volkskommunen und Einführung des Prinzips der Eigenverantwortung; Einschränkung der Planwirtschaft und Zulassung privater Betriebe.

Ab 1985 Öffnung des Landes für ausländische Firmen und internationalen Handel.

Ab 1990 Weitere Reformen zur schnellen Entwicklung der Wirtschaft; Beschluss der Kommunistischen Partei zur Errichtung der sozialistischen Marktwirtschaft (1993); Zulassung von Aktienbörsen.

2001 Beitritt Chinas zur Welthandelsorganisation (WTO).

10 ***Renminbi***
(RMB, „Volkswährung")
Die chinesische Währung ist der Yuan, der sich in 10 Jiao und 100 Fen unterteilt.
100 Yuan haben einen Wert von etwa 10 Euro (2007).
Die neuen Geldscheine zu 10, 20, 50 und 100 Yuan zeigen das Porträt von Mao Zedong.

Volkskommune
Verwaltungseinheit und soziale Gemeinschaft auf dem Land, in der alle Wirtschafts- und Lebensbereiche kollektiv gesteuert werden.

„4 – 2 – 1“

4 – 2 – 1, so bezeichnen die Chinesen die Aussicht, dass künftig 1 Kind für 2 Eltern und 4 Großeltern sorgen muss. Dieses ungleiche Verhältnis ist das Ergebnis der chinesischen Bevölkerungsentwicklung und -politik.
Die Bevölkerung Chinas ist nach 1949 schnell gewachsen. Die Ursachen dafür waren die bis Mitte der 1970er-Jahre noch hohen Geburtenraten und der deutliche Rückgang der Sterblichkeit aufgrund besserer Ernährung und medizinischer Versorgung. Angesichts des starken Bevölkerungswachstum führte China 1980 die „Ein-Kind-Politik“ ein. Die Provinzen erließen unterschiedliche Maßnahmen und setzten diese Politik zum Teil sehr drastisch um. Dazu gehörten Strafen bei der nicht genehmigten Geburt eines zweiten Kindes.
Erfolg hatte diese Politik vor allem in den Städten. Auf dem Land wurde die Politik zugunsten eines zweiten Kindes gelockert. So konnten z. B. Eltern, die in der Landwirtschaft arbeiteten und deren erstes Kind eine Tochter war, einen Antrag auf ein zweites Kind stellen. Es gab auch Familien, die Nachteile für ein zweites Kind freiwillig in Kauf nahmen.
Im Ergebnis dieser Politik ging die Zahl der Kinder pro Frau von 5,8 im Jahr 1970 bis heute auf 1,7 zurück. Ohne diese Politik hätte China heute wahrscheinlich 300 Millionen Einwohner mehr.
Doch die Ein-Kind-Politik hat auch eine Kehrseite. In den nächsten dreißig Jahren wird die Anzahl der alten Menschen gegenüber den jungen rapide ansteigen. Heute kommen auf 100 Personen im erwerbsfähigen Alter zwischen 15 und 64 Jahren 23 Personen, die 65 und älter sind; im Jahr 2035 werden es 45 sein.
Die Zeit drängt also, wenn ein tragfähiges Sozialsystem aufgebaut werden soll.

Kaum zu glauben
6. Januar 2005, 12.02 Uhr: Aus rund 40 000 Neugeborenen an diesem Tag wählte die Bevölkerungsplanungskommission den 1,3-Milliardsten Einwohner Chinas aus.

1 *Entwicklung der Einwohnerzahl Chinas (in Mio.)*

1680	*100*
1760	*200*
1850	*400*
1900	*425*
1930	*420*
1950	*560*
1980	*1 000*
2000	*1 268*
2005	*1 306*

2 *Anteil der Über-65-jährigen an der Gesamtbevölkerung in China*

1950	*5 %*
2000	*7,5 %*
Prognose 2050	*23 %*

3 *Versicherungen werben für Eigentumswohnungen*

4 Maßnahmen der Ein-Kind-Politik (1980)
- Förderung der Spätehe (Heiratsalter bei Männern 25, bei Frauen 23 Jahre);
- Förderung einer späten Geburt (nach Vollendung des 24. Lebensjahres);
- Verpflichtung der Eheleute, nur ein Kind zu bekommen;

Ehepaare, die sich an diese Vorgaben halten, bekommen Vergünstigungen, z. B.
- höheren Lohn, teilweise bis plus 10 %,
- bevorzugte Wohnungsvermittlung,
- kostenlose medizinische Betreuung,
- bevorzugte Aufnahme in Kindergärten und Schulen.

Ehepaare, die ohne Erlaubnis ein zweites Kind bekommen, werden bestraft, z. B.
- durch Lohnabzug in Höhe von 20 % des Einkommens für beide Ehepartner auf die Dauer von 7 Jahren;
- durch Nachteile bei der Zuteilung von Wohnraum oder Baugrundfläche, bei der Förderung und Prämienzahlung.

Wird nach Inanspruchnahme der Vergünstigungen ein zweites Kind geboren, so werden alle ausgezahlten Beträge wieder eingezogen.

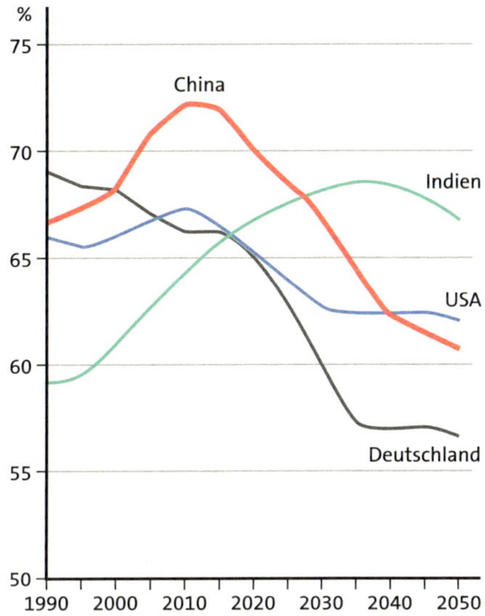

5 *Der Anteil der 15-64-jährigen an der Bevölkerung*

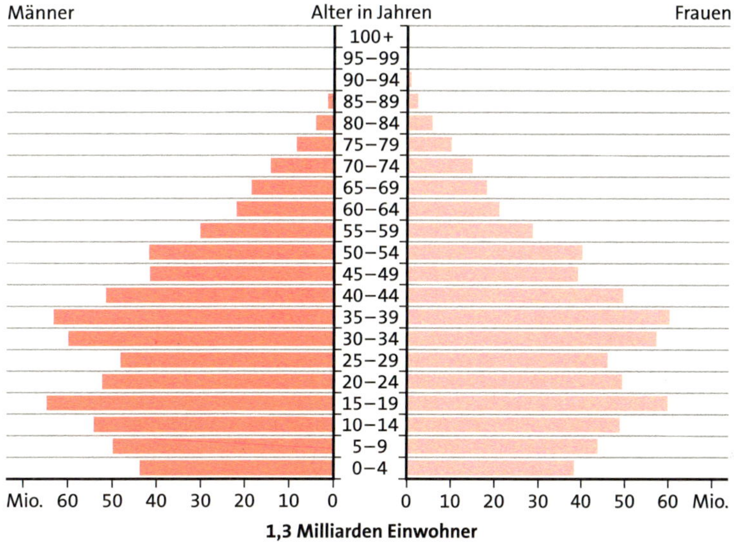

6 *Altersaufbau in China 2005*

Altersversorgung in China

1951 führte China für die städtischen Erwerbstätigen eine gesetzliche Arbeitslosen-, Renten- und Krankenversicherung ein. Diese lebenslange Vorsorge durch den Staat wurde auch als „Eiserne Reisschale“ bezeichnet. Die Landbevölkerung war von diesem System ausgeschlossen. Ihre einzige „Sozialversicherung“ war die Familie und ein Stück Ackerland. Mit den 1978 eingeleiteten Reformen begann das Versorgungssystem in den Städten zu bröckeln.

Die Reform der Rentenversicherung begann 1984, wobei Provinzen und Städte zunächst verschiedene Wege ausprobierten. 1997 beschloss China den Aufbau eines Rentenversicherungssystems, das auf einer Mischform aus Umlage- und Kapitaldeckungsverfahren beruht. Der Arbeitgeber überweist einen Teil der Lohnsumme in einen Sozialfonds und der Arbeitnehmer zahlt einen Teil seines Lohnes auf ein privates Rentenkonto ein. Das Rentenniveau beträgt 20% des durchschnittlichen Lohnes (2003 = 57 Euro). Die Dauer der Rentenzahlung richtet sich nach den Jahren der Einzahlung.

Der Aufbau einer „Grundrentenversicherung“ für die Landbevölkerung gehört zu den schwierigsten Aufgaben für die kommenden Jahre.

7 **Unterschiedliche Ausprägungen der Familienplanungspolitik in China**

Politische Regelung	Betroffene
Ein Kind pro Paar mit nur wenigen Ausnahmen	Stadt-und ländliche Paare in Jiangsu und Teilen von Sichuan
Zwei Kinder, wenn das erste ein Mädchen ist	Die meisten ländlichen Familien
Zwei Kinder in einem Intervall von vier Jahren	Die meisten ländlichen Familien
Zwei oder drei Kinder	Minderheiten in ländlichen Gebieten autonomer Minderheitsgebiete
Keine Beschränkung	Das ländliche Tibet

8 **Das 1990 eingeführte Rentensystem**

1. Säule: garantierte Basisrente durch Umlageverfahren erwartetes Rentenniveau 20%), finanziert durch Firmen- bzw. Arbeitgeberbeiträge (13% der Lohnsumme)

2. Säule: Obligatorisches beitragsbezogenes Kapitaldeckungsverfahren mit individuellen Konten (Rentenniveau 38,5%), finanziert durch Arbeitnehmerbeiträge (8%) und Arbeitgeberbeiträge (7%)

3. Säule: Freiwillige Zusatzrente mittels möglicher betrieblicher Altersvorsorgemodelle, die durch das jeweilige Unternehmen oder durch private Versicherer verwaltet werden.

Deutsche Bank Research, 2006, S. 9

9 ***Anteil der Arbeitnehmer mit Rentenversicherung 2004 (in Mio.)***

Gesamtzahl der Arbeitnehmer	*752*
davon:	
Städtische Arbeitnehmer	*265*
Ländliche Arbeitnehmer	*487*
Versicherte städtische Arbeitnehmer	*123*
Versicherte ländliche Arbeitnehmer	*54*

1 ***Peking (Beijing) im Wandel***

3 ***IKEA in Shanghai***

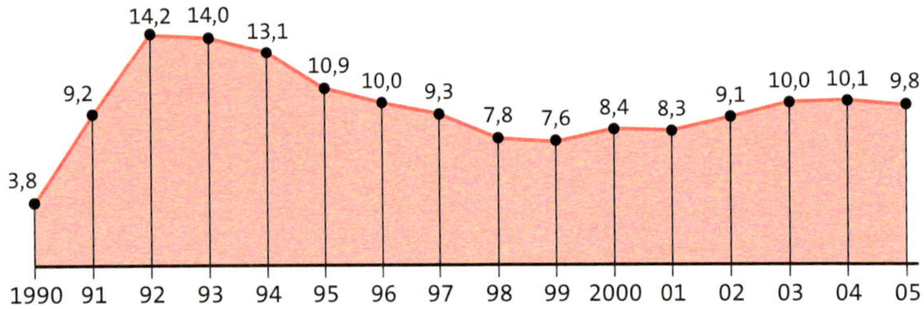

2 ***Chinas Wirtschaftswachstum 1990–2005*** *(realer Zuwachs des BIP in % des Vorjahrs)*

Wachstum ohne Ende?

Erfolgsmeldungen über die wirtschaftliche Entwicklung in China – daran hat man sich längst gewöhnt. Das Land gehört zu den wirtschaftlich am schnellsten wachsenden Staaten der Erde. Immer mehr Konzerne lassen sich in China nieder. Hier kann man so billig produzieren, so schnell forschen und entwickeln und an so viele Menschen verkaufen wie nirgendwo sonst auf der Welt.

In der Herstellung von Massenwaren wie Textilien, Spielwaren oder Schuhen erzielt China zunehmend höhere Anteile am Weltmarkt. „Made in China“ steht mittlerweile aber auch auf hochentwickelten technischen Erzeugnissen, wie Autos und Computern.

Der chinesische Weg

Im März 1978 forderte Ministerpräsident Deng Xiaoping eine Modernisierung von Landwirtschaft, Industrie, Nationaler Verteidigung, Wissenschaft und Technologie. Die Erfolgsgeschichte begann.

Auf dem Land wurden die Volkskommunen aufgelöst und man kehrte zu einer Landwirtschaft zurück, die in Verantwortung der Familien liegt. Durch eine beschränkte Zulassung von freien Märkten und Preisen gelang es, die Produktivität zu steigern. Die vernachlässigte Konsumgüterindustrie wurde gefördert und Privatbetriebe waren nun erlaubt.

1980 richtete China vier sogenannte **Wirtschaftssonderzonen** ein. Erfolgreiche Unternehmen der Chinesen aus Hongkong und Taiwan sollten auf dem Festland investieren. Dazu wurden besondere Bedingungen geboten: niedrige Löhne, Steuer- und Handelserleichterungen, billige Grundstücke, Erlaubnis der Produktion für den Export. 1984 erklärte China die Insel Hainan zur Wirtschaftssonderzone und öffnete 14 Küstenstädte und 1988 alle Küstenprovinzen für ausländische Betriebe. Dort entstanden vor allem kapital- und technologieintensive Industriezweige.

4 ***Wirtschaftssonderzonen und bedeutende Wirtschaftszentren***

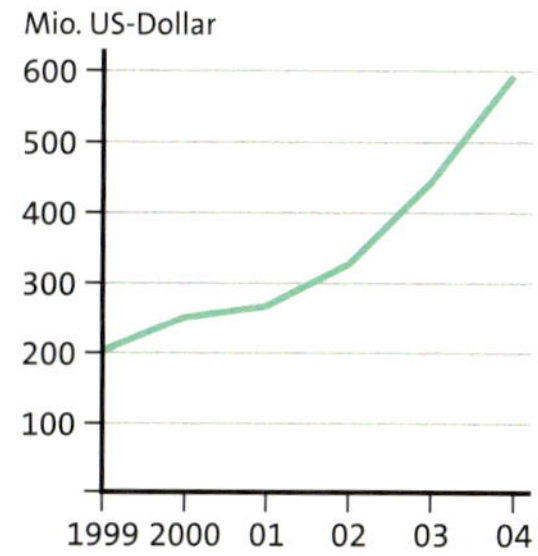

6 ***Chinas Exporte***

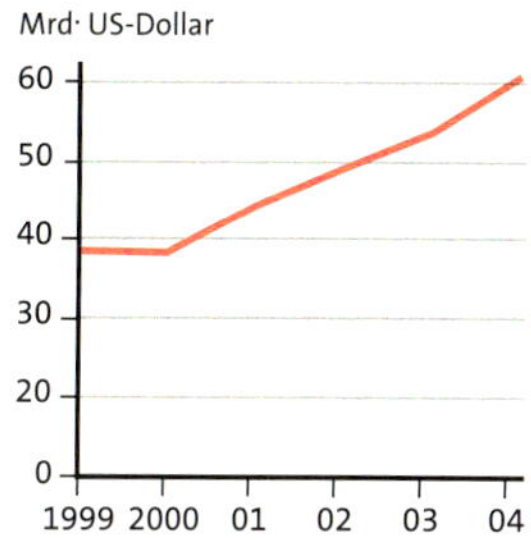

7 ***Direktinvestitionen in China***

Produkte, die sich mit geringem Aufwand an Energie und Rohstoffen herstellen lassen, dominierten. Mit dieser Politik wollte China zuerst den Küstenraum entwickeln, um danach das Wachstum im ganzen Land voranzutreiben. Dafür nahm man auch großräumige Entwicklungsunterschiede in Kauf.

Es waren aber nicht nur die niedrigen Löhne und Steuervergünstigungen, die multinationale Unternehmen nach China lockten. Genauso wichtig waren die Fertigkeiten und die Disziplin der Arbeiter sowie die hohe Zahl gut ausgebildeter Ingenieure.

Anfang der 1990er-Jahre zeigten sich prompt negative Auswirkungen dieser Politik, so dass die Regierung die einseitige Bevorzugung des Küstenraumes einstellte. 1992 weitete man die besonderen Vergünstigungen auf die Hauptstädte aller Provinzen und Regionen des Landes aus.

1992 wurde das Konzept einer „sozialistischen Marktwirtschaft mit chinesischen Merkmalen" verabschiedet. Sozialistisch bedeutet, dass man auf eine staatliche Regulierung der Wirtschaft nicht verzichten will und die Kommunistische Partei Chinas führende politische Kraft bleibt.

5 **Herzkammer der chinesischen Wirtschaft**

Mehr als 70 Prozent des Sortiments des amerikanischen Wal-Mart-Konzerns stammen aus China – größtenteils aus der Provinz Guangdong in Südchina, dem Perlflussdelta. Doch die Kunden sehen die Herkunft oft nicht. Denn das Erfolgsgeheimnis der Region wird in drei Buchstaben abgekürzt: OEM – Original Equipment Manufacturers. Diese Firmen treten im Rest der Welt nicht in Erscheinung, auch wenn fast jeder ihre Produkte kennt. Das System funktioniert so: eine Firma aus Hongkong gründet eine Fabrik am Perlfluss, die von Hongkong aus gemanagt wird. Die westlichen Markenhersteller bestellen ihre Produkte bei den Hongkonger Firmen, eine Million Paar Schuhe, Laptops oder Mobiltelefone. Die OEMs produzieren und kleben nachher den Namen des Auftraggebers auf das Produkt. Der Kunde kann später nicht mehr unterscheiden, wo sein Telefon oder T-Shirt hergestellt wurde. „Alles, was Sie im Westen für 100 Euro herstellen, können wir hier für 40 bauen."

nach Bundeszentrale für Politische Bildung: bpb Nr. 289/2005, S. 13

8 ***Kampf gegen Produktpiraterie***

China gehört neben Thailand, Taiwan und Vietnam zu den Ländern mit den meisten Produktfälschungen. Kein Produkt ist vor den Fälschern sicher und häufig ist die Qualität der Fälschungen so hoch, dass Original und Plagiat kaum noch zu unterscheiden sind. Die Patent- und Markenschutzverletzungen reichen dabei vom Software- bis zum Textilbereich und verursachen weltweit Schäden von jährlich 50 Milliarden Dollar. China hat einen verschärften Kampf gegen Produktpiraterie angekündigt. Spezielle Hotline-Telefonnummern sollen die Meldung von Fällen vereinfachen.

EXTRA-Link

Artikel: Kein Patentschutz
www.klett.de/extra
[EXTRA-Link: 27850X-0003]

1 **Bruttonationaleinkommen in China 2003 nach Regionen**

3 **Familie Wu**

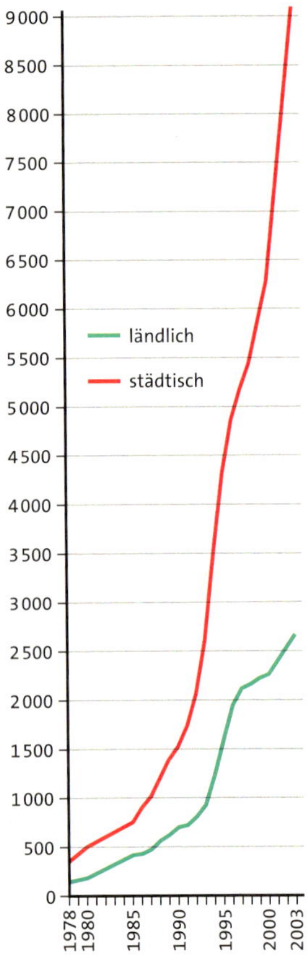

2 ***Pro-Kopf-Einkommen der ländlichen und städtischen Haushalte 1978–2003 in Yuan***

Wohlstand für alle?

Durch die einseitige Bevorzugung des Küstenraumes und das rasche Wirtschaftswachstum vergrößerten sich die Unterschiede zwischen Küsten- und Binnenprovinzen ebenso wie zwischen Land und Stadt.

Während sich die Lebensbedingungen einer kleinen Menge gut verdienender Manager und Facharbeiter deutlich verbesserten, änderte sich für viele Menschen, vor allem auf dem Land, nur wenig. Anders als in den Küstenprovinzen gab es hier kaum ausländische Investitionen, die für neue Arbeitsplätze und Fortschritt sorgten. So lebt heute immer noch die Hälfte der Bevölkerung von einer Landwirtschaft, die gerade zum Lebensunterhalt reicht. Steigende Bevölkerungszahlen in Verbindung mit der Schließung veralteter Betriebe führten zu einer hohen Arbeitslosigkeit.

Viele Menschen können und wollen so nicht mehr weiterleben. Immer öfter verschaffen sie sich bei den Provinzregierungen durch Protestaktionen Gehör. Noch konnte die Regierung große Konflikte vermeiden.

4 **Familie Wu hat es „geschafft"**

Früher lebte Familie Wu in einem Dorf der Provinz Jiangsu vom Fischfang. Mit den wirtschaftlichen Reformen konnten sie einen Kredit aufnehmen, mit dessen Hilfe sie und weitere Familien des Dorfes anfingen, Boote zu bauen und damit Transporte durchzuführen. Durch die sich entwickelnde Wirtschaft war der Bedarf riesig. Immer größer wurden die Schiffe, die auf den neuen Werften entstanden. Heute ist Herr Wu 50 Jahre alt und schätzt sein monatliches Einkommen auf umgerechnet mehrere tausend Euro. Seine Frau und seine 20-jährige Tochter arbeiten nur ab und zu in der Firma mit. Schon lange leben sie nicht mehr in ihrem alten Fischerdorf, sondern sind mit vielen Familien aus ihrer alten Heimat in eine neu gebaute Siedlung nahe Nanjing umgezogen. Ihr neues Haus mit ungefähr 200 m² Wohnfläche haben sie westlich eingerichtet. Das Wohnzimmer ist mit hochwertiger Elektronik, wie LCD-Fernseher und Heimkinoanlage, ausgestattet. Eine Hausklimaanlage gehört genauso mit zur Ausstattung wie Garage und ein großzügiger Hausgarten. Befragt nach den nächsten Zielen, sagte Herr Wu: „Ozeantaugliche Schiffe bauen und Überseehandel führen".

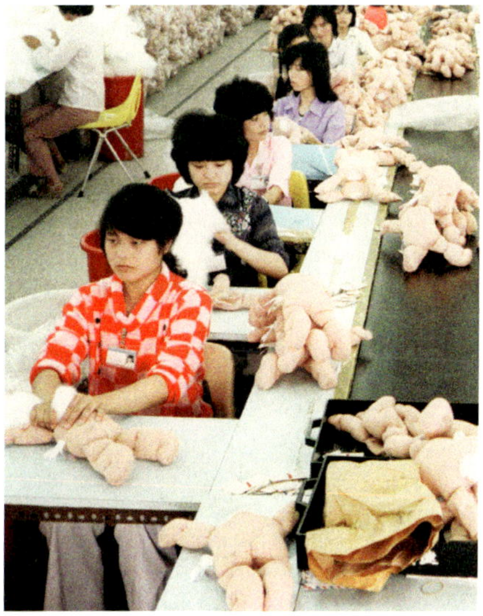

5 ***Plüschtiere „Made in China"***

7 ***In Shenyang bieten Arbeitslose ihre Arbeitskraft an.***

6 **„Arbeiten bis zum Umfallen"**

In der Nacht, als sie starb, war Li Chunmei sehr erschöpft von ihrer Arbeit in einer Spielzeugfabrik. Kolleginnen berichteten, sie sei 16 Stunden auf den Beinen gewesen. Es war Hochsaison vor Weihnachten. Mindestens zwei Monate lang hatten Li Chunmei und die anderen Arbeiterinnen keinen freien Tag. Sie arbeitete in einer Montagelinie, in der Stofftiere manchmal bis 3 Uhr nachts zusammengenäht werden. Sie war eine Läuferin und musste die einzelnen Stofftiere von einer Arbeitsstelle zur nächsten bringen. Pro Stunde erhielt sie etwa 10 Cent. Li Chunmei stammte aus einer Bauernfamilie der Provinz Sichuan. In der dritten Klasse verließ sie die Schule und half auf dem veralteten Hof der Eltern. Maschinen gab es nicht. Später arbeitete sie auf den Feldern, um so das Überleben der Familie zu sichern. Mit 15 hörte sie von der Möglichkeit, im weit entfernten Shenzen als Wanderarbeiterin in der Spielzeugindustrie zu arbeiten.

„Dies ist ein armes Dorf. Nichts hat sich in den letzten Jahren geändert. Alle Eltern wollen, dass ihre Kinder bald in die Stadt gehen", sagt ihr Vater. „Irgendwann wird es hier keine Kinder mehr geben und das Dorf verlassen sein."

80 Millionen Wanderarbeiter

Seit der zweiten sozialistischen Reform, der Öffnungspolitik in den 1980er-Jahren, strömen Bauern vom Land in die großen Städte. Hier hoffen sie, eine Arbeit zu finden oder als Hilfsarbeiter ihr Geld zu verdienen. In den Städten werden sie oft ausgenutzt. Die meisten haben keine Fachausbildung und kennen sich in rechtlichen Fragen nicht aus. So arbeiten viele Bauern als billige Arbeitskräfte, ohne jemals angelernt zu werden.

Um den Zustrom zu kontrollieren, stellt man seit einigen Jahren Arbeitserlaubniskarten aus. Es werden deshalb nur so viele Karten ausgegeben, wie Arbeitsplätze vorhanden sind. Die meisten Wanderarbeiter besitzen nur eine zeitlich begrenzte Aufenthaltserlaubnis oder wohnen illegal in der Stadt. Am Rande der Städte Beijing, Shanghai, Guangzhou, Shenzhen und Tianjin sind bereits Siedlungen der Wanderarbeiter mit negativen Begleiterscheinungen wie wachsender Kriminalität und Umweltbelastungen entstanden. Es bilden sich aber auch neue soziale Gemeinschaften und Initiativen zur Selbsthilfe.

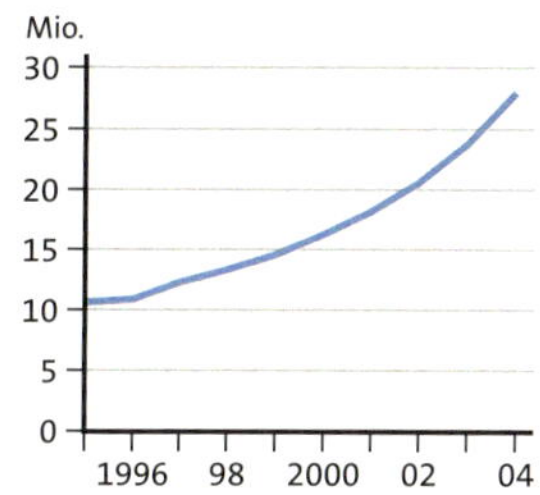

8 ***Pkw-Besitzer in China***

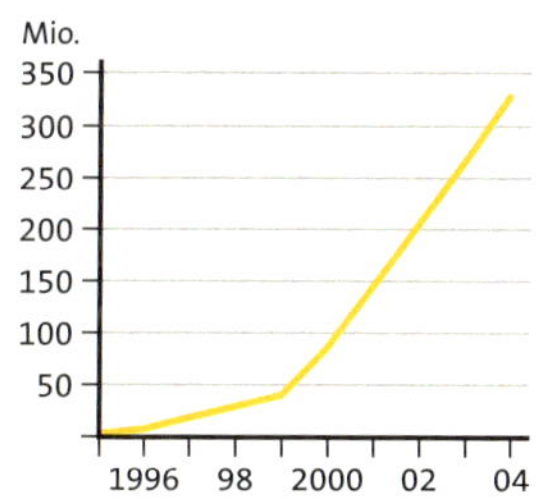

9 ***Mobiltelefon-Besitzer in China***

10 **Konsumgüter pro 100 Haushalte (2002)**

	Land	Stadt
Waschmaschine	32	93
Kühlschrank	15	87,5
Farbfernseher	61	126

① *Trockenfeldterrassen bei Lanzhou am Oberlauf des Huang He*

③ *Häuser von Bauernfamilien bei Shanghai*

Nahrung für 1 300 000 000 Menschen

Die chinesische Landwirtschaft muss 22 % der Weltbevölkerung auf nur 7 % der Weltackerfläche ernähren – eine gewaltige Aufgabe. Für die Mehrheit der Chinesen ist die Landwirtschaft auch heute noch die wichtigste Erwerbsquelle. Die Entwicklung der Landwirtschaft ist somit nicht nur für die Ernährungssicherung, sondern auch für die Armutsbekämpfung von großer Bedeutung. Zu den Zielen der Agrarpolitik gehören deshalb neben der Selbstversorgung mit Nahrungsmitteln die Erhöhung der bäuerlichen Einkommen, stabile Nahrungsmittelpreise sowie die Versorgung der städtischen Bevölkerung. Doch viele Menschen auf dem Land sind unzufrieden wegen den hohen Steuern und Abgaben für die lokalen Regierungen, dem Preisanstieg für Industrieprodukte und mangelnder staatlicher Unterstützung.

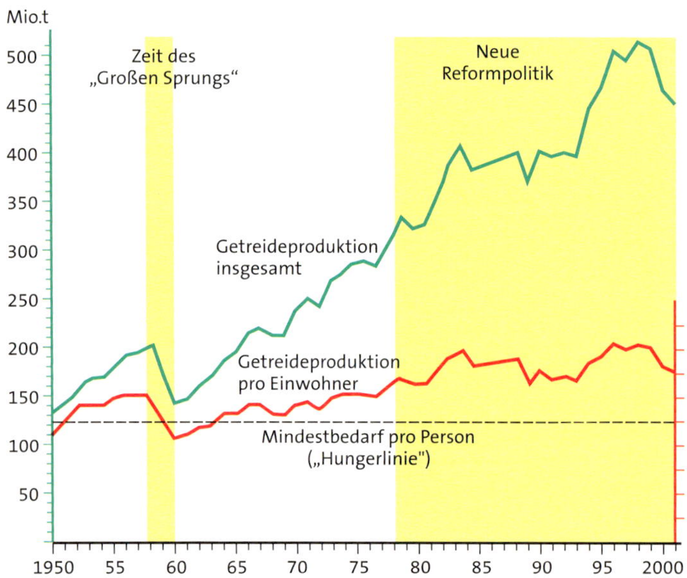

② *Getreideproduktion in China 1950 – 2001*

Veränderungen in der Landwirtschaft

Mit der zweiten sozialistischen Reform nach 1978 kam es zu weitreichenden Veränderungen: Die Volkskommunen wurden aufgelöst. Mit der Abkehr von kollektiver Organisation der Produktion begann die Verpachtung von Land an die Bauernfamilien. Mit den Nutzungsverträgen von erst fünf, inzwischen bis zu 50 Jahren waren auch Pflichtverkäufe von Nahrungsmitteln an den Staat verbunden. Traditionelle Bauernmärkte wurden wieder zugelassen. Die Bauern konnten jetzt für viele Produkte die Preise selbst bestimmen. Nur Produkte für die Grundversorgung der Bevölkerung, z. B. Getreide, blieben unter staatlicher Kontrolle. Die ländlichen Betriebe mussten jetzt eigenver-

4 **Anteil der Wirtschaftsbereiche am Bruttoinlandsprodukt (%)**

	1970	1980	1990	2000	2005
Landwirtschaft	35,2	30,1	27,1	15,9	12,4
Industrie	40,5	48,5	41,6	50,9	47,3
Dienstleistungen	24,3	21,4	31,3	33,2	40,3

5 **Anteil der Erwerbstätigen an den Wirtschaftsbereichen (%)**

	1970	1980	1990	2000	2005
Landwirtschaft	80,0	68,7	60,1	50,0	44,8
Industrie	k. A.	18,2	21,4	22,5	23,8
Dienstleistungen	k. A.	13,1	18,5	27,5	31,4

6 **Entwicklung der Ernteerträge in Mio. Tonnen**

	1960	1980	1990	2000	2005
Reis	69	140	189	190	183
Weizen	22	55	98	100	97
Mais	20	62	96	106	135
Obst	4	7	19	65	153
Fleisch	k.A.	k.A.	28	63	72

7 ***Erosion im Lössplateau bei Xi`an***

8 ***Drei Viertel der Gemüseproduktion werden auf dem freien Markt verkauft***

9 ***Ackerfläche in China***

1996	*130 Mio. ha*
2004	*122 Mio. ha*

Die Größe der Gesamtanbaufläche Chinas ist umstritten. Das Statistikamt gab für 1995 95 Mio. Hektar an. Im Census of Agriculture (1997) wurden 130 Mio. Hektar ausgewiesen.

antwortlich wirtschaften. Das bedeutet: Sie bestimmten die Produkte selbst, sorgten für den Absatz und suchten Investoren.

Eine weitere Neuerung war die Zulassung nicht landwirtschaftlicher Betriebe. Damit wollte man verhindern, dass immer mehr Bauern als Wanderarbeiter in die Städte ziehen. Über 90 Millionen Arbeitskräfte konnten die neu gegründeten Industrie- und Dienstleistungsbetriebe auf dem Land bis Ende der 1990er-Jahre aufnehmen. Der Erfolg dieser Betriebe hat den Lebensstandard und das Dorfleben verbessert.

Immer weniger Ackerland

Allein 2003 hat China über 2,5 Millionen Hektar Anbaufläche verloren, eine Fläche die größer ist als das Bundesland Hessen. Hauptursache ist die Umwandlung der Agrarflächen in nicht landwirtschaftlich genutzte Gebiete. Es ist eine Folge der Verstädterung, Industrialisierung, des Ausbaus von Verkehrswegen oder des Betreibens lokaler Funktionäre, die den Boden an Immobilienspekulanten weiter verkaufen.

Durch die neuen Freiheiten auf dem Land wandeln viele Bauern ihr Ackerland in Flächen für den Gartenbau um, denn der Verkauf von Obst und Gemüse bringt höhere Gewinne. Zu den Ursachen gehört auch die Wüstenausbreitung infolge unsachgemäßer Nutzung oder des Klimawandels. Außerdem gehen jedes Jahr große Ackerflächen durch Überschwemmungen oder Bodenerosion verloren. Zur Eindämmung der Erosion und zum Schutz werden Teile des Ackerlandes wieder aufgeforstet.

1 ***Verschmutzung am Fen River, außerhalb der Stadt Taiyuan***

3 ***Arbeiter transportieren Kohle bei Fengjie***

Die Umwelt – der große Verlierer?

2 ***Umweltdaten***

Luft

7 der 10 Städte mit der weltweit höchsten Luftverschmutzung befinden sich in China.

Wasser

China bräuchte 40 Millionen. Kubikmeter mehr Wasser im Jahr; mehr als 400 der 669 chinesischen Großstädte leiden unter Wassermangel; massive Wasserverschmutzung/wenig Recycling: 30 % der Bevölkerung ohne Zugang zu sauberem Trinkwasser (Ziel: Lösung bis 2015).

Ackerland

Ca. 8 Millionen. Hektar landwirtshaftlicher Nutzfläche gingen im Zeitraum von 1997 bis 2005 in China verloren.

EXTRA-Link

Trends in der Kohleproduktion
www. klett.de/extra
[EXTRA-Link: 27850X-0004]

Eine schnell wachsende Wirtschaft benötigt Rohstoffe: Energie, Stahl, Zement. Hohes Wirtschaftswachstum ist notwendig, damit neue Arbeitsplätze entstehen und soziale Unruhen vermieden werden. China braucht kaum etwas dringender als Rohöl, um den großen Energiebedarf zu decken. So sucht die chinesische Außenpolitik vor allem die Nähe zu Ländern mit großen Rohstoffvorkommen. Die chinesischen Staatskonzerne verhandeln dabei auch mit Ländern, die vom Westen boykottiert werden, z.B. Myanmar.
Rund 70% des Energiebedarfs deckt China mit Kohle. Die Verbrennung setzt große Mengen an CO_2 und SO_2 frei, was zu Niederschlägen mit einem geringen ph-Wert, dem sogenannten „Sauren Regen" führt. Saurer Regen führt zu einer Übersäuerung des Bodens und schädigt damit die Pflanzen.
Außerdem verschlechtert sich die Luftqualität in den nordwestlichen Provinzen durch schwere Kohlebrände. Jährlich verbrennen ca. 100 Millionen. Tonnen wertvoller Steinkohle. Das entspricht der vierfachen Menge der deutschen Steinkohleförderung im Jahr 2005.

4 **Wasserverschmutzung muss stärker bekämpft werden**

Sheng Huaren, Vize-Vorsitzender des Ständigen Ausschusses des Chinesischen Nationalen Volkskongresses, hat am Mittwoch in Beijing angekündigt, dass der Bekämpfung der Wasserverschmutzung Priorität eingeräumt werden müsse. Chinas Süßwasserressourcen seien sehr gering, die Effektivität der Wassernutzung sei schlecht und die Wasserverschwendung und -verschmutzung sei landesweit sehr schwerwiegend.
Auf einem Symposium des Nationalen Volkskongresses über Umwelt- und Ressourcenschutz sagte Sheng Huaren weiter, die Gesetze Chinas hinsichtlich des Umwelt- und Ressourcenschutzes seien gut. Die Problematik liege darin, dass die Rechtsvorschriften oft missachtet würden und die Überwachung der Umsetzung der Gesetze nicht streng genug sei. Es sei deshalb notwendig, dass die zuständigen Stellen u.a. ihre Kontrollen verstärken.

CRI/China.org.cn, 15. Oktober 2004

5 **„China muss grüner werden"** (Interview mit Pan Yue, chin. Vizeminister für Umwelt)

Die ZEIT: Herr Vizeminister, alle Welt schaut neidisch auf das chinesische Wirtschaftswunder. Sind auch Sie begeistert?

Pan Yue: Unser Wirtschaftswunder besteht aus vielen Superlativen, positiven wie negativen. Die chinesische Industrie wächst rasant. Bei den ausländischen Direktinvestitionen liegen wir auf Platz 2. Und China ist mittlerweile drittgrößte Handelsnation der Erde. Aber gleichzeitig verschmutzen wir eben unser Wasser wie kein zweites Land der Erde. Beim Energieverbrauch liegt China auf Platz zwei. Und in punkto saurer Regen auf Platz drei. (...)

ZEIT: Welche Umweltprobleme beunruhigen Sie am meisten?

Pan: Ich habe viele Sorgen. Ein Drittel der chinesischen Städte leidet unter starker Luftverschmutzung, auf einem Drittel der chinesischen Landesfläche wachsen die Wüsten, und ein Drittel der ländlichen Flüsse ist stark verschmutzt. Obendrein sind sogar 90 Prozent aller Flüsse, die Städte durchqueren, verdreckt. (...)

ZEIT: Es mangelt Ihrem Land an allen möglichen natürlichen Ressourcen, nicht nur am Wasser.

Pan: Das ist wirklich ein großes Problem. China besitzt nur neun Prozent der weltweiten landwirtschaftlich nutzbaren Fläche, nur sechs Prozent der Wasserressourcen und gar nur vier Prozent des Waldes. Damit ernähren wir gegenwärtig 22 Prozent der Weltbevölkerung – und sind stolz auf diese Leistung. Wenn es uns aber nicht gelingt, in Zukunft mit unseren knappen Ressourcen sparsamer zu wirtschaften, bekommen nicht nur wir ein Problem, sondern auch der Rest der Welt.

ZEIT: Welche volkswirtschaftlichen Kosten verursachen Raubbau und Umweltverschmutzung?

Pan: Wir ermitteln das gerade. Wir wollen bei uns in China das Sozialprodukt in Zukunft so berechnen, das auch der Umweltverzehr, die ökologischen Schäden, darin Eingang finden. In zehn Provinzen probieren wir das schon aus.

ZEIT: Wie bitte? Das machen nicht einmal die Deutschen, die vermeintlichen Öko-Weltmeister.

Pan: China muss es tun, denn bei uns haben die Umweltprobleme eine ganz andere Dimension. Die staatliche Umweltbehörde SEPA und das Chinesische Statistikbüro sind gerade dabei, die Kosten der Umweltverluste zu berechnen. Nach der schon vorliegenden Berechnung der Weltbank und der Chinesischen Akademie der Wissenschaften beläuft sich der jährliche Umweltschaden auf 8 bis 13 Prozent des Sozialprodukts. Langfristig werden Umweltschäden und Ressourcenverluste sämtliche Ergebnisse der wirtschaftlichen Entwicklung aufheben.

ZEIT: Wie konnte es zu der Umweltkrise kommen?

Pan: China ist seit Tausenden von Jahren ein Agrarland. Der Kernpunkt unserer traditionellen Kultur ist die Harmonie mit der Natur; dass wir eine so lange Tradition haben, kommt schließlich nicht von ungefähr. Allerdings sind wir in den vergangenen 150 Jahren unserer Geschichte oft vom Westen gedemütigt worden – und es ist uns dadurch vor Augen geführt worden, dass wir dem Westen unterlegen waren. Das ließ uns glauben, diese Unterlegenheit hänge mit unserer traditionellen Kultur zusammen. Um diesen Fehler zu korrigieren, hat China den Lebensstil und die Produktionsmuster des Westens übernommen – inklusive des hohen Energieverbrauchs, der hohen Umweltverschmutzung und des hohen Konsums. Wir befinden uns momentan noch in dieser Phase, während der Westen sich längst vom ressourcenintensiven Wirtschaften verabschiedet. Wenn wir jetzt die Wende hin zu einer grünen Entwicklung nicht schaffen, stößt unsere Wirtschaftsweise an Grenzen. Wir hätten dann sowohl unsere Tradition verspielt als auch die Chance, Anschluss an die moderne Welt zu finden.

nach Fritz Vorholtz: "China muiss grüner werden." Interview mit Pan Yue. Die ZEIT Nr. 43, 20. Oktober 2005, S.31

6 ***Reinigungskraft in Peking (Beijing)***

Menschenrechte in China

Wirtschaftliche Öffnung und wachsender Wohlstand, der Eintritt in die Welthandelsorganisation (WTO) oder die Vergabe der Olympiade 2008 erwecken den Eindruck, dass China ein freies Land geworden ist. Tatsächlich gibt es im Bereich der Menschenrechte einige Fortschritte: Rückgang von Hunger und Armut, Ansätze von Reformen im Strafrecht oder Lockerung des Demonstrationsverbotes.

China ist aber weiterhin ein Ein-Parteien-Staat, in dem Oppositionelle verfolgt und Presse, Fernsehen sowie Internet überwacht und zensiert werden. Menschen in Tibet und Ost-Turkestan werden unterdrückt, und „Provinzkaiser" kümmern fortschrittlichere Vorschriften Pekings nicht.

EXTRA-Link

vollständiges Interview unter www. klett.de/extra [EXTRA-Link: 27850X-0005]

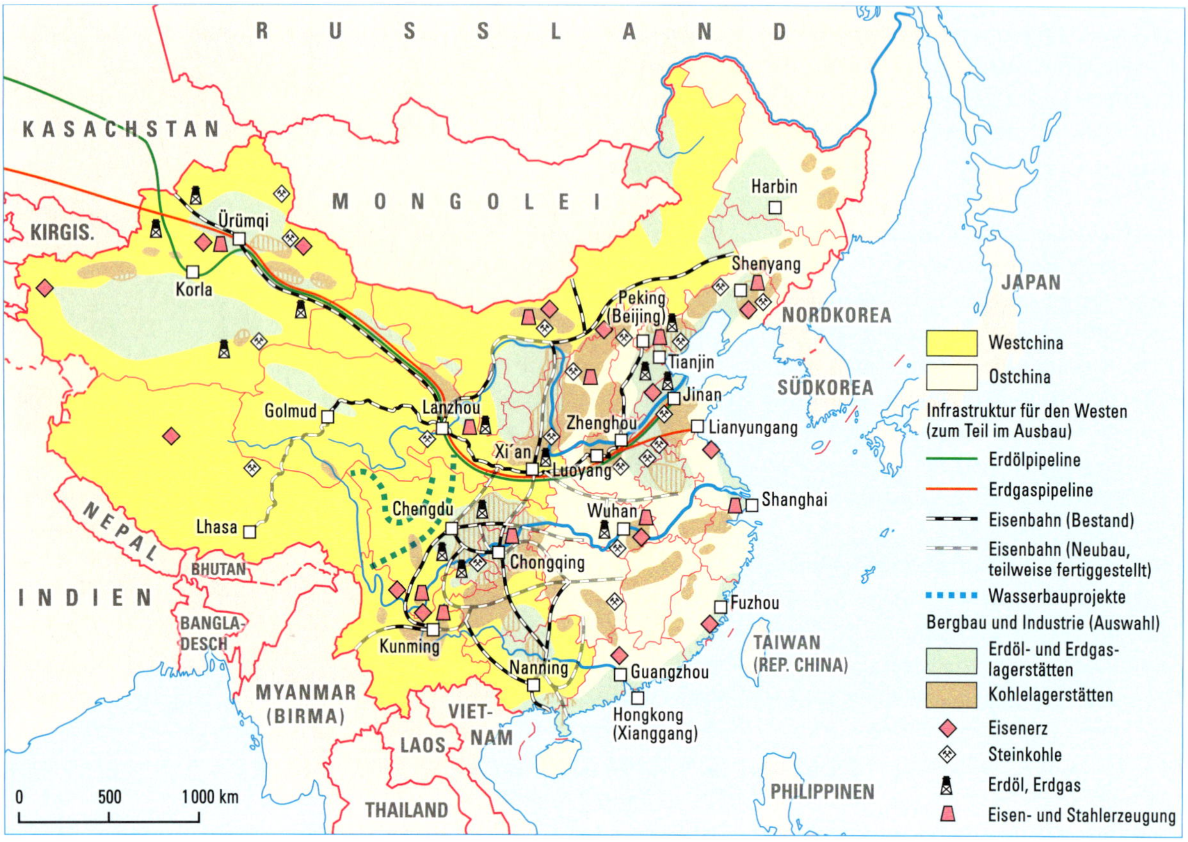

1 *Infrastrukturmaßnahmen für Westchina*

Ungleichgewichte verringern

2 ***Anteil der Westchina-Provinzen an China gesamt (2003)***

Fläche	*71,1 %*
Bevölkerung	*28,8 %*
BIP	*16,9 %*
Auslandsinvestitionen	*3,2 %*
Export	*3,7 %*
Import	*2,8 %*

Seit Ende der 1990er-Jahre begann die chinesische Regierung, der zunehmend ungleichen Entwicklung der Wirtschaft und Lebensverhältnisse entgegenzuwirken. Das höhere Entwicklungstempo der Ostküstenregionen gegenüber Zentral- und Westchina verstärkte das regionale Entwicklungsgefälle zwischen diesen Großräumen.

1999 verkündete die Regierung die neue Entwicklungsstrategie der „Großen Erschließung des Westens". 2004 beschloss die Parteiführung, die Agrarsteuer schrittweise abzuschaffen. Erstmals wuchsen die Einkommen auf dem Land schneller als in der Stadt.

3 **Prinzipien der Westchina-Entwicklungsstrategie**

The development of the Western Region is a large-scale, systemic campaign as well as a formidable historic mission. It requires a sense of urgency and we must be well prepared for the protracted difficult struggle. We must proceed from reality and follow objective laws. We need to aim high while still staying within our means ... We should combine market force with improved macroeconomic management, and combine nation-wide support for the Western Region Development with the spirit of self-reliance among the people in the Western Region.

China aktuell, Oktober 2002, S. 1148

Das „Westchina-Entwicklungsprogramm"

Westchina soll Wachstumsmotor für die wirtschaftliche Entwicklung des ganzen Landes werden. Zu den wichtigsten Maßnahmen gehören:

- Der beschleunigte Ausbau des Eisenbahn- und Autobahnnetzes. Zu den 10 Schwerpunktprojekten gehören 5 Autobahnen von Nord nach Süd und 7 Autobahnen von Ost nach West.
- Die Erschließung von Energieressourcen, z. B. der Bau einer 4200 km langen Erdgas-Pipeline vom Tarimbecken nach Shanghai, die Fertigstellung des Sanxia-Staudamms und der Bau weiterer Wasserkraftwerke.
- Das Süd-Nord-Wasserumleitungsprojekt, bei dem Wasser vom Jangtsekiang nach Nordchina transportiert werden soll.
- Die Förderung von Umweltschutz-Projekten, vor allem zur Eindämmung der Wüstenausbreitung und Verbesserung der Weideflächen.
- Die Umsiedlung rohstoff- und arbeitsintensiver Industrien aus den Küstenprovinzen in das Binnenland.

Die Finanzierung erfolgt durch Investitionen aus dem Zentralhaushalt und durch zinsgünstige Kredite. Für den Zeitraum von 2001 bis 2010 sollen die Steuern für in- und ausländische Unternehmen gesenkt werden. Neue inländische Unternehmen aus den Bereichen Transport, Energie, Rundfunk und TV erhalten für zwei Jahre eine Steuerbefreiung und für die folgenden drei Jahre eine Reduzierung um 50%.

Mit dem Ausbau des Verkehrsnetzes werden ländliche Gebiete besser an Marktzentren angebunden. Langfristig soll sich das positiv auf die Einkommensentwicklung auswirken und damit die Armut zumindest teilweise reduzieren.

Projekte wie der Bau der Eisenbahnlinie von Qinghai nach Tibet führen neben der wirtschaftlichen Erschließung auch zum Zuzug vieler Han-Chinesen. Dadurch könnte sich die kulturelle Überfremdung weiter verstärken. In der Hauptstadt Lhasa ist inzwischen nur noch jeder dritte Einwohner ein Tibeter.

4 **Sichere Trinkwasserversorgung für Chinas Landbevölkerung bis 2015**

Die gesamte Landbevölkerung Chinas soll bis 2015 Zugang zu sauberem Trinkwasser erhalten. In den nächsten fünf Jahren soll zuerst einmal für 160 Millionen der chinesischen Landbevölkerung eine sichere Trinkwasserversorgung aufgebaut werden.

In China sahen sich bisher 312 Millionen der chinesischen Landbevölkerung mit einer unzureichenden Trinkwasserversorgung konfrontiert und in den meisten Fällen war das zur Verfügung stehende Wasser mit Fluor, Arsen oder anderen chemischen Schadstoffen verschmutzt. Unreines Trinkwasser ist die Ursache von bereits mehr als 50 Krankheiten in China.

Schiefer Kim u. Jens unter www.chinaseite.de (20.5.2007)

5 **Maßnahmenpaket ländlicher Raum**

Die chinesische Regierung beschloss 2004 die Agrarsteuer schrittweise abzuschaffen und direkte Subventionen an die landwirtschaftlichen Produzenten zu zahlen.

Bisher subventionierte der Staat über die staatseigenen Unternehmen im Getreidemarketing den Getreideankauf von den Bauern zu einem Preis, der oberhalb des Marktpreises lag. In diesem System fehlte jedoch die direkte Beziehung zwischen Subvention und Produktionsanreiz. Erste postitive Erfahrungen mit der direkten Vergabe von Subventionen an landwirtschaftliche Produzenten wurden ab 2002 in einigen Provinzen gemacht, u.a. in Anhui, Jiangxi, Hunan und Hubei. Diese Erfahrungen bilden die Basis für die nunmehr landesweite Verbreitung direkter Subventionen an Getreideproduzenten. Die hierfür zur Verfügung stehenden rund 10 Milliarden. Yuan der Regierung werden auf die 13 Provinzen verteilt, die zu den wichtigsten Getreideanbauregionen zählen. Finanzhilfen und Steuererleichterungen sollen die Einkommen der Landbevölkerung erhöhen.

nach china aktuell, Mai 2004, S. 525 und DB Research China 2025, S. 8

6 ***Armut auf dem Land***

Städter zahlen erst ab einem Monatsverdienst von umgerechnet 80 Euro Steuern, Bauern noch bevor sie ein einziges Reiskorn ernten. Städter haben Anspruch auf ein staatliches Mindestgehalt, Bauern nicht. Stadtkinder müssen für die Schule keine Gebühr zahlen, Dorfschulen kosten die Bauern 40 Prozent ihres Einkommens. Städter haben meist Anspruch auf Krankenversicherung und Rente, Bauern so gut wie nie.

Bauer Wang. In: Georg Blume: „Maos vergessene Kinder" in: Die Zeit Nr. 42 vom 7.10.2000

TERRATraining

Raumanalyse China

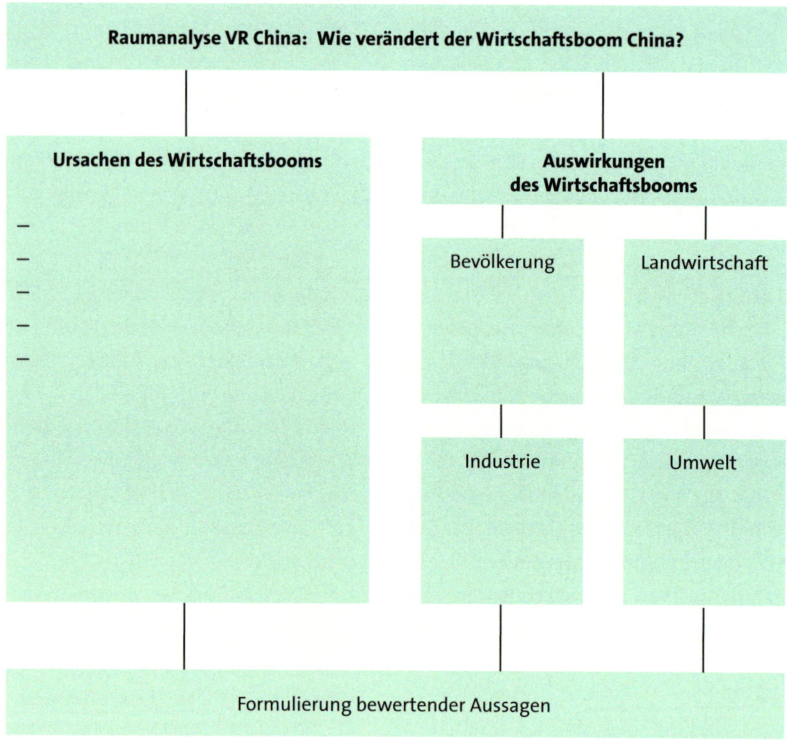

1

Wichtige Begriffe
Bevölkerungspolitik
Infrastruktur
Volkskommune
Wirtschaftssonderzone

1 *Ergebnisse der Raumanalyse präsentieren*
Das Schema 1 zeigt eine Möglichkeit, die Ergebnisse deiner Raumanalyse zusammenzuführen. Vervollständige das Schema.

2 *Orientieren in China (Karte 2)*
a) Benenne mindestens 8 Nachbarstaaten Chinas (1 bis 17).
b) Worin unterscheiden sich die Städte 1,3,5, 6 und 8 von den übrigen Städten Chinas?
c) Benenne die Großlandschaften A bis H und die jeweils dominierende landwirtschaftliche Nutzung.
d) Beschreibe mithilfe der Großlandschaften oder Provinzen die Lage von Gebieten mit hoher und niedriger Bevölkerungsdichte.
e) Welche Provinzen haben Anteil an den großen Wachstumszentren Chinas und welche Provinzen zählen zu Westchina? Nutze hierzu den EXTRA-Link: 27850X-0006.

3 *GIS-Daten nutzen und beurteilen*
a) Untersuche mithilfe des WebGIS zu China Zusammenhänge zwischen der Wirtschaftsleistung der Provinzen und sozialen Verhältnissen.
b) Beurteile die Aussagekraft deines Ergebnisses.

4 *Diagramme lesen*
a) Beschreibe und begründe das Bevölkerungswachstum in China seit 1949 mithilfe von Diagramm 4.
b) Erkläre die Entwicklung der Geburten- und Sterberate um 1960.

5 *Standortfaktoren vergleichen*
Vergleiche die Standortfaktoren von Westchina mit denen des Küstenraumes
a) vor der Öffnung in den 1980er-Jahren,
b) heute.

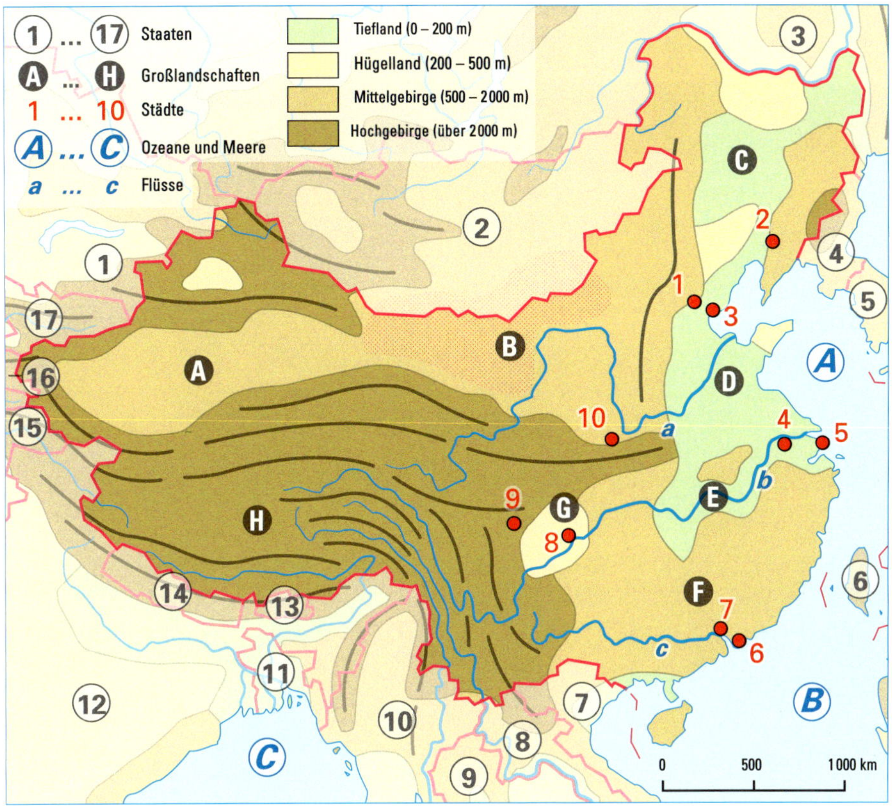

2

EXTRA-Link

Eine Karte mit den Provinzen Chinas findest du unter www. klett.de/extra [EXTRA-Link: 27850X-0006]

6 China und die Weltwirtschaft

a) Benenne Wettbewerbsvorteile Chinas im Kampf um Auslandsinvestitionen.

b) Inwiefern verändert sich die Weltwirtschaft und damit auch die Rolle Europas durch den Wirtschaftsboom in China?

7 Was wäre, wenn ... ?

a) Berechne für die Angaben in Tabelle 3 den absoluten Bedarf und die dazu notwendige Steigerung der chinesischen Produktion in Prozent für den Fall, dass China das deutsche Niveau erreicht.

b) Formuliere Schlussfolgerungen aus den ermittelten Ergebnissen.

8 Thesen beurteilen

Beurteile die folgenden Aussagen:

„In der veränderten landwirtschaftlichen Produktion spiegelt sich die Entwicklung ganz Chinas wieder."

„Durch den Wirtschaftsboom haben sich die regionalen Unterschiede vergrößert."

3

Angaben 2004	Deutschland		China	
	absolut	Pro-Kopf	absolut	pro-Kopf
Bevölkerung	82 500 000		1 300 000 000	
Zucker in kg	3 642 698 800	44,2	9 376 617 600	7,2
Milch in kg	21 782 020 200	264,3	17 320 696 400	13,3
Autos	45 000 000	0,5	20 000 000	0,02

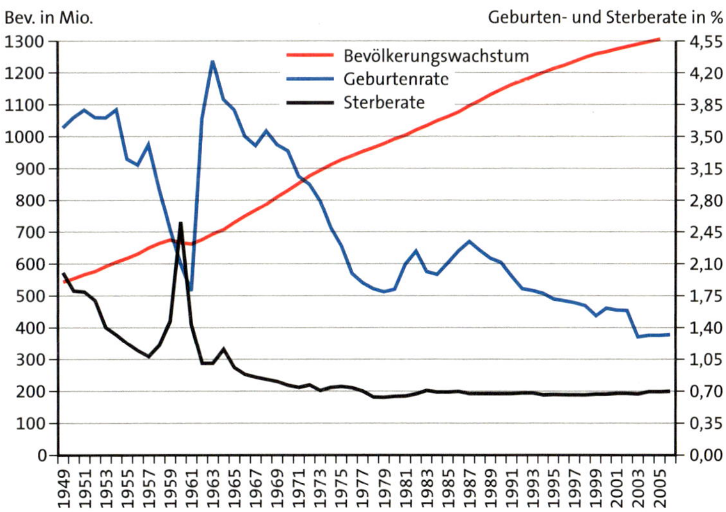

4 **Entwicklung der Geburten- und Sterberaten 1949–2005**

Menschen präger

Alles menschliche Tun ist an den Raum gebunden. Dabei gestaltet und überprägt der Mensch den Raum entsprechend seiner jeweiligen Bedürfnisse. Da diese Bedürfnisse sich ändern und nicht überall gleich sind, ändert sich auch die Gestaltung des Raumes. Dieser wird zum Spiegelbild menschlichen Handelns.

Räume

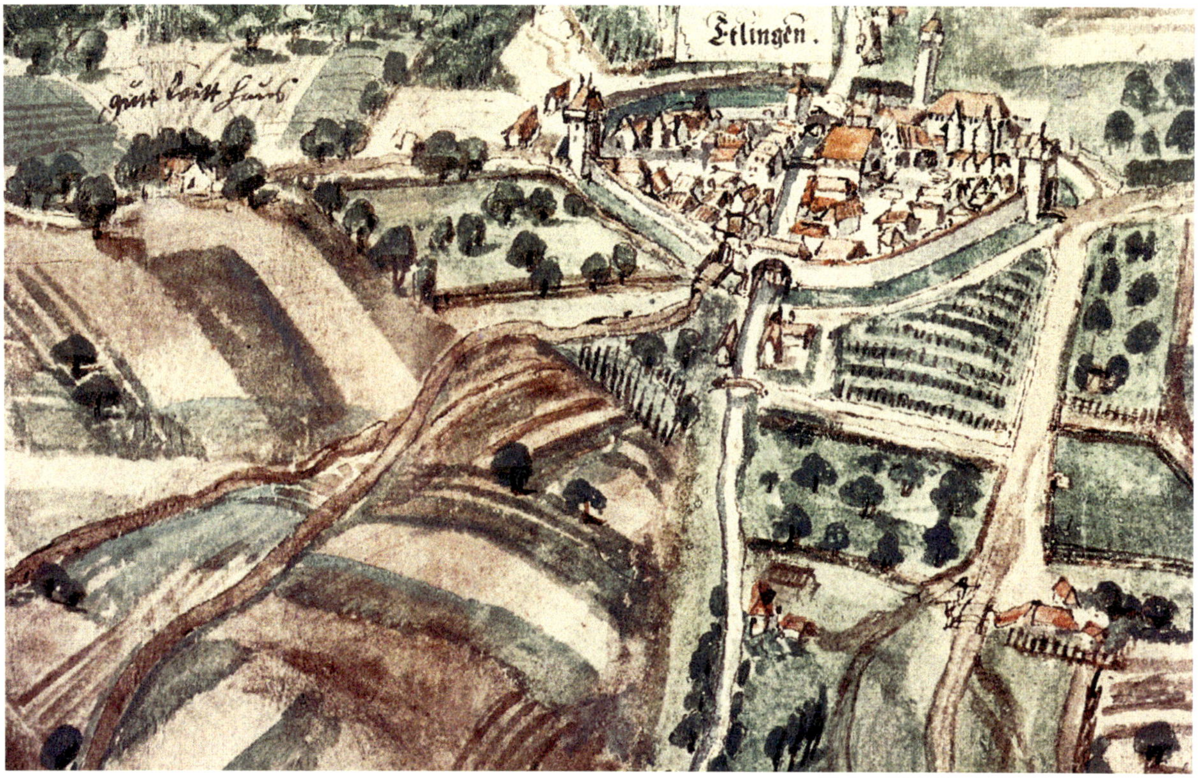

❶ ***Ettlingen 1562***

Ettlingen – Stadtentwicklung in Mitteleuropa

❷ ***Entwicklung der Einwohnerzahl in der Stadt Ettlingen***

1500	*1832*
1800	*2105*
1825	*3291*

Die Wurzeln Ettlingens, der großen Kreisstadt vor den Toren Karlsruhes, gehen zurück bis in die Römerzeit. Ab dem 8. Jahrhundert ist eine Siedlung nachgewiesen. Mit vielen anderen Städten in Mitteleuropa weist sie vergleichbare Phasen der Entwicklung auf.

Vom Mittelalter bis zur Neuzeit

Die Römer waren die ersten, die im heutigen Süd- und Südwestdeutschland Städte gründeten. Der Grundriss dieser Siedlungen folgte mit dem rechtwinkligen Straßennetz und den zwei sich im Zentrum kreuzenden Hauptstraßen dem Idealtyp einer römischen Stadt.

Zu einer neuen Blüte kam das Städtewesen im Mittelalter. Adel, Klerus oder Kaufleute initiierten die Wiederbelebung oder Gründung von Städten. Kennzeichnend für die mittelalterliche Stadt waren

- ihr unregelmäßiger Grundriss,
- die kompakte Form der Stadt,
- die umfassende Stadtmauer sowie
- das Stadtbild prägende Bauwerke wie Kirchen, Rathäuser oder Stadttore.

Der Zustrom der Landbevölkerung in die Städte war so groß, dass vielen das Korsett der Stadtmauer zu eng wurde und sie durch einen neuen, größeren Ring Platz für weitere Menschen schufen.

❸

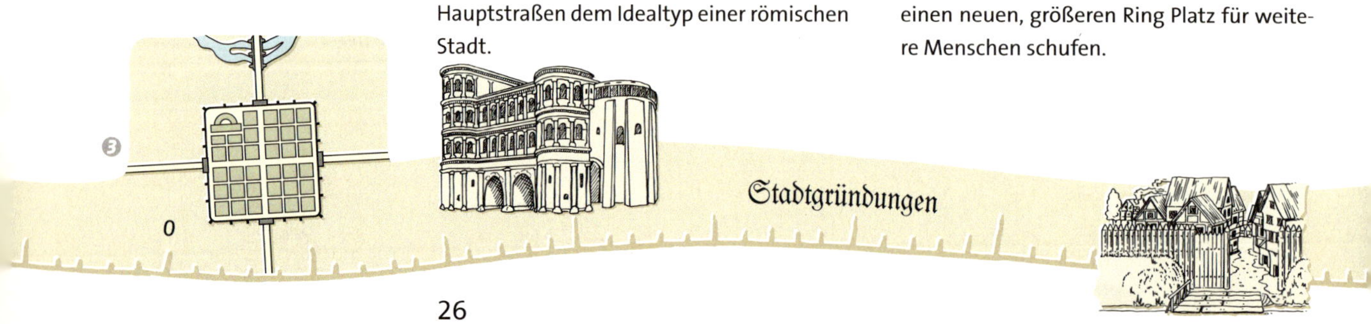

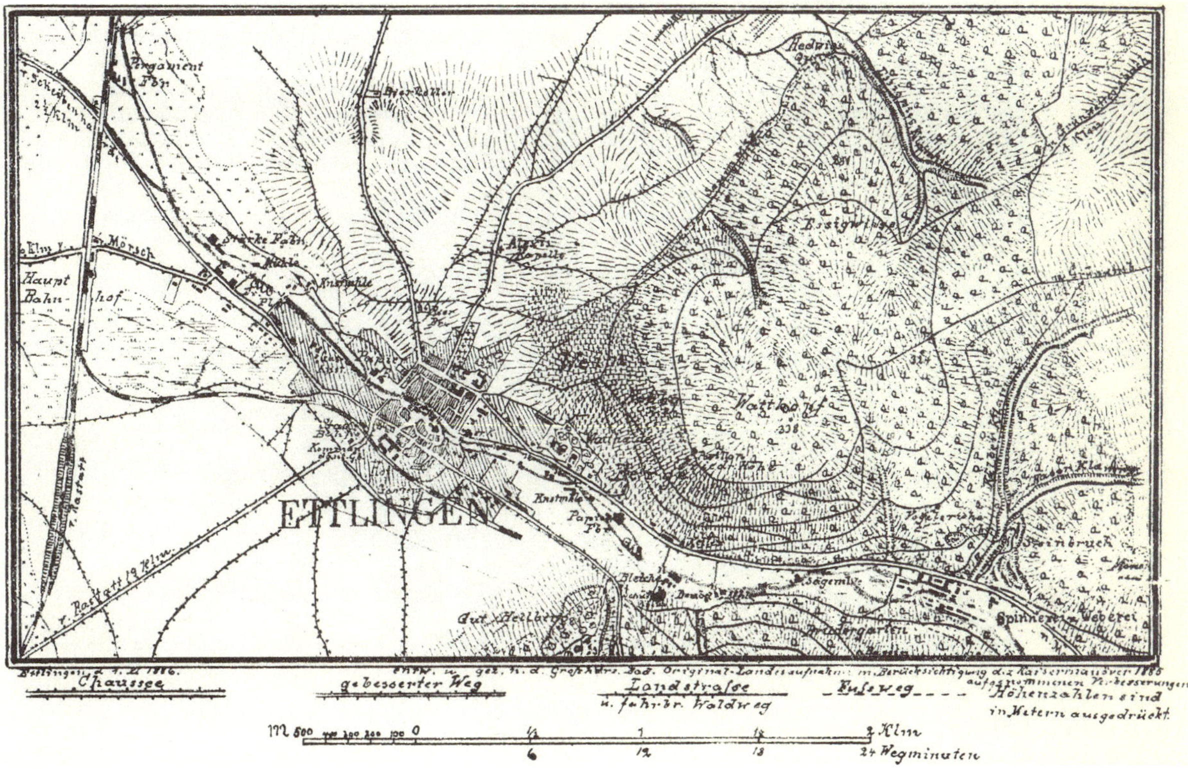

④ ***Ettlingen 1885***

⑤ **Daten aus der Stadtgeschichte**

Jahr	
1./2. Jh.	Besiedlung durch die Römer
788	erste urkundliche Erwähnung
965	Marktrecht
1182	Erhebung zur Stadt
1452	Errichtung einer Papiermühle (Anfänge der Papierherstellung)
1689	Brandschatzung im Pfälzer Erbfolgekrieg, weitgehende Zerstörung der Stadt
1727	Wiederaufbau des Schlosses
1738	Bau Neues Rathaus

1 Vergleiche das Gemälde 1 von 1562 mit der Karte 4 von 1885.
   a) Stelle fest, aus welcher Richtung der Maler auf Ettlingen blickt.
   b) Zeige auf, welche Gebäude bzw. Strukturen des mittelalterlichen Ettlingen 1885 noch zu erkennen sind.

2 Beschreibe das Umland von Ettlingen.
   a) Welche Nutzungsformen erkennst du?
   b) Wie hat sich das Umland gegenüber 1562 verändert?

3 Erstelle einen Plan des mittelalterlichen Ettlingen. Markiere darin die heute noch erhaltenen Gebäude und Strukturen.

4 Überprüfe, ob Ettlingen typische Züge der Stadtentwicklung in Mitteleuropa zeigt.

5 Vergleiche diese Entwicklung mit einer Stadt in deinem Umfeld.

⑥ ***Fachwerkhäuser***

⑦ ***Rathaus***

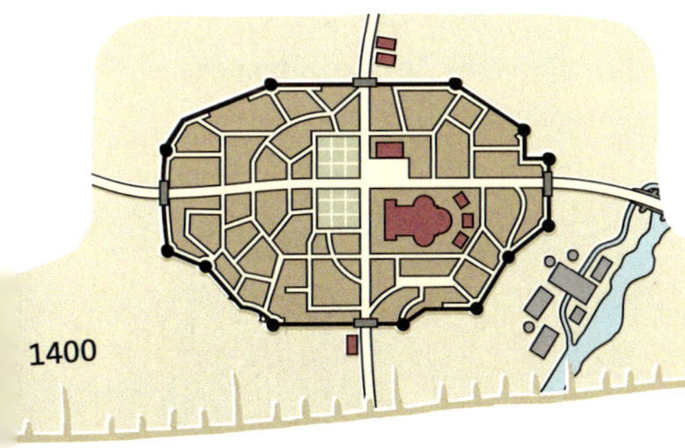

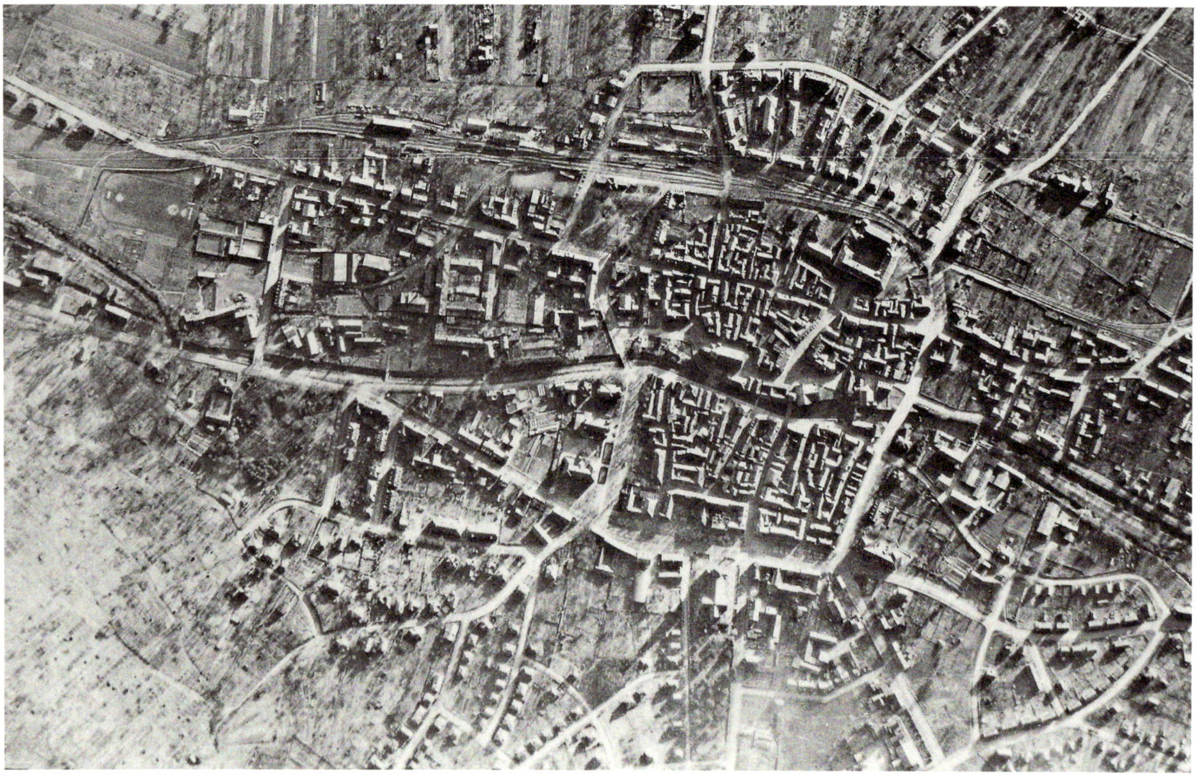

8 ***Ettlingen 1945***

9 ***Einwohnerentwicklung***

1871	*5 094*
1880	*5 608*
1890	*6 547*
1900	*8 033*
1910	*9 407*
1925	*9 435*

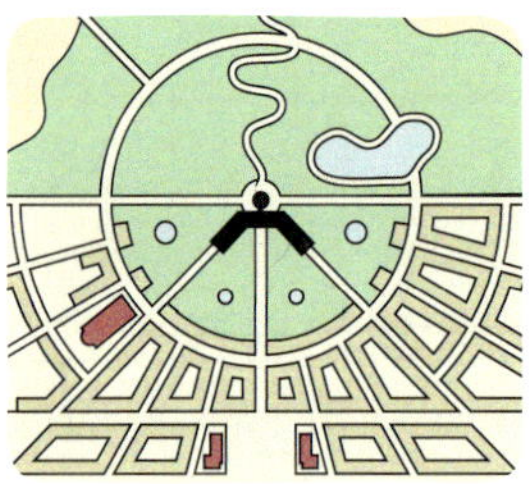

10

Neuzeit und Industrialisierung

Ab dem 16. Jahrhundert gab es nur noch vereinzelt Neugründungen von Städten, die im Zeichen von Absolutismus und Barock in ihrer Gestaltung einem politischen Programm entsprachen. Meist folgten sie in ihrer Planung dem Typ der **Idealstadt**. Die Stadtgründungen dieser Zeit hatten oft eine klar bestimmte Aufgabe:

- Residenzstadt (Karlsruhe),
- Festungsstadt (Neu Breisach),
- Exulantenstadt (Neu Isenburg),
- Bergstadt (Freudenstadt).

Eine radikale Umgestaltung der Städte brachte im 19. Jahrhundert die Industrialisierung. In den Städten, die durch den Anschluss an das Eisenbahnnetz zu Industriestandorten wurden, stieg die Bevölkerungszahl rasch an.

Mietskasernen und Industrieanlagen

Für die Beschäftigten der Betriebe brauchte man Wohnungen. Die Mietskasernen der neuen Wohngebiete wucherten aus den Siedlungskernen und lagen oft in der Nähe der sich entlang der Eisenbahnlinien ansiedelnden Industriebetriebe.

Zum Ende des 19. Jahrhunderts hin gerieten die Wohnungen wegen der ungesunden Lebensbedingungen der Arbeiter immer mehr in die Kritik. Man suchte nach neuen Stadtkonzepten. Die wohl wegweisende Idee zur Verbesserung war die der **Gartenstadt**.

Vor allem in der ersten Hälfte des 20. Jahrhunderts erfuhren die Stadtflächen eine Erweiterung durch Siedlungen mit kleinen Einfamilien- bzw. Reihenhäusern und relativ großen Gartenflächen.

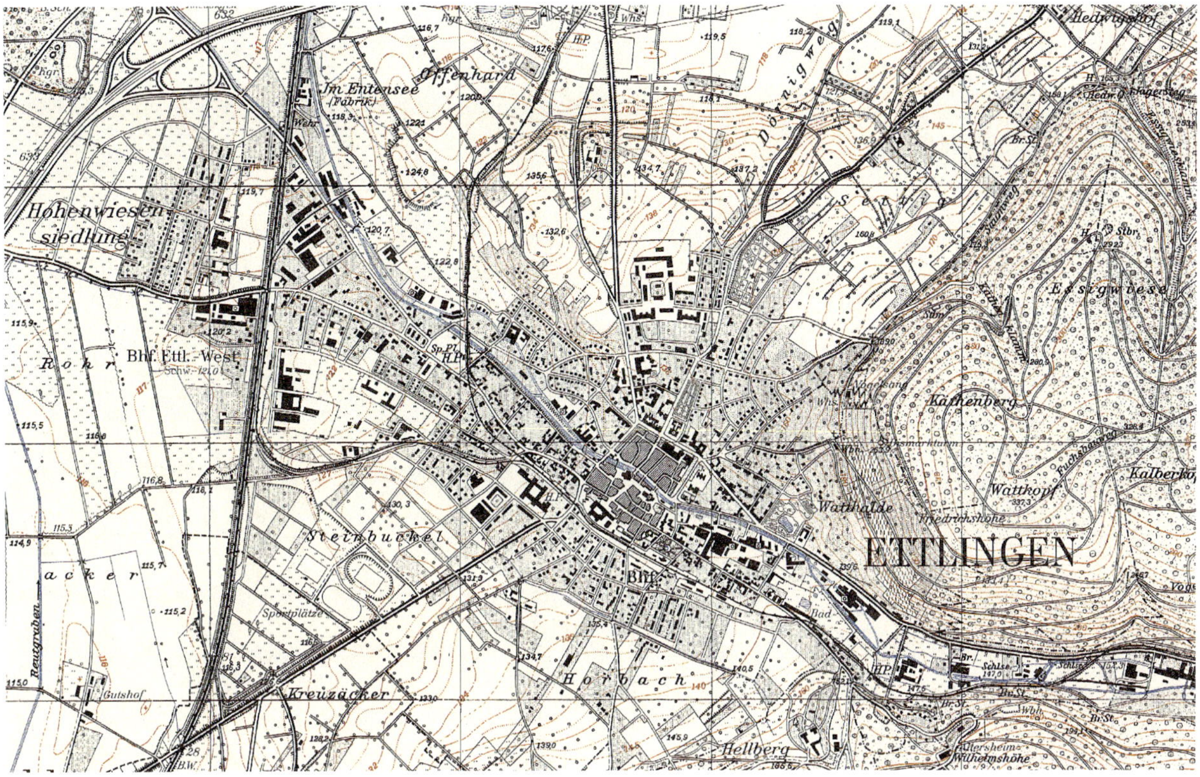

⑪ ***Ettlingen 1957 (Topografische Karte 1 : 25 000 auf 85 % verkleinert)***

⑫ **Daten aus der Stadtgeschichte**

Jahr	
1836	Gründung der Ettlinger Spinnerei im Albtal
1838	Aufnahme der Produktion
1844	Staatsbahnhof westlich der Stadt an der Strecke Karlsruhe – Freiburg
1890	Gründung der Maschinenfabrik Lorenz westlich der Stadt
1897	Inbetriebnahme der Albtalbahn

6 *Bestimme mithilfe der Karte 11 markante Gebäude wie Rathaus, Kirche, Bahnhof usw.*

7 *Erstelle auf der Grundlage von Karte 11 und Luftbild 8 eine Skizze der Stadtstruktur Ettlingens 1945.*

8 *Begründe, warum Papierfabrik und Spinnerei im Albtal, die Maschinenfabrik Lorenz aber im Westen der Stadt gegründet wurden.*

9 *Arbeite mit einem Luftbild und einer Karte deines Schulortes, die beide aus der Zeit um 1945 stammen.*
Fasse in einer Tabelle zusammen, welche Strukturen vergleichbar und welche verschieden sind.

⑬ ***Gründerzeithaus***

⑭ ***Kaserne***

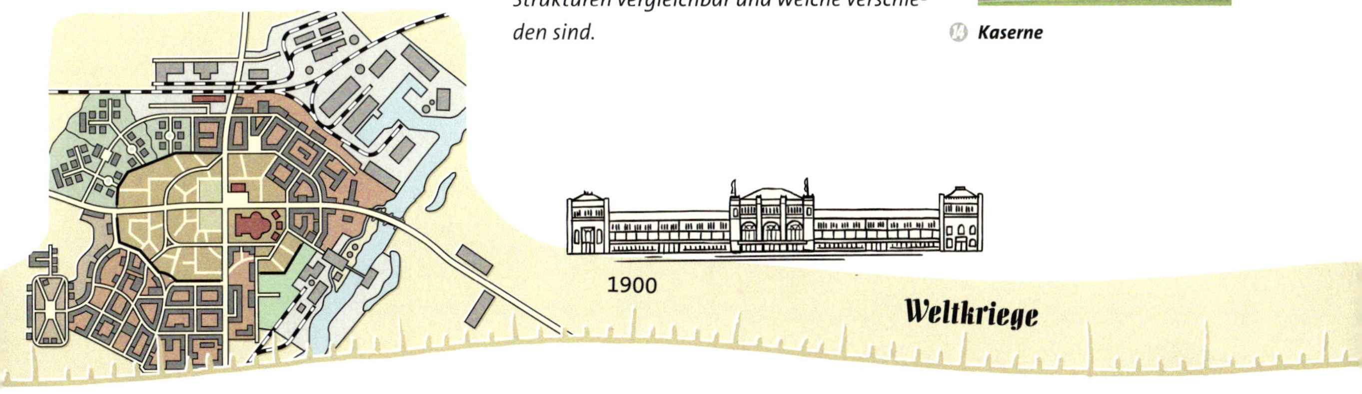

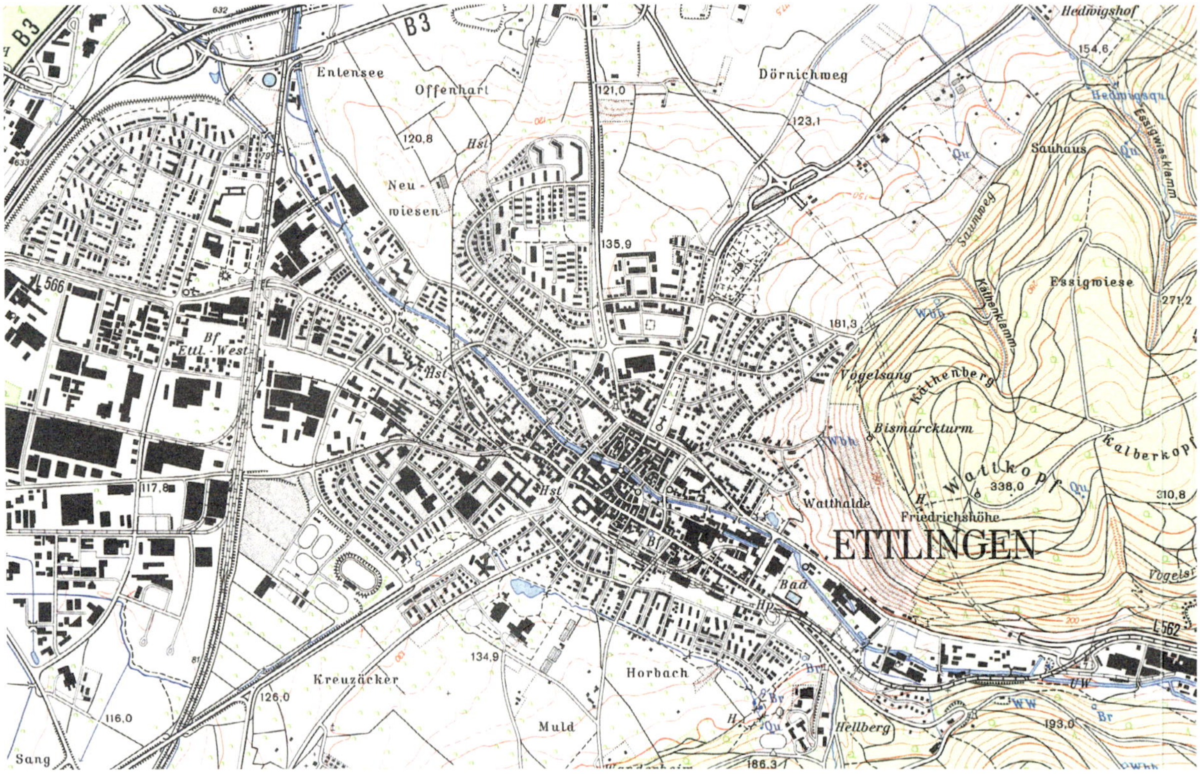

15 *Ettlingen 2005 (Topografische Karte 1 : 25 000 auf 85 % verkleinert)*

16 ***Einwohnerentwicklung***

1939	*11 869*
1945	*10 799*
1950	*16 451*
1961	*19 390*
1970	*21 464*
2005	*22 567*

Wachstum im Zeichen von Kfz und Konsum

Die Spaltung Deutschlands hatte auch eine unterschiedliche Stadtentwicklung in Ost und West zur Folge. In Westdeutschland orientierte sich der Wiederaufbau nach den zwei Weltkriegen wegen der überkommenen Grundstückszuschnitte zunächst wieder an den vorher bestehenden Strukturen. Dabei fing man aber sehr früh an, die Stadt an die Bedürfnisse des privaten Pkws anzupassen. Die Straßen wurden breiter und Durchgangsstraßen wurden durchgebrochen.

In der DDR wurden die Ruinen der Bombenschäden meist abgetragen und neue Wohngebäude, losgelöst von bestehenden Strukturen, errichtet. Man folgte damit den anerkannten Vorstellungen einer hellen und durchgrünten Stadt. Zur Problemzone wurde der Altstadtbereich, der den Krieg unbeschädigt überstanden hatte. Wegen der veralteten Bausubstanz sank hier der Wohnwert immer mehr. Während man in der BRD durch Maßnahmen der **Stadtsanierung** den Verfall zu stoppen suchte, überließ man ihm in der DDR diese Stadtteile weitgehend.

17

18 Daten aus der Stadtgeschichte

Jahr	
1944	Anschluss an die Bundesautobahn A 5
1950	Erste Reihenhaussiedlung „Im Ferning“
1970	Bau der ersten Großwohnanlagen
1975	Beginn der Ettlinger Stadtsanierung

19 *Stadtmodelle*

Ein Modell ist immer eine Vereinfachung der Wirklichkeit. In wesentlichen Eigenschaften stimmt es mit ihr überein. Auch die städtebaulichen Entwicklungsphasen lassen sich in Form von Modellen darstellen. Diese bilden keine bestimmte Stadt ab, sondern zeigen vereinfacht das Gemeinsame vieler Städte.

In beiden deutschen Staaten entstanden ab den 1960er-Jahren Großwohnanlagen in **Trabantenstädten**, mit denen die starke Nachfrage nach Wohnungen befriedigt werden sollte.

Flächenmäßig viel bedeutsamer waren und sind in Westdeutschland die Stadterweiterungen durch Eigenheim- und Reihenhaussiedlungen.

Das 21. Jahrhundert bringt für die Stadtplaner neue Herausforderungen. Erstmals müssen sie nicht das Wachstum, sondern die Schrumpfung von Städten planen.

10 *Zeichne eine Skizze, in der du die Wachstumsphasen der Stadt Ettlingen festhältst.*

11 *Stelle dar, was die Nachkriegsentwicklung von Ettlingen von der einer Stadt in der DDR unterscheidet.*

12 *Begründe, warum die Fläche der Städte schneller wächst als die Einwohnerzahl.*

13 *Die Stadt ist ein Ebenbild der in ihr lebenden Menschen. Nimm zu dieser Aussage begründet Stellung.*

14 *Zeichne oder beschreibe auf einer halben Seite deine Vorstellungen von der Idealstadt der Zukunft.*

20 ***Gewerbegebiet***

21 ***Wohnblock***

22 ***Reihenhaussiedlung***

EXTRA-Link

Modell Westeuropäische Stadt: www.klett.de/extra [EXTRA-Link: 227850X-0007]

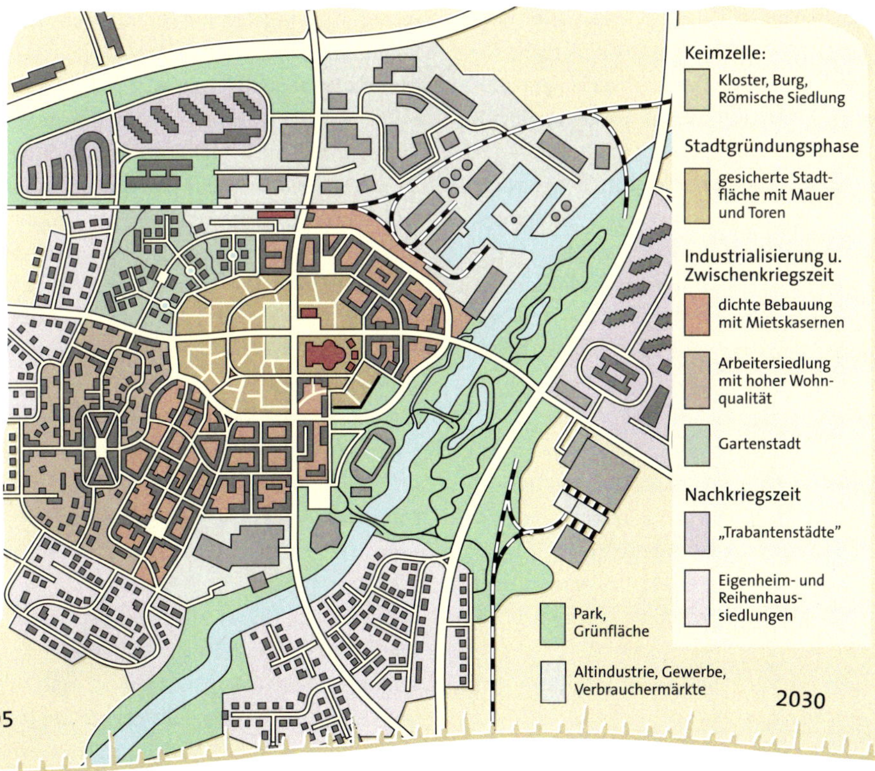

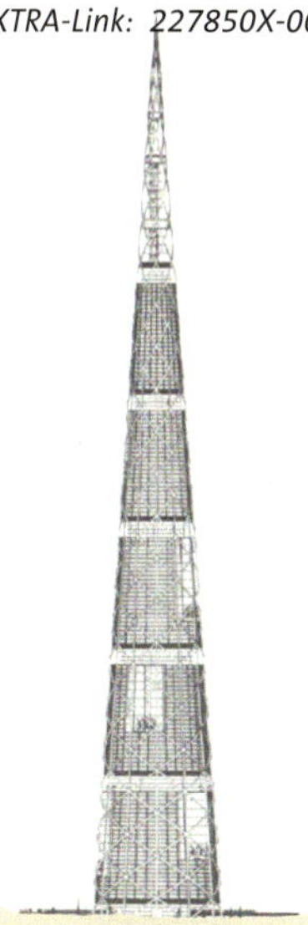

1995 2030 STADT DER ZUKUNFT?

Allgäu bei Hindelang, Unterjoch mit Blick auf Wertacher Höhe 1890

Kulturlandschaft im Wandel

Naturlandschaft
Landschaft, in die der Mensch durch seine wirtschaftlichen Tätigkeiten nicht eingegriffen hat.

Kulturlandschaft
vom Menschen gestaltete und genutzte Landschaft.

Vergrünlandung
dauerhafte Umwandlung von Ackerland in Grünland.

Sozialbrache
landwirtschaftliche Fläche, die aktuell nicht mehr bewirtschaftet wird.

Landschaften wandeln sich stetig, nur bemerken wir es nicht, weil wir in diesen Landschaften leben und den schleichenden Prozess erst dann erkennen, wenn wir ältere Fotos sehen.

Zur **Kulturlandschaft**, das ist die vom Menschen geprägte und überprägte Landschaft, zählen Siedlungen, landwirtschaftlich genutzte Flur und – mit Ausnahme der wenigen verbliebenen echten Urwälder – die Wälder.

Von wegen Naturlandschaft

Seit der Steinzeit ist in Mitteleuropa der Mensch dabei, die Natur seinen Nutzungsmöglichkeiten und Bedürfnissen anzupassen. Wälder wurden gerodet, um für landwirtschaftliche Flächen Platz zu machen oder um Energierohstoffe und Baumaterial zu liefern.

Gegen die wirtschaftlichen Interessen des Menschen hatte die Natur keine Chance. Sie wurde so gestaltet, wie sie für die Menschen am besten nutzbar ist.

Motor des Wandels – Landwirtschaft

Von großer Bedeutung für den Wandel der Kulturlandschaft ist die Landwirtschaft, sie ist es, die – immer noch – das Bild der Landschaft prägt. Seit der Mitte des letzten Jahrhunderts ist dieser Wirtschaftszweig einem Wandel unterworfen, dessen Dynamik nach wie vor ungebrochen ist. Mechanisierung und Rationalisierung waren die ausschlaggebenden Prozesse.

Der Ersatz der menschlichen Arbeitskraft durch Maschinen konnte nur auf größeren Parzellen sinnvoll durchgeführt werden. **Flurbereinigung** in der BRD und **Bodenreform** in der DDR haben zu vergleichbaren Ergebnissen geführt.

Durch den sozialen Wandel in den letzen Jahrzehnten wurden viele Landwirte gezwungen, ihre Wirtschaftsform zu ändern. Auf vielen Höfen war es üblich, ein breites Spektrum abzudecken. Vieh- und Schweine-

Allgäu bei Hindelang, Unterjoch mit Blick auf Wertacher Höhe 2001

haltung, Kartoffel- und Getreideanbau und auch ein paar Hühner gehörten auf jeden Hof. Diese Wirtschaftsform war sehr arbeitsintensiv und brauchte viele Arbeitskräfte. Deshalb versuchten immer mehr Landwirte, durch Spezialisierung und Intensivierung ihre Wettbewerbsfähigkeit zu verbessern.
Eine Folge dieser Entwicklung ist die **Vergrünlandung**, in deren Rahmen der Ackerbau zugunsten von Weiden und Wiesen für den Futteranbau aufgegeben wurde.
Viele Familien gaben die Landwirtschaft ganz auf, weil andere Wirtschaftszweige bessere Möglichkeiten boten. Die Folgen waren **Sozialbrache** oder **Aufforstung**.

Flächennutzung im Deutschland (in km²)

	2000	2004
Siedlung und Verkehr	43939	45621
Landwirtschaftliche Nutzfläche	191026	189324
Waldfläche	105314	106486

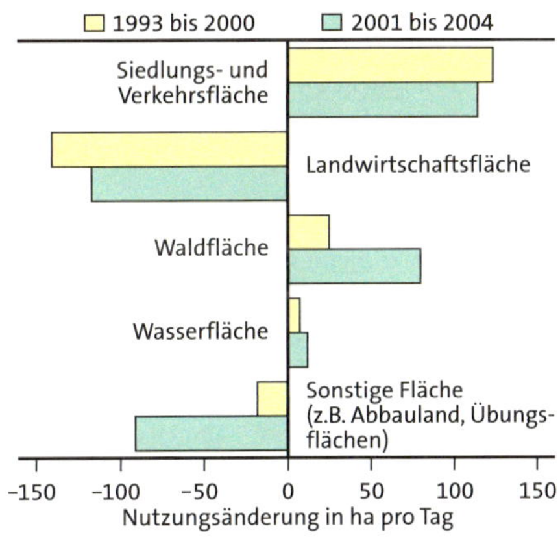

Veränderung der Flächennutzung 1993–2004

1 *Vergleiche die beiden Bilder und liste die Veränderungen auf.*
2 *Stelle dar, welche Veränderungen für die Unterschiede verantwortlich sind.*
3 *Der Schutz der Naturlandschaft ist Unsinn. Positioniere dich zu dieser Aussage.*

Surftipps
www.landschaftswandel.com
www.env-it.de

Extra-Link
Spuren in der Landschaft
www.klett.de/extra
[EXTRA-Link: 27850X-0005]

Netze verbinden

Über Europa spannt sich ein Netz. Es ist nicht sehr einheitlich geknüpft. An manchen Stellen zeigt es die engen, **polyzentrischen** Maschen eines Fischernetzes, an anderen läuft es sternförmig, ähnlich einem Spinnennetz **monozentrisch** auf einen Punkt zu. Die Maschen sind unterschiedlich weit und die Sterne sind unterschiedlich groß. Dieses **Verkehrsnetz** ist gesponnen aus den wichtigen Fernverkehrsstraßen und den Eisenbahnlinien, welche die Regionen Europas miteinander verbinden.

Je dichter das Netz ist, desto höher sind vermutlich das Verkehrsaufkommen und der Austausch von Waren und Dienstleistungen. Selbst unterschiedliche Verwaltungsstrukturen und historische Grenzverläufe finden ihren Niederschlag im Muster der Verkehrswege in Europa.

Auch die Oberflächengestalt hat einen Einfluss auf das Netz. In Gebirgen beispielsweise lassen sich verkehrsgünstige Durchgangswege erkennen.

Nicht an allen Stellen stimmt es aber mit unserem gewohnten Bild Europas überein.

Extra-Link

das Verkehrsnetz mit Europakontur

www.klett.de/extra

[EXTRA-Link: 27850X-0008]

1 *Bestimme Nordsee, Ostsee, Mittelmeer, Schwarzes Meer sowie Alpen und Pyrenäen.*

2 *Bestimme die Lage von Madrid, Paris, Frankfurt, Berlin, Hamburg, Warschau, Moskau und Wien.*

3 *Welche Unterschiede zeigt das Verkehrsnetz im Vergleich zwischen Deutschland und Frankreich sowie der Iberischen Halbinsel? Erkläre die Ursachen.*

4 *Das Netz ist im Osten und im Westen Europas unterschiedlich eng geknüpft. Begründe dies.*

5 *Überlege, warum das Eisenbahnnetz im östlichen Mitteleuropa und in Südosteuropa wenig über den Grenzverlauf der Staaten aussagt.*

6 *Nicht überall zeigt das Verkehrsnetz die Konturen Europas. Zeige auf, warum das so ist.*

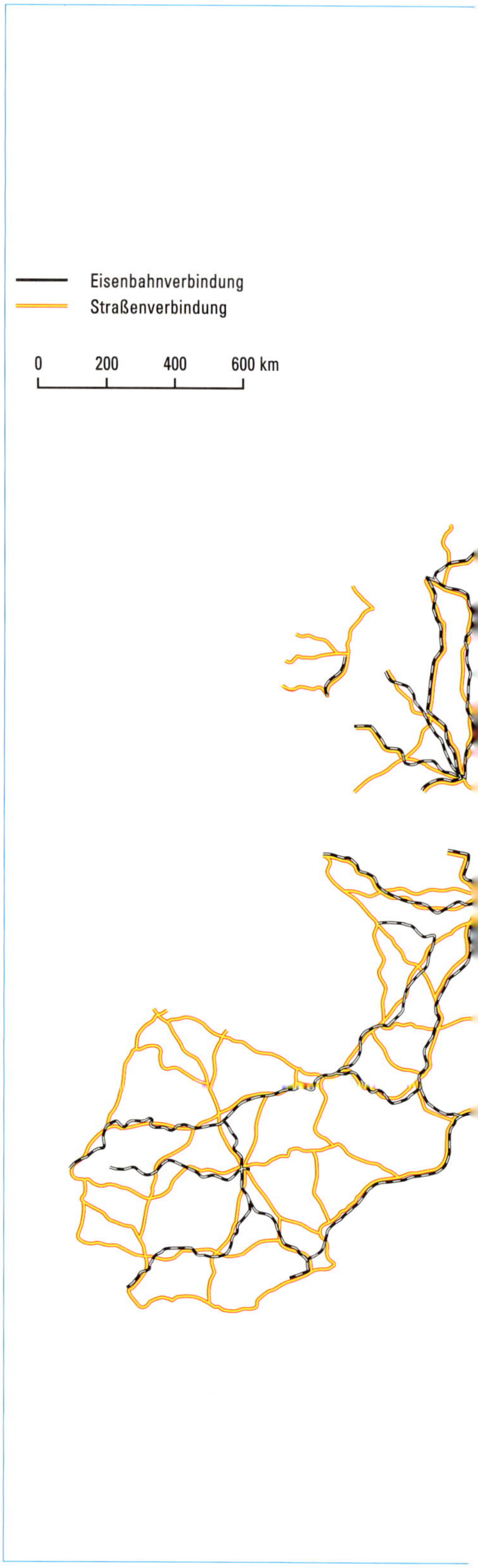

1 ***Autobahn- und Eisenbahnnetz in Europa***

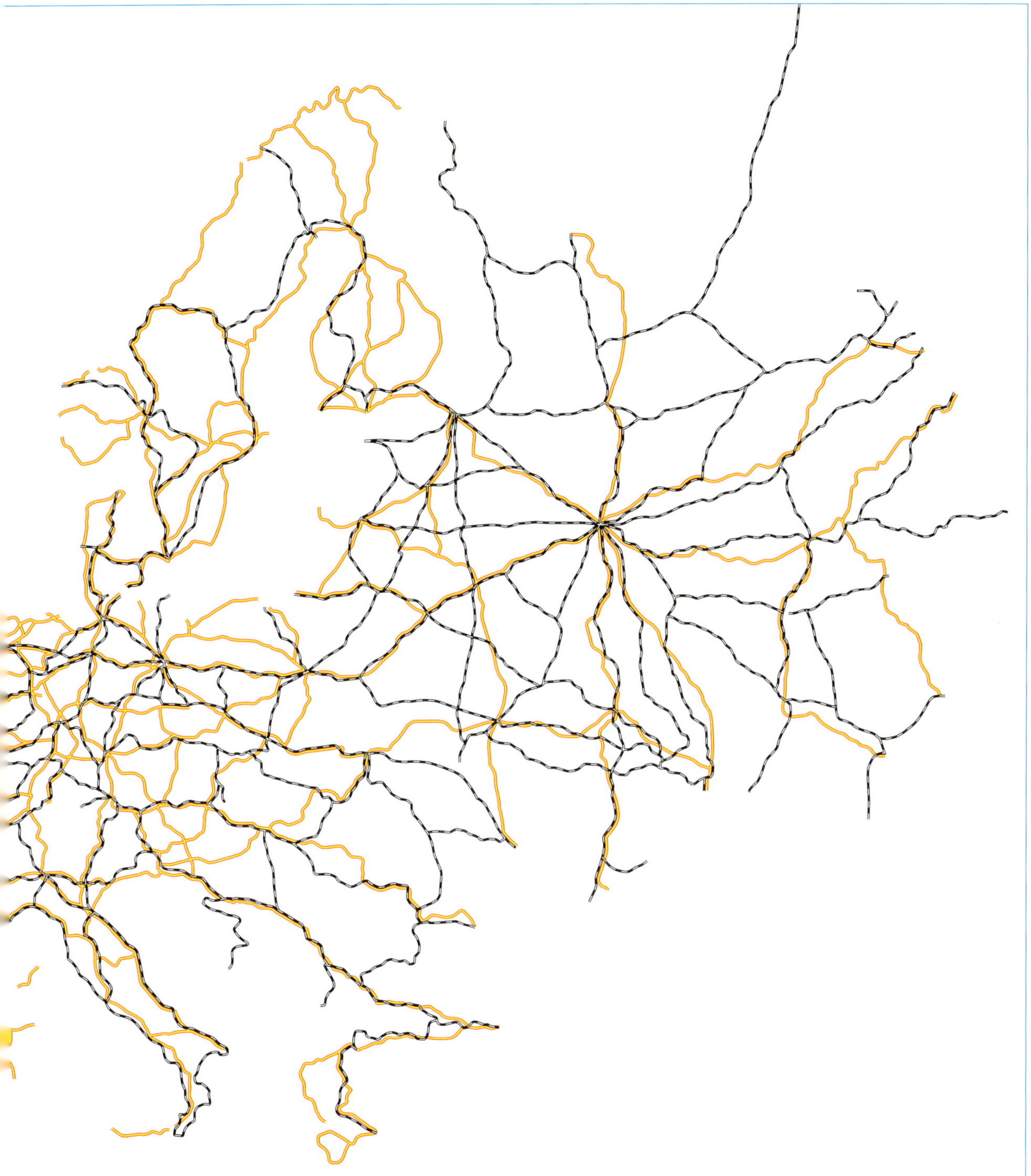

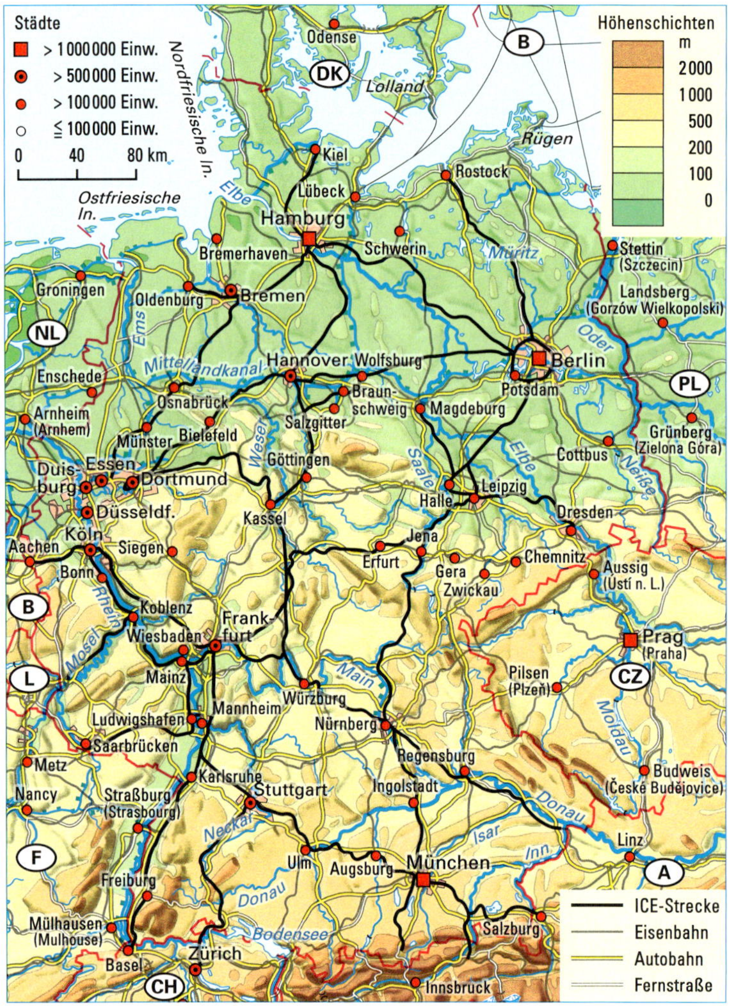

❶ *Verkehrsnetz in Deutschland*

Netze entstehen

❷ **Sitz wichtiger staatlicher Einrichtungen in Deutschland**

Einrichtung	Standort
Bundestag	Berlin
Bundesrat	Berlin
Bundesverfassungs-gericht	Karlsruhe
Bundesagentur für Arbeit	Nürnberg
Bundespatentamt	München
Deutsches Nationaltheater	Weimar
Bundesbank	Frankfurt/Main

❸ **Die zehn größten Städte in Deutschland (31.12.2006)**

Stadt	Einwohnerzahl
Berlin	3404000
Hamburg	1754317
München	1294608
Köln	1024346
Frankfurt/Main	662359
Stuttgart	593923
Dortmund	585045
Essen	581031
Düsseldorf	577505
Bremen	547765

❹ **Die zehn größten Unternehmen in Deutschland (ohne Banken und Versicherungen)**

Unternehmen	Firmensitz
Daimler AG	Stuttgart
E.ON AG	Düsseldorf
Volkswagen AG	Wolfsburg
Siemens AG	München
RWE AG	Essen
Thyssen-Krupp AG	Düsseldorf/Essen
BASF AG	Ludwigshafen
Deutsche Telekom AG	Bonn
BMW AG	München
Deutsche Post AG	Bonn

❺ „Eine besonders wichtige Ursache für die Herausbildung der fragmentierten regionalen politischen Kultur in Deutschland sind die unterschiedlichen konfessionellen Traditionen. Auch die Vielfalt der Agrarstrukturen, die nicht zuletzt durch Abweichungen im Erbrecht (Realteilung oder Anerbenrecht) entstanden ist, hinterließ ihre Prägungen ebenso wie die unterschiedliche Rolle, die der Adel in den verschiedenen deutschen Gebieten gespielt hat."

Ursula Münch/Kerstin Meerwald: Charakteristika des Föderalismus. In: IzpB, H. 275. www.bpb.de

6 **Die zehn größten Städte Frankreichs (31.12.2006)**

Stadt	Einwohnerzahl
Paris	2 153 600
Marseille	820 900
Lyon	466 400
Toulouse	435 000
Nizza	347 900
Nantes	281 800
Straßburg	272 700
Montpellier	244 300
Bordeaux	230 600
Lille	225 100

9 *Verkehrsnetz in Frankreich*

7 „Die Machtzentralisierung der Monarchie und später der Republik führte dazu, dass Paris zum Zentrum des Landes wurde. Von hier kamen die Regierungsanordnungen, aber auch Innovationen oder Revolutionen nahmen dort ihren Anfang. In jüngerer Vergangenheit haben die Franzosen den Süden wieder neu entdeckt: Toulouse, Marseille, Montpellier, die Städte im Rhône-Tal und Aix-en-Provence erlebten eine Entwicklung, die mit dem Tourismus, mit den wirtschaftlichen Gegebenheiten und der Entwicklung des Hochgeschwindigkeitszuges TGV zusammenhängen."

www.diplomatie.gouv.fr (15.06.2007)

8 „In Frankreich ist man grundsätzlich schneller, was den Bau von Hochgeschwindigkeitsstrecken angeht. (...) Die Deutsche Bahn begründet dies damit, dass Frankreich zehn Jahre früher das Konzept der Hochgeschwindigkeitsstrecken eingeführt hat und nicht mit so vielen topografischen Problemen zu kämpfen habe. Die französischen Strecken führen von Paris aus sternförmig in die Regionen. Aufgrund der zentralistischen Struktur gibt es nicht so viele Lokalpolitiker, die für ihre Region einen Halt einfordern."

Süddeutsche Zeitung, 12.03.07

10 **Sitz der 10 größten Unternehmen Frankreichs**

Unternehmen	Firmensitz
Total	Paris
Carrefour	Paris
PSA Peugeot Citroen	Paris & Montpellier
France Telecom	Paris
EDF	Paris
Suez	Paris
Les Mousquetaires	Paris
Renault	Billancourt (Paris)
Publicis Group	Paris
Saint-Gobain	Courbevoie (Paris)

11 ***Anteile der Ile de France an Gesamtfrankreich***

Dienstleistungs-beschäftigte	*70%*
Journalisten	*75%*
Forscher	*60%*

1 *Formuliere mit jeweils einem Satz die Struktur des Verkehrsnetzes in Deutschland und in Frankreich.*

2 *Stelle dar, welche natürlichen Ursachen es für diese Unterschiede geben kann.*

3 *Stelle in einer Übersicht die Ursachen und die Folgen der unterschiedlichen Verkehrsnetze in Deutschland und Frankreich dar.*

4 *Diskutiert Vor- und Nachteile der verschieden ausgeprägten Raumerschließungsmuster.*

1 Das ICE-Netz in Deutschland

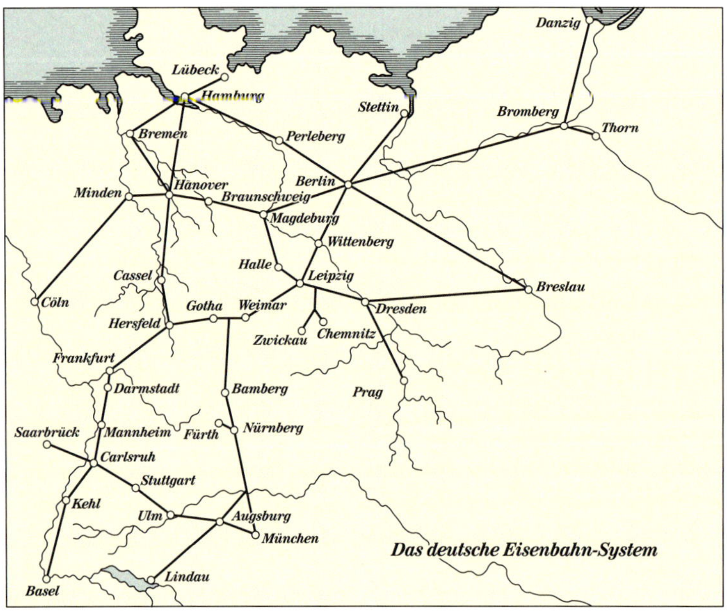

2 Entwurf für ein Eisenbahnnetz in Deutschland von List 1833

Netze im Wandel

Netze ändern sich ständig. Entscheidend dafür sind neue technische Möglichkeiten und die sich wandelnde Bedeutung von Regionen, die sie verbinden.

Ein Netz aus Eisen

Völlig neue Möglichkeiten des Transports ergaben sich durch die Erfindung der Eisenbahn und den Ausbau des Eisenbahnnetzes. Damit einher gingen die Industrialisierung und die Herausbildung des heutigen Siedlungsnetzes. Schon 1833 hatte der Ökonom Friedrich List einen Plan für den Bau eines deutschen Eisenbahnnetzes vorgelegt, das die großen und wichtigen Städte und Wirtschaftsgebiete verbinden sollte.

Mit der Strecke von Dresden nach Leipzig wurde 1839 die erste Fernbahn eröffnet. In der Folge wurde das Netz immer dichter. Die Durchgangsstrecken zwischen den großen Zentren wurden im Interesse der Wirtschaft zu regionalen Netzen erweitert. Der Anschluss an das Netz war eine starke Triebfeder für die wirtschaftliche Entwicklung von Regionen.

Die Streckenplanungen unterlagen dabei folgenden zwei Vorgaben:

- Entscheidend war nicht die kürzeste Verbindung zwischen den Zentren. Möglichst viele Orte sollten an das Netz angebunden werden.
- Wegen der beschränkten technischen Möglichkeiten und der Kosten sollten Kunstbauten wie Brücken und Tunnels vermieden werden. Die Trassen folgten daher oft dem Verlauf von Tälern.

Von den Hauptstrecken aus sollten Nebenbahnen Regionen des ländlichen Raums erschließen. Nur selten brachten diese aber den erhofften wirtschaftlichen Aufschwung. Meist waren sie schon nach kurzer Zeit nicht mehr rentabel.

Nach dem Ersten Weltkrieg kam der Ausbau des Eisenbahnnetzes zum Erliegen. In den 60er-Jahren des 20. Jahrhunderts setzte die Stilllegung unrentabler Strecken ein.

Schnell und direkt

Die Entwicklung des Verkehrs stand in der zweiten Hälfte des 20. Jahrhunderts im Zeichen der Motorisierung und des Ausbaus des Straßen- und Autobahnnetzes. Das Streckennetz der Bahn, das weitgehend noch aus dem 19. Jahrhundert stammte, war den Anforderungen von Personen- und Güterverkehr nicht mehr gewachsen.

Bislang waren Eisenbahnstrecken in das Gelände hineingepasst worden. Die Steigungen und Kurvenradien folgten einer Trassierung entlang von Flüssen und Tälern. Diese Vorgaben waren für die neuen Hochgeschwindigkeitsstrecken nicht mehr brauchbar. Mit ihnen sollte eine Punkt-zu-Punkt-Verbindung zwischen Zentren erfolgen. Parallel dazu wurde mit dem ICE ein Zugtyp entwickelt, der für Geschwindigkeiten bis 300 km/h geeignet war und dem Tunnelbegegnungen bei diesem Tempo möglich waren.

Mit der Eröffnung der Neubaustrecke von Würzburg nach Kassel wurde 1991 der erste Baustein eines für Hochgeschwindigkeitszüge geeigneten Netzes dem Verkehr übergeben.

Im gleichen Jahr folgte die Neubaustrecke Mannheim-Stuttgart. Die neuen Strecken sollten die Zentren auf nahezu direktem Weg verbinden. Um dieses Ziel zu erreichen wurden auch teure Brücken- und Tunnelbauten in Kauf genommen. Die ICE-Züge ermöglichen jetzt mit ihrer Spitzengeschwindigkeit von bis zu 300 km/h zwischen den Zentren noch bis vor wenigen Jahren unvorstellbare Reisezeiten.

Verlierer dieser Entwicklung sind die Städte, deren Bahnverbindungen sich durch die Neubaustrecken verschlechtert haben.

3 Neubaustrecke Mannheim – Stuttgart

Länge	99,80 km
davon Tunnelstrecke	30,46 km
Baukosten	2,3 Milliarden €
Fahrzeit vorher jetzt	 90 Minuten 44 Minuten

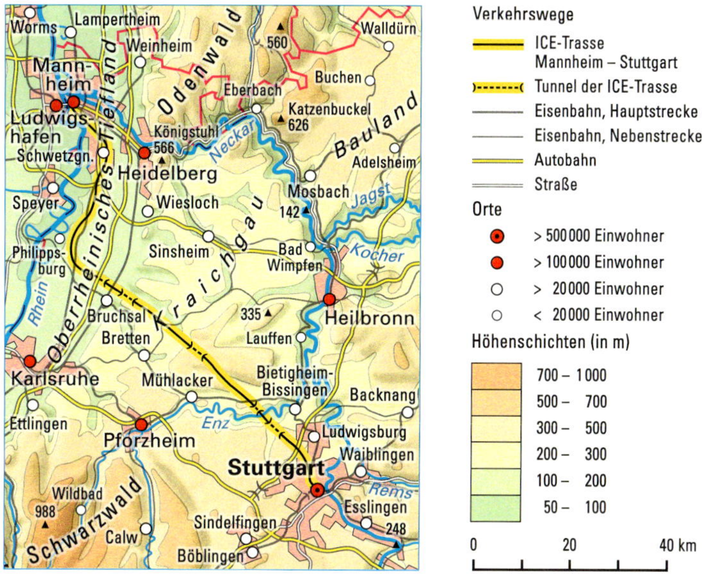

4 ICE-Trasse Mannheim-Stuttgart

5 Bahnneubaustrecken in Deutschland

Strecke	Inbetriebnahme	Länge in km
Hannover – Würzburg	1991	327
Mannheim – Stuttgart	1991	99
Hannover – Berlin	1998	257
Köln – Frankfurt	2002	177
Nürnberg – München	2006	89

6 Länge des Eisenbahnnetzes in Deutschland

1950	*53 800 km*
2001	*41 100 km*

1 *Vergleiche den Netzvorschlag 2 von Friedrich List mit dem heutigen Schnellbahnnetz. Wo gibt es Übereinstimmungen und wo größere Abweichungen? Begründe dies.*

2 *Erkläre die Unterschiede in den Grundlagen der Streckenplanung zwischen denen des 19. Jahrhunderts und denen von heute.*

3 *Stelle in einer Tabelle Vor- und Nachteile des Baus von Schnellbahnstrecken für die Regionalentwicklung zusammen.*

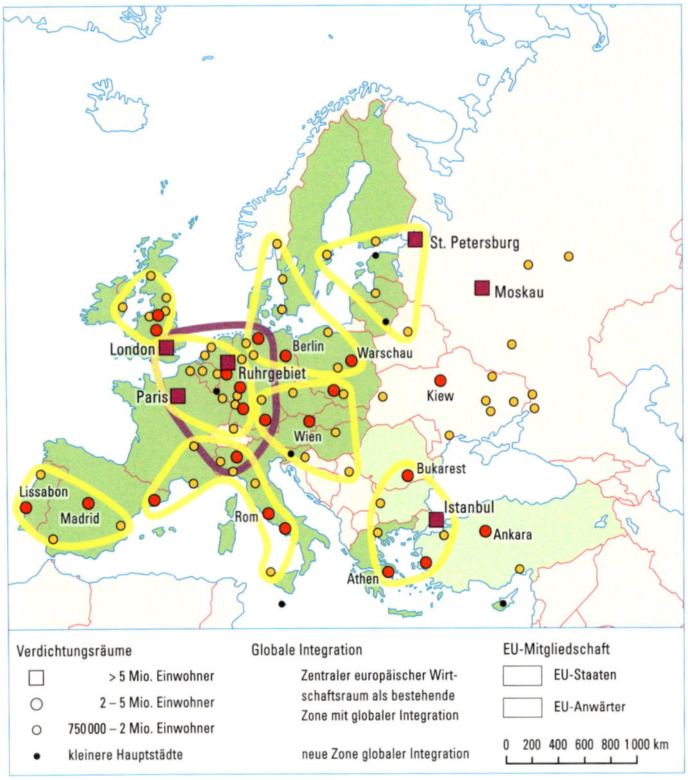

❶ ***Neue europäische Zonen metropolitaner Kooperation***

❷

Polyzentrische Entwicklung
zielt auf eine ausgewogene, nicht monozentrische Siedlungsstruktur mit abgestufter Rangfolge von Städten.

Cluster
sind räumliche Konzentrationen von Unternehmen und Institutionen.

Raumentwicklung in der EU

❸ **Disparitäten und europäische Solidarität**

„Die europäische Union ist eine der reichsten Wirtschaftszonen der Welt. Seit dem Beitritt von zehn neuen Mitgliedern am 1. Mai 2004 kann sie sich auf einen Binnenmarkt und das Humankapital von 450 Millionen Menschen stützen. Aber die wirtschaftlichen und sozialen Ungleichgewichte zwischen ihren Mitgliedsstaaten und Regionen untergraben ihre Gesamtdynamik. Im Europa der Fünfundzwanzig mit seinen 254 Regionen sind diese Ungleichheiten doppelt so groß wie im Europa der Fünfzehn ...“

http://europa.eu.int/comm/regional_policy/index_de.htm (Febr. 2006), (Entdecken Sie die Regionalpolitik: Warum?)

Dynamische und stagnierende Räume liegen innerhalb der EU eng beieinander und bilden ein buntes Mosaik. Ziel der europäischen Raumplanung ist es, die Unterschiede durch eine nachhaltige Raumentwicklung auszugleichen. Deren Ziele sind:

- ökonomischer und sozialer Zusammenhalt und gleicher Zugang zu Infrastruktur und Wissen;
- Erhaltung der natürlichen Lebensgrundlagen und des kulturellen Erbes;
- ausgewogene Wettbewerbsfähigkeit durch ein ausgewogenes polyzentrisches Städtesystem.

Zwischen Wachstums- und Ausgleichsorientierung

Das neue Leitbild der **polyzentrischen Entwicklung** vereinigt wachstums- und ausgleichsorientierte Konzeptionen, in deren Mittelpunkt eine Partnerschaft von Stadt und Land steht. Im wachstumsorientierten Aspekt dieses Konzepts kommt den Städten die Funktion von Entwicklungsmotoren für ihre Region zu. Ausgleichsorientiert ist das Ziel, einen gleichwertigen Zugang zu Infrastruktur und Wissen zu schaffen. Deshalb gilt der Förderung der Vernetzung von Verkehrsträgern und Kommunikationsnetzen besondere Aufmerksamkeit.

Leitbild polyzentrische Entwicklung

Dem Leitbild der polyzentrischen Entwicklung gemäß sollen Städtesysteme mit Metropolfunktion Einheiten von Weltbedeutung schaffen. Derzeit gibt es in Europa nur eine herausragende Zone weltwirtschaftlicher Integration: den Kernraum der EU, der das von den Metropolen London, Paris, Mailand, München und Hamburg begrenzte Gebiet umfasst.

An diesen zentralen Wirtschaftsraum werden neue Zonen globaler Integration angeknüpft, die in Zukunft in den Bereichen Verkehr, Dienstleistungen, Bildung, Tourismus und Kultur stärker zusammenarbeiten und ein weltweites Marketing des jeweiligen Metropole-Clusters als Global Player aufbauen.

4 *Das Werksgelände von Infineon in Dresden*

Dresden boomt

Unter den deutschen Großstädten ist Dresden der Aufsteiger der letzten Jahre. Die Elbstadt erlebte die dynamischste Wirtschaftsentwicklung der fünfzig größten deutschen Städte. Demnach stieg unter anderem das Arbeitseinkommen der Dresdner in den Jahren 2000 bis 2005 um 9,3 Prozent. Der Zuwachs lag damit deutlich über dem Durchschnitt von 3,2 Prozent. In der Gesamtrangliste der erfolgreichsten Städte machte Dresden deshalb von 2005 auf 2006 einen Sprung um 20 Plätze auf Rang zehn.

Auch eine Studie der Wirtschaftsforscher von Prognos bescheinigt der sächsischen Landeshauptstadt die höchste Wirtschaftskraft und die beste Lebensqualität in den neuen Bundesländern. So war nach Angaben der Untersuchung fast jeder Zweite der erwerbstätigen Dresdner im vergangenen Jahr hoch qualifiziert.

Diese Dynamik zeigt sich auch in der Bevölkerungsentwicklung: Bemerkenswert ist nicht nur, dass die Wanderungsrate positiv ist; in Dresden werden auch wieder mehr Kinder geboren, als Menschen sterben.

5 **Inseln des Wachstums**

„Die Untersuchung zeigt allerdings auch, dass weite Regionen im Osten wirtschaftlich keine Zukunft haben.

Genau dieser Gegensatz spiegelt nämlich die tatsächliche Realität des Ostens wieder. Längst sind die Unterschiede zwischen Dresden und dem gar nicht so weit entfernten Erzgebirge ähnlich wie die zwischen München und dem strukturschwachen Oberfranken. Es gibt also den Osten an und für sich gar nicht mehr, und diese Schere wird sich weiter öffnen. Gerade in Dresden (...) zeigt sich, was erfolgreiche Wirtschaftspolitik ausmacht: Konzentriert wurden nach dem sogenannten Leuchtturm-Prinzip Fördermittel in Zukunftsbranchen investiert.

(...) Niemand sollte glauben, dass sich dieses Rezept auf die Uckermark oder Vorpommern übertragen ließe. Dort gibt es solche Voraussetzungen nicht. (...) Eine kluge Fortsetzung des Aufbaus Ost wird die Stärken weiter ausbauen und erkennen, wenn es sich nicht lohnt."

Süddeutsche Zeitung, 28.03.2007, S. 4

6 ***Bevölkerungsentwicklung in Dresden***

Jahr	*Einwohner*
1981	*521 060*
1990	*493 174*
1999	*476 668*
2002	*480 228*
2006	*504 635*

Surftipp

www.dresden.de
www.insm.de
www.prognos.com/zukunftsatlas/

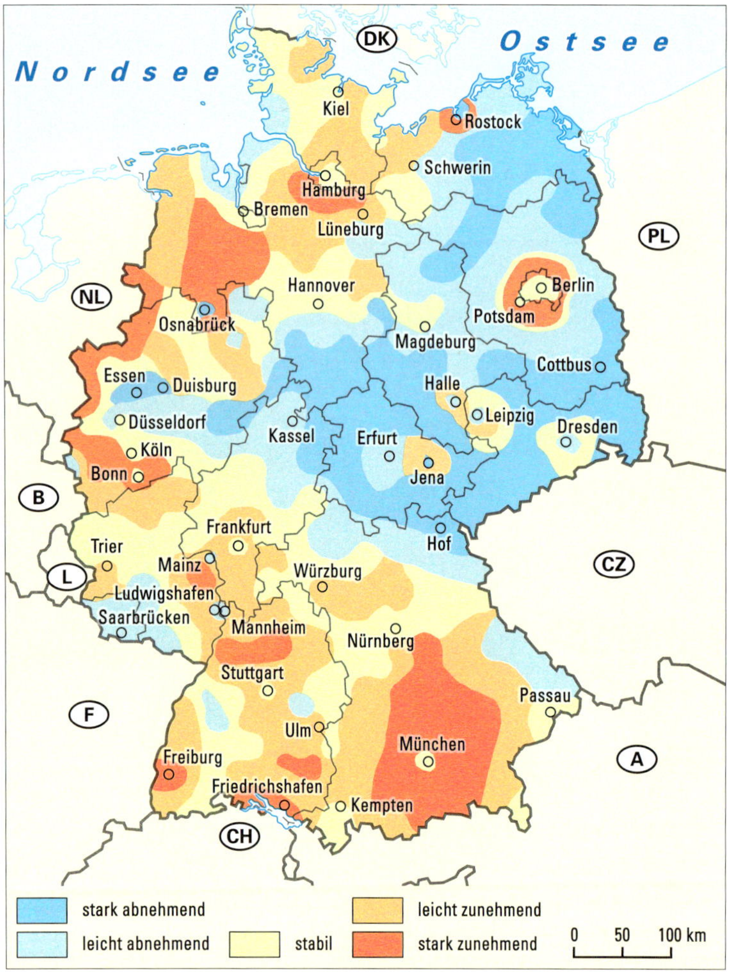

7 ***Bevölkerungsentwicklung 2003 bis 2020 in Deutschland***

Surftipp

www.wegweiserdemographie.de

Heimatvertriebene

Deutsche, die nach dem 2. Weltkrieg ihre Heimat vor allem in Ostpreußen, Pommern, Schlesien und dem Sudetenland verlassen mussten.

8 ***Erste Ruinen im Oberland***

Sterbende Dörfer

Dörfer, in denen niemand mehr wohnt, die bereits verfallen sind, gehören in Griechenland, Italien und Frankreich zum alltäglichen Bild. Intakt sind oft nur noch Kirche und Friedhof. Ursache für den Niedergang der Dörfer ist die Abwanderung vor allem junger Menschen in die Städte oder es war die Auswanderung nach Übersee. Der ländliche Raum versprach keine Zukunft mehr.

In Deutschland sind solche Bilder bis jetzt noch selten. Doch auch hier gibt es seit etwa 150 Jahren einen Rückgang der Bevölkerung auf dem Land.

Für viele Dörfer brachten die Heimatvertriebenen, die nach 1945 dort eine neue Heimat fanden, einen Anstieg der Bevölkerung und somit eine zeitweilige Verminderung des Bevölkerungsrückganges, der schon in der Mitte des 19. Jahrhunderts eingesetzt hatte. Oft war diese Wende nur von kurzer Dauer, weil es zu wenig Arbeitsplätze gab. Der Strukturwandel in der Landwirtschaft führte schließlich zu einer Abwanderung, vor allem der Nachkommen von Landwirten.

Mit dem Blick auf die Entwicklungen in den Nachbarländern wurde in Deutschland versucht, mithilfe von Landesentwicklungsplänen die Abwanderung zu mindern. Ziel dieser Pläne war es, überall gleiche Lebensbedingungen zu schaffen. Dabei griff man auch auf die Ideen Walter Christallers zurück. Durch das Ausweisen **zentraler Orte** sollten überall Versorgung und Infrastruktur sichergestellt werden.

Der Niedergang ganzer Regionen des ländlichen Raumes zeigt, dass dieser Versuch gescheitert ist. In diesen Regionen zeigen sich die Folgen des demografischen Wandels verstärkt. Während dessen Auswirkungen in den Gunsträumen wegen der Zuwanderung und der vergleichsweise jungen Bevölkerung zunächst nur wenig zu spüren sind, zeigen die Dörfer und Kleinstädte in den Abwanderungsgebieten inzwischen deutliche Zeichen der Überalterung und damit verbunden eine Veränderung der Infrastruktur und nicht zuletzt auch des öffentlichen Lebens.

Fallbeispiel Kulmbacher Oberland

Der Niedergang von Dörfern ist ein schleichender Prozess und wird deshalb meist erst spät wahrgenommen. So war oder ist dies auch in Dörfern des Frankenwaldes der Fall. Grafengehaig, Presseck und Marktleugast liegen im Oberland, dem zum Frankenwald gehörenden Teil des Landkreises Kulmbach. Die Zahlen von Tabelle 10 können nicht ausdrücken, welche Veränderungen diese Entwicklung mit sich bringt. Gab es in Grafengehaig, dem Hauptort der gleichnamigen Gemeinde, vor 40 Jahren noch zwei Metzger, zwei Bäcker, fünf Lebensmittelgeschäfte und drei Gasthäuser, so gibt es heute noch einen Bäckerladen, der nur freitags und samstags geöffnet ist, ein Lebensmittelgeschäft und eine Gaststätte mit unregelmäßigen Öffnungszeiten.

Noch machen alle Häuser einen bewohnten Eindruck, wobei einige schon nicht mehr bewohnt sind, von den auswärtigen Besitzern aber noch gepflegt werden. Dieses Bild wird sich bald ändern. Für mehr als die Hälfte der Häuser wird die darin wohnende Generation wahrscheinlich keine Nachfolger mehr finden. Ein Verkauf leerstehender Häuser ist nahezu unmöglich, der Immobilienmarkt ist völlig zusammengebrochen. Trotz eines Mietpreises von zwei Euro je Quadratmeter gibt es leerstehende Wohnungen.

Wirtschaftlich geht es der Gemeinde sehr gut. Hier ist der Standort von zwei Webereien, die über 200 Arbeitsplätze bereitstellen. Das Beispiel zeigt, dass die Strukturprobleme des ländlichen Raumes nicht auf den Osten Deutschlands beschränkt sind. Überall in den Mittelgebirgen und in ländlich geprägten Räumen abseits der Zentren werden „Entleerungserscheinungen" deutlich. Vor allem der Mangel an qualifizierten Arbeitsplätzen verursacht die Abwanderung junger Menschen. Mit ihnen geht auch ein Großteil der nachkommenden Generationen.

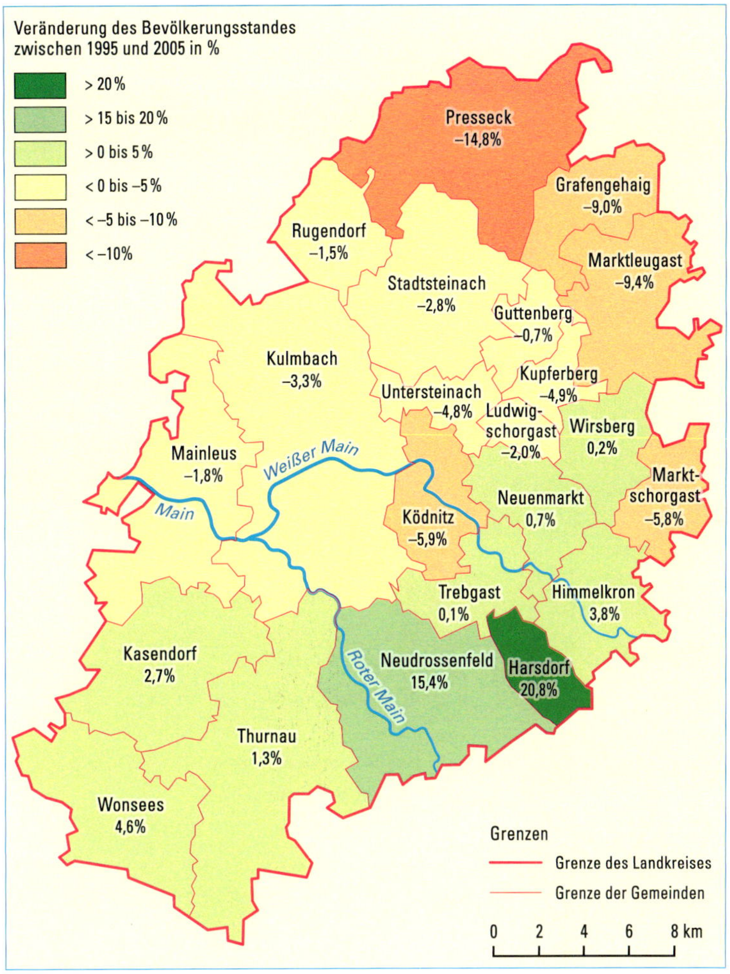

9 ***Bevölkerungsentwicklung im Landkreis Kulmbach***

10 **Bevölkerungsentwicklung und Altersstruktur**

	Einwohner 31.12.05	Veränderung gegenüber 1995 in %	< 18 Jahre in %	18 ≤ 65 Jahre in %	65 < Jahre in %
Grafengehaig	1018	– 9,0	15,9	57,8	26,3
Marktleugast	3566	– 9,4	16,6	59,1	24,4
Presseck	2104	–14,8	16,9	58,0	25,1
Lk Kulmbach	77141	– 1,7	17,7	61,3	21,0
Bayern	12468726	4,0	18,6	62,9	18,4

1 *Erstelle eine Mindmap, in der du die Ursachen für die Entstehung von Aktiv- und Passivräumen in Deutschland darstellst.*

2 *Diskutiert, ob es sinnvoll ist, durch Maßnahmen der Raumplanung auf die gezeigten Probleme zu reagieren.*

TERRATraining

Menschen prägen Räume

1

Orientieren

1 Ordne die Aktiv- und Passivräume in Karte 8 nach folgenden Kriterien:
a) Naturräume
b) Bundesländer

Kennen und verstehen

2 Findest du die Begriffe?
a) Eine Landschaft, die durch Menschen verändert wurde.
b) Eine schon längere Zeit nicht mehr genutzte Landwirtschaftsfläche.
c) Am Stadtrand entstandene Großwohnanlagen.
d) Raumentwicklungsplan, der nicht auf einen Mittelpunkt ausgerichtet ist.
e) Zusammenlegung von Landwirtschaftsflächen.

3 Richtig oder falsch?
Berichtige die falschen Aussagen.
a) Zwischen dem 16. und dem 19. Jahrhundert wuchsen die Städte sehr.
b) Das Verkehrsnetz in Frankreich ist sternförmig auf Paris ausgerichtet.
c) Bahnhöfe liegen meist im Zentrum der Altstadt.

Wichtige Begriffe
Aufforstung
Bodenreform
Cluster
Flurbereinigung
Gartenstadt
Idealstadt
Kulturlandschaft
monozentrisch
Naturlandschaft
Polyzentrische Entwicklung
Sozialbrache
Stadtsanierung
Trabantenstadt
Vergrünlandung
Verkehrsnetz
Zentraler Ort

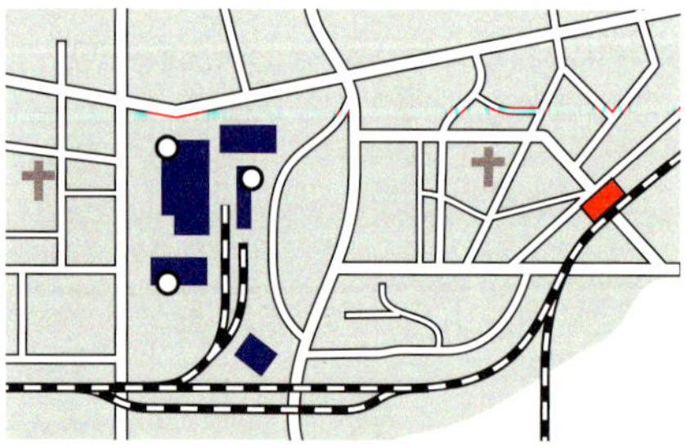

2

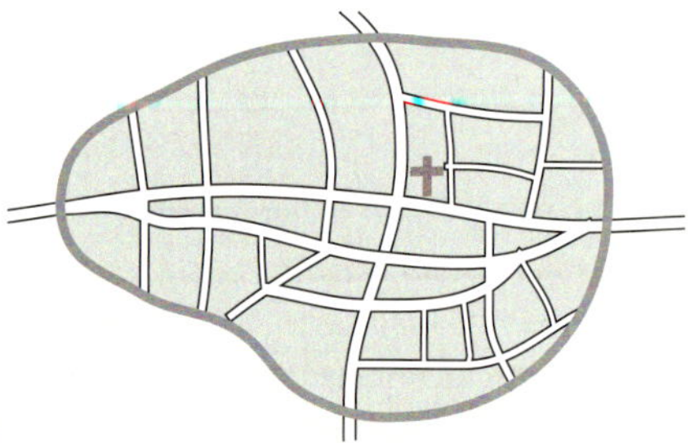

4

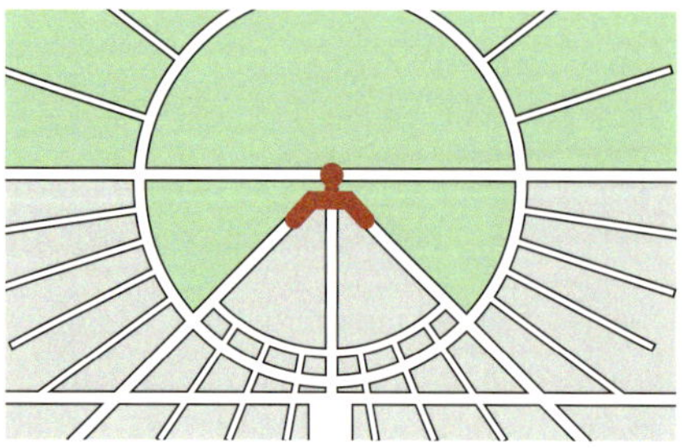

3

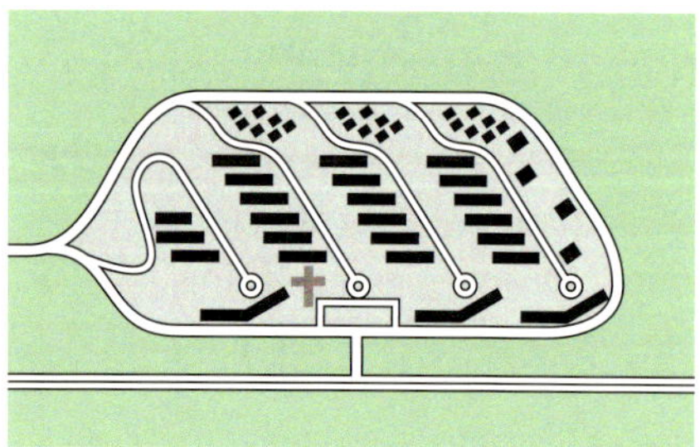

5

6 **Dorf im Frankenwald (1955)**

7 **Dorf im Frankenwald (2007)**

d) Während der Industrialisierung wurden die Mietswohnungen meist in der Nähe der Fabriken errichtet.
e) Die Verteilung von Wald- und Landwirtschaftsfläche ist seit Jahrhunderten gleich.
f) Mit den Neubaustrecken will die Bahn vor allem die großen Zentren miteinander verbinden.

Übertragen

4 Stadt gesucht
Welche städtebaulichen Merkmale aus welcher Epoche sind auf Bild 1 zu erkennen? Lege dazu eine Tabelle an.

5 Stadtentwicklungsphasen
Welche Städtebauepochen stellen die Grafiken 2–5 dar? Begründe dies und beschreibe
a) welchen Siedlungsmittelpunkt,
b) welches Verkehrssystem und
c) welche anderen typischen Merkmale
die Stadttypen jeweils aufweisen.

6 Wandel von Siedlung und Flur
Die Fotos 6 und 7 zeigen die Veränderungen in einem Dorf während der letzten 50 Jahre. Erstelle eine Tabelle mit den Veränderungen und der Erklärung der Ursachen.

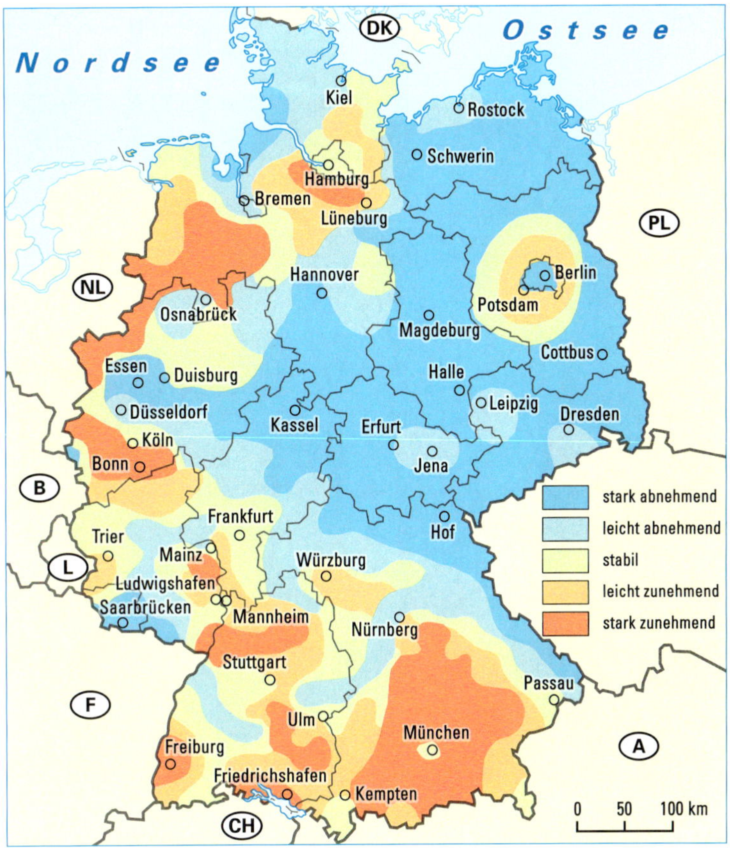

8 **Bevölkerungsentwicklung in Deutschland (Trend bis 2050)**

7 Verkehrsnetze vergleichen
Vergleicht das Verkehrsnetz von Italien und dem vom europäischen Teil Russlands mit dem von Deutschland und Frankreich.
Fasst in einer Tabelle Gemeinsamkeiten und Unterschiede zusammen und begründet diese. Verwendet dazu eine geeignete Atlaskarte.

Beurteilen

8 Am Ende des 21. Jahrhunderts wird Deutschland von einem dichten Waldgürtel bedeckt sein, in dem Ballungsräume als größere Siedlungsinseln eingelagert sind.
Nimm zu dieser Aussage begründet Stellung und diskutiere mit Mitschülern die Vor- und Nachteile dieser möglichen Entwicklung.

Teste dich selbst
mit den Aufgaben 2a, 3c und 5a.

Ein Großteil des gesellschaftlichen Lebens findet in Städten statt. Sie sind der bevorzugte Aktionsraum von Menschen. Um auch den zukünftigen Herausforderungen gewachsen zu sein, müssen sich Stadtplanungskonzepte immer wieder neuen Bedingungen anpassen.
Seit 1991 gibt das Konzept der „nachhaltigen Stadtentwicklung" den Rahmen vor. Durch dieses soll die Zukunft der Städte ökologisch, ökonomisch und sozial verträglich gestaltet werden.

Nachhaltige Stadte

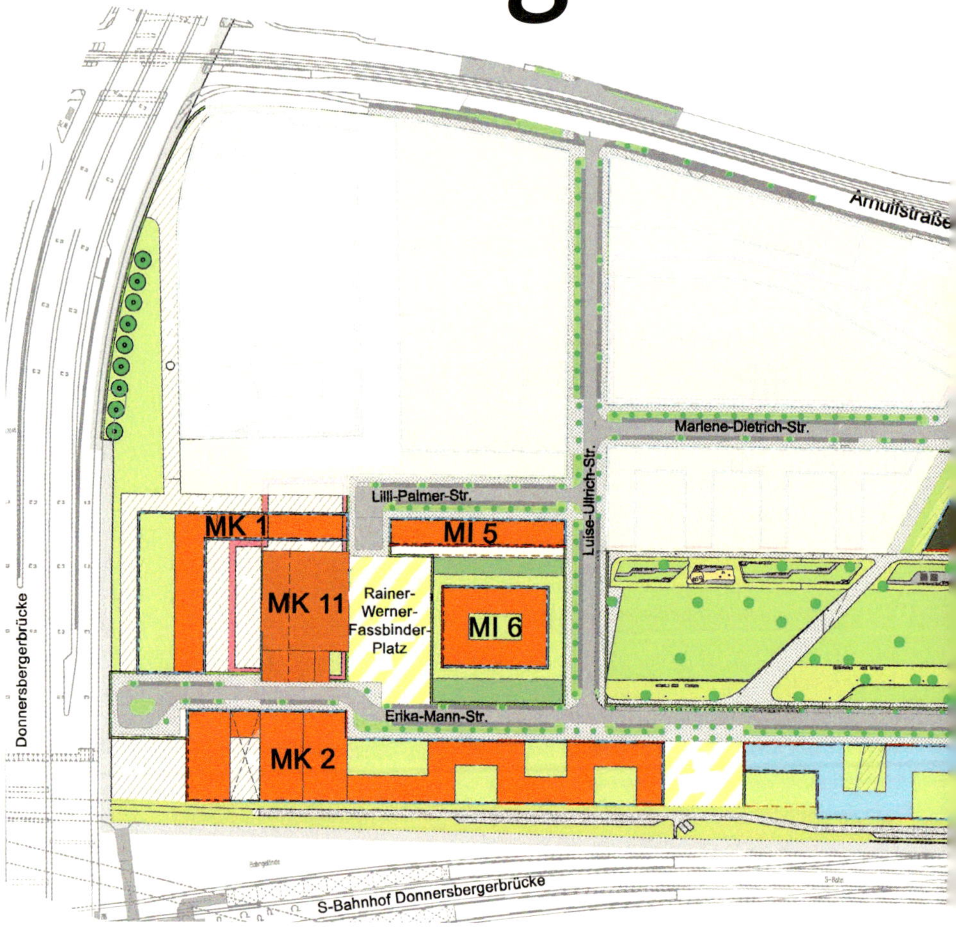

1 **Planungskarte Stadtplanungsprojekt Arnulfpark (ehemaliger Güterbahnhof), München**

2 **Modell Stadtplanungsprojekt Arnulfpark, München**

twicklung

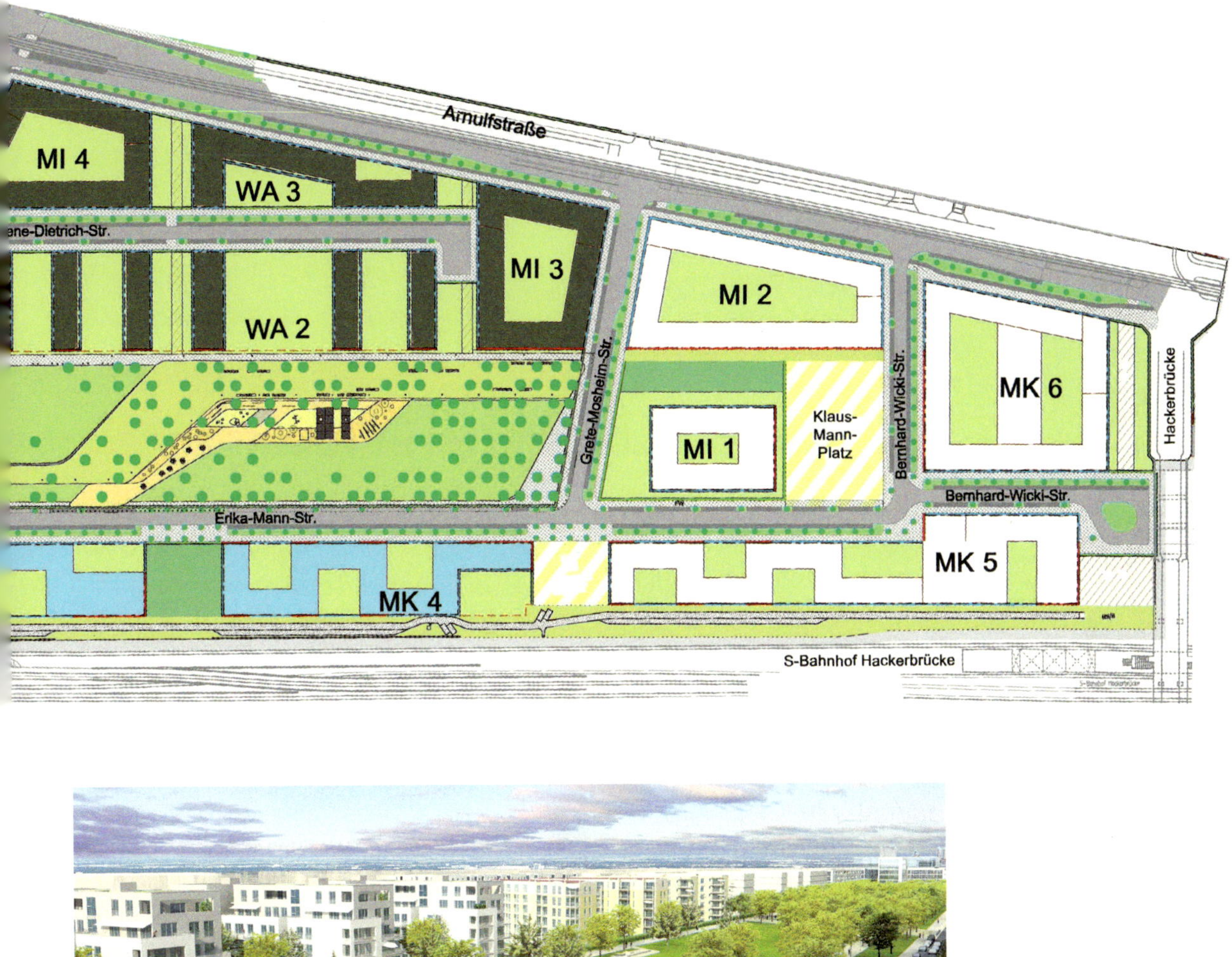

3 *Geplante Wohnbebauung im Arnulfpark, München*

1 *Zahlen und Fakten zum Entwicklungsgebiet Südstadt:*

Gesamte Sanierungsfläche	*65 ha*
Geplante Arbeitsplätze	*2 000*
Neuer Wohnraum für Einwohner	*6 500*
Plätze im Studentenwohnheim	*595*
Baubeginn	*1998*
Geplantes Ende	*2015*
Stand 2005:	
Einwohner	*3 800*
Arbeitsplätze	*1 000*
Betriebe	*150*

3 *Tübingen, Französisches Viertel 1991*

Das Französische Viertel in Tübingen

2 Bevölkerungsstruktur Französisches Viertel und Stadt Tübingen 2005 im Vergleich

	Franz. Viertel	Tübingen
Einwohner	2 233	87 954
davon Ausländer	328	10 327
Einwohner nach Alter		
Unter 6	198	4 392
6–18	335	8 983
18–25	499	13 234
25–30	240	10 073
30–40	408	14 309
40–50	384	13 272
50–60	112	9 029
60–65	14	3 477
≤ 65	43	11 185

Ein neuer Stadtteil ist in Tübingen entstanden. Bis zum Jahr 1991 war die Fläche des Entwicklungsbereiches Stuttgarter Straße / Französisches Viertel militärisch genutzt. Die ehemalige Hindenburgkaserne wurde zu Beginn des 20. Jahrhunderts erbaut und war ab 1945 französische Garnison bis zum Abzug des Militärs im Jahre 1991.

Damit stand auf einmal eine Militär- und Verkehrsbrache in randstädtischer Lage für eine Neunutzung zur Verfügung.

Das Leitbild für die Entwicklung des neuen Stadtteils ist die „Stadt der kurzen Wege" mit den Projektbausteinen:

1. Dichte und Reaktivierung von Altbauten,
2. Kleinteilige Nutzungsmischung,
3. Baugemeinschaften und Parzellierung,
4. Bürgerbeteiligung und Integration,
5. Öffentlicher Raum und Verkehr.

1. Dichte und Reaktivierung von Altbauten

Die Mehrzahl der Altbauten, die zuvor militärisch genutzt wurden, sind erhalten und durch Umbau und Umnutzung einer neuen Verwendung zugeführt worden. Aus ehemaligen Kasernen entstanden moderne Studentenwohnheime und in den ehemaligen Pferdeställen haben sich Handwerker, Ateliers und schicke Gaststätten angesiedelt. Insgesamt hat das Viertel eine hohe Einwohnerdichte mit 150–220 Einwohnern/Hektar. Die maximale Bauhöhe der Wohnbebauung ist, angelehnt an alte Stadtstrukturen, auf fünf Stockwerke beschränkt. Die Dichte war eine notwendige Folgerung aus der allgemeinen Wohnsituation und den Flächenpotenzialen der Stadt Tübingen. Die Universitätsstadt ist als Wohnstandort sehr attraktiv, aber sie verfügt, auch aufgrund ihrer topografischen Lage, nur über wenig Flächen im Außenbereich. Daher ist oberstes Gebot, eine weitere Flächenzersiedlung zu vermeiden. Die hohe Dichte bewirkt ebenso eine Verringerung der Baulandkosten.

Tübingen, Französisches Viertel 2005

Wohninnenhof

Ehemalige Pferdeställe

Ladenzeile

Schreinerei

2. Kleinteilige Nutzungsmischung

Die Grundidee der Südstadtentwicklung in Tübingen beruht auf einer Mischung von Arbeiten, Wohnen, Kultur und Sozialem. Der Grundtyp ist das Stadthaus mit Wohnungen in den oberen Etagen und Gewerbe im Erdgeschoss. Es existieren auch ausschließlich gewerblich genutzte Gebäude, meist sind es umgenutzte Altbauten in Randlagen des Viertels. Der Begriff Gewerbe ist sehr offen definiert und umfasst produzierendes Gewerbe, Handwerk, Dienstleistungen, Einzelhandel und soziale und kulturelle Einrichtungen.

Diese haben nicht nur im Entwicklungsbereich der Südstadt, sondern für die ganze Stadt Bedeutung, wie z.B. die Volkshochschule oder eine Sporthalle, die von Vereinen genutzt wird. So ist ein gemischtes Viertel mit einer hohen Attraktivität und städtischem Leben entstanden.

3. Baugemeinschaften und Parzellierung

Im Entwicklungsgebiet hat sich eine neue Form der Umsetzung von Neubauten entwickelt. Nicht Bauträger verkaufen schlüsselfertiges Wohneigentum, sondern es bilden sich private Baugemeinschaften, die einen Planer beauftragen und sie errichten gemeinsam ihr Haus. So sind die späteren Wohnungseigentümer schon früh in die Planung und Gestaltung mit einbezogen und ihre individuellen Vorstellungen können umgesetzt werden. Die Parzellierung des Geländes ist nicht festgelegt, sondern ergibt sich aus den Vorstellungen der Baugemeinschaften. So entsteht eine Vielfalt an Gebäude- und Architekturvarianten. Kein Haus gleicht dem anderen. Sie unterscheiden sich in der Grundfläche, der Gestaltung der Fassade, der Geschosshöhe, der Hausbreite, der Anzahl der Wohneinheiten, der Außenfarbe und in vielen anderen Details.

9 ***Wohn- und Kommunikationsstraße***

10 ***Parkhaus am Rande des Viertels***

Agenda 21

Auf der „Konferenz für Umwelt und Entwicklung" 1992 in Rio de Janeiro haben die Vertreter von 179 Staaten als wohl wichtigste Vereinbarung die „Agenda 21" verabschiedet. Sie beinhaltet ein Aktionsprogramm für das 21. Jahrhundert, das die Unterzeichner dazu verpflichtet, direkt vor Ort eine nachhaltige, umwelt- und sozialverträgliche Entwicklung voranzutreiben.

Die konkrete Umsetzung soll durch Aktionen auf unterschiedliche Ebenen im globalen, nationalen, regionalen und lokalen Raum erfolgen, nach dem Motto „global denken, lokal handeln".

Extra-Link

weitere Fotos zum Französischen Viertel
www.klett.de/extra
[EXTRA-Link: 27850X-0009]

4. Bürgerbeteiligung und Integration

Eine wesentliche Beteiligung der Bürgerinnen und Bürger ist das Bauen in Baugemeinschaften. Darüber hinaus findet eine umfassende Beteiligung bei der Gestaltung des öffentlichen Raumes statt. Die Gestaltung der Plätze, Straßenräume und Freiflächen wird von den Bewohnern und den Gewerbetreibenden mitkonzipiert und teilweise auch in Eigenarbeit realisiert. Dabei soll der öffentliche Straßenraum kinderfreundlich gestaltet sein und ein abwechslungsreiches Betätigungsfeld bieten. Ziel der Stadtentwicklung ist die **soziale Mischung** und die Integration aller Bevölkerungsgruppen. So leben hier Familien mit und ohne Migrationshintergrund, Studenten, Alleinerziehende und Alleinlebende sowie Senioren in Wohnprojekten. Einer der großen Arbeitgeber im Viertel ist ein Betrieb für Behinderte. Durch die kleinteilige Struktur leben die verschiedenen sozialen Gruppen auf engem Raum miteinander. Durch die Ausgestaltung der Straßenräume und gemeinschaftlich genutzte Hofräume wird der Außenbereich zum zweiten Wohnzimmer, das zahlreiche Kontakte ermöglicht. Mit den stadtteilbezogenen Treffpunkten existieren vielfältige Begegnungsmöglichkeiten, durch die über persönliche Kontakte neue soziale Netze entstehen können. Die öffentlichen Einrichtungen wie Kinderbetreuung, Schulen, Sozialstationen sind dabei ein wichtiges Bindeglied.

5. Öffentlicher Raum und Verkehr

Ziel der Planung ist, die Straßen und Plätze in erster Linie als Aufenthaltsräume und erst in zweiter Linie als Verkehrsträger zu entwickeln. Die Straßen innerhalb des Quartiers sind verkehrsberuhigt angelegt und geben den Fußgängern und Radfahrern den Vorrang. Straßen sollen als Aufenthalts- und Begegnungsräume fungieren und sind so gestaltet, dass sie einen unverwechselbaren Charakter haben. Die Häuser öffnen sich zur Straße über das Gewerbe in den Erdgeschossen. Dazu trägt auch der Verzicht auf die ansonsten typischen Vorgärten bei.

Der Autoverkehr ist weitgehend reduziert. Jedes Haus ist zwar für An- und Ablieferung erreichbar, der Verkehr konzentriert sich jedoch auf sogenannte Sammelstraßen mit Tempo 30. Diese führen zu den zentralen Parkmöglichkeiten, Parkhäusern und Tiefgaragen in den Randlagen des Viertels. Die Entfernung zu den Wohnungen beträgt maximal 300 Meter. Auf Stellplätze bei den Häusern wird – mit wenigen Ausnahmen für das Gewerbe – weitgehend verzichtet. Ziel ist es, den Individualverkehr zurückzudrängen, dazu soll auch das Teilauto-Projekt (Carsharing) beitragen, das von der Stadt mit initiiert und gefördert wird. An zentralen Stellen im Viertel sind die Teilautos stationiert, die man über die Zentrale buchen kann. Zwei Buslinien binden das Stadtviertel an den öffentlichen Nahverkehr an.

(11) *Geschäfts- und Wohnhaus*

(12) *Stadt der kurzen Wege*

Nachhaltige Stadtentwicklung

Das städtebauliche Leitbild in der Bundesrepublik hat sich gewandelt. Stand lange die autogerechte Stadt im Vordergrund mit einer Entmischung und damit einer räumlichen Trennung der Funktionen Wohnen, Arbeiten und sich versorgen, so ist heute das Leitbild die nachhaltige Stadtentwicklung. Dieses neue Leitbild entstand im Rahmen der Umsetzung der **Agenda 21** auf nationaler und regionaler Ebene. Vor Ort tragen vor allem die lokalen Agenda-Initiativen dazu bei, diese Ziele zu verwirklichen.

Nachhaltige Stadtentwicklung umfasst die Handlungsfelder Boden, vorsorgender Umweltschutz, Wohnen, Wirtschaft und Mobilität. Intelligentes Flächenmanagement und sparsamer Umgang mit dem Boden, insbesondere mit den nicht überbauten und nicht versiegelten Flächen, spielen dabei eine Schlüsselrolle. Die stadtverträgliche Mobilitätssteuerung versucht der räumlichen Trennung städtischer Funktionen entgegenzusteuern und durch integrierte Verkehrskonzepte eine Reduzierung des Personen- und Güterverkehrs zu erreichen. Dies steht in enger Verbindung zu einem weiteren Handlungsfeld, dem vorsorgenden Umweltschutz. Dabei sollen Umweltqualitätsziele durch integriertes Energie-, Wertstoff- und Wassermanagement erreicht werden. Die standortsichernde Wirtschaftsförderung bemüht sich, die wirtschaftlichen Grundlagen für örtliche Unternehmen zu sichern und Voraussetzungen für die Ansiedlung neuer Betriebe zu schaffen. Sozialverträgliche Wohnungsversorgung ist ein weiteres Aufgabenfeld, damit alle Bevölkerungsgruppen einer Stadt mit angemessenem Wohnraum versorgt werden können.

1 *Bearbeitet die Seiten zum Französischen Viertel nach der Methode des Gruppenpuzzles. Bildet fünf Expertengruppen und bearbeitet die Themen unter Verwendung der Textabschnitte, der Bilder und der statistischen Materialien:*
- *Alle: Einleitung Französisches Viertel*
- *Gruppe 1: Dichte und Reaktivierung von Altbauten*
- *Gruppe 2: Kleinteilige Nutzungsmischung*
- *Gruppe 3: Öffentlicher Raum und Verkehr*
- *Gruppe 4: Stadtkultur, Bürgerbeteiligung und Integration*
- *Gruppe 5: Nachhaltige Stadtentwicklung*

2 *Entwerft in der Expertengruppe gemeinsam eine übersichtliche Darstellung als Dokumentation für den Informationsaustausch.*

3 *Bildet Stammgruppen und informiert euch gegenseitig.*

4 *Zusatzaufgabe: Eine weitere sechste Gruppe kann sich im Internet über die Umsetzung der Agenda 21 in eurer Stadt informieren, eine siebte Gruppe über die Planungsgrundsätze neuer Wohngebiete in eurer Stadt.*

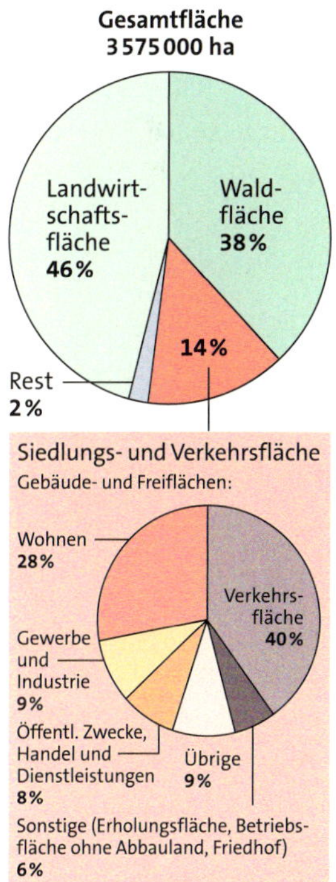

(13) **Nutzung der Bodenfläche 2005 in Deutschland**

Eine Expertenbefragung durchführen – nachhaltige Stadtentwicklung

In vielen Bereichen des täglichen Lebens verlassen wir uns auf Experten. Sie haben ein fundiertes Wissen in einem speziellen Fachgebiet erworben. Sie beraten und unterstützen Politiker, Wirtschaftsunternehmen und auch Bürger bei ihren Entscheidungen. Experten können auch euch helfen, die eigene Recherche zu einem Thema zu vertiefen und Antworten auf offene Fragen zu erhalten.

Überlegungen zur nachhaltigen Entwicklung spielen in vielen europäischen Städten eine immer größere Rolle. Zunehmend sind auch die Bürger aufgefordert, sich zu beteiligen. Sie leben und arbeiten in ihrer Stadt, sind Verursacher und Betroffene vieler Probleme und können nur gemeinsam zu einer nachhaltigen Entwicklung ihrer Stadt beitragen. Wie sieht es in eurer Stadt aus? Welche Maßnahmen für eine **nachhaltige Stadtentwicklung** werden getroffen? Was ist bereits geschehen? Was ist geplant?
Um euch darüber zu informieren, gibt es verschiedene Möglichkeiten. Neben der Sammlung von Daten und anderen Informationen können auch Experten befragt werden. Eine Expertenbefragung kann helfen, die komplexen Zusammenhänge zu verstehen und bereits getroffene Entscheidungen nachzuvollziehen. Außerdem können Experten euch bei der Entwicklung von eigenen Ideen und Vorschlägen beraten und unterstützen.

Eine Expertenbefragung durchführen

1. Schritt: Expertenbefragung vorbereiten

- *Informiert euch sorgfältig über den Sachverhalt. Benutzt dazu unterschiedliche Quellen (Statistiken, Archive, Internet, u. a.).*
- *Überlegt, aus welchem Fachbereich der Experte kommen muss, der eure noch offenen Fragen beantworten kann.*
- *Nehmt Kontakt zum Experten auf (Brief, Telefon, Internet, persönlich). Erläutert dabei, worum es euch geht und warum er als Experte für eure Fragestellung besonders wichtig und interessant erscheint.*
- *Verabredet einen Termin für die Befragung. Einigt euch mit dem Experten darauf, wo sie stattfinden soll (Schule, Expertenbüro usw.).*
- *Fragt, wie viel Zeit für die Befragung zur Verfügung steht und welche Medien der Experte benötigt (Overhead-Projektor, Tafel, Beamer). Fragt, ob ihr die Befragung aufzeichnen könnt. Das kann bei der späteren Auswertung helfen.*
- *Erstellt einen Fragenkatalog mit den wichtigsten Fragen. Begrenzt die Anzahl der Fragen auf ein sinnvolles Maß.*
- *Legt fest, wer von euch bei der Befragung welchen Bereich anspricht. Bestimmt, wer die Antworten protokolliert.*
- *Überlegt, welche Sitzordnung bei der Befragung sinnvoll ist und fertigt Namenskärtchen für den Experten und für euch an.*

2. Schritt: Expertenbefragung durchführen

- *Begrüßt den Experten und begründet noch einmal kurz, warum ihr gerade ihn eingeladen habt.*
- *Haltet euch bei der Befragung an die getroffenen Absprachen: Wer fragt was? Wer protokolliert?*
- *Denkt daran, dass es auch für eine Befragung Regeln gibt: die Fragen klar und deutlich stellen, den Experten aussprechen lassen, aufmerksam zuhören, keine Nebengespräche führen.*
- *Bittet den Experten bei euch unklaren Begriffen und Aussagen um eine Erklärung.*
- *Bedankt euch am Ende bei dem Experten dafür, dass er für die Befragung zur Verfügung gestanden hat.*

3. Schritt: Expertenbefragung nachbereiten

- *Fasst die Ergebnisse der Befragung zusammen. Welche neuen Erkenntnisse habt ihr gewonnen? Sind alle Fragen zu eurer Zufriedenheit beantwortet worden? In welchem Bereich sind eventuell noch Fragen offen geblieben?*
- *Arbeitet mit den Ergebnissen der Befragung weiter.*

1 *Recherchiert in eurer Stadt nach Maßnahmen oder Möglichkeiten für eine nachhaltige Entwicklung. Wählt einen Bereich aus und informiert euch genauer darüber. Erweitert und vertieft diese Informationen mithilfe einer Expertenbefragung.*

Wo überall Experten sitzen:

- kirchliche Einrichtung
- Energieversorgungsunternehmen
- Amt für Statistik
- Agenda-Büro
- Grünflächenamt
- Verbraucherberatung
- Universität
- Gewerbebetrieb
- Stadtverwaltung
- Entsorgungsunternehmen
- Bürgerbüro
- Stadtplanungsamt
- Amt für Wirtschaftsförderung
- Industrie- und Handelskammer
- Wohnungsbaugesellschaft

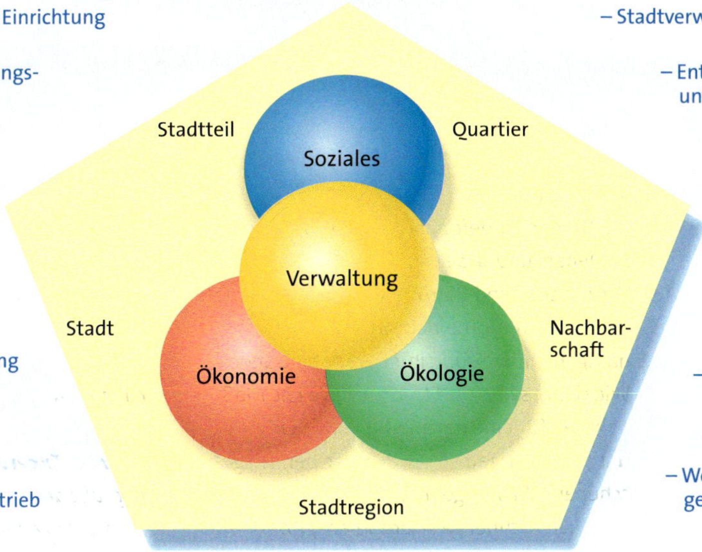

1 ***Modell der nachhaltigen Stadtentwicklung***

2 **Nachhaltig – nur gemeinsam**

Ob in London oder Oslo, in Ferrara, Berlin oder Freiburg – überall entstehen Modelle für einen neuen Umgang der Stadtbewohner mit ihrer Umwelt. Umdenken ist geboten, denn es sind die Städte, von denen die größten Umweltbelastungen ausgehen. Hier konzentrieren sich Industrie und Dienstleistungsbetriebe, hier wird ein Großteil der Brennstoffvorräte verfeuert, häufen sich giftige Müllberge an, wird die Atemluft verpestet.

Und weil sie sich ihren Traum vom „Wohnen im Grünen" erfüllen wollen, ziehen immer mehr Stadtbewohner immer weiter ins Umland – mit der Folge, dass sie immer längere Wege zum Arbeitsplatz, zum Einkaufen, zu Kultur- und Freizeiteinrichtungen zurücklegen müssen. Und die Zersiedlung der Landschaft wird gefördert: jeden Tag werden allein in Deutschland über 100 Hektar für Häuser und Straßen geopfert.

Was ist zu tun? „Nachhaltige Entwicklung" ist zum Schlüsselwort der modernen Stadtentwicklung geworden! Wer die natürlichen Ressourcen verbraucht, soll dafür sorgen, dass sie im gleichen Maße nachwachsen – oder seine Gewohnheiten ändern!

Der Einsatz alternativer Energien, die Vermeidung, nicht nur die Trennung von Müll, die Umwandlung von industriell genutzten Flächen zu Wohnflächen und die Stärkung der lokalen Gewerbebetriebe sind Möglichkeiten. Wenn Wohnen und Arbeiten, Freizeit und Einkaufen eng beieinander liegen, kann die kompakte Stadtstruktur mit einer umweltschonenden Mobilität verknüpft werden. Fahrrad, Busse und Bahnen können die nun kurzen Wege überwinden. Auch Carsharing ist eine mögliche Alternative.

Doch nicht nur die Bürger, auch die städtische Verwaltung ist gefragt. Sie kann Solaranlagen durch finanzielle Unterstützung attraktiv machen, kann den Verkauf städtischer Grundstücke an die Auflage knüpfen, energiesparend zu bauen, kann das Angebot lokaler Güter auf dem lokalen Markt fördern oder die zukünftige Stadtentwicklung am ÖPNV-Netz ausrichten. Dabei muss sie nicht nur für die Bürger planen, sondern sie in die Verantwortung nehmen. Auch Problemgruppen, Zuwanderer und Bürger anderer Nationalität müssen die Möglichkeit erhalten ihre Bedürfnisse und Interessen vorzubringen und zur nachhaltigen Entwicklung ihrer Stadt beizutragen. Dann kann es gehen! Oder?

Surftipps

www.bbr.bund.de/index.html?/staedtebau/stadtentwicklung/nachhaltig_stadt.htm

www.europa.eu.int/comm/environment/urban/home_en.htm

www.europa.eu.int/comm/regional_policy/urban2/urban/audit/src/intro.html

1 *Messestadt Riem*

3 ***Flughafen München-Riem, Luftaufnahme 1991***

München-Riem: Stadt der Zukunft?

2 **Entwicklung der Einwohnerzahl in der Messestadt Riem, 1998–2006**

Jahr/ Dezember	Gesamt	davon Deutsche
1998	588	48
1999	1399	649
2000	1808	1079
2001	2698	1552
2002	3350	1952
2003	3680	2248
2004	4201	2643
2005	5612	3646
2006	6634	4459

Nur rund sieben Kilometer von der Innenstadt Münchens entfernt entsteht auf dem ehemaligen Gelände des Flughafens München-Riem ein neuer Stadtteil im Münchner Osten und gleichzeitig eines der interessantesten Stadtentwicklungsprojekte Europas: die Messestadt Riem. Wo bis Mai 1992 noch reger Flugbetrieb herrschte, realisiert die Landeshauptstadt München jetzt ein ökologisch orientiertes städtebauliches Konzept, das Wohnen und Arbeiten im Grünen erlauben wird. Bis zum Jahre 2013 wird der neue Stadtteil neben der Neuen Messe rund 16000 Menschen Wohnraum und Arbeitsplätze bieten. Wohnen wie in der Innenstadt mit den Vorzügen des grünen Umlandes, U-Bahn- und Autobahnanschlüsse, ein Messe- und Gewerbepark, Infrastruktureinrichtungen, ein neues Stadtteil- und Einkaufszentrum, sowie ein breit angelegter Landschaftspark mit Badesee kennzeichnen die angestrebte Qualität der urbanen Entwicklung.

4 **Planungsziele**

Identität und Stadtgestalt

Die Messestadt Riem erhält eine eigene Identität und charakteristische, qualitätsvolle Stadtgestalt, die den dort lebenden und arbeitenden Menschen das Gefühl von Heimat vermittelt.

Ökologische Stadtentwicklung

Die Messestadt entwickelt sich nach ökologisch orientierten Zielsetzungen, um den Menschen eine hohe Lebensqualität im Einklang mit der Natur zu bieten.

Vollständige Infrastruktur

Es werden frühzeitig alle Infrastruktur- und Versorgungseinrichtungen geschaffen, die das Zusammenleben der Menschen fördern. Es entsteht ein Miteinander von Wohnen und Arbeiten, von Stadt und Natur, ein Miteinander von Familien und Singles, Kindern und Älteren, von Sport, Spiel und Kultur.

Städtebaulicher Pfad München-Riem, München 2005

⑤ ***Messestadt Riem, Luftaufnahme 2005***

⑩ ***Integratives Wohnen***

⑥ **Nachhaltige Entwicklung**

Die UN-Konferenz in Rio 1992 erklärte das „Sustainable Development“, die „Nachhaltige Entwicklung“, zum weltweiten Leitbild einer ökologisch, ökonomisch und sozial gerechten Politik.

Nachhaltige Stadtentwicklung beinhaltet gleichermaßen soziale Ausgewogenheit, ökonomische Verträglichkeit und ökologische Tragfähigkeit. Entsprechend breit gefächert sind die Aspekte, die in Planung und Ausführung der Messestadt Riem untersucht und umgesetzt werden.

Beispiele für den Bereich Ökologie sind die verschiedenen Umweltverträglichkeitsprüfungen auf allen Planungsstufen, das ökologische Rahmenkonzept von 1995 sowie die daraus abgeleiteten „Ökologischen Bausteine“, die seit 1998 verfügbar sind.

Die Nachhaltigkeit in den Bereichen Gesellschaft und Wirtschaft zeigt sich u.a. in der Förderung sozialer Stabilität durch gemischte Bewohnerstrukturen, der Schaffung einer umfassenden sozialen Infrastruktur und der Beteiligung der Bevölkerung an der Planung. Darüber hinaus werden gute Standortvoraussetzungen für zukunftsfähige Arbeitsplätze in einem breit gestreuten Branchenmix gefördert.

Städtebaulicher Pfad, München 2005

⑦ ***Einkaufsszentrum Riem-Arcaden***

⑧ ***Geförderter Mietwohnungsbau***

⑨ ***Reihenhäuser***

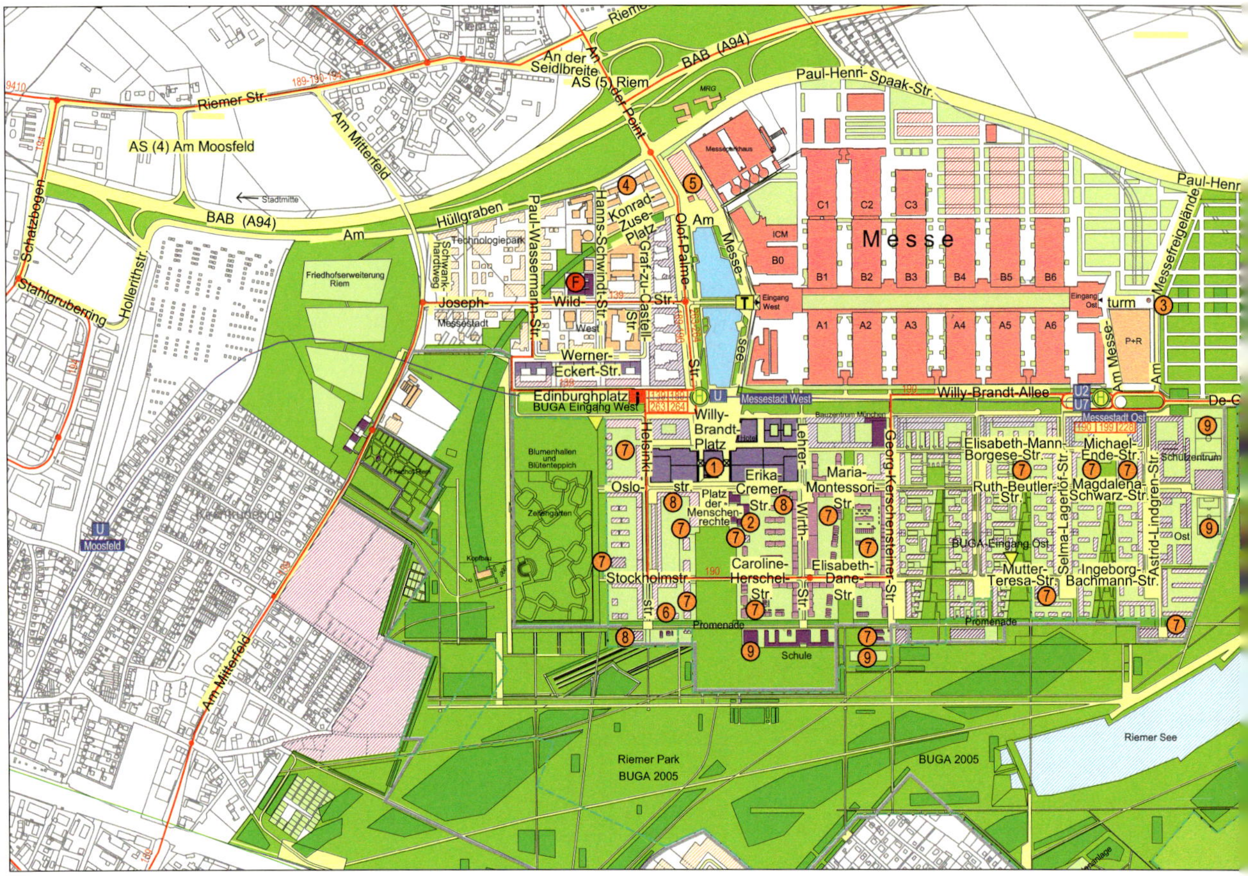

Messestadt Riem (Planungsstand 2004)

Extra-Link

Planungskarte München-Riem

www.klett.de/extra

[EXTRA-Link: 27850X-0010]

Ökologie

„Kompakt – urban – grün hat sicherlich eine gewisse Stringenz für Leute, die das mögen. Aber nicht alle wollen dies." (Bewohner)

„Sie haben die absolute Antithese. Das heißt, wir bauen hochverdichtet, wir bauen absolut städtisch und das, was wir also dann gewinnen oder an Grünraum darstellen müssen, das packen wir in große Flächen zusammen."(Planungsbeteiligter)

„Wir haben den Rand auch thematisiert. Wer an den Rand zieht, will auch grün sehen und will nicht einen aufs Bauen bezogenen Ausblick haben. Es ist nicht Schwabing. Es ist eindeutig Stadtrand." (Planer)

„Wenn Sie ein Grundstück kaufen wollen bei der Stadt München, dann kriegen Sie schon so einen Katalog, was Sie alles nicht dürfen und der ist von Leuten aufgestellt, die wo keine Ahnung haben. Nur als Beispiel die Dachbegrünung, die war vorgeschrieben, kostet 50 000 Euro ist zum Fenster rausgeschmissen." (Gewerbetreibender)

Alle Zitate: Evaluierung Messestadt München Riem.

Motorisierungsgrad der Bewohner in der Messestadt Riem, München und Deutschland

Pkw/1000 Einwohner 2003	Messestadt Riem	Gesamtstadt München	Deutschland
Gesamt	473,3	539,5	541
davon gewerblich	241,8	127,9	k.A.
davon privat	231,5	411,6	k.A.

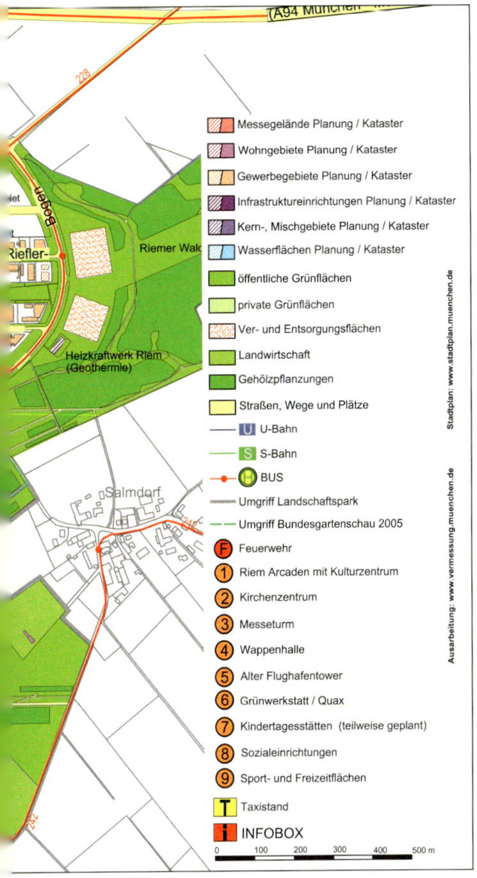

15 **Soziale Bewohnerstruktur**

	Messestadt Riem	München / Gesamt	Deutschland
Anteil Wohngeldempfänger 2003	8,0 %	2,2 %	8,7 %
Anteil Sozialhilfeempfänger 2003	8,5 %	3,6 %	3,4 %
Einwohner je Wohnung 2004	2,6	1,8	2,1
Wohnfläche je Einwohner 2004	26,8 m²	38,4 m²	40,0 m²

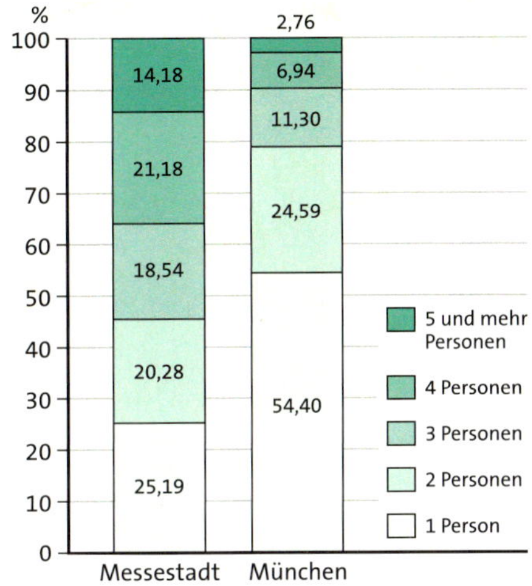

16 ***Haushaltsgrößen 2002***

16 **Die Bevölkerung nach Altersgruppen am 31.12.2005**

Alter	Riem	München gesamt
unter 6	14,4	5,3
6–14	16,2	6,9
15–20	7,9	4,9
21–25	6,3	6,5
26–30	8,9	8,3
31–35	11,2	8,7
36–40	12,8	9,5
41–45	8,5	8,1
46–59	9,2	17,9
60–74	3,9	16,3
75 u. älter	0,5	7,6

14 **Ökonomie**

„Bei der Befragung der 30 Unternehmen wurden insgesamt 1030 Beschäftigte ermittelt (inkl. Inhaber, Auszubildende etc.), von denen sieben Beschäftigte mit Wohnort Messestadt benannt werden konnten. Das entspricht einem Anteil von 0,67 Prozent der Beschäftigten. Für die RiemArcaden ist zusätzlich bekannt, dass von den 1225 Beschäftigten 20 eine Wohnung innerhalb des Komplexes gemietet haben. Eine Schätzung für die gesamten Beschäftigten kommt daher zu dem Ergebnis, dass von den ermittelten 4318 Beschäftigten 51 ihren Wohnort in der Messestadt haben."

Stadt München: Evaluierungsbericht Messestadt München- Riem

1 *Fasst in einer Übersicht die Grundlagen der Planung für die Messestadt Riem zusammen.*

2 *Zeigt mithilfe der Karte 11 die Umsetzung der Konzeption.*

3 *Erarbeitet alternative Vorschläge für die Nutzung des freigewordenen Flugplatzgeländes in München und stellt diese vor.*

4 *Überprüft, ob es gelungen ist, die Konzeption einer nachhaltigen Stadt erfolgreich umzusetzen.*

5 *Erarbeitet Gründe für das Scheitern der Planung in manchen Bereichen.*

Surftipps

www.messestadt-riem.com

www.messestadt-riem.de

www.muenchen.de

① *Elbphilharmonie (Grundsteinlegung 2. April 2004, Fertigstellung 2010)*

② *HafenCity 2007*

③ *Hafengelände 1970*

Hamburg – Vom Hafen zur HafenCity

Immer größere Schiffe und immer schnellere Umschlagzeiten haben in vielen Hafenstädten die alten Hafenanlagen veröden lassen und zu innerstädtischen Brachflächen geführt. Das „just-in-time"-Transportwesen hat nicht nur die Anforderungen an die Abfertigungsgeschwindigkeiten und Umschlagtechnologien revolutioniert, sondern auch die Zwischenlagerung auf der Landseite. An die Stelle vieler Hafenbecken mit ihren langen Kaikanten und den hoch aufragenden Speicherbauten sind eine überschaubare Anzahl von Schiffsliegeplätzen mit einem tiefen Hinterland aus Lagerflächen und Lagerhallen getreten. Diese Umstrukturierung des Hafens wird in Hamburg dazu genutzt, insbesondere die stadtnah gelegenen historischen Hafengebiete in eine Neubelebung der Innenstadt einzubeziehen.

Die HafenCity – Neuer lebendiger Innenstadtteil auf historischen Flächen

An der Nahtstelle zwischen Land und Wasser wird auf einer etwa 155 Hektar großen Fläche ein neuer innerstädtischer Stadtteil entstehen. Die Hansestadt kann sich damit an der Elbe ein Stück weit neu erfinden. Die HafenCity soll die heutige Innenstadt mit der Elbe verknüpfen, Wohn- und Lebensort für mehr als 12 000 Bewohner sein, für rund 40 000 Menschen ein neuer attraktiver Arbeitsort und für alle Hamburger und Besucher der Stadt ein urbaner und kultureller Magnet. Die Voraussetzungen dafür sind günstig: die unmittelbare Nähe der Hamburger Innenstadt, die sehenswerte denkmalgeschützte Speicherstadt und die Hafenlandschaft bilden grandiose Bühnenbilder für einen neuen Stadtteil am Fluss. Stadträumlich wurde das Rad in der HafenCity nicht neu erfunden. Dichte, Höhe und städtebauliche Grammatik orientieren sich wei-

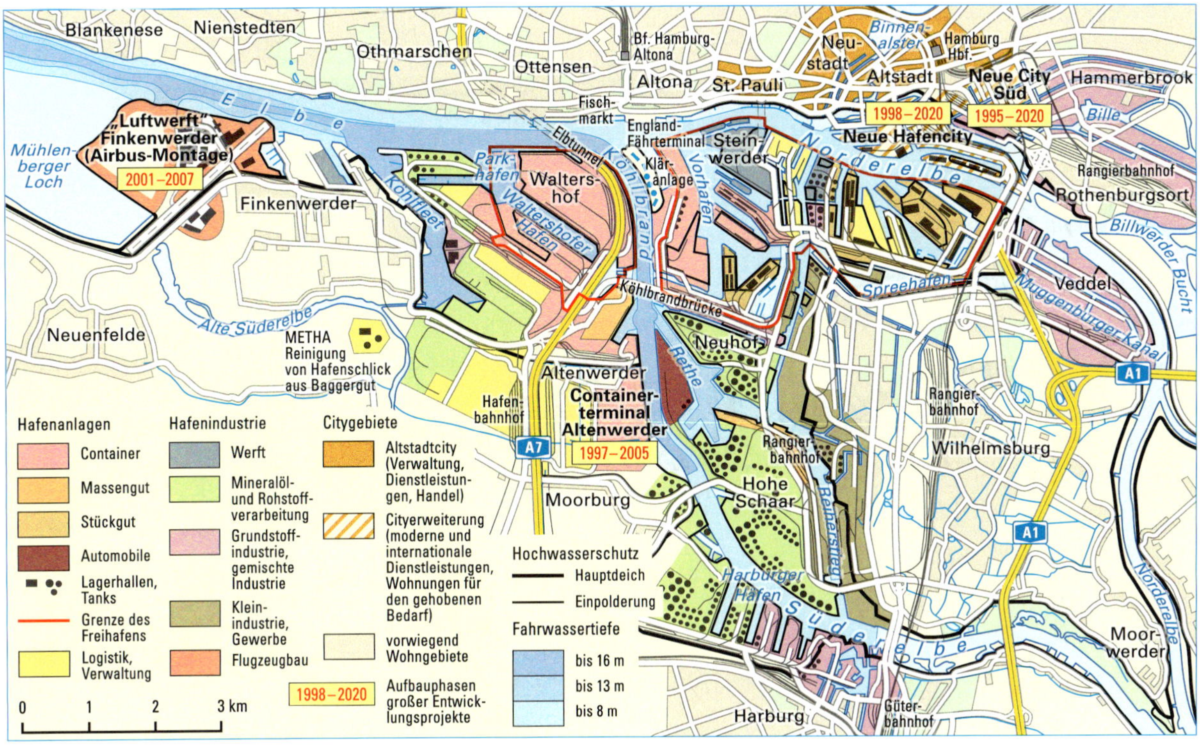

4 ***Hamburger Hafen***

testgehend am historischen Zentrum Hamburgs – ohne es zu kopieren und zu zitieren. Der Städtebau übt sich in Zurückhaltung; er ist nicht bilderstürmerisch, er versucht nicht krampfhaft neu zu sein. Er ist eher wie ein Passepartout, das den unterschiedlichsten Architekturen den notwendigen Halt und den Kontext gibt.

Der Sprung über die Elbe

Die HafenCity ist nur ein Teil eines Konzepts, das in ganz Hamburg städtebauliche Akzente setzen soll. Bislang waren Hafen und Elbe eher eine Trennlinie zwischen dem Zentrum und den südlichen Stadtteilen. Die HafenCity soll dazu beitragen, diese Trennung zu überwinden. Die Chance, mitten in der Stadt direkt am Wasser wachsen zu können, ist für eine Millionenstadt einzigartig. Die südlich der Elbe isoliert zwischen Hafen, Industrie und Infrastrukturtrassen gelegenen Flussinseln Wilhelmsburg und Veddel sowie Harburg verfügen noch über erhebliche Wachstumsreserven – viel Grün und Wasser sowie Raum für Wohnen und Gewerbe. Ziel des Leitprojektes ist es, diese Potenziale in den nächsten Jahrzehnten zu entwickeln und so die südlichen Stadtteile ins Gesamtstadtgefüge einzubinden. Dazu spannt Hamburg städtebaulich einen Bogen von der City über die HafenCity und Wilhelmsburg bis zum Harburger Binnenhafen. Dieser sogenannte Sprung über die Elbe bietet die einmalige Chance, das Gesicht Hamburgs zum Wasser über eine Länge von mehr als zehn Kilometern neu zu gestalten und damit den Raum südlich der Elbe stärker mit der nördlichen Kernstadt zu verknüpfen – das große stadtplanerische Ziel der Zukunft.

5 **Die HafenCity in Zahlen**

Gesamtgröße des Plangebiets	155 ha
Nettobauland	60 ha
Bruttogrundrissfläche (BGF)	1,8 Mio. m²
Durchschnittliche GFZ	2,5
Wohnungen	5 500
Anzahl Bewohner	10 000 – 12 000
Arbeitsplätze	40 000

Bruttogrundrissfläche
Summe der Geschossflächen

Geschossflächenzahl (GFZ)
m² Geschossfläche je m² Grundstücksfläche

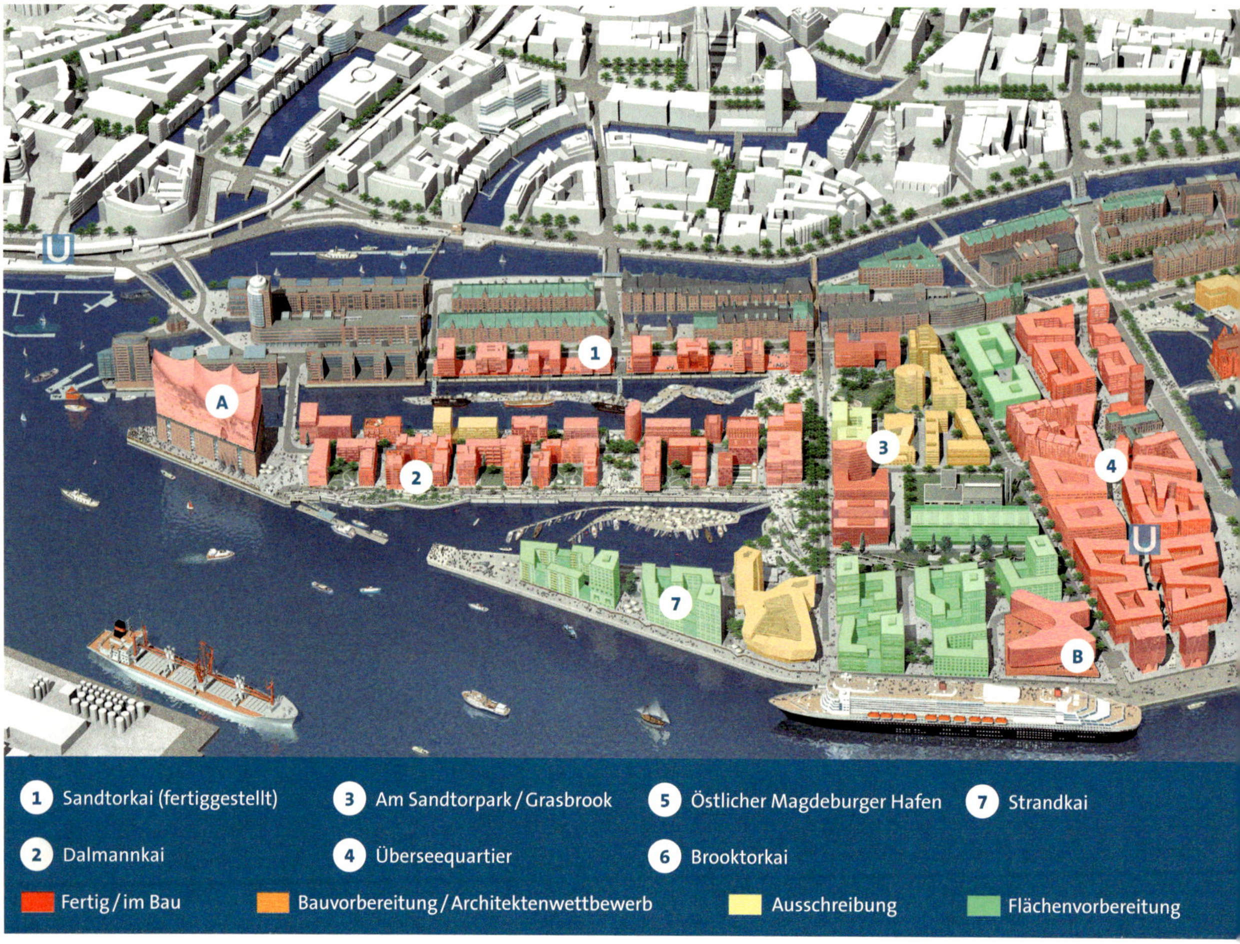

6 ***HafenCity – Stand der Flächenentwicklung***

7 Metropole Hamburg
Wachsende Stadt

Extra-Link

Planungskarte HafenCity
www.klett.de/extra
[EXTRA-Link: 27850X-0011]

8 **Die Nutzungsstruktur**

„Die HafenCity soll von einer städtisch-gemischten Nutzungsstruktur geprägt sein, mit der die Wohnfunktion in der Innenstadt gestärkt, ein breites Angebot für neue Arbeitsplätze geschaffen und zusätzliche Attraktivitäten aus dem Einzelhandels-, Bildungs-, Kultur-, Unterhaltungs- und Tourismussektor an die Stadt gebunden werden.

Für das Ziel einer spürbaren Attraktivitätssteigerung der Innenstadt als Wohnstandort bietet die HafenCity mit ihrer ausgezeichneten Lage hervorragende Voraussetzungen. Deshalb sollen ca. 5 500 neue Wohnungen entstehen. Um einem sich ausdifferenzierenden und zunehmend von der Nachfrageseite bestimmten Wohnungsmarkt gerecht zu werden, wird ein breites Wohnungsangebot individueller und vielfältiger Wohnformen angestrebt, das Angebote für unterschiedliche Haushaltstypen und Bevölkerungsgruppen unterbreitet. Eine besondere Chance wird dabei auch für gehobene städtische Wohnformen gesehen, für die in Hamburg ansonsten nur ein begrenztes Flächenpotenzial zur Verfügung steht. In für

das Wohnen besonders geeigneten Lagen mit Wasser- oder Freiraumbezug, wie den Quartieren am Sandtorhafen, dem Baakenhafen und beiderseits des Parkes am Lohseplatz (hier zu 50%), soll die Wohnnutzung den Schwerpunkt bilden.
Die HafenCity bietet ein unvergleichliches Standortpotenzial, (...) Besondere Chancen werden dabei für die Neuen Medien und die digitale Wirtschaft gesehen."

nach Leitziele und Strukturkonzept zur Entwicklung der HafenCity. In: www.hafencity.de-Masterplan 2000 (20.06.2007)

9 **Nachhaltigkeit und Ökologie**
„Das HafenCity-Projekt ist ein Vorhaben der nachhaltigen Stadtentwicklung. Mit der Umnutzung bisher hafengewerblich genutzter Flächen sollen ökologisch und gestalterisch nachhaltige Effekte für ein zukunftsfähiges Milieu der HafenCity erzielt werden.
Im Sinne des Klimaschutzes und der Einsparung von Energie sollen in der HafenCity die Potenziale für umweltverträgliches, nachhaltiges Bauen und Wohnen und eine ressourcenschonende Energieversorgung genutzt werden. Die überwiegende Süd-Exposition der Kaizungen und Landflächen bietet eine wichtige Grundlage für den Einsatz von Solarnutzung. (...) Bei der baulichen Umsetzung der HafenCity spielt die Kontinuität der Materialverwendung umweltschonender Baustoffe eine wichtige Rolle. Am Beispiel des Klinkermauerwerks der älteren Kaimauern und Speicher des 19. Jahrhunderts zeigt sich, dass solche Baumaterialien auch Lebensraum für seltene Pflanzen- und Tierarten bietet. Die Niederschläge sollen im Kontext des amphibischen Milieus umwelt- und gewässerschonend abgeführt werden. Das weitgehend schadstoffunbelastete Oberflächenwasser von Dach- und Freiflächen soll grundsätzlich auf kurzen Wegen der Elbe und den Hafenbecken zugeleitet werden."

www.hafencity.de-Masterplan 2000 (20.06.2007)

10 „In der HafenCity werden keine Standardgebäude errichtet – sondern nur hochwertige, in Architekturwettbewerben entstandene Entwürfe verwirklicht.
Daher wird das Mieten in der HafenCity nicht wirklich preiswert sein, sondern um mindestens zwei bis drei Euro pro Quadratmeter teurer als in anderen innenstädtischen Neubaulagen. Billigerer Wohnraum wäre hier nur subventioniert zu schaffen."

HafenCity News, Oktober 2006

Surftipps
www.hafencity.com
www.hamburg.de
www.metropolregion.hamburg.de
www.wachsende-Stadt.hamburg.de

1 *Stelle in einer Funktionsskizze Ursachen und Verlauf des Nutzungswandels im Hamburger Hafen dar.*

2 *Erläutere in einem Kurzvortrag die Ziele, die Hamburg mit dem Bau der HafenCity verfolgt. Informiere dich dazu auch im Internet.*

3 *HafenCity und Messestadt Riem sind Projekte, die sich der nachhaltigen Stadtentwicklung verschrieben haben. Bewerte den Anspruch beider Konzepte in einer Tabelle.*

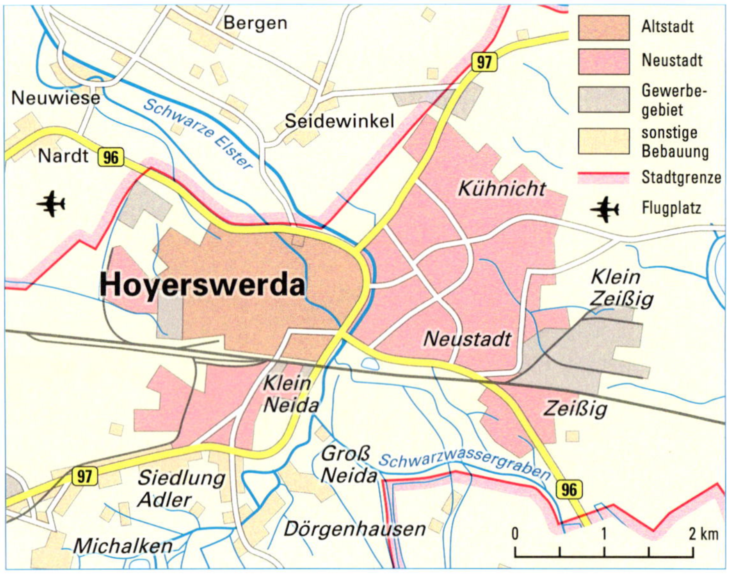

1 **Alt- und Neustadt von Hoyerswerda**

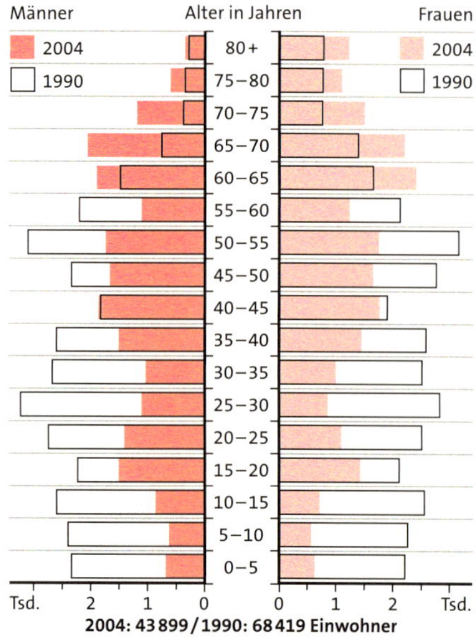

4 **Bevölkerung der kreisfreien Stadt Hoyerswerda 1990 und 2004**

Hoyerswerda – eine schrumpfende Stadt?

2 ***Entwicklung der Einwohnerzahl in Hoyerswerda***

1950	*7 365*
1960	*24 549*
1970	*59 144*
1980	*70 705*
1990	*64 888*
2000	*50 203*
2005	*42 607*
Prognose für 2015:	*35 000*

3 **Hoyerswerda – eine schrumpfende Stadt**

Hoyerswerda, 1956 als „zweite sozialistische Wohnstadt der DDR" für die Kohle- und Energiearbeiter des „größten Braunkohle- und Steinkohleveredlungskombinats Europas", Schwarze Pumpe, errichtet, durchläuft seit der Wiedervereinigung einen dramatischen Deindustrialisierungsprozess: Tausende Arbeitsplätze sind verloren gegangen. Gleichzeitig nimmt die Bewohnerschaft der Stadt stetig ab (...). In etwa zehn Jahren, so die Prognosen, wird die einst „jüngste Stadt" der DDR annähernd zur Hälfte von PensionärInnen bewohnt sein. (...) Künftig werden jene Personengruppen überwiegen, deren Bezüge als Folge von Vorruhestand und jahrelanger Arbeitslosigkeit eine eher trostlose Perspektive bieten. (...) Hier droht ein Wiederanstieg der Altersarmut. Hinzu kommt, dass die gesamte technische und soziale Infrastruktur der Stadt angesichts der sinkenden Einwohnerzahlen überdimensioniert ist.

Aus Politik und Zeitgeschichte (B 28/2003)

5 **Bürgerbeteiligung angemahnt – Diskussion zum Stadtumbau wiederbeleben**

„Im Schrumpfungsprozess, der sich zur Zeit in vielen ostdeutschen Städten abspielt, nimmt Hoyerswerda eine Vorreiterrolle ein. (...) „Die Kassen sind leer", also gibt es nur noch Abriss – das ist eine zu kurz gedachte Schlussfolgerung der handelnden Akteure. Die Stadt hat bereits wesentliche Teile ihres Image bildenden Baubestandes verloren, jeder kann sich davon im Stadtzentrum überzeugen. Die guten Ideen zur Aufwertung des Stadtzentrums zur „Neuen Mitte" sind allesamt undurchführbar, weil nicht bezahlbar. So die Antwort der Stadtverwaltung. Will man den Niedergang von Hoyerswerda-Neustadt verhindern, ist ein sofortiger Abrissstopp im Kernbereich, besonders im Stadtzentrum notwendig. (...) Schon jetzt ist der Schaden, den unsere wunderbare Stadt genommen hat, nur noch schwer reparabel – die Abrissbagger laufen weiter und warten auf ihre nächsten Opfer."

Lausitzer Rundschau, 9. 7. 2005

6 **Hoyerswerda-Neustadt WK 8 und 9,**
gelb: realisierter Rückbau

8 **Nach dem Abbruch der Platte: neu errichtete Stadtvillen in Hoyerswerda**

7 **Stadtentwicklungskonzept INSEK**

Die Stadt Hoyerswerda hat ein Integriertes Stadtentwicklungskonzept – INSEK – erarbeitet, welches für die nächsten 10 bis 15 Jahre die Entwicklungsziele deutlich darstellt. (...) Es setzt sich aus mehreren Teilkonzepten (u. a. Wirtschaft, Tourismus, Infrastruktur, Wohnungsbau, Verkehr, Soziales usw.) zusammen (...). Im wirtschaftlichen Bereich verfolgt die Stadt Hoyerswerda das grundlegende Ziel, bestehende Dienstleistungs- und Gewerbestrukturen zu erhalten (...). Weitere Ziele sind:

- Erschließung innovativer Wirtschaftsfelder in den Bereichen der Erneuerbaren Energien und der Angewandten Biotechnologien (...)
- Qualifizierung der vorhandenen touristischen Infrastrukturen und Schaffung von neuen touristischen Angeboten im Lausitzer Seenland
- Schaffung von ca. 1000 neuen Arbeitsplätzen im verarbeitenden Gewerbe und im Bereich Handel/Dienstleistung bis 2010 (...)
- Erhalt des Status als Dienstleistungs- und Handelsstandort in der Region

Hoyerswerda – eine Stadt im Wandel. 2005, S. 6

Maßnahmen des Stadtumbaus

Bereits 1997 wurde ein Hochhaus um drei Geschosse zurückgebaut und zu altersgerechtem Wohnraum umgestaltet. Im Jahr 2000 begann der Abriss leer stehender Wohnungen. Durch den punktuellen Rückbau in den zentrumsnahen Wohnkomplexen entstanden Freiflächen für Parkplätze. Im Jahr 2005 wurde aus einem ehemaligen Bürohochhaus eine Seniorenresidenz „Neustädter Eck" geschaffen.

Der großflächige Abriss erfolgt von außen nach innen. Die Freiflächen sollen als Grünflächen das Wohnumfeld verbessern. Ein Freiraumkonzept sieht die Gestaltung einer Park- und Gartenlandschaft vor.

Durch den Rückgang der Bevölkerung verringerte sich auch die Schmutzlast in den Abwasserkanälen. Die Nachfrage nach Trinkwasser, Strom und Fernwärme ging zurück. So müssen einzelne Netzabschnitte stillgelegt, andere an den perspektivischen Bedarf angepasst werden.

1 *Untersuche die Ursachen und Auswirkungen des Bevölkerungsrückgangs in Hoyerswerda.*

2 *„Hoyerswerda – eine schrumpfende Stadt im Aufbruch." Erläutere diese Aussage.*

Surftipp

www.hoyerswerda.de

Unter Bürgerservice/Stadtentwicklung ist das Stadtentwicklungskonzept von Hoyerswerda beschrieben.

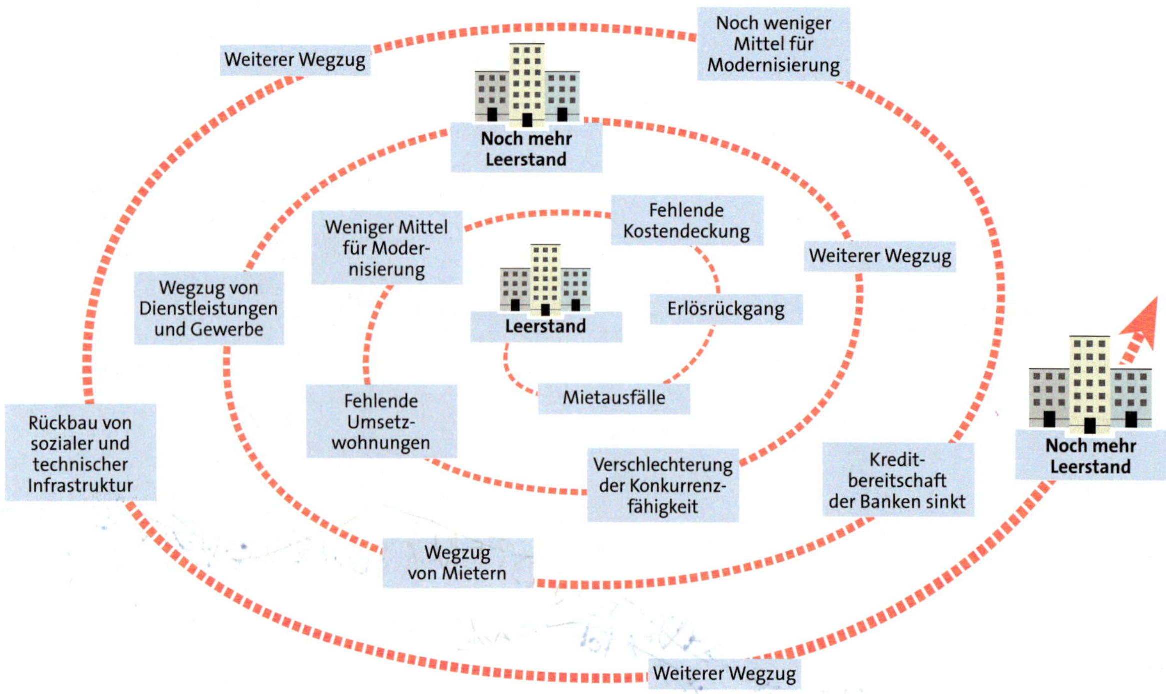

9 ***Die Leerstandsspirale***

Surftipp

www.shrinkingcities.com

In allen Teilen Deutschlands schrumpfen Städte. Hoyerswerda ist nur ein Beispiel. Dieser Prozess ist auch nicht auf den Osten beschränkt. Wenn die Einwohnerzahl Deutschlands immer geringer wird, müssen zwangsläufig auch die Siedlungen in ihrer Bevölkerungszahl kleiner werden.

Bislang war dieser Prozess insbesondere im ländlichen Raum spürbar, aus dem vor allem Jüngere in die großen Städte abwanderten. Inzwischen hat die Abnahme der Bevölkerung aber längst auch Städte erfasst.

Zwei Haupttypen lassen sich unterscheiden: Städte, die im Rahmen wirtschaftlicher und gesellschaftlicher Veränderungen einen Funktionsverlust hinnehmen mussten. Der Rückgang der Industriebeschäftigten im Ruhrgebiet oder das Wegbrechen von Betrieben in Städten des Ostens sind z. B. solche Ursachen.

Andere Städte verlieren Bevölkerung, obwohl sie keine wirtschaftlichen Probleme haben. Die, die es sich leisten können, ziehen von den Innenstädten in die Vororte, oft ins eigene Haus.

Katastrophe mit Löchern

Schrumpfende Städte sind für Stadtplaner, die sich bisher nur mit dem Wachsen beschäftigen mussten, eine neue Herausforderung. Die größte Herausforderung für sie ist, dass Städte nicht schrumpfen wie Luftballons, denen die Luft entweicht. Der Schrumpfungsprozess reißt Lücken und ist nicht auf Stadtteile beschränkt. Ergebnis ist eine **perforierte Stadt**, in der Verfall und Erhaltung in unmittelbarer Nachbarschaft stehen.

10 „Das größte Manko schrumpfender Städte? Es gehen die, die es sich leisten können. Sei es der Wechsel vom Grauen ins Grüne, vom stadtnahen Altbauviertel ins Einfamilienhaus-Dorf, zweihundert Meter von der Stadtgrenze entfernt. Zurück bleiben die A-Gruppen. Arbeitslose, Alte, Arme, Ausländer. Fortgehen ist ein Privileg, keine Strafe. Die verlassenen Städte verlieren nicht nur Steuergeld, sie müssen sich auch um die kümmern, die nicht die Möglichkeit haben zu gehen."
(Süddeutsche Zeitung, 13./14.01.2007)

11 **Schrumpfung – ein problematischer Begriff**

Der Begriff „Stadtumbau" symbolisiert, „dass trotz notwendiger Reduzierung in vielen Bereichen der Erhalt funktionsfähiger Städte angestrebt wird".

Haller, Chr./ Liebmann, H.: Vom Wohnungsleerstand zum Stadtumbau. Berliner Debatte 2, 13. Jg. 2002, S. 40

In Ostdeutschland sind mehr als eine Million Wohnungen abzureißen. Aber vom „Abriss" spricht selten ein Verantwortlicher, eher von einer „Reduzierung des Wohnungsleerstandes".

Liebmann, Heike: Stadtumbau Ost - Folge einer extremen demograph. Entwicklung, Nr 12. Berlin 2005, S. 16

„Warum kein klares Wort gesprochen wird, wenn es um den Kern des Programms Stadtumbau Ost geht, den Abriss von Wohnungen, ist unklar. Das Wort ‚Umbauen' trifft es nicht ganz. ‚Umhauen' schon eher".

Oswalt, Ph.: Stadtumbau Ost, Nr. 12. Berlin 2004, S.43

13 ***Grüner Graben in Görlitz, 2007***

12 **Westdeutsche Rentner entdecken Görlitz als Altersruhesitz**

Görlitz (ddp). Görlitz ist attraktiv für westdeutsche Senioren. Hunderte Ruheständler ziehen jedes Jahr in die ostsächsische Stadt an der Grenze zu Polen, wie der für Stadtumbau und Planung zuständige Franz-Josef Keul sagte. Im Moment seien 15 Prozent der Gesamtzuwanderer älter als 55 Jahre. Und die Tendenz der sogenannten Ruhesitzwanderer sei steigend. Gründe für den Umzug von West nach Ost sieht Keul in einer Mischung aus einer guten Infrastruktur, einem sehr guten Wohnungsangebot mit günstigen Mieten sowie niedrigen Lebenshaltungskosten.
Von der Neiße sind in den vergangenen Jahren 35 000 Einwohner weggezogen, 25 000 Männer, Frauen und Kinder kamen im selben Zeitraum neu nach Görlitz. Nach Angaben des Statistischen Landesamtes zählte Görlitz im vergangenen Jahr rund 58 000 Einwohner.

(ddp, Donnerstag 19. April 2007)

3 *Finde Gründe, warum die Städte Europas seit 1950 schrumpfen.*

4 *Der gestiegene Wohlstand trägt zur Suburbanisierung bei. Begründe.*

5 *Übertrage die Leerstandsspirale 9 auf das Beispiel Hoyerswerda.*

6 *Beschreibe, welche wirtschaftlichen Folgen es haben kann, ein Gebiet als „Gebiet mit erhöhtem Umstrukturierungsbedarf" auszuzeichnen,*

7 *Finde eine Erklärung, warum die Suburbanisierung der raumwirksamste Stadtentwicklungsprozess in Deutschland ist.*

8 *In schrumpfenden Regionen nimmt die Überalterung zu. Begründe.*

9 *Liste Vorteile und Nachteile auf, die der Zuzug von Rentnern für eine schrumpfende Stadt wie Görlitz bringt.*

Nachhaltige Stadtentwicklung

1 Schrumpfende Städte

Orientieren

1 Benenne die Regionen, in denen das Phänomen der schrumpfenden Städte besonders häufig auftritt und die, in denen es diesen Prozess nicht gibt.

Kennen und verstehen

2 Begriffe gesucht

a) Stadt, in der es Baulücken gibt
b) Fläche der Baugeschosse bezogen auf die Fläche des Baugrundstücks
c) Raumplanungseinheit von internationaler Bedeutung mit starker Verdichtung
d) Abriss von Gebäuden und Stadtteilen
e) Aktionsprogramm mit der Verpflichtung zu nachhaltiger Entwicklung

3 Erläutere Grafik 2.

4 Warum werden „schrumpfende Städte" meist zu „perforierten Städten"?

5 Richtig oder falsch?

Von den folgenden Aussagen ist nur ein Teil richtig. Prüfe die Aussagen sorgfältig und korrigiere diejenigen, die du als „falsch" beurteilt hast.

a) Städte schrumpfen meist von außen nach innen.
b) In den Mittelgebirgen drohen viele Dörfer zu sterben.
c) Nachhaltigkeit der Stadtentwicklung zeigt sich auch im Miteinander unterschiedlicher Altersgruppen in einem Stadtteil.
d) Die Eigenheimsiedlungen am Rand der Städte entsprechen dem Idealbild der Nachhaltigkeit.
e) Schrumpfende Städte gibt es in Deutschland nur im Osten.
f) Nachhaltigkeit zeigt sich im Nebeneinander von Wohnen, Arbeiten, Versorgen und Erholen.

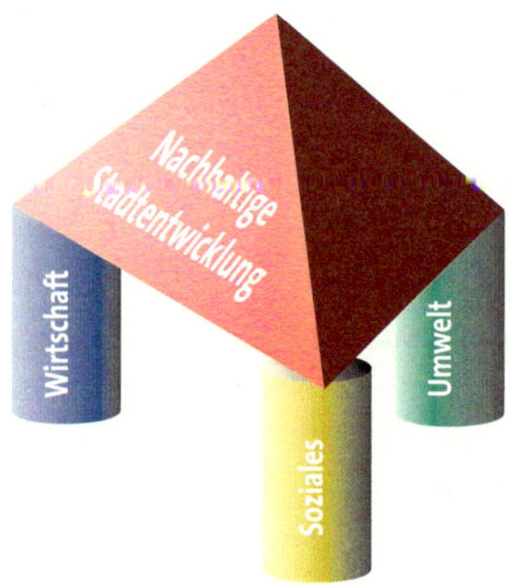

2 Nachhaltige Stadtentwicklung

Übertragen

6 Grafik 3 zeigt ein Modell einer typischen Stadt von heute. Zeichne mit den gleichen Symbolen das Modell eines „nachhaltigen Stadtteils" der kurzen Wege im Gefüge einer Großstadt.

Wichtige Begriffe
Agenda 21
nachhaltige Entwicklung
Nutzungsstruktur
perforierte Stadt
schrumpfende Stadt
Stadtumbau

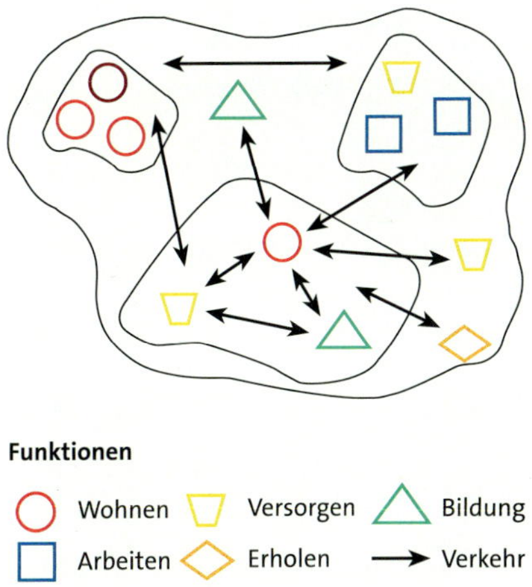

3 ***Modell einer heutigen Stadt***

4 ***Xanadú: Shopping City bei Madrid***

7 *Grafik 3: Erkläre die Verkehrsprobleme von Städten und erläutere, wie das Leitbild der „nachhaltigen Stadt" darauf reagiert.*

8 *Abbildung 6 zeigt das Modell einer Gartenstadt, einer Stadtplanung, die Ende des 19. Jahrhunderts kreiert wurde. Überprüfe, ob diese Konzeption Vorstellungen der „nachhaltigen Stadt" vorwegnimmt.*

Beurteilen

9 *Zukunft von Plattenbauten*

Folgende Vorschläge zur Nutzung von Plattenbauten werden in der Presse beschrieben. Diskutiert über deren Sinn und Nutzen.

a) Luxus einbauen
b) Bausteine für Einfamilienhäuser nutzen
c) zum experimentellen, fantasievollen Umbau nutzen, z. B. Maisonettewohnungen
d) Betonriesen verkleinern
e) Mit technischen Raffinessen ausstatten
f) Bauteile verkaufen, z. B. für Futtersilos in Holland oder Wohnhäuser in Ungarn

10 *Beurteile im Vergleich Plattenbauten in Großwohnanlagen und Einfamilienhäuser mit Garten im Hinblick auf eine nachhaltige Siedlungsentwicklung.*

11 *Beurteile die Shopping Mall auf Bild 4 nach dem Leitbild der nachhaltigen Stadt.*

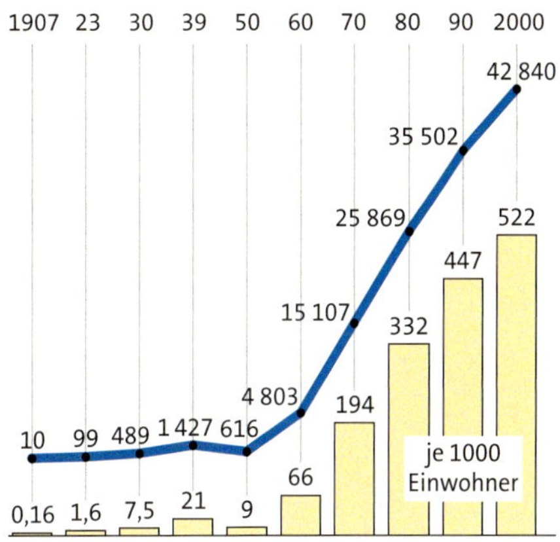

5 ***Pkw-Bestand in Deutschland (in 1 000)***

Teste dich selbst

mit den Aufgaben 2 a, 5 d

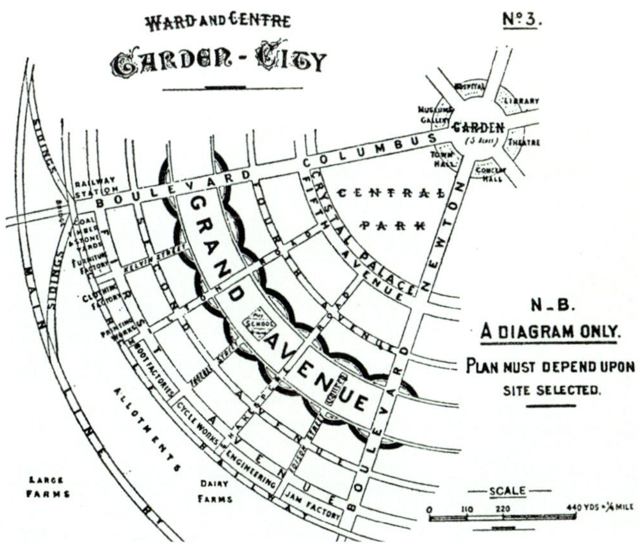

6 ***Das Gartenstadtmodell von E. Howard***

Training

Unruhige Erde

Unsere Erde ist ein dynamischer Planet. Durch gewaltige erdinnere und erdäußere Kräfte verändern Kontinente und Ozeane ihre Lage, entstehen Gesteine und Naturgefahren bedrohen das Leben vieler Menschen.
Kenntnisse zum Aufbau der Erde und den Prozessen im Erdinneren werden dir helfen, das System Erde besser zu verstehen.

Vulkanausbruch

Raucher am Meeresboden

Vulkane
Erdbeben
Maßstab 1 : 120 000 000

Faltengebirge

Zerstörungen durch Erdbeben

4

Schalenbau der Erde

Auf der Halbinsel Kola in Russland gelang 1996 mit 12 262 Meter die tiefste Bohrung in das Erdinnere. Ein weiteres Vordringen war wegen der zu hohen Drücke und Temperaturen nicht möglich. Verkleinert man die Erde auf die Größe eines Pfirsichs, so würde diese tiefste Bohrung noch nicht einmal dem Anritzen der Schale entsprechen. Dennoch wissen wir heute: unser Erdkörper ist schalenförmig aufgebaut und gliedert sich in Erdkruste, Erdmantel und Erdkern. Der innere Erdkern muss fest, der äußere flüssig sein. Dieses Wissen über das Innere der Erde verdanken wir indirekten Untersuchungsmethoden, vor allem der Seismik.

Ein „Röntgenbild“ der Erde

Jedes Erdbeben löst Erschütterungen aus, die sich in unterschiedlichen Wellen nach allen Richtungen ausbreiten. Am schnellsten sind dabei Druckwellen, die auch als Primärwellen (P-Wellen) bezeichnet werden. Sie breiten sich im festen Gestein, aber auch in Flüssigkeiten aus. Im Unterschied dazu können die Scherwellen (S-Wellen) keine Flüssigkeiten durchdringen. Beide Wellen werden an der Erdoberfläche gebrochen und erzeugen dadurch die sogenannten Oberflächenwellen. Die nach dem britischen Physiker Lord Rayleigh (1842–1919) benannten Oberflächenwellen erreichen die größten Amplituden und verursachen die meisten Erschütterungen bei Erdbeben.

Die Auswertung von Seismogrammen ergab, dass die Wellen in bestimmten Tiefen ihre Geschwindigkeit und Richtung ändern.

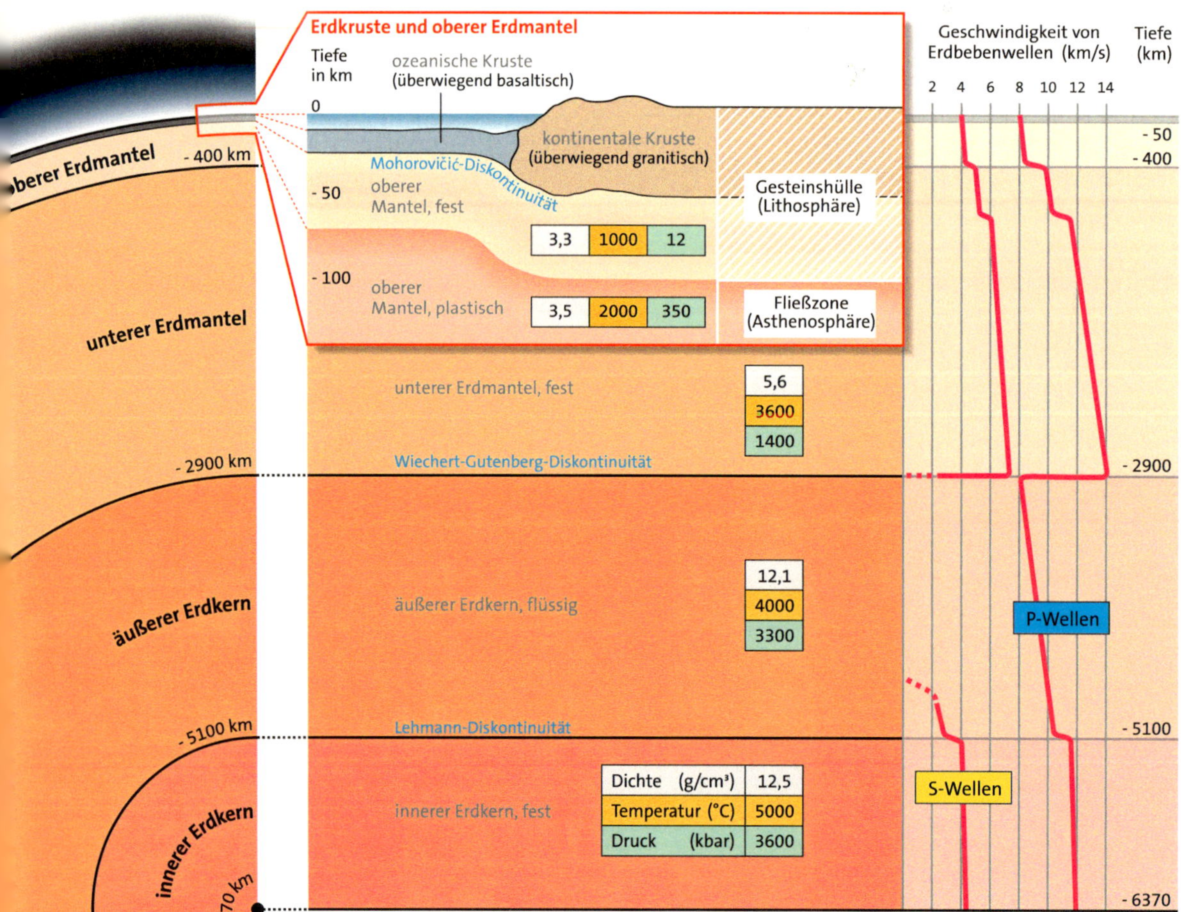

① *Schalenbau der Erde*

Diese Bereiche nennt man seismische **Diskontinuitätsflächen** (Unstetigkeitsflächen). Dort wandeln sich auch Druck- in Scherwellen oder Scher- in Druckwellen um. Daraus schloss man auf den **Schalenbau der Erde**.

Die Lithosphäre der Erde

Die äußerste, relativ dünne Schale der Erde wird als Erdkruste bezeichnet. Mit dem obersten, festen Teil des Erdmantels zusammen bildet sie die Gesteinshülle der Erde, die Lithosphäre.

Der kroatische Geophysiker Andrija Mohorovičić entdeckte zwischen Erdkruste und Erdmantel eine Grenzfläche, die seitdem als Moho-Diskontinuität bezeichnet wird. Unter der Lithosphäre befindet sich das Mantelgestein in der Nähe des Schmelzpunktes. Gegenüber lang anhaltendem Druck reagiert dieser Bereich plastisch. Für die Lithosphäre stellt diese Zone eine „Gleitschicht" dar, die als **Asthenosphäre** (griech. „asthenos" = kraftlos) oder Fließzone bezeichnet wird.

3 **Alter und Mächtigkeit der Erdkruste**

	kontinentale Kruste	ozeanische Kruste
Alter	bis zu 3,96 Mrd. Jahre	maximal 200 Mio. Jahre
Mächtigkeit	30 bis 70 km	~ 6–10 km

1 Erstelle eine Skizze des Schalenbaus der Erde.

2 a) Untersuche die Erdbebenwellen (Abbildung 2) hinsichtlich ihrer Ausbreitungs- und Schwingungsrichtung.

b) Erläutere die Bedeutung der Erdbebenwellen für die Erforschung des Erdinneren.

3 Vergleiche den Aufbau der Lithosphäre im Bereich der Kontinente und Ozeane.

4 **Aufbau der Erde**

	Volumen	Masse
Kruste	0,8 %	0,4 %
Mantel	83,0 %	67,2 %
Kern	16,2 %	32,4 %

Geothermische Tiefenstufe

Bezeichnung für die Angaben jener Tiefe (in Metern), bei der die Temperatur im Gestein um 1 °C zunimmt. Im Bereich der Kontinente beträgt sie im Mittel 33 Meter.

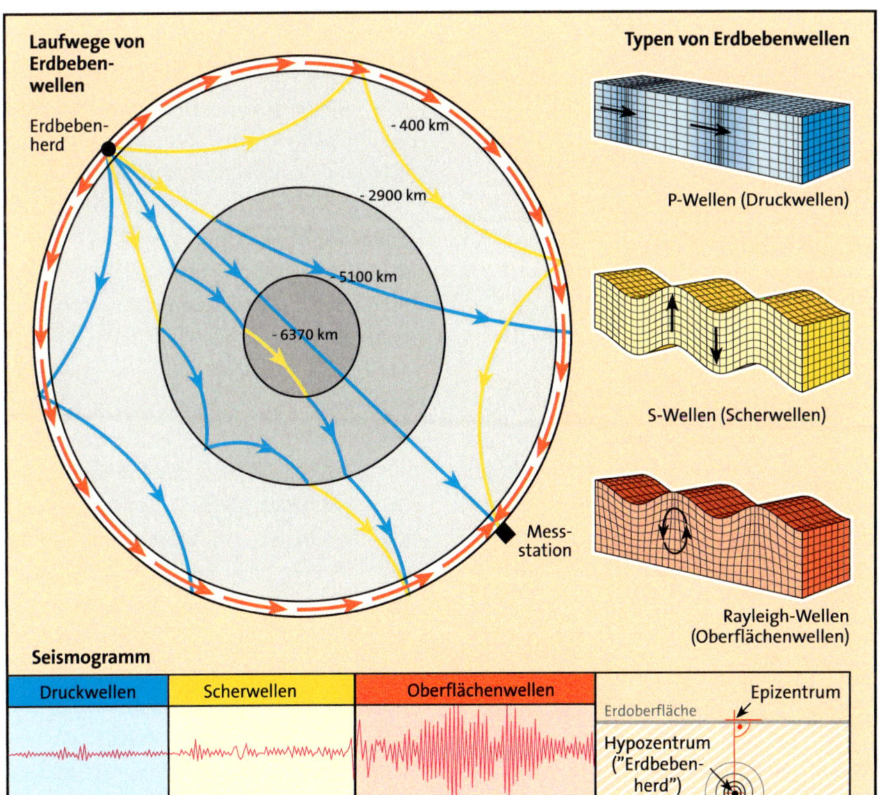

2 ***Ausbreitung, Auszeichnung und Typen von Erdbebenwellen***

Surftipp

Computerprogramme zu Erdbeben:
www.geol.binghamton.edu/faculty/jones/
http://web.ics.purdue.edu/~braile/edumod/waves/WaveDemo.htm

1

2 Alfred Wegener (1880–1930)

Die Entstehung der Kontinente und Ozeane – Geschichtliche Vorbemerkungen

„Die erste Idee der Kontinentverschiebungen kam mir bereits im Jahre 1910 bei der Betrachtung der Weltkarte unter dem unmittelbaren Eindruck von der Kongruenz der atlantischen Küsten, ich ließ sie aber zunächst unbeachtet, weil ich sie für unwahrscheinlich hielt. Im Herbst 1911 wurde ich mit den mir bis dahin unbekannten paläontologischen Ergebnissen über die frühere Landverbindung zwischen Brasilien und Afrika durch ein Sammelreferat bekannt, das mir durch Zufall in die Hände fiel. Dies veranlasste mich, eine zunächst flüchtige Durchmusterung auf geologischem und paläontologischem Gebiet vorzunehmen, wobei sich sogleich so wichtige Bestätigungen ergaben, dass die Überzeugung von der grundsätzlichen Richtigkeit bei mir Wurzel schlug. Am 6. Januar 1912 trat ich zum erstenmal mit der Idee in einem Vortrag in der Geologischen Vereinigung in Frankfurt a. M. hervor, der betitelt war: ‚Die Herausbildung der Großformen der Erdrinde (Kontinente und Ozeane) auf geophysikalischer Grundlage'." *(A. Wegener, 1929, S. 1)*

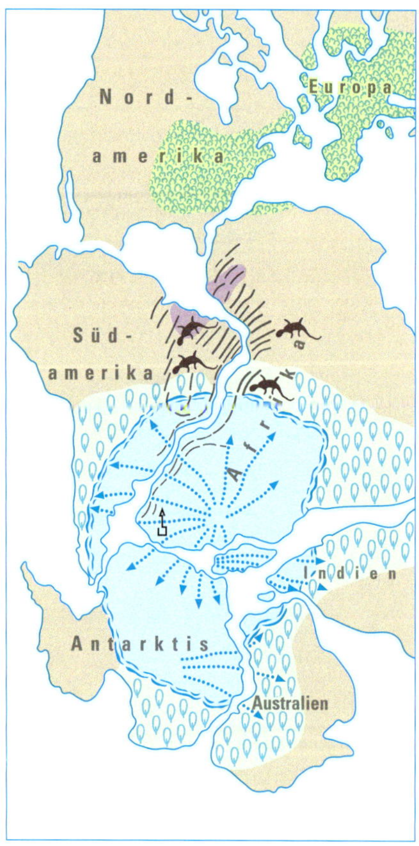

3 *Wegeners Untersuchungsergebnisse*

Kontinente bewegen sich

Der deutsche Meteorologe und Polarforscher Alfred Wegener schrieb in seiner Theorie der Kontinentverschiebung, dass es ursprünglich nur einen Urkontinent Pangäa gegeben habe. Vor etwa 200 Millionen Jahren zerbrach dieser zunächst in zwei Teile (Gondwana und Laurasia), dann in einzelne Kontinente. Dazwischen bildeten sich Ozeane. Er nahm an, dass die aus spezifisch leichterem Material zusammengesetzten Kontinente – wegen der vorherrschenden Elemente Silizium und Aluminium als „Sial" bezeichnet – auf dichterem Material des Erdmantels und der Ozeanböden („Sima" – Silizium und Magnesium) treiben. Als Antriebskräfte für die Kontinentverschiebung vermutete Alfred Wegener die Erdrotation oder Reibung der Gezeiten. Nach Ansicht namhafter Physiker reichen diese Kräfte jedoch nicht aus, um die Wanderung der Kontinente zu erklären. Deshalb wurde seine Theorie von vielen Wissenschaftlern kritisiert und fand zunächst kaum Beachtung.

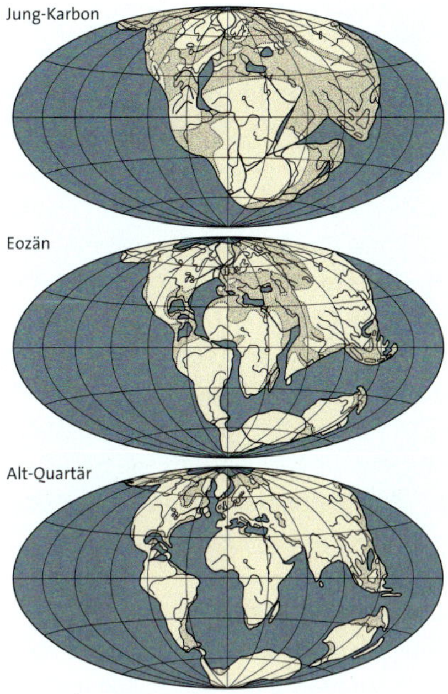

4 Lage der Kontinente nach A. Wegener (1929)

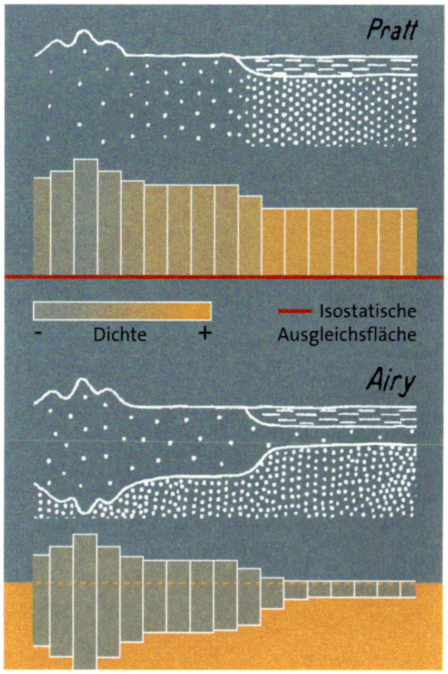

5 Isostasie nach Pratt und Airy

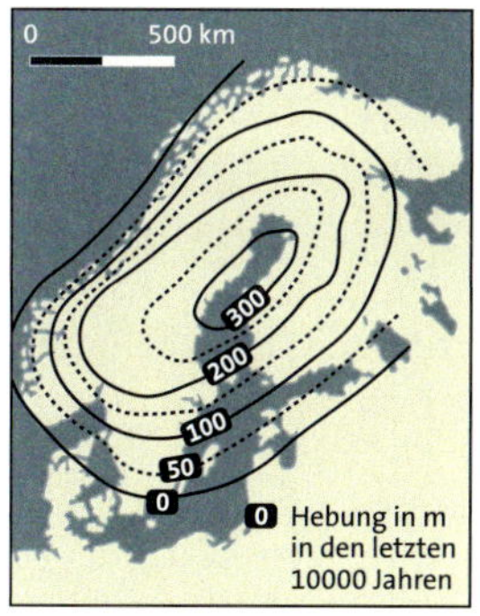

6 Isostatische Hebung von Skaninavien in Metern

Isostasie

(grch. „isos“ = gleich, „stasis“ = Stand): Zustand des hydrostatischen Gleichgewichts der Erdkruste bzw. Lithosphäre. [EXTRA-Link: 27850X-0012]

Die Lehre von der Isostasie

Bereits im 19. Jahrhundert hatte man durch Schweremessungen festgestellt, dass die Schwerkraft unter großen Gebirgen nicht in dem Maße von normalen Werten abwich, wie man das aufgrund der großen Gebirgsmasse erwartet hätte. Messungen auf dem Ozean ergaben ebenso Normalwerte, obwohl die großen Ozeanbecken Massendefizite darstellen. Zur Erklärung dieser unterirdischen Massenüberschüsse und Defizite entwickelten J. H. Pratt und G. B. Airy um 1855 die Isostasielehre.

Pratt stellte sich die Erdkruste wie eine Teigmasse vor, die im Bereich der Kontinente durch Auflockerung emporgewachsen und in den ozeanischen Gebieten zusammengepresst wurde. Je höher die Gebirge, umso geringer musste die Dichte oder das spezifische Gewicht sein. Unterhalb einer Ausgleichstiefe in etwa 120 Kilometer Tiefe sind dann keine Dichteunterschiede mehr vorhanden.

Airy nahm an, dass die Erdkruste auf schwerem Magma „schwimmt“. Gebirge tauchen je nach Höhe unterschiedlich tief in den Erdmantel ein. Die Kruste unter Ozeanen musste demnach dünner sein.

A. Wegener nutzte die Erkenntnisse beider Isostasiemodelle zur Erklärung der Kontinentverschiebung: „... schwimmen also die Kontinentalschollen wirklich in einer, wenn auch sehr zähen Flüssigkeit, so ist offenbar kein Grund einzusehen, warum sich ihre Beweglichkeit nur in der Vertikalen äußern solle, und nicht auch horizontale Bewegungen vorkommen sollten, ...“.

1 *a) Erläutere Wegeners Kontinentverschiebungstheorie.*
b) Benenne Indizien, die Wegener für seine Theorie anführen konnte.

2 *a) Ordne die heutigen Kontinente jeweils Gondwana und Laurasia zu.*
b) Vergleiche die heutige Lage der Kontinente mit der vor 60 Millionen Jahren.

3 *Überprüfe die Lehre der Isostasie nach Airy praktisch mit unterschiedlich dicken Holzklötzen in einem Glasgefäß.*

4 *Erkläre anhand Karte 6 die Hebung Skandinaviens seit dem Ende der letzten Kaltzeit.*

5 *„Je leichter Gebirge durch Abtragung werden, umso höher werden sie.“ Beurteile diese Aussage.*

Schwerkraft

(auch Erdanziehung) Massenanziehung zwischen dem Erdkörper und Körpern, die sich auf oder in der Nähe der Erdoberfläche befinden.
Sie setzt sich aus der Anziehungskraft der Erde (Gravitation) und der durch die Erdrotation bewirkten Zentrifugalkraft zusammen. Die Schwerkraft verleiht den Körpern ihr Gewicht.

EXTRA-Link

Entwicklung der Kontinente und Ozeane
www.klett.de/extra
[EXTRA-Link: 27850X-0030]

❶ ***Mittelatlantischer Rücken, Island***

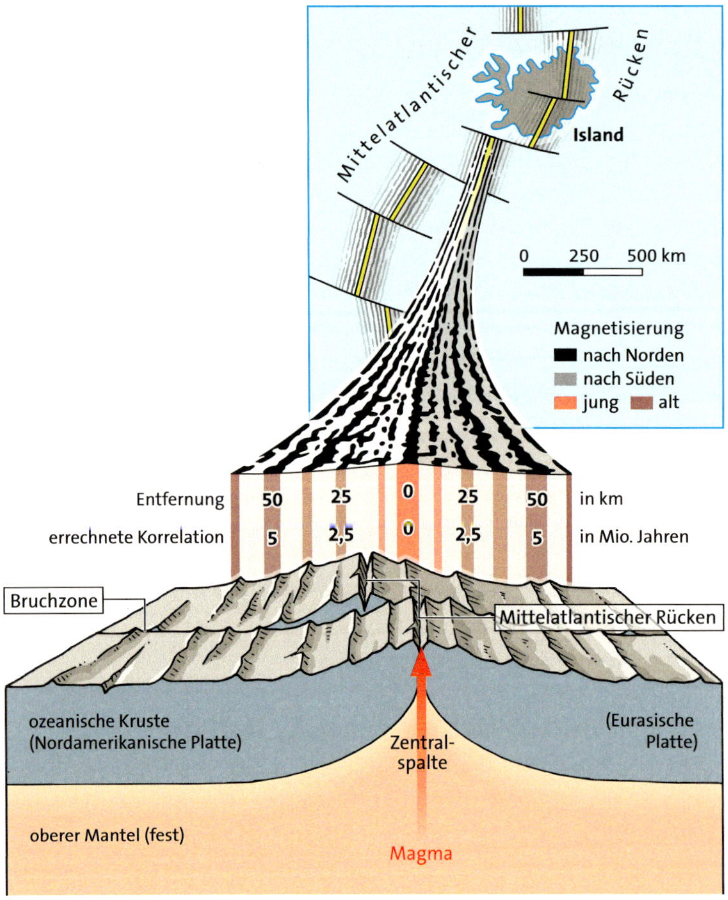

❷ ***Magnetische Streifenmuster am mittelatlantischen Rücken***

Platten bewegen sich

Bei der großflächigen Erkundung und Vermessung der Ozeanböden in den 1960er-Jahren machten die Wissenschaftler sensationelle Entdeckungen: Am Meeresboden der großen Ozeane erstrecken sich gewaltige Gebirge, 3 000 bis 4 000 Meter hoch und fast 2 000 Kilometer breit. Der größte Teil liegt durchschnittlich 2 000 bis 3 000 Meter unter Wasser. Nur an wenigen Stellen ragen diese **mittelozeanischen Rücken** über die Wasseroberfläche hinaus, wie z. B. Island oder die Azoren im Bereich des Mittelatlantischen Rückens. Tiefseeforscher entdeckten, dass in der Mitte der Rücken ständig Magma nach oben steigt und beim Kontakt mit dem Wasser schnell erstarrt. Messungen ergaben, dass sich der Atlantische Ozean im Jahr um etwa 2–6 Zentimeter ausdehnt. War das der Beweis für Alfred Wegeners Kontinentverschiebungstheorie?

Die „Sea-floor-spreading"-Hypothese

Die zentralen Teile der mittelozeanischen Rücken werden von längs gerichteten Spaltensystemen durchzogen, die sich teilweise zu breiten und tiefen Gräben, den Rifts, ausweiten. Diese sind in unregelmäßigen Abständen an Querbrüchen, den **Transformstörungen**, horizontal versetzt.

Die mittelozeanischen Rücken markieren die Grenze zwischen verschiedenen Platten. Hier bricht die Lithosphäre auf und zwei Platten bewegen sich voneinander weg. In Spalten steigt Magma nach oben, das beim Austritt und Kontakt mit dem Wasser sofort erstarrt. Dadurch entsteht neue ozeanische Kruste. Bewegen sich die Platten weiter auseinander, dringt neues Magma nach und erkaltet gleich wieder. Dieser Vorgang wird als **Sea-floor-spreading** (Meeresbodenausbreitung) bezeichnet. Damit wurde ein erster Durchbruch zur allgemeinen Anerkennung der Kontinentverschiebungstheorie erzielt.

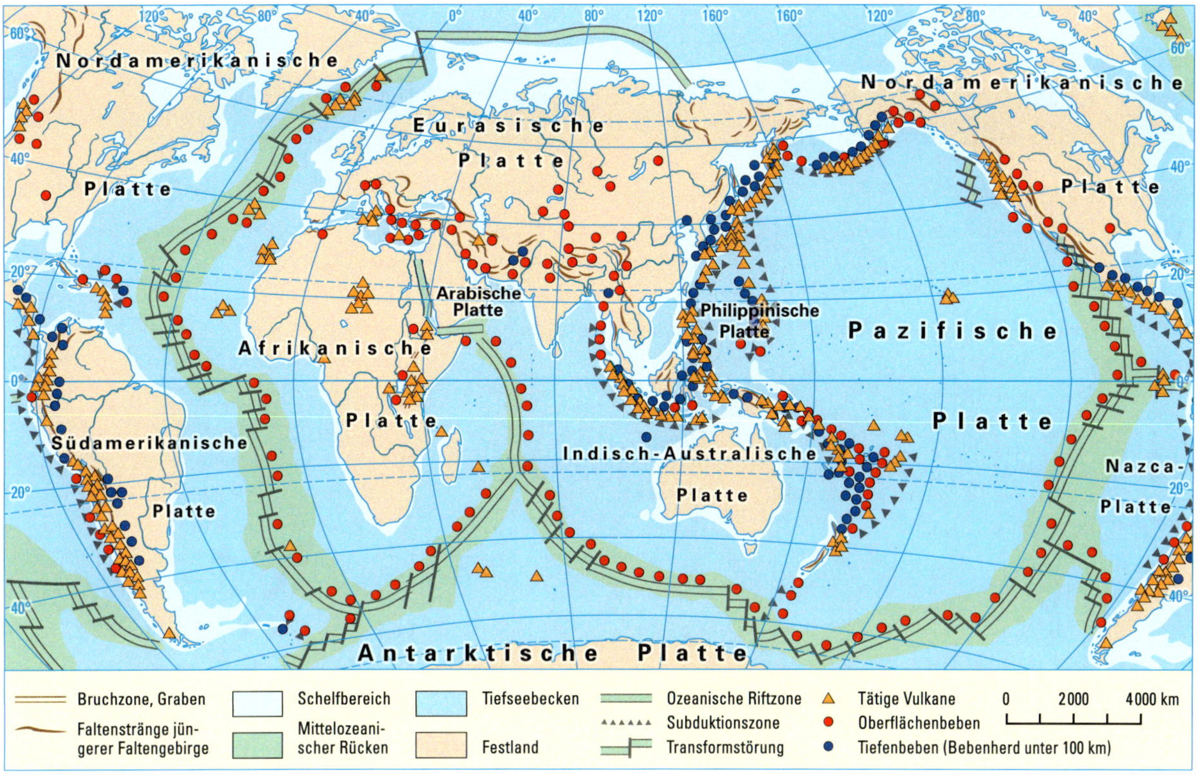

3 ***Platten, Vulkan- und Erdbebengebiete der Erde***

Mitten durch Island verläuft eine Plattengrenze, an der sich zwei Platten voneinander weg bewegen. Island „wächst" so pro Jahr um etwa 2 Zentimeter.

Die neue ozeanische Kruste wird beim Abkühlen nach der zu diesem Zeitpunkt vorherrschenden Polarität des Erdmagnetfeldes magnetisiert. Diese Magnetisierung wird durch Anteile ferromagnetischer Minerale, z. B. Magnetit, verursacht. Da sich das irdische Magnetfeld in gewissen Zeiträumen umpolt, ergeben sich Polarisationsperioden, die man zur Datierung von Gesteinen nutzt (Abb. 2). Würde auf der Erde nur neuer Ozeanboden „produziert", dann müsste das zu einer Vergrößerung der Erde führen. Das geschieht aber nicht, weil im Bereich der Tiefseegräben ständig ozeanische Kruste abgebaut wird. Die schwerere ozeanische taucht dabei unter die leichtere kontinentale Kruste ab und wird in der Tiefe wieder in den Erdmantel eingegliedert. Diese Bereiche nennt man **Subduktionszonen.**

Plattentektonik

Die „Sea-floor-spreading"-Hypothese wurde Ende der 1960er-Jahre zur Theorie der **Plattentektonik** erweitert. Ihr zufolge setzt sich die Lithosphäre aus einem Mosaik von Platten zusammen, die sich auf einer Zone im oberen Erdmantel, der Asthenosphäre, bewegen.

1 *Erläutere den Beitrag, den die Erforschung des Meeresbodens für die Erklärung der Entstehung von Kontinenten und Ozeanen geleistet hat.*

2 *a) Erstelle eine Tabelle mit den Typen von Plattenrändern und ordne jeweils die Bewegungsrichtung der Platten sowie räumliche Beispiele zu.*

b) Stelle fest, welche Platten nur aus ozeanischer Kruste bestehen.

3 *Vergleiche die Auffassungen von Alfred Wegener mit denen der Plattentektonik.*

Tektonik

Bereich der Geologie, der strukturbildende Bewegungen und Kräfte der Erdkruste und deren Folgen untersucht.
Der Forschungsbereich, der sich mit der strukturellen Entwicklung der Erde beschäftigt, wird als Geotektonik bezeichnet.

EXTRA-Link

Mystery zur Plattentektonik zum Ausdrucken
www.klett.de/extra
[EXTRA-Link: 27850X-0021]

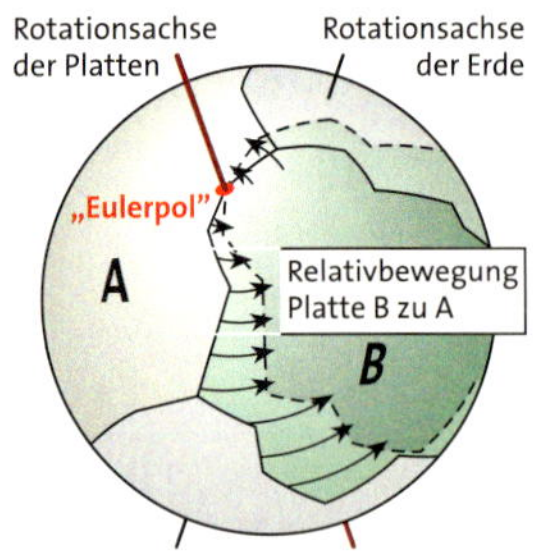

4 *Relativbewegung zwischen zwei Platten*

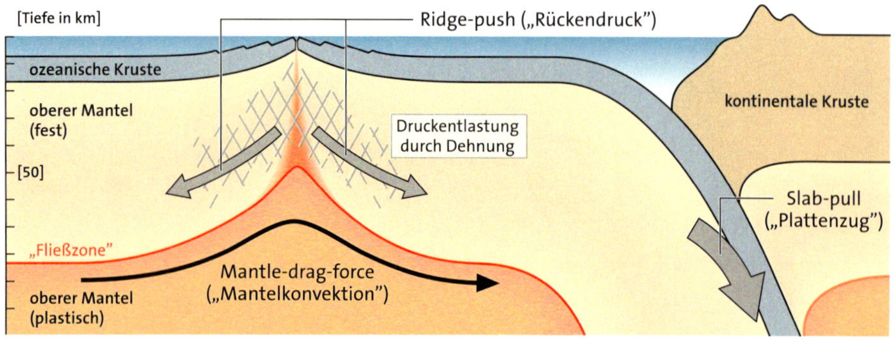

6 *Vermutete Antriebskräfte der Plattenbewegung*

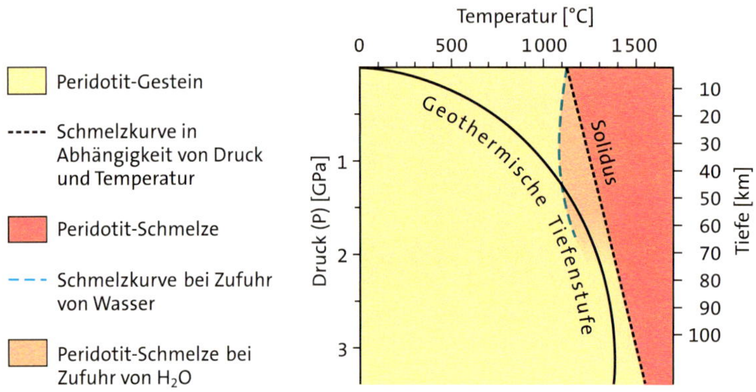

5 *Möglichkeiten der Entstehung von Basaltmagma*

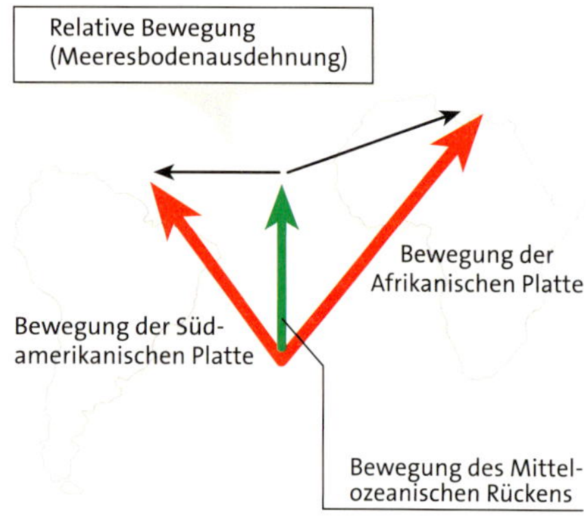

7 *Relative Bewegung (Meeresbodenausdehnung)*

Welche Kräfte bewegen die Platten?

Wissenschaftler gehen heute von unterschiedlichen Antriebskräften aus, die auch zusammenwirken können (Abb. 6):

- Rückendruck: Die Platten „rutschen" infolge ihres Gewichts von den Aufwölbungen der mittelozeanischen Rücken weg (Höhenunterschied bis zu 1000 Meter).
- Plattenzug: Die spezifisch schwerere absinkende Platte (ozeanische Kruste) sinkt durch ihr Eigengewicht in den Subduktionszonen in die Asthenosphäre, zieht die Platte mit sich und öffnet dadurch den mittelozeanischen Rücken. Diese Kräfte sind wahrscheinlich bis zu 10 Mal so groß wie die des Rückendrucks.
- Strömungen in der Asthenosphäre, die durch Temperatur- und Dichteunterschiede im Erdinneren entstehen (**Konvektionsströme**). Diese „schleppen" die Platten mit sich oder „bremsen" als Reibungskräfte die Plattenbewegung.

Erst in den 1990er-Jahren setzte sich die Auffassung durch, dass nicht das aufsteigende Magma innerhalb der Rücken die Platten aktiv auseinanderdrückt, sondern die Rifts sich im Ergebnis von Rückendruck und Plattenzug passiv öffnen. Weil dadurch die Kruste gedehnt wird, verringert sich der Druck auf den darunter liegenden Mantel. Mit dieser Druckentlastung ist ein partielles Aufschmelzen des Mantelgesteins sowie eine verstärkte Bildung von **Magma** verbunden (siehe Diagramm 5). Durch das Aufströmen des zähflüssigen Mantels kommt es im Bereich der mittelozeanischen Rücken zur Aufwölbung der Kruste.

Erbeben, Vulkanismus und gebirgsbildende Vorgänge sind die bedeutendsten Prozesse, die sich an Platttenrändern abspielen. Entscheidend wirken sich dabei die Bewegungsrichtungen der Platten zueinander und der Bau ihrer aneinandergrenzenden Ränder aus.

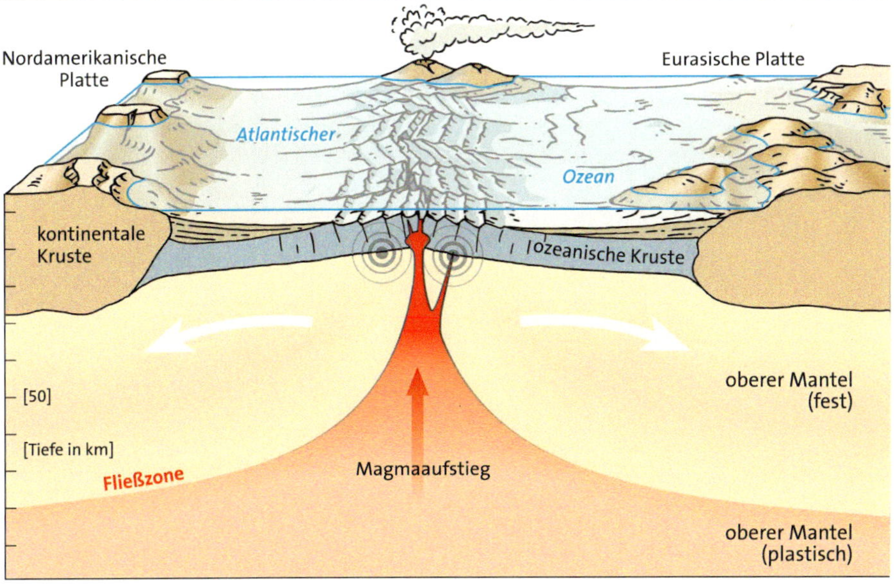

8 *Vorgänge am Mittelatlantischen Rücken*

10

9 *Mittelatlantischer Rücken*

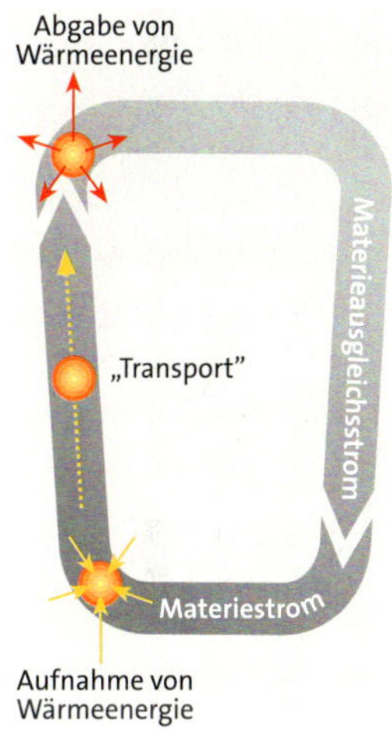

11 *Thermische Konvektion*

Kruste entsteht ...

An den mittelozeanischen Rücken werden etwa 80 % des gesamten Magmas auf der Erde produziert. In Spalten steigt Magma nach oben, das beim Austritt und Kontakt mit dem Wasser sofort erstarrt. Dadurch entsteht neue ozeanische Kruste. Das Meerwasser spielt dabei eine besondere Rolle. Es dringt in die neue Kruste ein und sorgt für eine schnellere Abkühlung. Das Wasser tritt an vielen Stellen des Rückens als etwa 350 °C heiße Lösung wieder aus und es bilden sich Abscheidungen von Metall-Sulfiden und Erzschlämme.

4 *Beschreibe mithilfe von Profil 6 die möglichen Antriebskräfte für die Plattenbewegungen.*

5 *Erkläre mithilfe von Diagramm 5, unter welchen Bedingungen Peridotitgestein in 70 Kilometer Tiefe schmelzen kann.*

6 *Erläutere die Vorgänge an einem mittelozeanischen Rücken.*

7 *In der Mitte der mittelozeanischen Rücken bildet sich ein Grabenbruch (Rift). Begründe.*

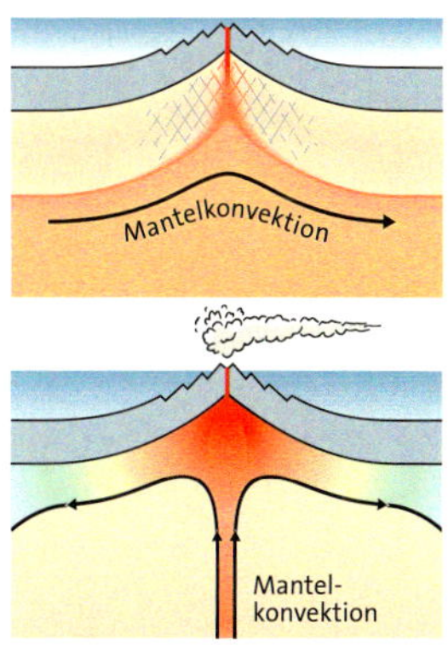

12 *Konvektion im Erdmantel unter Mittelozeanischen Rücken*

13

14 *Ostkordillere bei La Paz*

Pazifischer Feuerring

(auch Zirkumpazifischer Feuerring; engl.: Ring of Fire) Bezeichnung für den Vulkangürtel, der den Pazifischen Ozean umgibt. Hier befinden sich über 40 % der Vulkane der Erde, meistens in den Inselbögen.

Entstehung von Tsunamis

Liegt ein Erdbebenherd unter dem Meeresboden, spricht man von Seebeben. Sie entstehen durch Spannungen in der ozeanischen Kruste und können große Flutwellen (Tsunamis) mit Geschwindigkeiten von über 1 000 km/h auslösen.

Kruste verschwindet ...

Beim Zusammentreffen von ozeanischer und kontinentaler Kruste taucht die schwerere ozeanische Kruste unter die kontinentale Kruste ab. Durch das Abtauchen der ozeanischen Kruste entsteht ein **Tiefseegraben**. Gelangt die ozeanische Kruste beim Abtauchen in die Asthenosphäre, gibt sie Wasser ab. Das freigesetzte Wasser dringt in den darüber liegenden Asthenosphärekeil und Mantel ein. Die Schmelztemperatur wird dadurch auf etwa 1 000°C herabgesetzt, ohne Wasserzufuhr läge sie bei etwa 1 400°C. Das entstehende Magma steigt in Bruchzonen nach oben und erstarrt in der Kruste oder es gelangt an die Erdoberfläche. Dann brechen gefährliche Vulkane aus. Im Bereich der Subduktionszonen entstehen 90 % der Erdbeben und Tsunamis der Erde.

... Gebirge entstehen

Seit dem Zerfall des Urkontinents Pangäa bewegt sich Südamerika westwärts. Es kommt zum Zusammenstoß mit der Nazca-Platte, die aus ozeanischer Kruste besteht. Seit Millionen von Jahren gelangt Abtragungsschutt vom Festland in den nördlichen und südlichen Teil des Atacamagrabens. Durch den Druck der sich aufeinander zu bewegenden Platten wird die kontinentale Kruste der Südamerikanischen Platte gestaucht und es entstehen Verwerfungen, an denen sich diese Kruste übereinander stapelt. Gleichzeitig lagern sich die Ablagerungen im Tiefseegraben bzw. unter der kontinentalen Kruste an. Damit ist eine Krustenverdickung und Hebung der Anden verbunden.

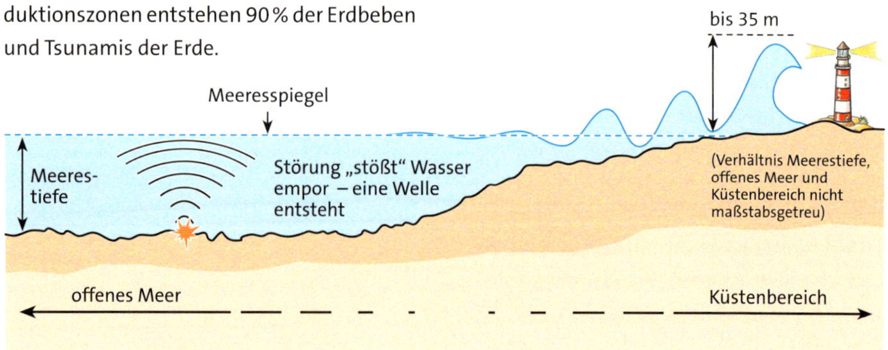

15 *Entstehung von Tsunamis durch Erdbeben*

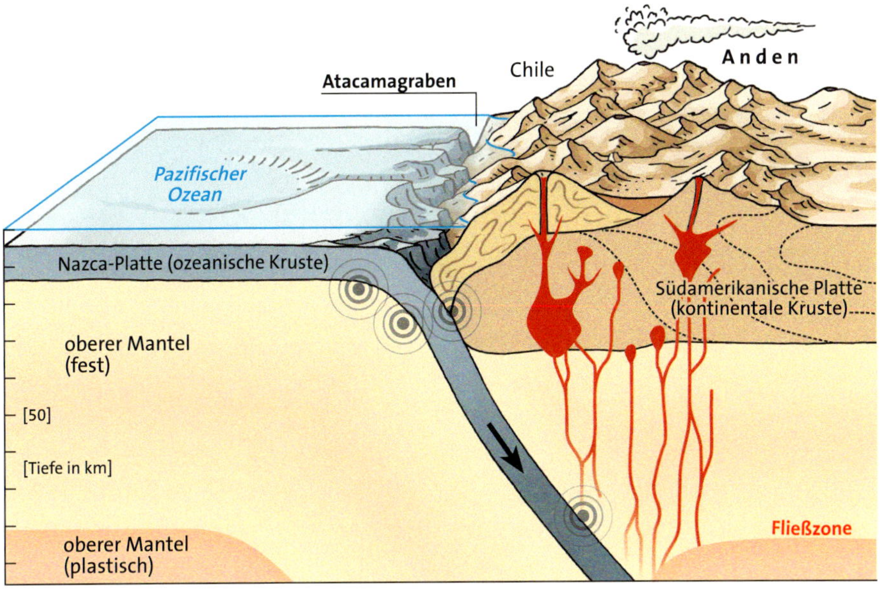

16 *Vorgänge am Atacamagraben*

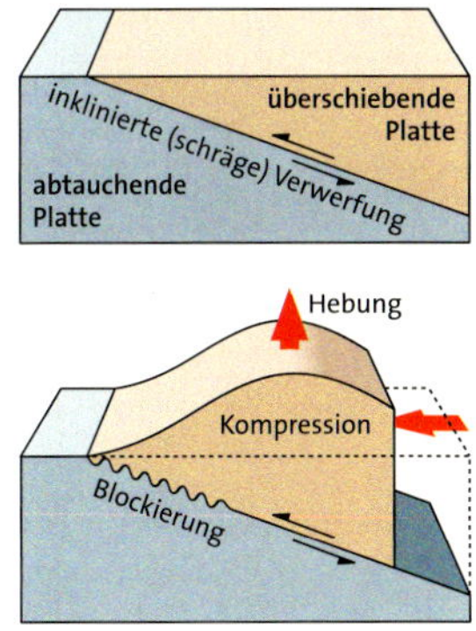

18 *Entstehung von Erdbeben und Verdickung der Erdkruste durch Überschiebung*

17 *Untermeerisches Relief am Atacamagraben*

Die beim Abtauchen der Nazca-Platte entstehenden Schmelzen sind zum Teil sehr metallhaltig. Dringen diese an Brüchen und Spalten nach oben, bilden sich verschiedene Erzlagerstätten. Die Anden sind deshalb reich an Gold, Silber, Kupfer, Molybdän, Blei, Zinn und Zink. Einzelne Kupfer-Molybdän-Lagerstätten enthalten 10 Millionen bis 1 Milliarde Tonnen Erz und führen häufig auch Gold. Die Metallgehalte sind allerdings sehr niedrig, bei Kupfer 0,3 bis 1 %. Dafür sind die Erze auf riesige Gesteinskörper verteilt, die im Tagebau abgebaut werden können.

8 *a) Vergleiche die Subduktion im Bereich der Anden und der japanischen Inseln (Atlas).*
b) Stelle die Situation im Bereich der japanischen Inseln in einer geologischen Profilskizze dar. Orientiere dich an dem Profil 15 für die Anden.

9 *Erkläre Zusammenhänge zwischen Vulkanismus, Erdbeben und Plattentektonik.*

19

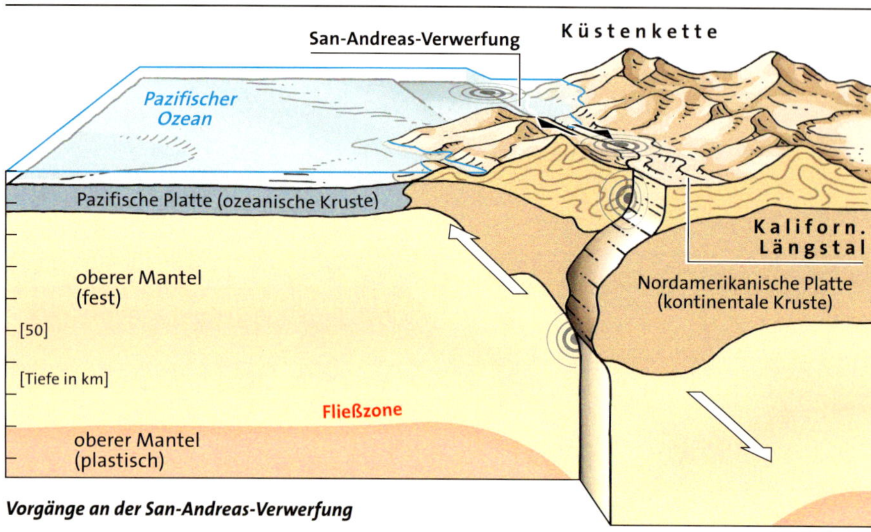

20 ***Vorgänge an der San-Andreas-Verwerfung***

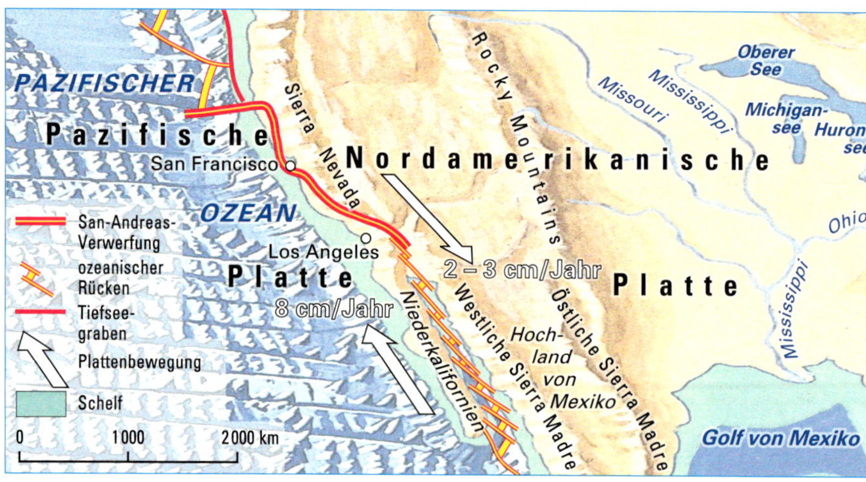

21 ***Untermeerisches Relief bei der San-Andreas-Verwerfung***

Das San-Andreas-Störungssystem

In Kalifornien bewegen sich die Nordamerikanische Platte und die Pazifische Platte aneinander vorbei. Ihre Nahtstelle ist die über 1300 Kilometer lange San-Andreas-Störung. Dort bauen sich über lange Zeiträume Spannungen auf, die dann durch ein Erdbeben ruckartig gelöst werden. Die Vorgänge dauern Bruchteile einer Sekunde bei kleinen Erdbeben, bis zu fünf Minuten bei schweren Beben. Während des großen Erdbebens in San Francisco im Jahre 1906 wurden an einigen Stellen Versetzungen von 5 bis 6 Meter beobachtet. Sogar Flüsse veränderten plötzlich ihren Lauf und verließen das Flussbett. Gegenwärtig beträgt die Verschiebung der Platten im Durchschnitt wenige Zentimeter pro Jahr.

Den Zeitpunkt des nächsten Erdbebens können die Wissenschaftler bis jetzt noch nicht vorhersagen. Doch die Wahrscheinlichkeit, dass diese Region in den nächsten 30 Jahren durch ein Erdbeben heimgesucht werden kann, ist sehr groß.

Plattentektonischer Zyklus

Der kanadische Geowissenschaftler John Tuzo Wilson hat im Jahre 1970 das gesamte Geschehen der Plattentektonik erstmals in einem Zyklus zusammengefasst, der heute als Wilson- bzw. plattentektonischer Zyklus bezeichnet wird. Er beschreibt die Entstehung, die Entwicklung und das Verschwinden eines Ozeans mit einem Öffnungs- und Schließungsprozess.

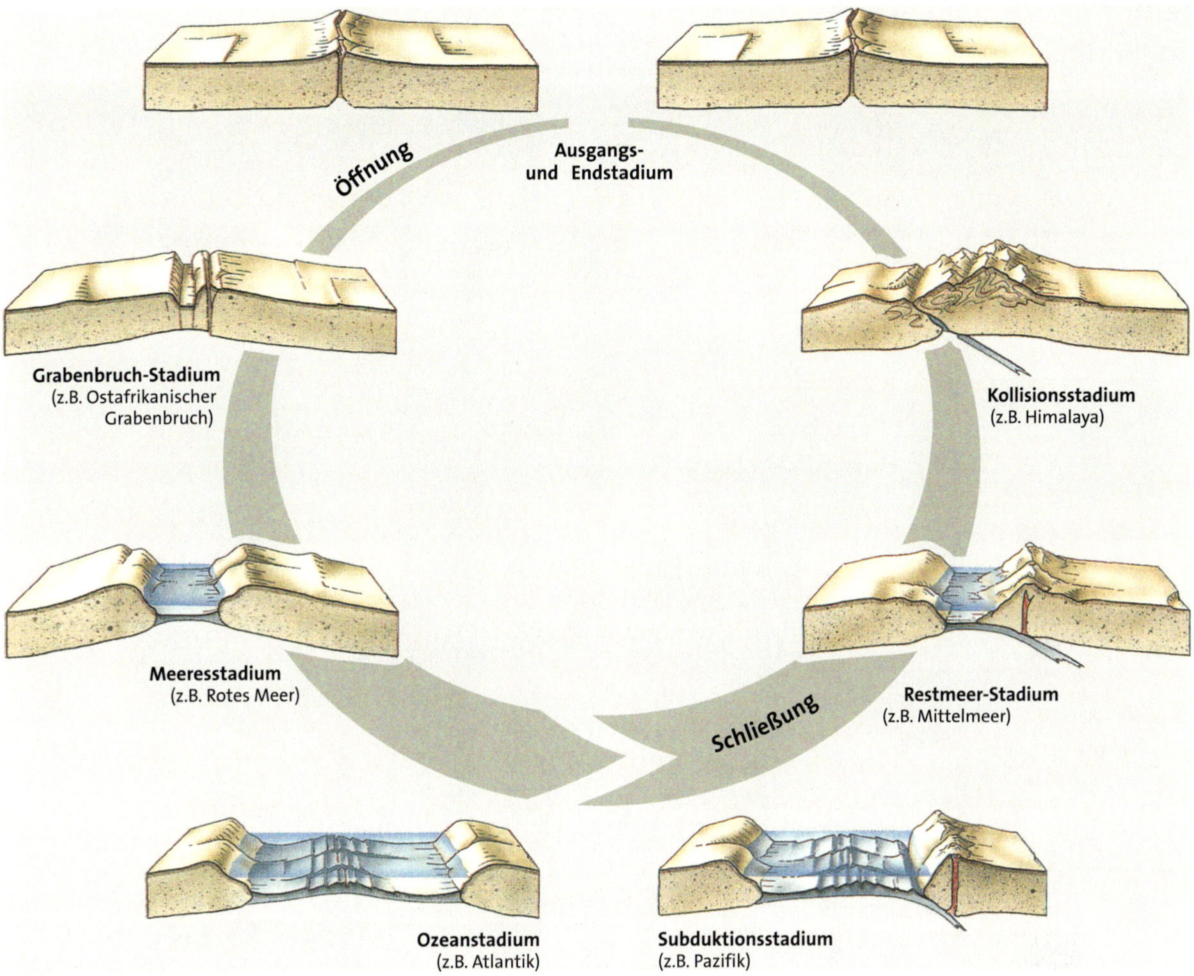

22 ***Plattentektonisches Modell (Wilson-Zyklus)***

Der Öffnungsprozess beginnt mit der Bildung eines kontinentalen Grabens und führt zur Ozeanbildung und damit zur Entstehung ozeanischer Lithosphäre. Mit dem Schließungsprozess wird infolge der Einengung der Ozeane kontinentale Lithosphäre gebildet. Der plattentektonische Zyklus ermöglicht es, viele Erscheinungen auf der Erde zu deuten. Er ist jedoch als Idealschema aufzufassen, von dem es Abweichungen geben kann. Es ist durchaus möglich, dass die Entwicklung nicht alle Stadien durchläuft. Zum Beispiel muss nicht jede kontinentale Grabenbildung zur Entwicklung eines Ozeans führen. Man nimmt an, dass derartige Zyklen ablaufen, seitdem die Erde eine feste Kruste hat und sich ein Zyklus über etwa 270 Millionen Jahre erstreckt. Demnach müsste der Atlantik in 100 Millionen Jahren wieder geschlossen sein. Allerdings ist es unwahrscheinlich, dass die Kontinente genau an den Stellen wieder zusammentreffen, an denen sie sich vor Millionen von Jahren „getrennt" haben.

10 *Erkläre die Vorgänge an der San-Andreas-Störung mithilfe des Profils 19.*

11 *Beschreibe mithilfe der Grafik 21 den Plattentektonischen Zyklus und benenne für die einzelnen Stadien weitere Beispiele.*

12 *Erkläre, unter welchen Bedingungen sich das Rote Meer zu einem Ozean ausweiten kann.*

13 *Erläutere auf der Grundlage des plattentektonischen Zyklus Entwicklungstendenzen des Mittelmeeres.*

Großkontinente

Rodinia: vor 1100–800 Mio. Jahren

Pangäa: vor 300–150 Mio. Jahren

Pangäa Ultima oder Amasia in 240–400 Mio. Jahren

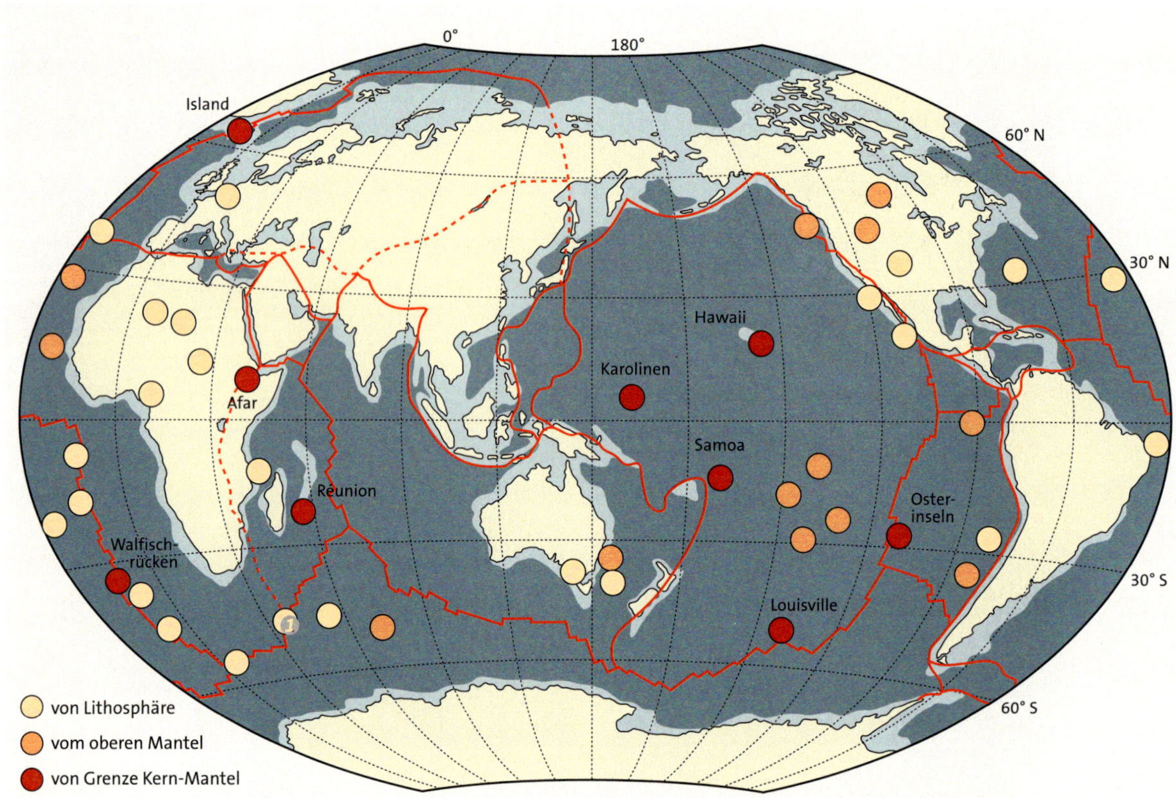

1 Vermutete Ursprungsgebiete von Plumes und Hotspots

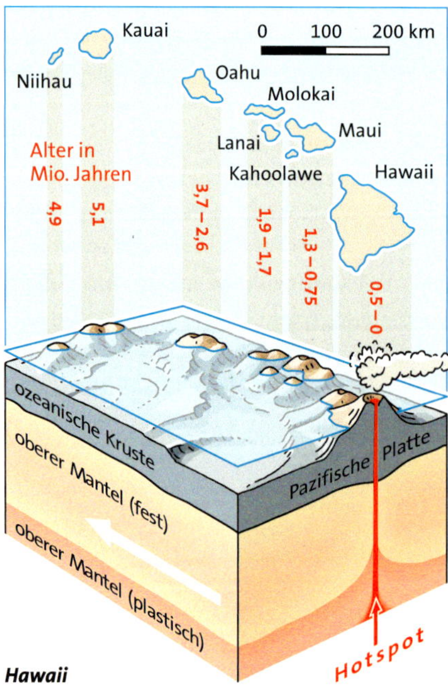

2 Hawaii

Hotspots und Plumes

Mit der Entdeckung der Mittelozeanischen Rücken und Subduktionszonen waren die Wissenschaftler in der Lage, die Verbreitung der meisten Vulkane und Erdbeben zu erklären. Nun stellte sich die Frage: Wie lässt sich aber der Vulkanismus inmitten großer Platten mit der Plattentektonik erklären?

Zur Erklärung dienen seit den 1970er-Jahren Vorstellungen von Manteldiapiren („mantle plumes“). Darunter versteht man schlauchförmige Zonen, in denen heißes Material aus großen Tiefen (zum Teil von der Mantel-Kern-Grenze) nach oben steigt. Über solchen Plumes können sich **Hotspots** als kleinere Vulkanzentren bilden.

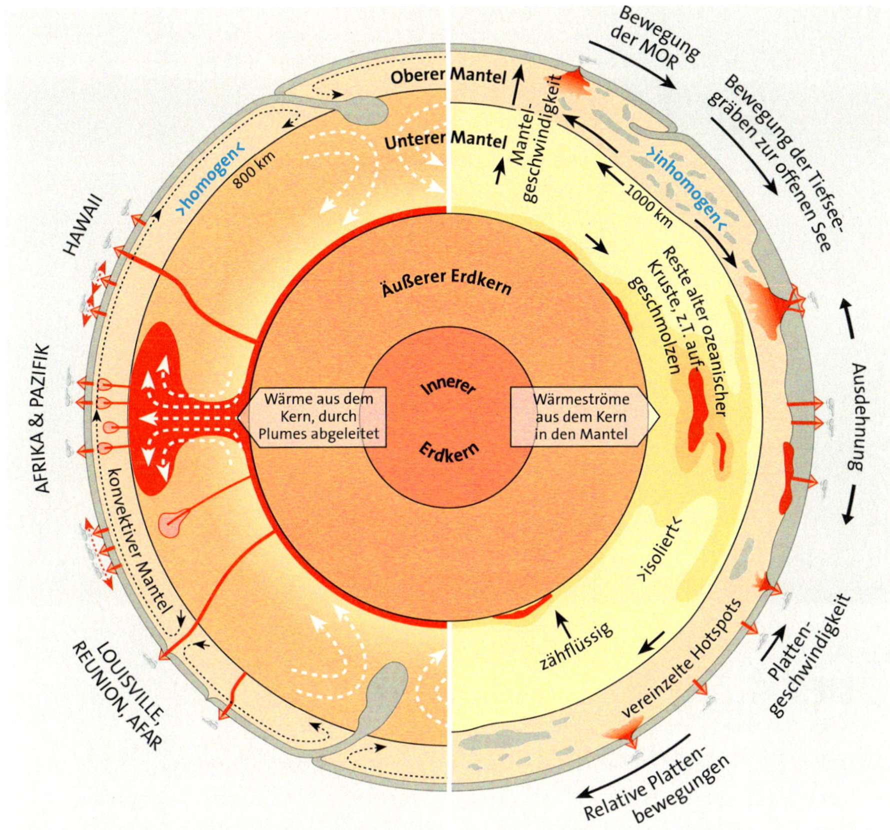

3 ***Plattentektonisches Modell mit Plumes (links) und ohne Plumes (rechts)*** *Quelle: Anderson (2004)*

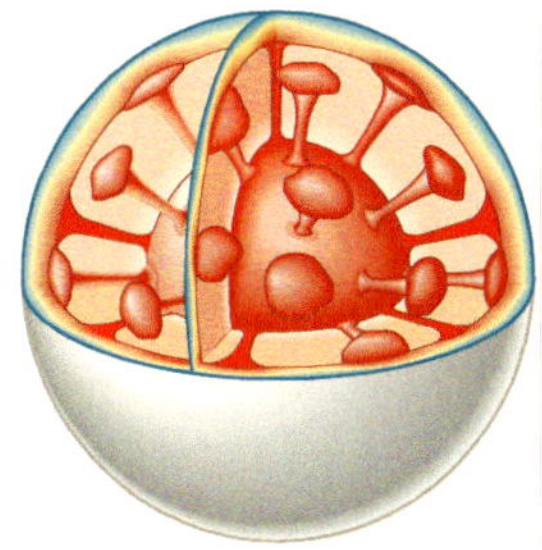

4 *Mithilfe numerischer Computermodelle haben Wissenschaftler der Universität Münster versucht, Strömungen in der Kugelschale zu simulieren. In Abhängigkeit von der Temperatur und Viskosität zeigen sich sehr schmale plumeförmige Aufströme, die aus einer thermischen Grenzschicht hervorgehen.*

Plattentektonik mit oder ohne Plumes?

Der Vulkanismus in Island wird von den meisten Geowissenschaftlern im Zusammenhang mit einem großen Plume gesehen, der Teil des Mittelatlantischen Rückens ist. Andere Forscher sind der Ansicht, dass zwischen oberem und unterem Mantel kein Materialaustausch stattfindet oder dass eventuell jeweils zwei voneinander getrennte Konvektionsmuster existieren (Abb. 3).

Es war ein Paukenschlag, als 2003 die britische Geologin G. Foulger die Existenz von Plumes in Frage stellte. Sie wurde fast genauso belächelt wie A. Wegener, als er das erste Mal seine Vorstellung der Kontinentverschiebung erläuterte. Es ist bis heute noch nicht gelungen, die Existenz eines Plume nachzuweisen, genauso wie es noch nicht gelungen ist, seine Nichtexistenz zu beweisen. Die Erforschung des Erdinneren bleibt also weiter spannend.

Die plattentektonischen Vorstellungen ohne Plumes (Abb. 3, rechte Hälfte) gehen von einem inhomogenen oberen Mantel aus. Dieser enthält Reste älterer ozeanischer Kruste und recyceltes Material unterschiedlichen Alters sowie verschiedener Gebiete. Durch Dehnung oder Stauchung der Erdkruste kann Magma entstehen und aufsteigen. Lange Inselketten wie Hawaii spiegeln dann das langsame Aufreißen von Bruchzonen wider.

1 *a) Beschreibe die Entstehung des Vulkanismus auf Hawaii.*
b) Erkläre das unterschiedliche Alter der Hawaii-Inseln mithilfe der Grafik 2.

2 *Erläutere plattentektonische Prozesse, die sich aus der Verteilung der Hotspots und Plumes in Karte 1 ergeben.*

3 *Vergleiche die Vorstellungen zur Plattentektonik in Grafik 3.*

EXTRA-Link
Das Modell zum Ausdrucken und vertiefende Informationen zu beiden Auffassungen unter www.klett.de/extra [EXTRA-Link: 27850X-0013]

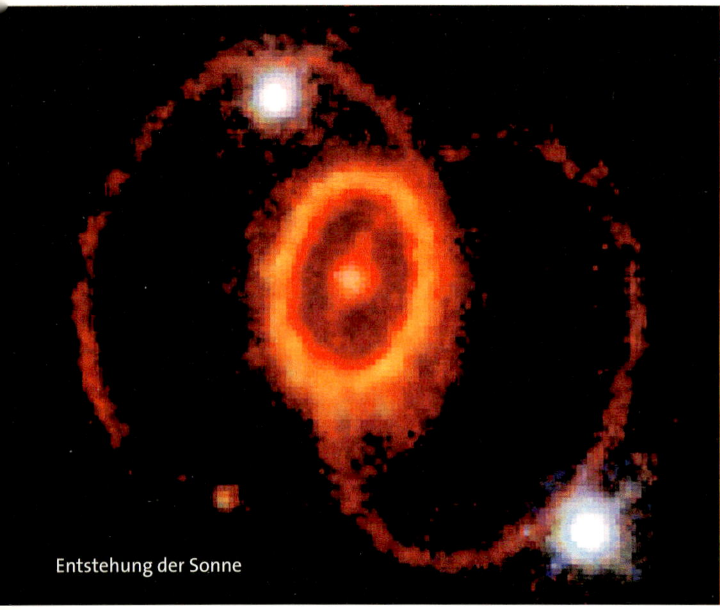
Entstehung der Sonne

Entstehung von Planeten

1 Entstehung der Erde

Über 4,5 Milliarden Jahre Erde

Galaxien *sind unserem Milchstraßensystem ähnliche Sternsysteme, mit 1–1 000 Milliarden einzelner Sterne. Unter dem Einfluss der Gravitation bilden sie Galaxiehaufen. Das sind Ansammlungen von bis zu 10 000 Galaxien.*

Galaxis *ist die aus dem Griechischen stammende Bezeichnung für „Milchstraße".*

Planetensimale
Rohmaterial, aus dem sich Planeten formen.

Vor etwa 13,7 Milliarden Jahren begann nach einer gewaltigen Explosion, dem Urknall (engl. „big bang"), das Universum zu existieren. Etwa 300 Millionen Jahre später bildeten sich die ersten Galaxien. Weitere 1 Milliarde Jahre mussten vergehen, bis sich unsere Milchstraße formte. Vor etwa 5 Milliarden Jahren geriet diese unter den Schwereeinfluss einer anderen Galaxie. Gravitationskräfte führten dazu, dass sich Wolkenkerne aus Gas, Eis und Sternenstaub bildeten, die unter ihrer eigenen Schwerkraft kollabierten. Tausendfach entstehen dadurch auch heute noch neue Sterne. Aus einem von ihnen entwickelte sich unsere Sonne. Die Wolkenmasse verdichtete sich immer mehr und schrumpfte auf ein Millionstel ihrer Ursprungsgröße zusammen. Staubpartikel prallten aneinander und formten erste kleine Kugeln, später Kleinkörper mit einem Durchmesser bis zu einigen hundert Kilometern, so genannte Planetensimale. Diese zogen Materie an und wuchsen nach und nach zu den Planeten unseres Sonnensystems zusammen.

Entstehung der Lithosphäre
Vor etwa 4,5 Milliarden Jahren prallte auf die gerade entstandene Proto-Erde, die schon eine dünne feste Kruste hatte, ein marsgroßer Himmelskörper. Er riss große Teile des Erdmantels heraus. Die dabei entstandene Gaswolke verdichtete sich zu einem feurigen Körper, dem Mond. Durch seine Schwerkraft stabilisiert er seitdem die Erde auf ihrer Umlaufbahn.
Als die Oberfläche allmählich abkühlte, kristallisierte die Schmelze zu einer festen Kruste. Weil aber immer noch Planetensimale auf die Erde einschlugen und der Zerfall radioaktiver Isotope zu einer Temperaturerhöhung führte, schwammen die ersten Krustenteile anfangs auf der zähflüssigen Schmelze. Dann sanken die schwersten Elemente – Eisen und Nickel – in die Tiefe und bildeten einen gewaltigen Kern. Gleichzeitig stiegen leichtere Elemente wie Silizium und Aluminium nach oben. Auf diese Weise entstand der Schalenbau der Erde. Die ältesten Gesteine bildeten sich in den Kernbereichen der Urkontinente vor etwa 4 Milliarden Jahren (Acasta Gneis 4,03 Mrd. Jahre).

Entstehung der Lithosphäre

Entstehung der Atmosphäre und Hydrosphäre

Entstehung der Atmosphäre

Eine erste, sogenannte Uratmosphäre hatte die Erde wahrscheinlich bereits vor etwa 4,56 Milliarden Jahren. Diese überwiegend aus Wasserstoff und Helium bestehende Gashülle ging infolge der schnellen Erdrotation und zunehmenden Erwärmung jedoch rasch verloren.

Mit der weiteren Abkühlung der Erde traten vulkanische Gase aus. Diese bildeten zusammen mit der verdampften Materie eingeschlagener Meteoriten vor etwa 4 Milliarden Jahren die erste Atmosphäre der Erde. Die Hauptbestandteile dürften zu dieser Zeit Wasserdampf (H_2O), Kohlenstoffdioxid (CO_2) und Schwefelwasserstoff (H_2S) gewesen sein. Stickstoff (N_2), Wasserstoff, Kohlenmonoxid (CO), Helium, Methan und Ammoniak waren nur in kleineren Anteilen vorhanden. Diese Produkte treten auch beim heutigen Vulkanismus auf. Der hohe Anteil des Wasserdampfs könnte damit erklärt werden, dass die Atmosphäre zu diesem Zeitpunkt noch zu warm war, um Niederschläge bilden zu können. Gewässer gab es zu diesem Zeitpunkt noch nicht.

Entstehung der Hydrosphäre

Die Herkunft des irdischen Wassers ist bisher umstritten. Mit der Entgasung des Erdmantels könnte Wasserdampf in die Atmosphäre gelangt sein. Ozeane entstanden erst, als sich die Erde auf weniger als 100 °C abgekühlt hatte. Ein über 40 000 Jahre anhaltender Dauerregen sorgte wahrscheinlich für die dazu notwendigen Wassermassen. Die Gase der Atmosphäre, vor allem CO_2, lösten sich im Wasser. Mit dieser Entwicklung veränderte sich auch die Zusammensetzung der Atmosphäre. Sie bestand jetzt vermutlich hauptsächlich aus Stickstoff mit nur noch geringen Anteilen an Wasserdampf, Kohlenstoffdioxid und Argon.

In dieser Zeit, vor etwa 4 Milliarden Jahren, bildeten sich durch den Wechsel von Verdunstung und Niederschlag auch die ersten Wasserkreisläufe. Mit der Integration der kontinentalen Kruste in das System Atmosphäre-Meer setzten Verwitterung und Materialumlagerungsprozesse ein. Zusammen mit tektonischen Vorgängen begann damit die Formung von Reliefeinheiten auf der Erdoberfläche.

Die Herkunft des irdischen Wassers

Wissenschaftler diskutieren drei Möglichkeiten:

- *Ausgasung aus dem Inneren der Erde (vulkanisch);*
- *Einschlag eines oder mehrerer Kometen mit Eis;*
- *Einschlag eines oder mehrerer wasserreicher Asteroiden (Protoplaneten) aus den äußeren Bereichen des Asteroidengürtels.*

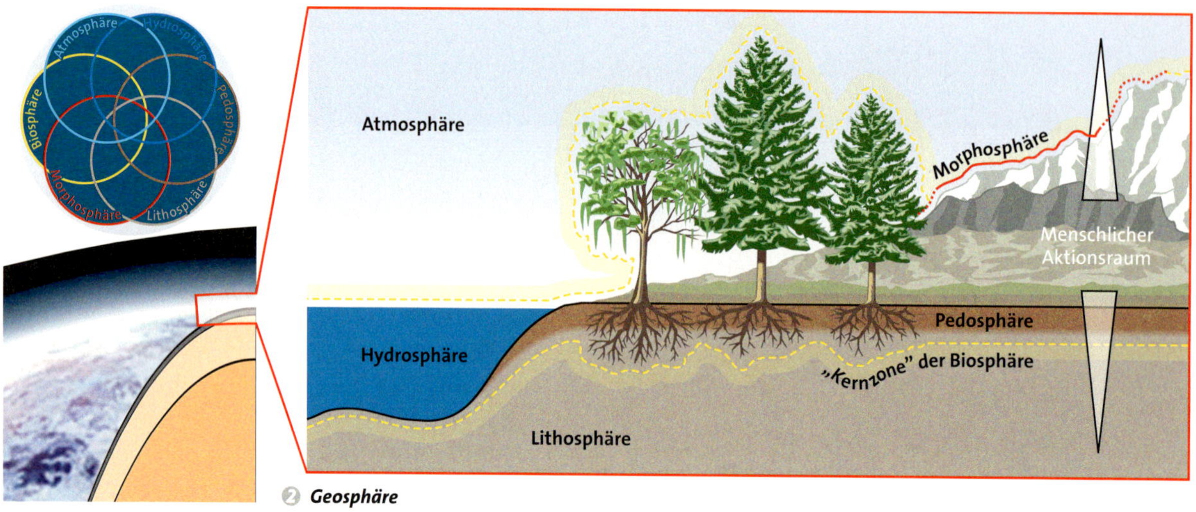

2 *Geosphäre*

Fossilien
versteinerte Überbleibsel von Organismen früherer erdgeschichtlicher Zeiträume. Leitfossilien sind für eine bestimmte stratigraphische Einheit (Schicht) charakteristisch. Sie dienen als Zeitmarken der relativen Altersbestimmung und zur Parallelisierung der Ablagerungen.

Stratigraphie
(geologische Schichtenkunde) Lehre von der Abfolge der Gesteinsschichten, ihrer Altersbeziehungen sowie der organischen Reste und Materialunterschiede.

Entstehung der Bio- und Pedosphäre

Im Meerwasser war eine Vielzahl von Molekülen gelöst. Durch chemische Reaktionen bildeten sich aus anorganischen Stoffen einfache organische Verbindungen, z. B. Aminosäuren, kurze Eiweißketten und erste Molekülbausteine. Der Ursprung des Lebens, die ersten Zellen, entstanden wahrscheinlich vor etwa 3,75 Milliarden Jahren an den Wänden der Black Smoker in der Tiefsee. Die ältesten Versteinerungen von Organismen sind mindestens 2,7 Milliarden Jahre alt. Diese Fossilien wurden von Lebewesen gebildet, die den heutigen Cyanobakterien ähneln. Sie lebten im Meer, betrieben Fotosynthese und bildeten Strukturen, die Stromatolithe genannt werden. Vor etwa 2,3 Milliarden Jahren begann sich der Sauerstoff, den primitive pflanzliche Organismen ausschieden, in der Atmosphäre anzusammeln. Nachdem dieser in größeren Mengen als das Kohlendioxid vorhanden war, wandelte sich vor 750 bis 400 Millionen Jahren ein Teil dieses Sauerstoffs in Ozon um, das gegen die schädlichen ultravioletten Strahlen der Sonne schützte. So konnten sich in den oberen Schichten der Gewässer höhere Lebensformen entwickeln. Im Silur, vor 440–400 Millionen Jahren, eroberten die ersten Pflanzen und Tiere das Festland. Mit der Ausbildung einer Pflanzendecke wurden Materialumlagerungsprozesse gedämpft und die Bodenbildung begann.

Geosphäre

Die Geosphäre stellt eine schmale Hülle dar, deren äußeres Erscheinungsbild eine außerordentliche Mannigfaltigkeit aufweist. Diese große Vielfalt erklärt sich daraus, dass sich im Bereich der Geosphäre die anderen Erdhüllen gegenseitig durchdringen (Abb. 2). Besonders eng ist diese wechselseitige Durchdringung im Bereich der Biosphäre. So führt ein horizontaler Wandel des Reliefs in einer Landschaft zu anderen klimatischen Verhältnissen und damit zu Veränderungen der Vegetation und Bodenbildung.
Der Mensch ist Teil der Geosphäre. Seit dem Übergang zu Ackerbau und Viehzucht vor etwa 12 000 Jahren hat er diese Geosphäre grundlegend verändert. Er nutzt das natürliche Potenzial zur Befriedigung seiner Bedürfnisse. Die Geosphäre „reagiert" mit ihren Strukturen und Prozessen auf diese „Eingriffe". Dazu gehören auch Veränderungen, die der Mensch nicht beabsichtigt hat, z. B. Gewässerbelastung, Artenrückgang, Bodenerosion oder Nachlassen der Bodenfruchtbarkeit.
Die Teilsysteme (Sphären) des Systems Erde sind durch Stoffkreisläufe und Energieflüsse vernetzt. Die Energie stammt hauptsächlich von der Sonne und in geringen Anteilen aus dem Erdinneren.

3 **Grand Canyon**

Der Grand Canyon – ein Bilderbuch der Erdgeschichte

Nur sechs Millionen Jahre brauchte der Colorado River, um sich bis zu 1830 Meter tief einzuschneiden und zwei Milliarden Jahre Erdgeschichte zum „Ablesen“ freizulegen. Der Fluss hat es ermöglicht, dass man vom oberen Canyonrand zu der Zeit zurück- bzw. hinunterblicken kann, in der die Erde noch jung war.

Bei der Altersbestimmung der Schichten stellten die Geologen fest, dass die Gesteine in der Talsohle 1,7 Milliarden Jahre alt sind. Damals bewirkten erdinnere Kräfte eine Umwandlung von Sedimenten in harte Gesteine, die heute als Vishnu-Schiefer bezeichnet werden.

Die geologische Zeittafel

Im 19. und 20. Jahrhundert erstellten Geologen zur Darstellung der 4,6 Milliarden Jahre umfassenden Erdgeschichte eine geologische Zeittafel. Die Grundlage dafür bildeten Untersuchungsergebnisse zur Abfolge von Sedimentschichten (**Stratigraphie**). Schichtenfolgen mit ähnlichen Merkmalen, Gesteinen oder Fossilien kennzeichneten sie als einen Zeitabschnitt.

Zunächst erfolgte eine Einteilung in vier Einheiten: Äon (Eon, griech.: eine Ewigkeit), Ära (Era, griech.: ein Zeitraum), Periode (Period, griech.: ein sich wiederholender Abschnitt), Epoche (griech.: epoch, epoché = Haltepunkt) und Alter (Age).

Die älteste Einheit der Äonen ist das Hadaikum, dessen Dauer nicht definiert ist. In dieser Zeit vollzieht sich die Entstehung des Planeten Erde. Die Äonen Hadaikum, Archaikum und Poterozoikum werden meist zum Präkambrium zusammengefasst. Das jüngste, bis heute andauernde Äon ist das Phanerozoikum, was Zeitalter des sichtbaren Lebens bedeutet. Es wird in die Ären Paläozoikum (gr. palaios = alt; zóon = Lebewesen), Mesozoikum (gr. mesos = mitten) und Känozoikum (kainos = neu) gegliedert.

Um international vergleichbare Fakten zu erhalten, werden neuere Forschungsergebnisse von der International Union of Geological Sciences (IUGS) geprüft und in einer international gültigen stratigraphischen Einteilung dokumentiert.

1 *a) Beschreibe die Entstehung der Geosphäre.*
b) Vergleiche die heutige Geosphäre mit der im Präkambrium.
c) Ordne die Entstehung der Sphären in die erdgeschichtliche Zeittafel ein.

2 *Der Grand Canyon – ein Bilderbuch der Erdgeschichte. Erkläre mithilfe von Foto 3.*

3 *Beschreibe den Aufbau der geologischen Zeittafel 4.*

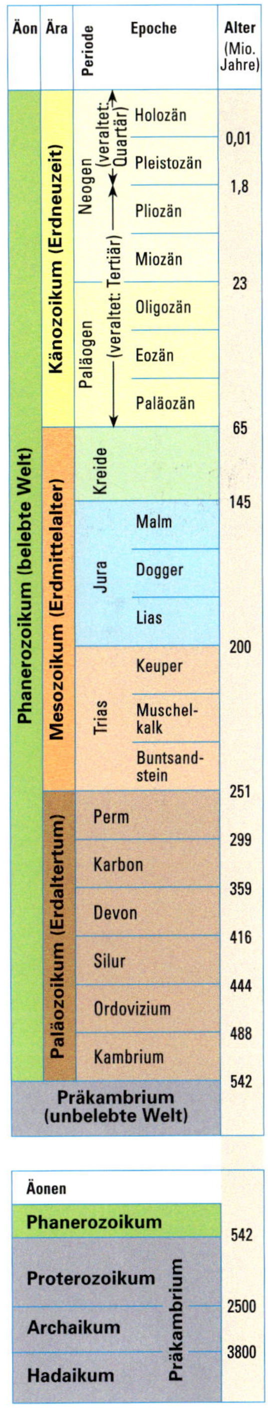

4 ***Geologische Zeittafel der Erde***

1

Gruppenpuzzle: Gesteine

Selbst organisiertes Lernen soll dir helfen, schrittweise selbstständiges und eigenverantwortliches Arbeiten einzuüben. Dabei wird fachliches Wissen und Können durch Verständnis erschlossen und nachhaltig angeeignet. Organisatorisches Grundprinzip ist das Gruppenpuzzle. Eine Lernlandkarte soll dabei helfen.

Gesteine begegnen uns überall. Manche sind sehr fest, während sich andere leicht zerteilen lassen. Einige Gesteine glitzern in den verschiedensten Farben, viele erscheinen sehr schlicht. Die Eigenschaften von Gesteinen und ihre Lagerungsverhältnisse in der Landschaft geben uns Auskunft über den geologischen Bau und die Entwicklung der Erde. Sie sind Zeugen der Erdgeschichte. Viele von ihnen haben auch als Rohstoffe für den Menschen größte Bedeutung.

Die Natur bietet eine beachtliche Vielfalt an Gesteinen. Bei genauerer Betrachtung kann man bei vielen Gesteinen kleinere Bestandteile erkennen. Das sind Minerale. Gesteine können aus einem oder mehreren Mineralen zusammengesetzt sein. Ein Gestein ist demnach ein natürlich entstandenes Gemenge von Mineralen.

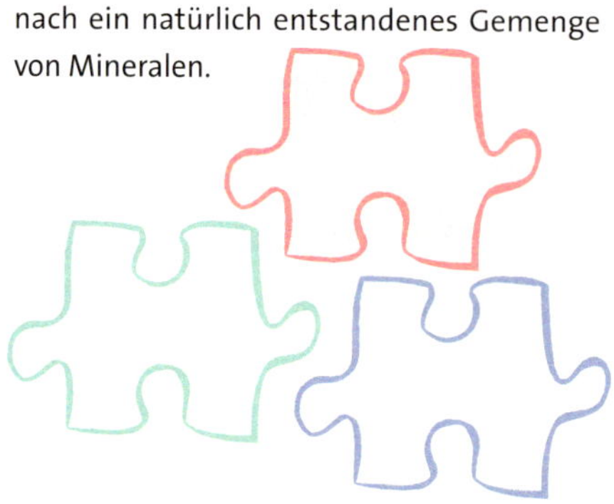

2 **Arbeitsauftrag**

Stelle die Entstehung von Gesteinen und deren Umwandlungsmöglichkeiten in einem Schema dar. Ordne die Handstücke aus Abbildung 1 bzw. Handstücke aus der Schulsammlung in dieses Schema ein und erkläre deren Entstehung.

Bildet in der Klasse Stammgruppen zu je 3 Schülern. Beachtet, dass die Anzahl der Stammgruppen die Größe der Expertengruppen bestimmt. Sind es mehr als 5, empfiehlt sich die Bildung von 2 Expertengruppen je Thema.

Tipps zur Gesteinsbestimmung

Da zur exakten Gesteinsbestimmung spezielle Mineraluntersuchungen notwendig sind, kann unser Anliegen nur eine grobe Gesteinsansprache sein. Bei wiederholter Übung wird diese immer besser gelingen.

Betrachte das Gestein (Handstück) sehr aufmerksam und ordne es unter Verwendung der Übersichten auf den Seiten 90 bis 95 zunächst einer Gesteinsart zu: magmatisches Gestein, Sedimentgestein oder metamorphes Gestein. Achte dabei besonders auf die Festigkeit und Farbe sowie die Größe, Form und Anordnung der erkennbaren Minerale.

3

Gesteine können beschrieben werden nach:

– der **Farbe**
Da Minerale typische Eigenfarben haben, erhält man Hinweise auf den Hauptbestand an Mineralen.
Granit: meist schwarz-weiß bis rötlich gesprenkelt.

– dem **Gefüge**
Es gibt Auskunft über den Mineralverband im Gestein. Zum Gefüge gehören Struktur und Textur. Die Struktur erfasst Größe und Gestalt der Minerale, während mit der Textur ihre räumliche Anordnung im Gestein beschrieben wird.
Granit: vollkristalline, stets körnige Struktur, richtungslose Textur.

– dem **Mineralbestand**
Untersucht werden können u.a. Farbe, Härte, Spaltbarkeit, Bruchflächen bei Nichtspaltbarkeit, Glanz, Durchsichtigkeit und Dichte der einzelnen Minerale.
Granit: die verschiedenen Untersuchungen ergeben als Bestandteile den weißgrauen bis rötlichen Feldspat, den grauen Quarz und den schwarzen Glimmer.

– der **Härte** und **Bruchfestigkeit**
Hier können mit einfachen Untersuchungen nur relativ unkonkrete Aussagen getroffen werden, etwa ob das Gestein eine große Härte und Bruchfestigkeit besitzt. Nur einzelne Minerale können in der Härte mithilfe der Moh'sschen Skala genauer bestimmt werden.
Granit: relativ hartes und bruchfestes Gestein, Quarz ist dabei Härte bestimmend (Härte 7).

– der **Porösität**
Sie gibt an, ob im Gestein mehr oder weniger Hohlräume enthalten sind.
Granit: voll auskristallisiert und damit wenig porös.

– der **Dichte**
Die Bestimmung der Dichte kann mithilfe eines Experimentes [EXTRA-Link: 27850X-0012] erfolgen. Sie zeigt, ob das Gestein stärker aus leichten Mineralen (Dichte 1-2), mittelschweren Mineralen (Dichte 2-4) oder schweren Mineralen (Dichte >4) besteht.

Gesteine:
Relativ stationäre geologische Körper der Lithosphäre, die aus einem oder mehreren Mineralen bestehen.
Dichte wichtiger Gesteine:
Granite: 2,5-2,7 g/cm³
Basalte: 2,9-3,1 g/cm³

Minerale:
Sofflich einheitliche, natürliche Körper der Erdkruste, meist in kristallisiertem Zustand, das heißt. mit Raumgitterstruktur. Die häufigsten gesteinsbildenden Minerale sind Quarz, Feldspäte, Glimmer, Augit, Olivin, Hornblende.

4 **Hinweise zum Vorgehen**

Bei der Erstellung eines Schemas zur Entstehung und Veränderung von Gesteinen innerhalb der Erdkruste ist es hilfreich, zuerst die drei Möglichkeiten, nach denen Gesteine entstehen können, zu untersuchen. In einem zweiten Schritt gilt es, sich jeweils bestimmte Erkennungsmerkmale für jede Gesteinsart einzuprägen.

Abschließend muss nach Zusammenhängen zwischen den drei Gesteinsgruppen gesucht werden. Hierbei ist es sinnvoll, sich an den endogenen und exogenen Vorgängen zu orientieren, die für die Entstehung und Umwandlung von Gesteinen entscheidend sind.
Ihr seid auf dem richtigen Weg, wenn euer Schema einen Kreislauf ergibt.

Einteilung der GESTEINE nach der Entstehung

Magmatische Gesteine (aus Magma entstanden)	**Sedimentgesteine** (aus Ablagerungen entstanden)	**Metamorphe Gesteine** (durch Umwandlung magmatischer oder Sedimentgesteine entstanden)
erkennbar an?	erkennbar an?	erkennbar an?

Umwandlung in geologisch langen Zeiträumen durch exogene und endogene Vorgänge

5 ***Feldspat***

6 ***Quarz***

7 ***Glimmer***

Expertengruppe

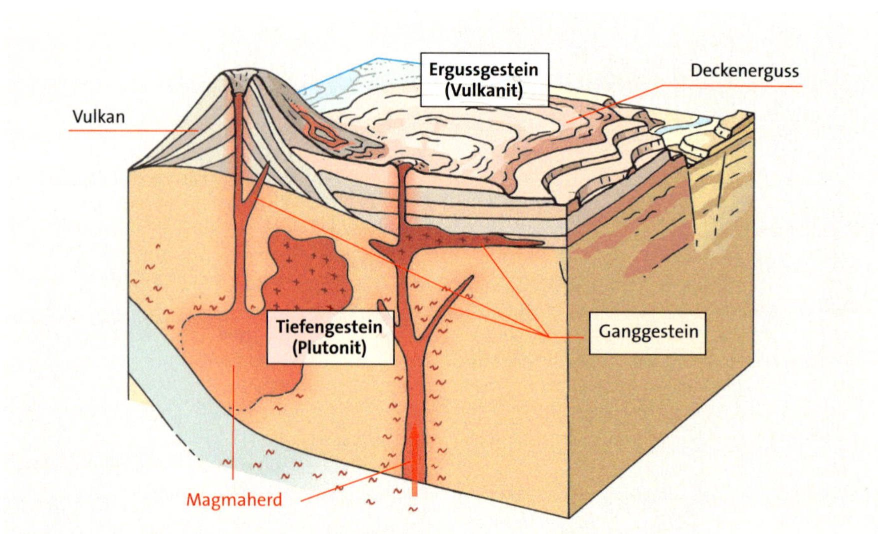

❷ ***Entstehungsmöglichkeiten magmatischer Gesteine***

Magmatische Gesteine

Magmatische Gesteine (Magmatite) bilden sich beim Erstarren von **Magma** oder Lava. Ihre Entstehung ist untrennbar mit endogenen Vorgängen verbunden. Die Tektonik ermöglicht das Aufsteigen von Magma in Klüften und Rissen der Erdkruste zum Teil bis an die Erdoberfläche. Erstarrungsort, Zeitdauer der Abkühlung und die chemische Zusammensetzung der Schmelze können dabei völlig unterschiedlich sein. Dringt Magma in die Erdkruste ein und kühlt sich dort langsam ab, entsteht ein **Tiefengestein** (Plutonit), z.B. Granit, Gabbro oder Diorit. Die lange Erstarrungszeit führt zur deutlichen Ausbildung der Minerale. Deshalb haben Tiefengesteine eine körnige Struktur.

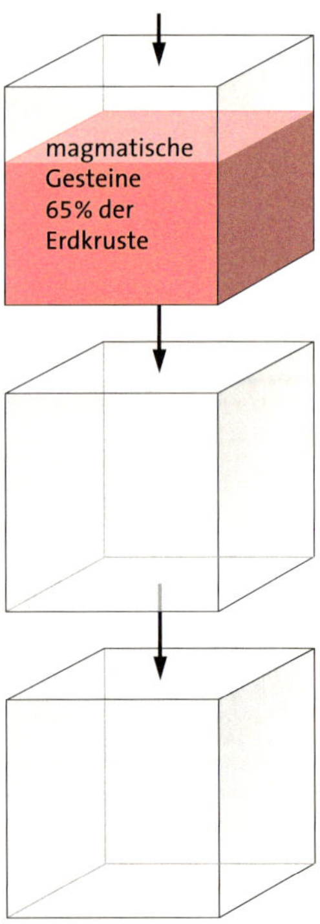

❶ ***Einteilung der Gesteine nach der Entstehung***

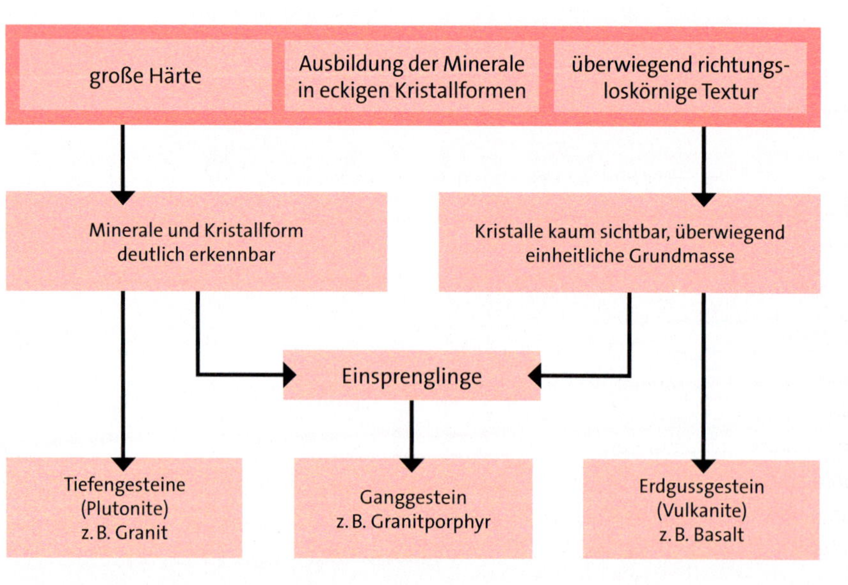

❸ ***Ausgewählte Erkennungsmerkmale magmatischer Gesteine***

4 ***Basaltsäulen in der Rhön***

In Abhängigkeit von Temperatur und chemischer Zusammensetzung der erstarrenden Schmelze bilden sich die für das Gestein typischen Mineralzusammensetzungen heraus. Gelangt Magma bis an die Erdoberfläche, entstehen **Ergussgesteine** (Vulkanite). Da sich hier die Abkühlung sehr rasch vollzieht, können sich nur sehr kleine Minerale bilden. Oft bleibt dabei die Kristallbildung völlig aus. Deshalb haben Ergussgesteine eine dichte einheitliche Grundmasse.
Abbildung 2 zeigt noch eine dritte Möglichkeit: die Entstehung von **Ganggesteinen**. Die Struktur dieser Gesteine weist auf zwei Phasen der Erstarrung hin. Zum einen führt die relativ schnelle Abkühlung im Gang zur Ausbildung einer einheitlichen Grundmasse. Zum anderen konnten sich auf dem Weg bis dorthin bereits Minerale auskristallisieren, die im Ganggestein große Einsprenglinge bilden. Diese Zweiphasigkeit spiegelt sich im Doppelnamen aus Tiefen- und Ergussgestein wider, z. B. Granitporphyr. Eine weitere große Gruppe von Ganggesteinen sind Lamprophyre, die eine Vielzahl unterschiedlicher Gesteine umfassen. Bei den Quarzporphyren handelt es allerdings um Ergussgesteine granitischer Schmelzen.

5 **Basalt**

Farbe
dunkelgrau bis schwarz
Gefüge
sehr feinkörnig in dichter ungeordneter Grundmasse mit zum Teil deutlich ausgeprägten dunkelgrünen Einsprenglingen (Olivin)
Minerale
neben Olivin auch Plagioklas und Augit
- sehr große Härte
- im Gesteinsverband oft säulenartig ausgebildet

6 **Granitporphyr**

Farbe
dunkelgrau oder bräunlich bis rötlich
Gefüge
voll kristallin ausgebildet mit körniger Grundmasse und großen Einsprenglingen; die Textur ist richtungslos
Minerale
die Grundmasse bilden rötliche Feldspäte, graue Quarze, dunkle Augite u. a., die Einsprenglinge werden von den Feldspäten bestimmt
- sehr große Härte

7 ***Auswahl gesteinsbildender Minerale***

Olivin
grünliches, sehr hartes, dichtes und sprödes Mineral von geringer Größe.
Plagioklas
helles, gut in parallelen Streifen spaltbares und sprödes Mineral mit typischen Glasglanz.
Orthoklas
wie Plagioglas, nur zum Teil rötlich und rechtwinklig spaltend.
Augit
grünlich-schwarzes, sehr sprödes, in rechtwinklige Prismen spaltbares Mineral mit geringem Glasglanz.
Quarz
weißes bis milchiges, sehr hartes und sprödes Mineral mit muscheligem Bruch.

Expertengruppe

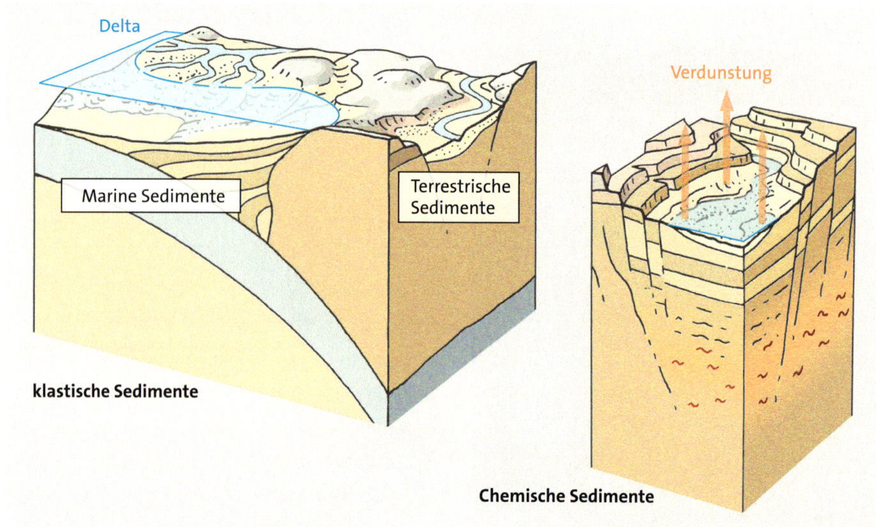

2 Entstehungsmöglichkeiten von Sedimentgesteinen

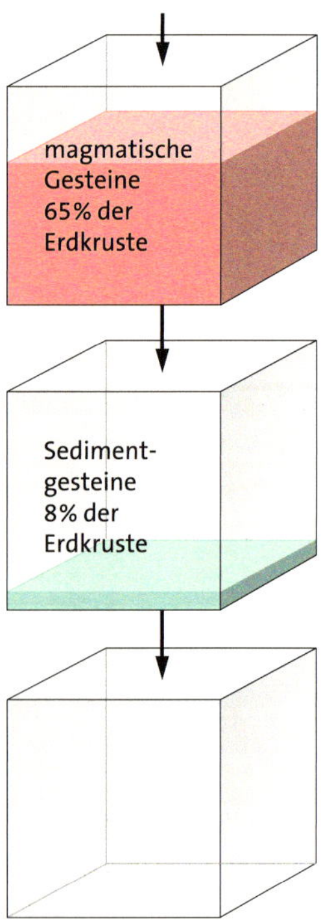

1 Einteilung der Gesteine nach der Entstehung

Sedimentgesteine

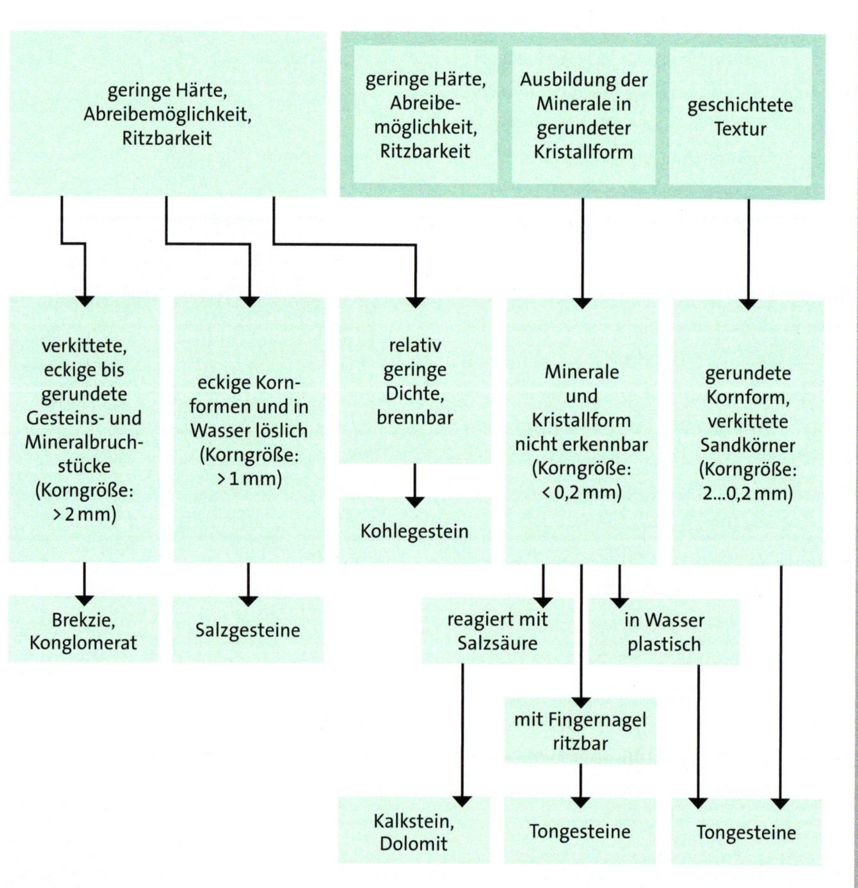

3 Ausgewählte Erkennungsmerkmale von Sedimentgesteinen

4 ***Kalksteinbruch***

An der Erdoberfläche unterliegen alle Gesteine ständiger Verwitterung. Die Verwitterungsprodukte werden durch Schwerkraftwirkung, fließendes Wasser, Meeresströmungen, Gletscher und Wind transportiert. Beim Nachlassen der Transportkraft kommt es zur Ablagerung und es entstehen klastische (physikalische) Sedimente. Mit zunehmender **Diagenese** (Verfestigung) entstehen Festgesteine. Sie weisen eine deutliche Schichtung auf. Ablagerungen können aber auch im Ergebnis chemischer Reaktionen, durch Ausfällung oder Verdunstung des Wassers entstehen. Dann spricht man von chemischen Sedimenten, bei denen jedoch kaum eine Schichtung zu erkennen ist.

Eine Sonderstellung nehmen die biologischen Sedimente ein. Das sind Gesteine, die aus Ablagerungen pflanzlicher oder tierischer Organismen gebildet wurden (z. B. Kohle, Kreide und Bitumengesteine wie Erdöl). Es gibt Sedimente wie Kalkstein, die sowohl chemisch als auch biologisch entstanden sein können. Sie bilden sich entweder in warmen Flachmeerbereichen durch Ausfällung der Karbonate Calcit und Dolomit aus übersättigten Lösungen oder durch Ablagerung von Schalenresten (Muscheln), Knochen oder Korallenstöcken.

5 **Kalkstein**

Farbe
von weiß (reine Kalke, zum Beispiel Kreide) über grau bis braun, auch rötlich oder grünlich

Gefüge
Gestein dicht, scheinbar ohne Körnung; Feinschichtung aber vorhanden

Bestandteile
Kalkspat unter Beimischung von Feldspat, Quarz, Ton u. a.

Festigkeit
von sehr locker, porös (Kreide) bis fest (als Baumaterial)
– reagiert mit Salzsäure

6 **Steinkohle**

Farbe
pechschwarz von matt bis glänzend

Gefüge
entspricht der Struktur der Ausgangspflanzen; Abnahme der Erkennbarkeit mit zunehmender Inkohlung

Bestandteile
aus pflanzlichen Stoffen, hoher Kohlenstoffgehalt (über 78 %)

Festigkeit
relativ fest, bricht würfelig
– gute Brennbarkeit

Kalkspat
häufig weißes bis farbloses, klares Mineral mit geringer Härte und leichter Spaltbarkeit

Ton
graues, aus Tonmineralien bestehendes Material mit geringer Korngröße (< 0,002 mm Ø)

7

Lockergestein	***Festgestein***
eckiger Schutt	*Brekzie*
gerundeter Kies	*Konglomerat*
Sand	*Sandstein*
Kalkschlamm	*Kalkstein*
Lössstaub	*Löss*
vulkanische Asche	*Tuff*
Korallenschlick	*Riffkalke*
Torf	*Kohle*

Einteilung der Sedimentgesteine
nach dem Entstehungsort:
– marin (im Meer), z. B. Muschelkalk
– terrestrisch (auf dem Festland), z. B. Löß
nach der Festigkeit:
– Lockergestein, z. B. Sand
– Festgestein, z. B. Sandstein

Expertengruppe

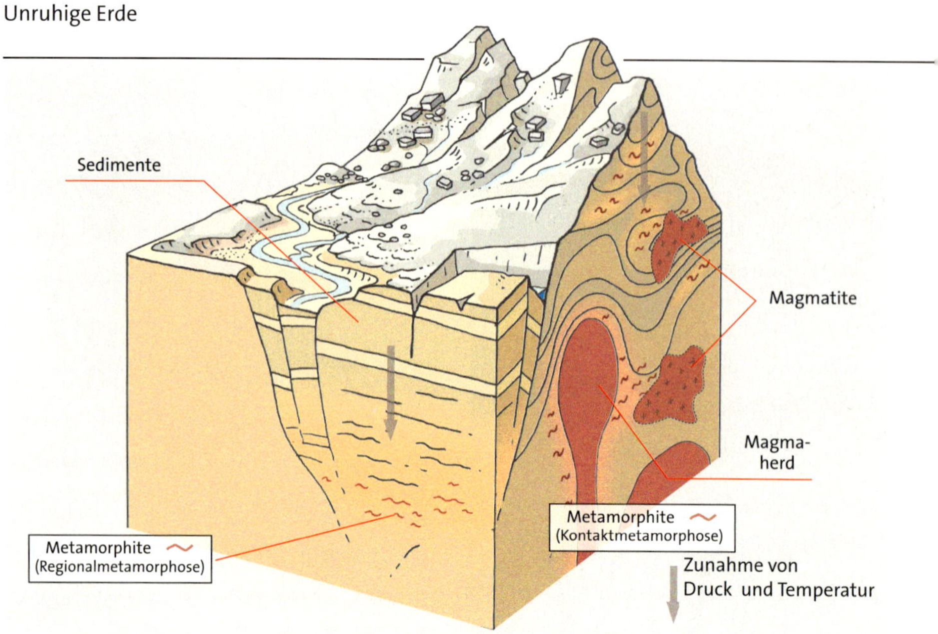

2 ***Entstehungsmöglichkeiten von metamorphen Gesteinen***

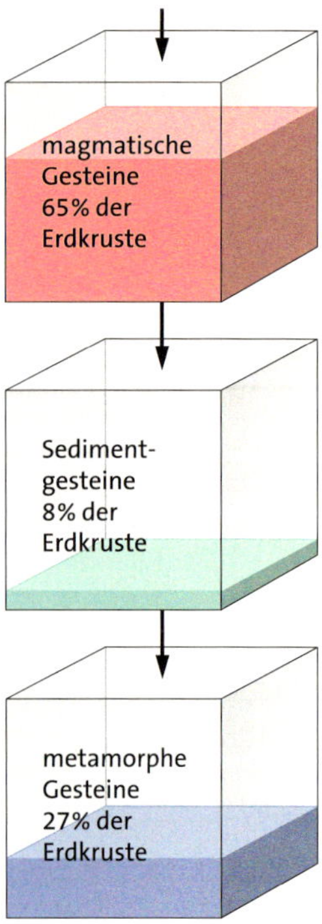

1 ***Einteilung der Gesteine nach der Entstehung***

Metamorphe Gesteine

Metamorphe Gesteine können aus Sedimenten, aus Magmatiten, aber auch aus älteren Metamorphiten hervorgehen. Der Begriff Metamorphose stammt aus dem Griechischen und bedeutet Umwandlung. Für die Gesteinsbildung heißt das „Änderung der Form". Die Prozesse der Umwandlung vollziehen sich unter hohem Druck und/oder hohen Temperaturen. Der Druck bestimmt dabei die Anordnungsrichtung der Minerale, während die Temperatur für den Grad der partiellen Aufschmelzung des Ausgangsgesteins verantwortlich ist. Als Metamorphosearten werden die **Regional-** und die **Kontaktmetamorphose** unterschieden.

Bei der Regionalmetamorphose gelangt das Ausgangsgestein durch Überlagerung anderer Gesteine oder endogene Absenkungsprozesse in größere Tiefen, wo Druck und Temperatur zunehmen. Auch seitlicher Druck durch

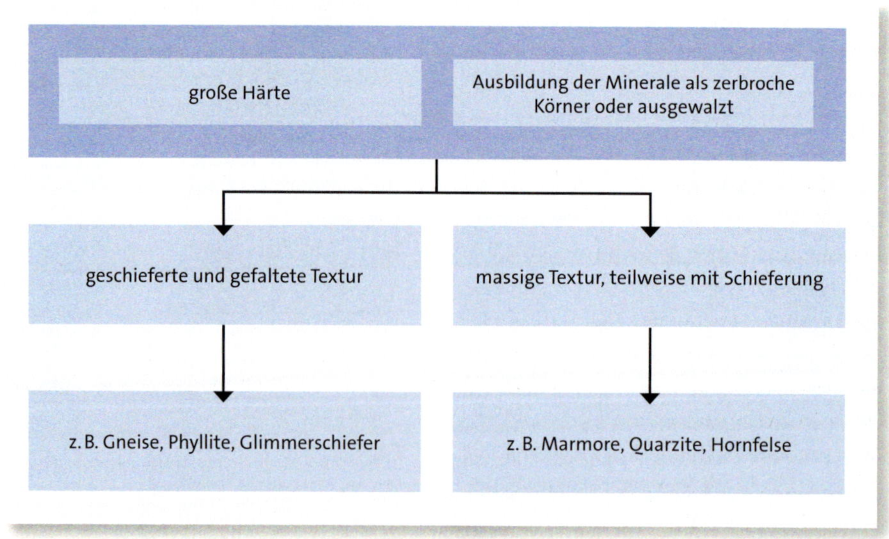

3 ***Ausgewählte Erkennungsmerkmale metamorpher Gesteine***

4 ***Marmorsteinbruch in den Alpi Apuane***

Faltung oder Überschiebung bei gebirgsbildenden Prozessen leiten die Metamorphose ein. Die Minerale des Ausgangsgesteins werden auf das Äußerste beansprucht. Sie werden „gezwungen", sich neu einzuregeln. Plattenartige Minerale werden in eine Richtung gepresst. Es kann auch zu einer Streckung der ursprünglichen Minerale kommen. Als Folge werden schiefrige und streifige Texturen ausgebildet. In Subduktionszonen wird basaltische ozeanische Kruste in großen Tiefen in Eklogit umgewandelt.
Bei der Kontaktmetamorphose gelangt das Ausgangsgestein in die Nähe eines Magmaherdes (Kontakthof). Je nach dessen Größe und den herrschenden Temperaturen im Randbereich werden die angrenzenden Gesteine in unterschiedlicher Intensität umgewandelt.
Bei einem Ausgangsgestein können bei zunehmender Tiefe ganz unterschiedliche Metamorphite entstehen. Ein markantes Merkmal ist die Anordnung der Minerale in parallelen Lagen (schiefrige Textur). Bezeichnungen wie Glimmerschiefer weisen darauf hin. Metamorphe Gesteine, die aus Sedimenten gebildet wurden, heißen Paragesteine. Orthogesteine haben ihren Ursprung in Magmatiten.

5 **Gneis (Orthogneis)**

Farbe
meist grau, auch weiß und rötlich gestreift
Gefüge
körnig, schiefrig, Anordnung der Minerale in parallelen Lagen
Minerale
entsprechend dem Ausgangsgestein Granit (Feldspat, Quarz und Glimmer, z.T. Biotit)
- relativ große Härte durch Feldspat und Quarz
- zerlegbar in große Platten und Quader

6 **Marmor**

Farbe
meist weiß und gelblich; Beimengungen können Farbe verändern
Gefüge
mittel- bis grobkörnig; richtungslose, massige Textur; schichtungslos, nie porös
Minerale
Kalkspat als Hauptbestandteil
- geringe Gesteinshärte, jedoch sehr fest im Gefüge
- heller Marmor lässt Licht weit eindringen

7 ***Wichtige Metamorphite und ihre Ausgangsgesteine***

Ausgangsgestein	***Metamorphit***
Sandstein (S)	*Quarzit*
Kalkstein (S)	*Marmor*
Granit (M)	*Orthogneis*
Tonsandstein (S)	*Paragneis*
Diorit (M)	*Hornblendegneis*
ggf. Mergel (S)	*Granulit*
Tonstein (S)	*Phyllit*

S = Sediment, M = Magmatit

Tonschiefer
Tonschiefer entsteht aus Tonstein oder Schieferton. Hoher Druck und hohe Temperaturen führen dabei zur Veränderung der Minerale und Ausbildung einer Schieferung. Wegen dem geringen Metamorphosegrad wird Tonschiefer in den meisten Publikationen auch zu den stark verfestigten Sedimentgesteinen (Festgestein) gezählt.

Metamorphose von Ton

0 km		*Ton*
1 km		*Tonstein oder Schieferton*
10 km	*200 °C*	*Tonschiefer*
20 km	*400 °C*	*Schiefer*
30 km	*600 °C*	*Gneis*
	> 1000 °C	*Kontinentale Kruste beginnt zu schmelzen*

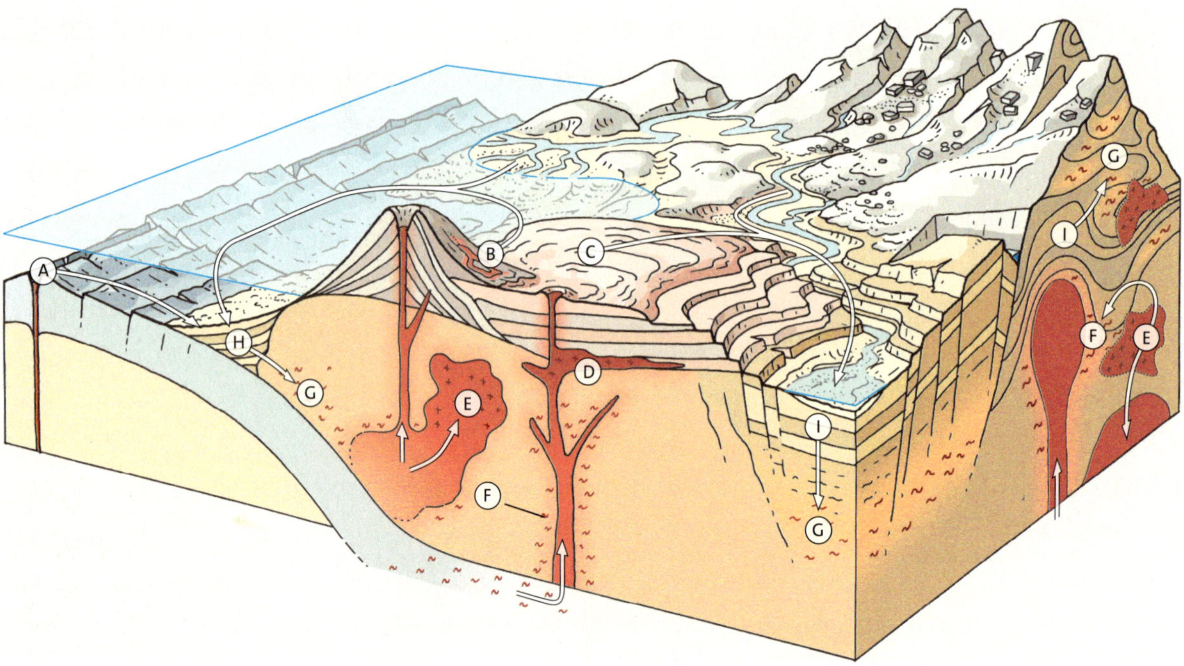

1 *Kreislauf der Gesteine*

Kreislauf der Gesteine

EXTRA-Link

Das Modell zum Ausdrucken
www.klett.de/extra
[EXTRA-Link: 27850X-0014]

Abbildung 1 zeigt Zusammenhänge zwischen den Gesteinsarten in ihrer Entstehung und Veränderung. Endogene und exogene Prozesse bilden die „Motoren" für die Entstehung und Veränderung von Gesteinen in geologisch langen Zeiträumen. Dabei kann es zu Umwandlungen in vielfältigsten Formen kommen.

Die drei großen Gesteinsgruppen stehen dabei in einem Kreislauf miteinander in Beziehung.

Ein erster Teilkreislauf, der überwiegend durch exogene Kräfte gesteuert wird, beginnt mit der Verwitterung des an der Erdoberfläche anstehenden Gesteins. Fließendes Wasser, Wind oder Eis transportieren die Verwitterungsprodukte und lagern diese im Meer oder auf dem Festland ab. Werden diese Lockersedimente von weiteren Ablagerungen überdeckt, kommt es zur Verfestigung (Diagenese).

Danach ergeben sich zwei Möglichkeiten:

- Die Gesteine gelangen durch Hebung wieder an die Erdoberfläche und der Zyklus beginnt von vorn.
- Die Sedimente gelangen in größere Tiefen und werden durch hohen Druck sowie hohe Temperaturen in metamorphe Gesteine umgewandelt. Mit zunehmender Erhitzung kann es dann zum Aufschmelzen kommen. Aus dem entstandenen Magma können Tiefen-, Gang- oder Ergussgesteine entstehen. Ergussgesteine geraten sofort wieder in den Einflussbereich exogener Kräfte, Tiefen- und Ganggesteine erst nach Hebung und Abtragung der darüberliegenden Gesteinsschichten. Ein solcher Kreislauf stellt nur eine Variante unter vielen dar, weil einzelne Teilprozesse auch übersprungen werden können. Durch die Plattentektonik entstehen die endogenen Kräfte, die den Kreislauf in ständiger Bewegung halten.

② *Hohentwiel im Hegau*

Gesteine – Zeugen der Erdgeschichte
Mit dem Wissen über die Entstehung und die Veränderung der Gesteine kannst du Landschaften besser verstehen und erklären.

③ „Im Hegau, nicht weit vom Bodensee und nahe der Stadt Singen, befindet sich die Ruine der alten Festung Hohentwiel. Sie steht auf dem gleichnamigen Bergkegel, der als steinernes Denkmal die Landschaft beherrscht. Kein Wunder, dass die Befestigungsanlage im Laufe ihrer Geschichte kaum eingenommen werden konnte. (...) Ganz in der Nähe des Hohentwiel entdecken wir noch weitere isoliert stehende Kegelberge: Hohenkrähen, Hohenstoffeln, Hohenhewen und Mägdeberg. (...) Es handelt sich bei ihnen um eine geologische Besonderheit. Das Felsgestein ist dunkelbraun bis schwarz und außerordentlich hart. Manche Hegauberge bestehen aus Basalt, andere aus Phonolith, vulkanischen Materialien, die vor etwa 15 Millionen Jahren als glutflüssige Schmelze aus der Tiefe emporgedrungen sind."
Burkhardt, H. u.a.: Baden-Württemberg. Eine kleine Landeskunde. Stutttgart, Klett-Verlag, 1990, S. 258

1 *a) Erkläre, welche Gesteine in den Bereichen A bis I entstehen.*
b) Beschreibe folgende Umwandlungsmöglichkeiten (Teilkreisläufe): Gestein B zu G, C zu G, I zu G, E zu F.
c) Begründe, warum sich Gesteine in geologisch langen Zeiträumen in einem Kreislauf befinden.
d) Beschreibe Teilkreisläufe, die nur von endogenen bzw. nur von exogenen Prozessen begleitet werden.

2 *Ein Sedimentgestein kann nicht in ein magmatisches Gestein umgewandelt werden. Begründe.*

3 *Erläutere folgende Umwandlungen im Gesteinskreislauf:*
a) Metamorphes zu magmatischem Gestein.
b) Sedimentgestein zu Sedimentgestein.
c) Magmatisches Gestein zu Sedimentgestein.

4 *Erkläre, warum an den Hegaubergen keine Vulkankrater und Lavahänge mehr zu sehen sind.*

Nachhaltige Rohstoffnutzung

Kaum zu glauben

Statistisch gesehen verbraucht jeder Deutsche in seinem Leben rund 460 Tonnen Kies und Sand. Das entspricht einem Verbrauch von ungefähr 9 Tonnen/Jahr und Bundesbürger. Anders ausgedrückt verbraucht jeder Bundesbürger einen halben Lastzug an mineralischen Rohstoffen im Jahr.

In Baden-Württemberg wurden im Jahr 2005 in über 600 Betrieben rund 80 Millionen Tonnen Gesteinsrohstoffe abgebaut. Das sind vor allem mineralische Rohstoffe, auf die wir in unserem täglichen Leben angewiesen sind, wie Kalkstein, Gipsstein, Steinsalz oder Kies und Sand. Weder Häuser, Brücken, Straßen oder Wasserrohre wären ohne Steine und Erden-Rohstoffe denkbar. Der Flächenanteil der Steine- und Erdenindustrie beträgt lediglich 0,2 % der Landesfläche. Die Rohstofflagerstätten sind jedoch naturgegeben und ortsgebunden. Für eine zuverlässige und nachhaltige Versorgung mit Rohstoffen ist es notwendig, verstärkt die besonders mächtigen und hochwertigen Lagerstätten zu nutzen. Dabei wird die Rohstoffnutzung jedoch durch zunehmende Flächeninanspruchnahme (Siedlungen, Gewerbe und Verkehr) immer stärker eingeschränkt. Außerdem verringern Schutzgebietsausweisungen die Zahl gegenwärtig betriebener Abbaustätten.

Das Rohstoffsicherungskonzept Stufe 2 „Nachhaltige Rohstoffsicherung" soll die Grundlage für die Rohstoffpolitik in den kommenden 10 bis 15 Jahren legen. Ziel ist es, den Rohstoffabbau auf eine möglichst langfristige Nutzung auszurichten. Auch zukünftige Generationen müssen noch Zugriffsmöglichkeiten auf die wertvollen einheimischen Rohstoffvorkommen haben. Deshalb müssen die Wiederverwertung von gebrauchten Baustoffen und Substitution zur Selbstverständlichkeit werden. Bereits heute werden 75 % des Bauschuttes recycelt.

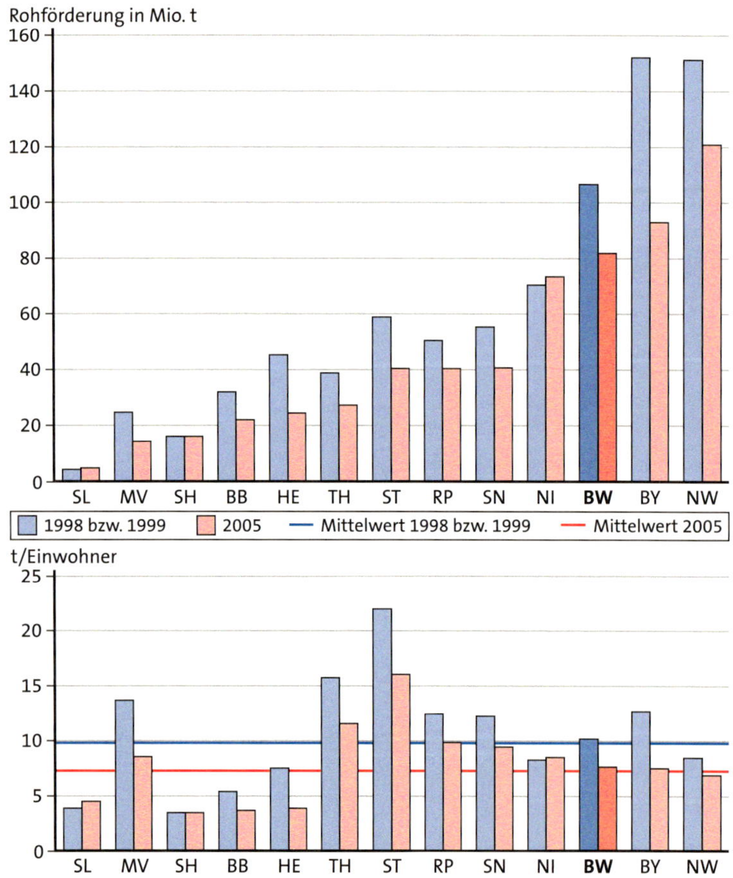

❶ ***Förderung oberflächennaher Rohstoffe in Deutschland (ohne Braunkohle)***

Rohstoffsicherungskonzept (2004)

Das Konzept bezieht sich auf die oberflächennahen mineralischen Rohstoffe Sand und Kies, Natursteine, Naturwerksteine, Zementrohstoffe, Ziegeleirohstoffe, Gipsstein und Anhydritstein.

Bei endlichen Ressourcen wie den mineralischen Rohstoffen bedeutet nachhaltige Bewirtschaftung insbesondere:

- Sparsamer Umgang mit erschlossenen Rohstoffen durch sachgerechte Planung.
- Wiedereingliederung von abgebauten Flächen durch frühzeitige Renaturierung und Rekultivierung.
- Vollständige Nutzung von Lagerstätten in möglichst hohem Veredelungsgrad.
- Sicherung der Zugriffsmöglichkeit auf wertvolle heimische Rohstoffe auch für nachfolgende Generationen durch ausreichende Berücksichtigung bei der Flächennutzungsplanung.
- Verminderung des Rohstoffverbrauchs durch Steigerung der Ressourcenproduktivität/-effizienz sowie durch Substitution der Primärrohstoffe und vermehrten Einsatz erneuerbarer Ressourcen und Recycling von Baustoffen.

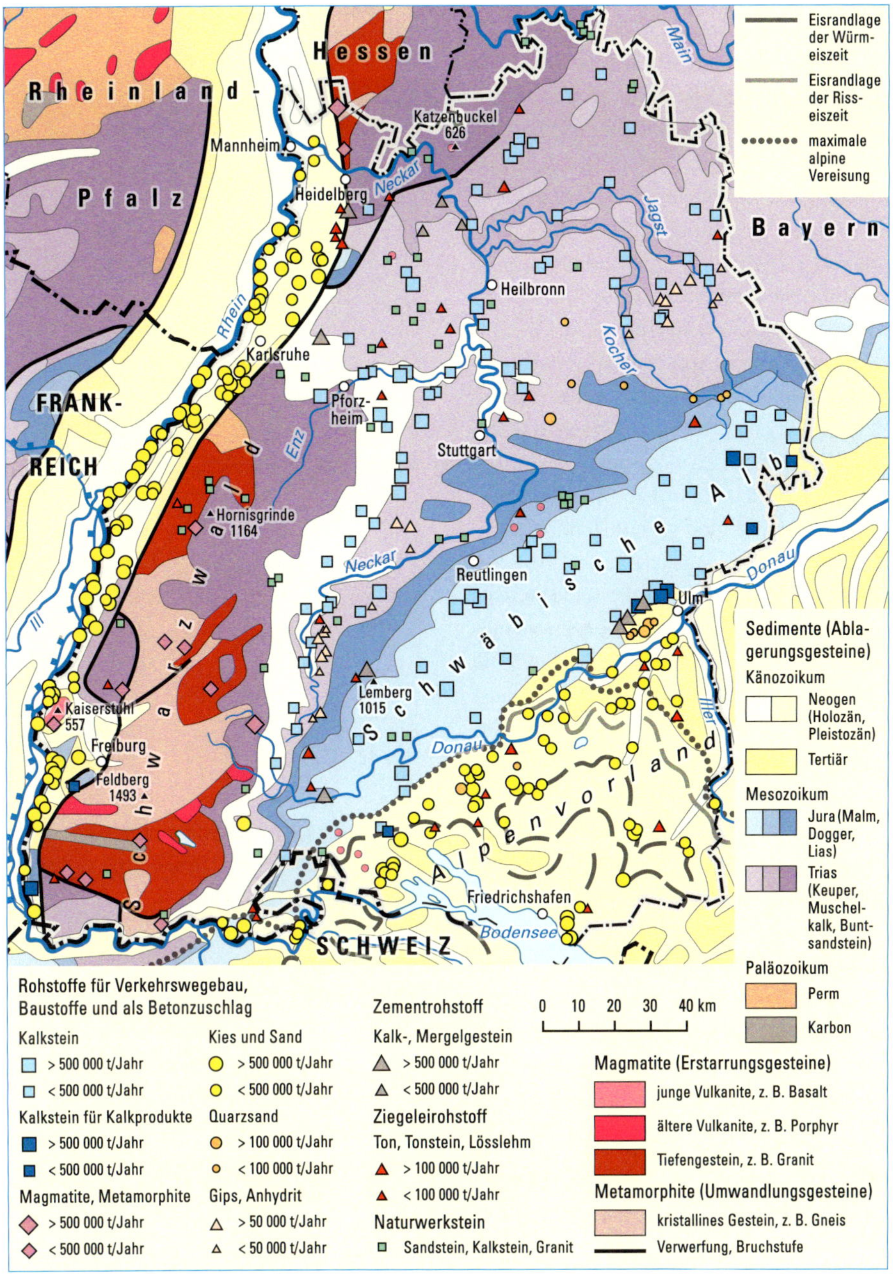

2 Gesteine und Mineralien als Rohstoffe in Baden-Württemberg

Gliederung der Bodenschätze in Hauptrohstoffgruppen

- *Steine und Erden*
  z. B. Kiese, Sande, Natursteine, Zementrohstoffe
- *Industrieminerale einschließlich Salzgesteine*
  z. B. Quarzsande, Kalksteine, Gipssteine, Fluss- und Schwerspat
- *Energierohstoffe*
  z. B. Ölschiefer, Erdöl, Erdgas, Torf, Kohle, Uranerz
- *Metallrohstoffe*
  z. B. Eisenerze, Silber-, Kupfer-Erze

Surftipps

Landesamt für Umweltschutz Baden-Württemberg
www.lubw.baden-wuerttemberg.de
Umweltministerium Baden-Württemberg
www.um.baden-wuerttemberg.de
Industrieverband Steine und Erden Baden-Württemberg
www.iste.de
Geologisches Landesamt Baden-Württemberg
www.lgrb.uni-freiburg.de/lgrb/home/index_html

1 *Erläutere Probleme und Ziele der Rohstoffnutzung in Baden-Württemberg.*
2 *Beschreibe die Lage von Rohstoffabbaugebieten und stelle Zusammenhänge zum geologischen Bau dar (Atlas).*
3 *Beurteile, inwieweit im Rohstoffsicherungskonzept Aspekte der Nachhaltigkeit berücksichtigt worden sind.*

Rohstoffe

- Werkstein – z. B. Denkmalschutz, Fassadenverkleidung, Mauerwerk, Plastik
- Kalkstein – z. B. Putze, Zement
- Erdöl – z. B. Kunststoff, Farben, Kosmetik
- Ton – z. B. Keramik, Dachziegel, Fliesen, Mauerziegel
- Sand und Kies – z. B. Glas
- Hartstein – z. B. Straßenbau, Dämmstoffe, Beton, Uferbefestigung

3 Verwendung von Rohstoffen

4

Schwarzwald – Grube „Clara“

Die Grube „Clara“ in Wolfach im Mittleren Schwarzwald ist heute der bedeutendste Produktionsstandort für Fluss- und Schwerspat in Deutschland. Der Grubenbetrieb im hinteren Rankachtal gehört zusammen mit der Aufbereitungsanlage in der Stadt Wolfach zur Sachtleben Bergbau GmbH.

Die Industrieminerale Schwerspat und Flussspat werden untertage aus drei steil stehenden Erzgängen im Sprengverfahren gewonnen. Die täglich geförderte Roherzmenge von 700 Tonnen entspricht 450 Tonnen Schwerspat und 250 Tonnen Flussspat. Im Zeitraum von 1900 bis 2000 wurden ca. 850 000 Tonnen Schwerspat- und 700 000 Tonnen Flussspatkonzentrate ausgeliefert.

Die anstehenden Schwerspat- und Flussspatgänge verlaufen im Gneis und Buntsandstein. Das aktuelle Abbaufeld hat eine Teufe von 240 Meter. Um das gewonnene Roherz nach übertage zu fördern, wird es von Fahrschaufelladern aufgenommen und in senkrechte Sturzschächte verkippt. Bis zum Ende dieser Schächte, am tiefsten Punkt der Grube, können LKWs fahren und das Roherz laden. 5 Kilometer lang ist die Strecke von dort nach übertage. Dann sind es noch 13 Kilometer bis zur Aufbereitungsanlage in Wolfach.

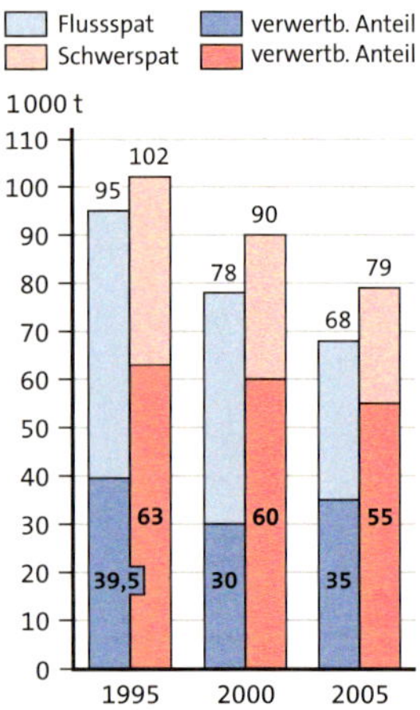

5 ***Rohfördermengen von Flussspat und Schwerspat in Baden-Württemberg (in 1 000 Tonnen)***

7 ***Mundloch im Rankachtal***

8 ***Aufbereitungsanlage in Wolfach***

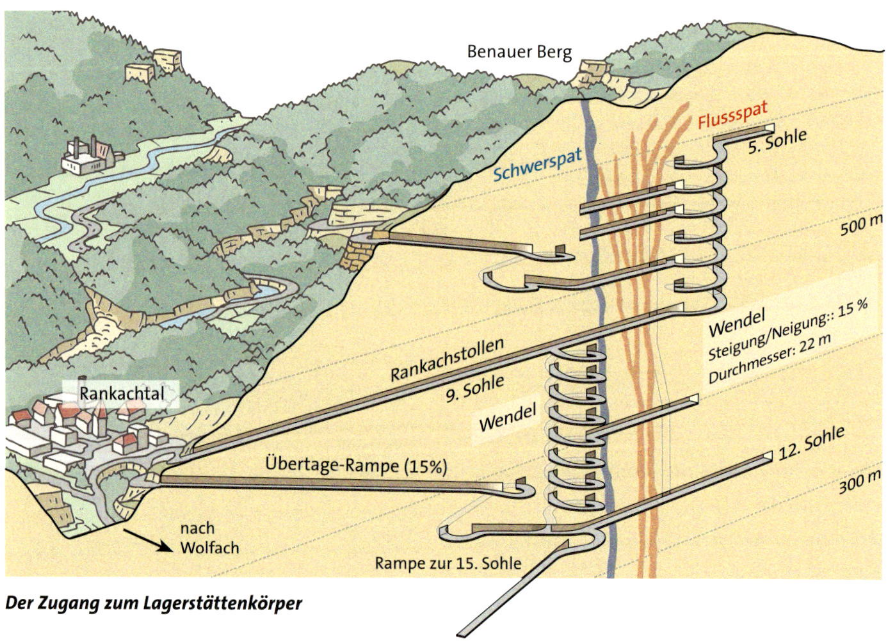

6 ***Der Zugang zum Lagerstättenkörper***

9 *Halde der Aufbereitung bei Kirnbach*

Umweltmanagement im Bergbau

Anfang 2005 führte die Firma Sachtleben Bergbau GmbH die internationale Umweltmanagementnorm ISO 14001 ein. Das ist die weltweit bedeutendste Vorgabe für Umweltmanagement in einem Unternehmen. Die Norm erfordert, dass Maßnahmen zur Sicherung einer umweltgerechten Produktion eingeführt, dokumentiert und ständig verbessert werden. Dazu gehört auch die regelmäßige Überwachung und Messung aller Arbeitsabläufe, die eine Auswirkung auf die Umwelt haben können. Alle Beschäftigten müssen sich der Wichtigkeit des Übereinstimmens von Umweltmanagement und persönlichen Handeln bewusst sein.

Die Förderung von Fluss- und Schwerspat erfolgt nach hohem technischen Standard. Die durch den Abbau geöffneten Hohlräume werden mit einer Suspension aus Flugasche und Wasser wieder vollständig versetzt. Nach vollständiger Verfüllung und Aushärtung kann der Abbau fortgesetzt werden.

Die Aufbereitungsanlage in Wolfach arbeitet seit August 2000 mit einer technisch verbesserten Mahlanlage. Damit konnten der spezifische Energieverbrauch um etwa 20 % gesenkt, der Reparaturaufwand verringert und die Produktion erhöht werden.

Der Mühlendurchsatz beträgt etwa 12 Tonnen/Stunde. Durch die höhere Produktion konnte der Nachtschichtbetrieb auf die Hälfte reduziert werden.

10 **Flussspat (auch Fluorit, CaF_2)**

Einen großen Bedarf an Flussspat hat die Fluor-Chemie bei der Herstellung von Flusssäure. Diese ist ein unverzichtbarer Ausgangsstoff für die Produktion von Teflon, Agrochemikalien, Treib- und Kältemitteln, Kristallglas oder Zahnpasta. Flussspat wird auch bei der Aluminiumgewinnung aus Bauxit und in der Metallurgie als Flussmittel für die Schlacke bei der Eisenerzverhüttung verwendet. Weitere Anwendungsbereiche sind die Keramik (Glasuren, Emaille), die Herstellung von Schweißpulvern und Schweißelektroden oder die Zementherstellung.

11 **Schwerspat (auch Baryt, $BaSO_4$)**

Das chemisch beständige Mineral wurde im 19. Jahrhundert zur Herstellung lichtechter Farben benötigt. Reiner Schwerspat ist fein gemahlen reinweiß. Die Verwendungsmöglichkeiten sind vielfältig:

- Füllstoffe und Schallschutzmassen (textile Bodenbeläge, Reibbeläge für Bremsen und Kupplungen in der Automobilindustrie)
- Farbindustrie (stabile Anstrichfarben, Grundierungen, Korrosionsschutzlacke)
- Zuschlagstoff in Beton für Röntgen- und Werkstoffprüfräume
- Dichteregulator für Bohrspülungen (bei Erdöl- und Erdgasbohrungen)
- medizinische Diagnostik (Kontrastmittel)
- Trinkwasserreinigung (Sulfatreduktion)
- Spachtelmassen und Klebstoffe.

4 *a) Schwerspat und Flussspat sind wichtige Rohstoffe mit vielseitigen Verwendungsmöglichkeiten. Erkläre.*

b) Beschreibe den Abbau von Fluss- und Schwerspat in der Grube Clara in Wolfach.

c) Überprüfe, inwieweit dieser Rohstoffabbau der Nachhaltigkeit gerecht wird.

Surftipps

www.sachtleben-bergbau.de

www.14001news.de

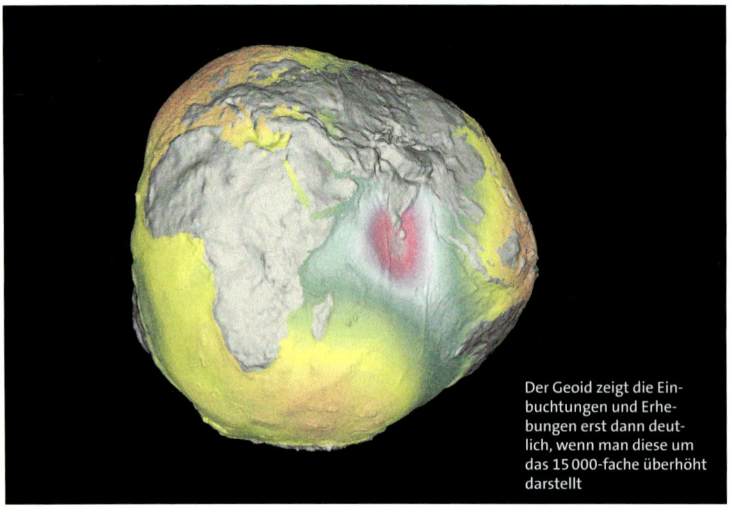

1 *Die Darstellung unseres Planeten als unregelmäßiger Geoid*

3 *Der Blick ins Innere der Erde – wie ihn der Satellit CHAMP*

Forschungsgebiet – System Erde

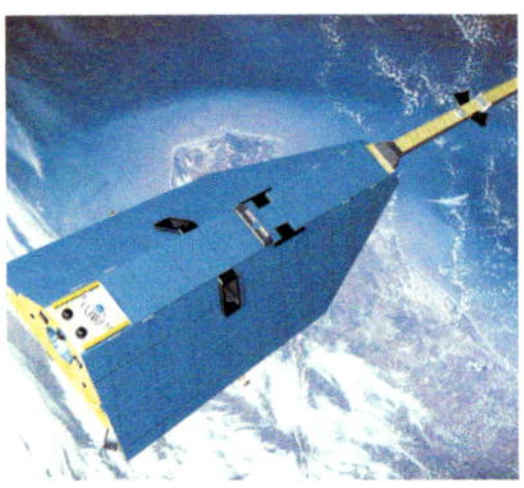

2 *Forschungssatellit Champ*

Geoid

Mathematische Erdfigur mit einer Ausgleichsfläche im Schwerefeld der Erde, welche an den mittleren Meeresspiegel angenähert ist. Diesen idealisierten Meeresspiegel muss man sich unter den Kontinenten fortgesetzt denken, so dass eine geschlossene Fläche entsteht, die das Geoid veranschaulicht.

Wir leben auf einem dynamischen Planeten, der sich – angetrieben durch großräumige Stoff- und Energieumlagerungsvorgänge in seinem Inneren und durch vielfältige Einwirkungen von außen – in einem ständigen Wandel befindet. Um den Lebensraum Erde in seiner ganzen Komplexität zu verstehen, ist die Erde als System zu betrachten: ein System, das die festen, flüssigen und gasförmigen Anteile im Erdraum einschließt, die starken raumzeitlichen Veränderungen unterworfen sind und zwischen denen komplizierte Austauschvorgänge wirken.

Prozesse, die in und auf der Erde ablaufen, sind miteinander gekoppelt und bilden verzweigte Ursache-Wirkungs-Ketten, die durch den Eingriff des Menschen zusätzlich beeinflusst sein können.

Zur Charakterisierung eines so umfassenden und komplexen Systems sind riesige Datensätze notwendig, die möglichst langfristig und gleichzeitig verschiedenste Phänomene und Prozesse erfassen, die sich innerhalb und zwischen den Subsystemen abspielen. Entsprechende Rechnerressourcen und mathematisch-physikalische Modellansätze sind unabdingbar, um solche immensen Datenmengen in weiterführende Modellinformation umzusetzen. (...)

Vor diesem Hintergrund zielt die geowissenschaftliche Kleinsatellitenmission CHAMP (**CHA**llenging **M**inisatellite **P**ayload) auf Beiträge zu folgenden Systemkomponenten ab:

- Geosphäre: Untersuchungen zu Struktur und Dynamik im Erdinneren, vom Erdkern über den Erdmantel bis in die Erdkruste, und Untersuchungen zu Wechselwirkungen mit dem Ozean und der Atmosphäre.
- Hydrosphäre: Genauere Beobachtung der Ozeanzirkulation, der globalen Veränderungen des Meeresspiegels und der Kurzzeitschwankungen im globalen Wasserhaushalt sowie Wechselwirkungen mit Wetter und Klima.
- Atmosphäre: Globale Sondierung der vertikalen Schichtung der neutralen und ionisierten Gashülle der Erde mit den Bezügen zum irdischen Wetter und zum sogenannten Weltraumwetter. (...)

Mit CHAMP ist erstmals ein geowissenschaftlicher Satellit in einer sehr niedrigen, nahezu polaren Umlaufbahn instrumentell so ausgestattet, dass gleichzeitig Schwerefeld- und Magnetfeld der Erde mit deutlich verbesserter räumlicher Auflösung beobachtet werden können und dies über einen Zeitraum von fünf Jahren. Damit werden zeitli-

Zu erkennen sind der vorwiegend aus flüssigem Eisen bestehende Erdkern und im Zentrum der feste, innere Kern. Die thermisch getriebene Konvektion im flüssigen Kern erzeugt das Magnetfeld der Erde.

ird.

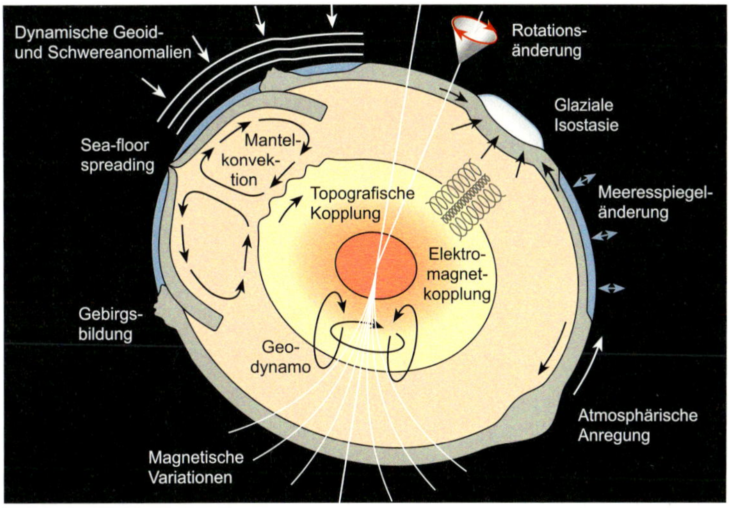

4 ***Dynamische Prozesse im Erdinneren und an der Erdoberfläche***

che Änderungen in den Feldkomponenten gut erfassbar. (...)
In der unregelmäßigen Struktur des Schwerefeldes manifestieren sich Dichteunregelmäßigkeiten, die einen wesentlichen Schlüssel zum Aufbau und Verständnis der dynamischen Vorgänge darstellen, die sich im Inneren der Erde abspielen. Schwere- und Magnetfeld sowie seismische Geschwindigkeiten sind die einzigen im Außenraum der Erde messbaren Signale von dynamischen Vorgängen, die im Inneren der Erde ablaufen und verknüpft sind mit z. B. der Mantelkonvektion und ihrer Kopplung an die Plattentektonik. CHAMP wird die langwelligen Geoidsignale, die aus Masseninhomogenitäten im Erdmantel und Erdkern resultieren, mit Millimetergenauigkeit beobachten können. (...)

Das Magnetfeld der Erde
Das mit Satelliten auf erdnahen Bahnen gemessene geomagnetische Feld ist physikalisch die Überlagerung von Magnetfeldern von im Wesentlichen drei Quellen: dem im Erdkern ablaufenden Dynamoprozess und Prozessen im Erdmantel (Hauptfeld), der Magnetisierung von Gesteinen und Sedimenten in der Erdkruste (Krustenanomalienfeld) und den in der Erdionosphäre und -magnetosphäre fließenden elektrischen Strömen (Außenfeld). Sowohl das Innen- als auch das Außenfeld weisen deutliche zeitliche Änderungen auf, deren Perioden das Zeitmaß der Vorgänge in den Quellregionen widerspiegeln. Anhand von verlässlichen Beobachtungen der vergangenen 150 Jahre, aber auch aus Aufzeichnungen vergangener Jahrhunderte lässt sich schließen, dass die Stärke des Magnetfeldes kontinuierlich abnimmt. Was auf globalem Maßstab wie eine säkulare Variation des Geodynamos aussieht, stellt sich bei lokaler Betrachtung als eine unerwartet differenzierte und dynamische Veränderung dar. Während der letzten 20 Jahre, für die es verlässliche Satellitenmessungen des globalen Magnetfeldes gibt, hat sich das Magnetfeld im Bereich des Südatlantiks bereits um zehn Prozent reduziert. Eine derart dramatische Abnahme führt zum Beispiel zu einem lokal stark erhöhten Strahlungshintergrund. Bereits heute erfahren niedrig fliegende Satelliten 90 Prozent ihrer Schädigungen durch hochenergetische Teilchen im Bereich der südatlantischen Anomalie.
gfz-potsdam (Hrsg.) Champ – Der Blick in das Innere der Erde (Projekte und Missionen).- Potsdam, 2000, S. 4, 5 und 7 (PR-200-36d-05/2000)

Surftipp
Aktuelle Informationen zum Champ-Projekt
www.gfz-potsdam.de/pb1/op/champ

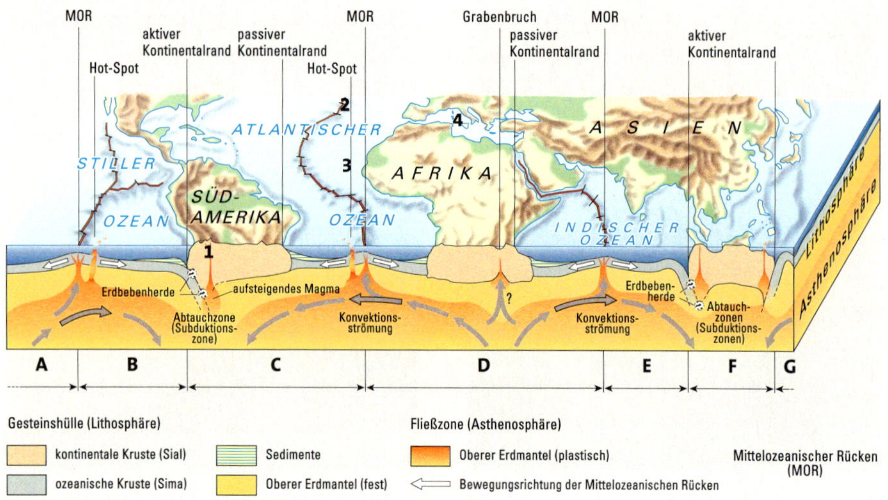

1

Wichtige Begriffe

- Asthenosphäre
- Diagenese
- Diskontinuitätsfläche
- Ergussgestein
- Ganggestein
- Geosphäre
- Hotspot
- Isostasie
- Konvektionsströme
- Lithosphäre
- Magma
- Magmatisches Gestein
- Metamorphes Gestein
- Minerale
- Mittelozeanischer Rücken
- Plattentektonik
- Schalenbau der Erde
- Sea-floor-spreading
- Sedimentgestein
- Stratigraphie
- Subduktionszone
- Tiefengestein
- Tiefseegraben
- Transformstörung
- Tsunami

Orientieren

1 *a) Benenne mithilfe einer geeigneten Atlaskarte die Namen der Platten A bis G im Profilschnitt 1.*

b) Ermittle auch die Namen der zu den Plattengrenzen gehörenden mittelozeanischen Rücken und Tiefseegräben.

Kennen und Verstehen

2 ***Begriffe gesucht***

a) Schale des Erdmantels, die als Gleitzone für die Platten gilt.

b) Zentren vulkanischer Aktivität, die nicht an Plattengrenzen gebunden sind.

c) Wissenschaft von der Abfolge der Sedimentschichten.

d) Prozess der Verfestigung von Ablagerungen.

e) Grenzflächen zwischen den Schalen des Erdkörpers, an denen seismische Wellen ihre Geschwindigkeit oder Ausbreitungsrichtung ändern.

f) Plastische Bewegungen von Gesteinsmaterial im Erdmantel.

g) Integrationsbereich aller Sphären der Erde.

3 *Erkläre die Ursachen für den Vulkanismus in den Bereichen 1 bis 4 im Profilschnitt 1.*

4 *Erläutere die Entstehung von Magma im Bereich der mittelozeanischen Rücken und der Subduktionszonen.*

5 *a) Erkläre die Entstehung der Geosphäre.*

b) Inwieweit stellt diese Entwicklung einen Strukturfortschritt des Systems Erde dar?

6 *Begründe, warum die Gesteine der Ozeanböden nie älter als 200 Millionen Jahre sind.*

7 *Von den folgenden Aussagen ist nur ein Teil richtig. Prüfe die Aussagen sorgfältig und korrigiere diejenigen, die du als „falsch" beurteilt hast.*

a) In Subduktionszonen wird ozeanische Kruste in den Erdmantel eingegliedert.

b) Ozeanische Kruste ist leichter als kontinentale Kruste.

c) Die ältesten Bereiche des Meeresbodens liegen in den Randgebieten der Ozeane nahe den Kontinenten.

d) Die bei einem Erdbeben entstehenden Druckwellen pflanzen sich im äußeren Erdkern nicht fort.

e) Vor allem durch zunehmenden Druck und hohe Temperaturen kommt es unter den mittelozeanischen Rücken zur Bildung von Magma.

f) Transformstörungen verlaufen parallel zu den mittelozeanischen Rücken.

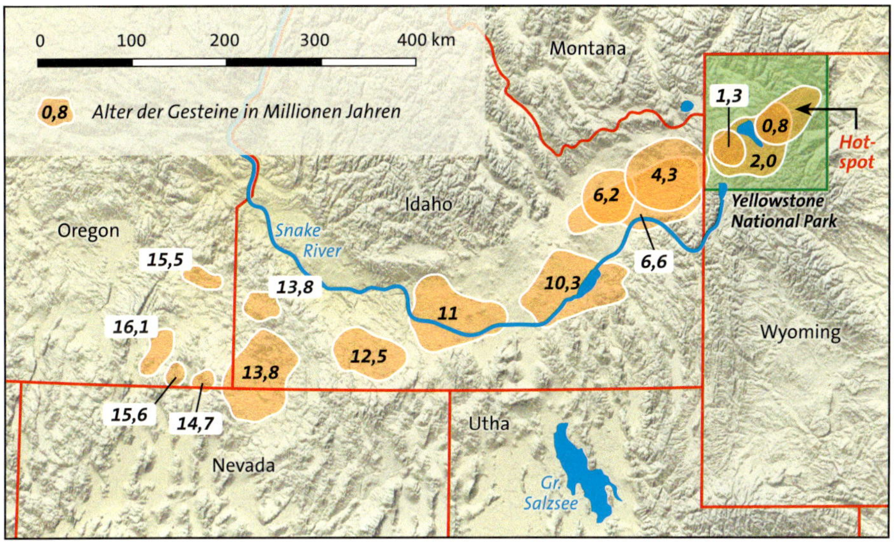

2

Teste dich selbst

mit den Aufgaben 2, 5 b, 12

Fachmethoden anwenden

8 *Erläutere mithilfe der geologischen Zeittafel das Auseinanderdriften des Urkontinents Pangäa.*

9 *Stelle die plattentektonischen Vorgänge am Westrand von Sumatra in einer Profilskizze dar und kennzeichne dabei die Erdkruste und den oberen Erdmantel bis zur Asthenosphäre.*

Übertragen

10 *Erkläre das unterschiedliche Alter der Gesteine in der Karte 2 aus plattentektonischer Sicht.*

11 *Interpretiere die Messergebnisse in der Kartenskizze 3.*

12 *Fasse die Vulkangebiete mit gleicher Entstehung aus Tabelle 4 zusammen und begründe deine Entscheidung.*

13 *Begründe das Vorkommen von Erzen in den aus magmatischen und metamorphen Gesteinen bestehenden Teilen der Erdkruste.*

14 *Erkläre die geologisch-tektonischen Vorgänge, die zum Auftreten von Geysiren im Yellowstone Nationalpark führen.*

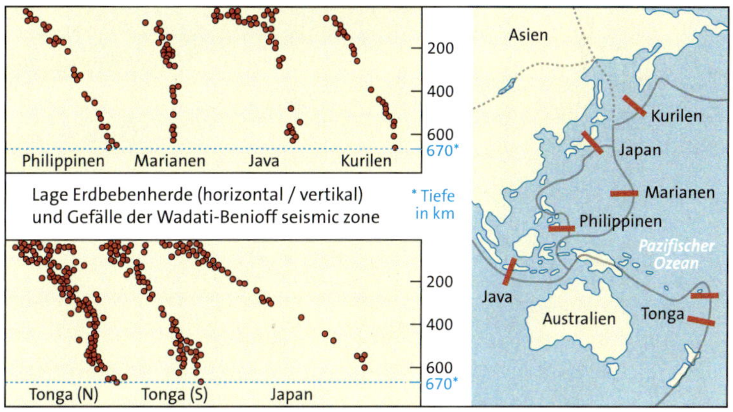

3

Beurteilen

15 *„Das Verteilungsbild von Kontinenten und Ozeanen ist in ständiger Bewegung. Mit dem Driften der Kontinente verändern auch die Ozeane ihre Größe und Form." Beurteile diese Aussage.*

16 *Nimm zu der Tatsache Stellung, dass sich in der Nähe von aktiven Kontinenträndern große Verdichtungsräume entwickelt haben.*

Querdenken

17 *Die Ablagerungen aus dem Perm z. B. östlich von Baden-Baden haben sich unter tropischen Klimabedingungen gebildet. Begründe diesen Sachverhalt.*

4 **Aktive Vulkangebiete der Erde**

Region	Anzahl
Island	28
Zentralafrikanischer Graben	7
Alëuten	26
Japan	38
Äthiopien	6
Azoren	5
Chile	22

Atmosphärische Prozesse

Die Atmosphäre umgibt die Erde wie ein dünner Schutzfilm. Hier laufen viele physikalische und chemische Prozesse ab, die erst das Leben auf der Erde ermöglichen.
Entdecke, wie Wetter entsteht und verstehe das komplexe Zusammenspiel der Wetterelemente.

5

Atmosphäre
(griech.: atmos = Dampf; sphaira = Kugel): die Lufthülle der Erde

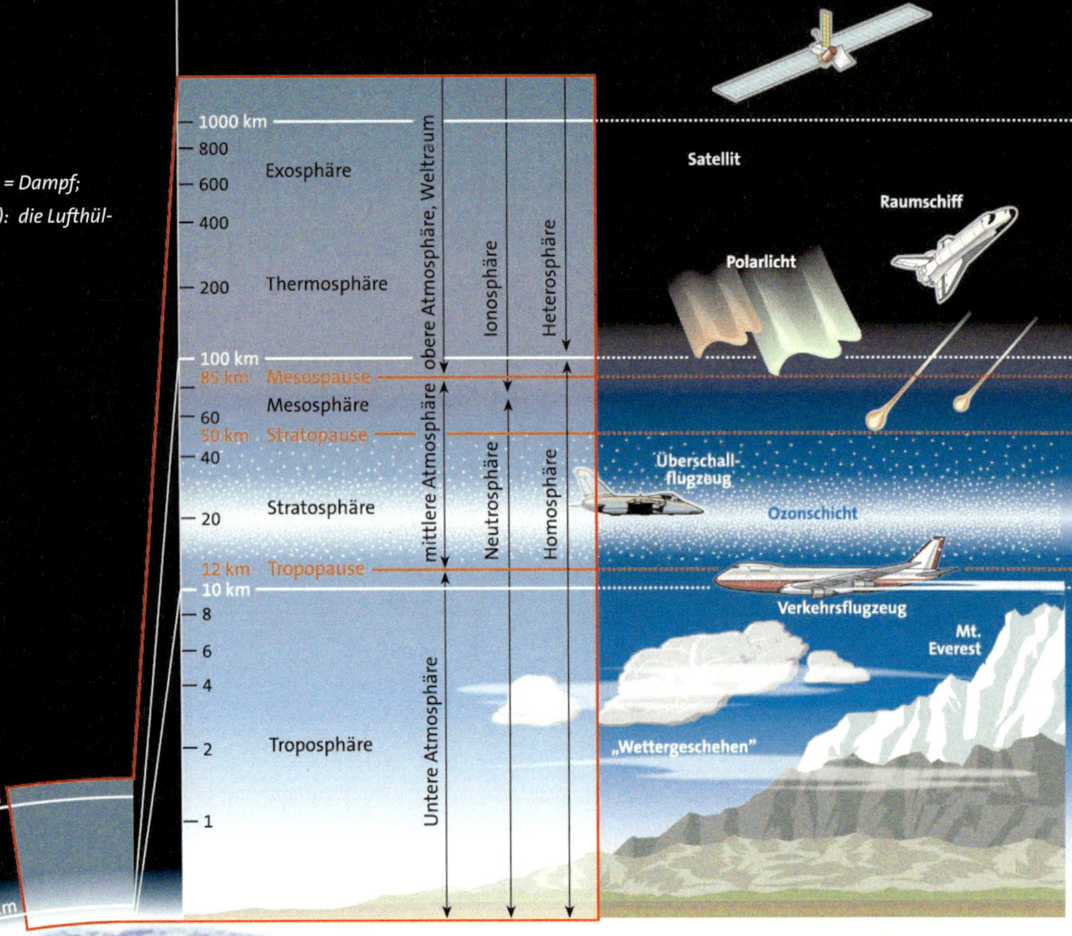

1 *Aufbau der Atmosphäre*

Atmosphäre

Ähnlich der menschlichen Haut, die den Körper vor schädlichen Einflüssen bewahrt, schützt die Atmosphäre die Erde vor der Kälte des Weltraums, vor schädlichen Strahlen und vor kleineren Meteoriten. Allerdings ist diese schützende Gashülle, die unseren Planeten aufgrund der Erdanziehung umgibt, sehr dünn. Wenn der feste Erdkörper die Größe eines normalen Luftballons hätte, dann wäre die Atmosphäre nicht mächtiger als die Gummihaut des Ballons.

Die Stockwerke der Atmosphäre

Die Atmosphäre der Erde zeigt in ihrem Aufbau unterschiedliche Eigenschaften. Üblich ist die Unterteilung nach der vertikalen Änderung der Temperatur in Troposphäre, Stratosphäre, Mesosphäre, Thermosphäre und Exosphäre. Die Wendepunkte des Temperaturverlaufs werden als Pausen bezeichnet. Da bis 100 Kilometer Höhe eine gleiche prozentuale Aufteilung der chemischen Zusammensetzung vorliegt, bezeichnet man sie auch als **Homosphäre**. In der **Heterosphäre** darüber erfolgt eine Ausrichtung nach der Molekülmasse. Ab 70 Kilometer Höhe finden wir zunehmend elektrisch geladene Gasteilchen, so dass dieser Bereich auch **Ionosphäre** genannt wird.

Die **Troposphäre** ist die Wetterschicht. Hier bilden sich Wolken, entstehen Gewitter, Stürme oder Regen. Wer in einem Flugzeug in 9 000 Meter Höhe fliegt, hat bereits mehr als drei Viertel der Luftmoleküle und fast den gesamten Wasserdampf der Atmosphäre unter sich. Die Lufttemperatur nimmt im Mittel mit der Höhe um 0,6–0,8° C/100 m ab. Die Obergrenze bildet die Tropopause, die im Mittel am Pol in 7–8 Kilometer, in den gemäßigten Breiten in 10–11 Kilometer

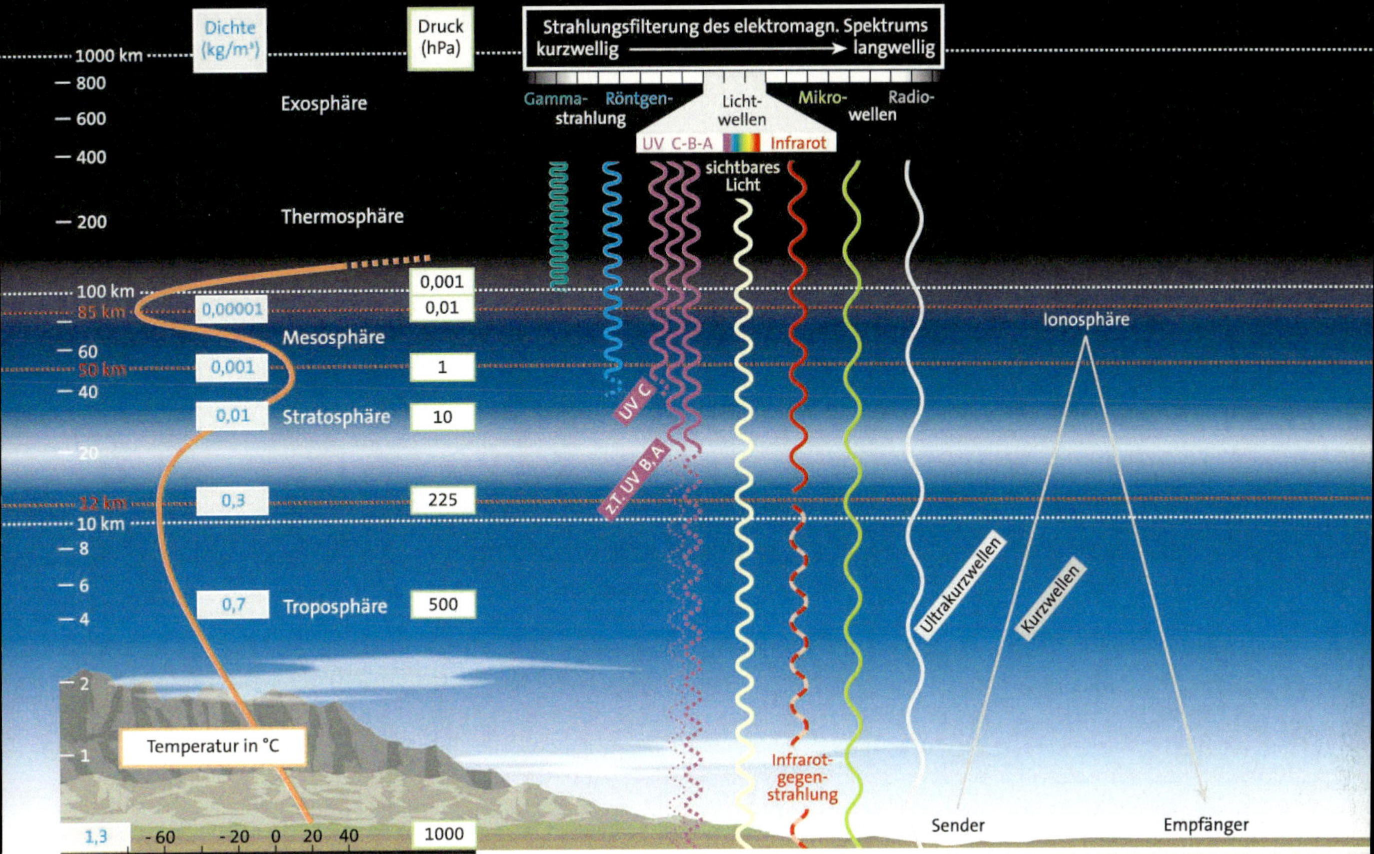

und in den Tropen in 17 Kilometer Höhe anzutreffen ist.

Innerhalb der **Stratosphäre** verläuft die **Ozonschicht**, die einen Großteil der gefährlichen ultravioletten Strahlung der Sonne absorbiert. Die Stratosphäre ist sehr trocken und praktisch wolkenfrei.

Die **Mesosphäre** ist der Ort der leuchtenden Nachtwolken. Im Bereich der Mesopause beobachtet man die tiefsten Temperaturen der Atmosphäre. In der **Thermosphäre** erfolgt dagegen ein sehr rascher Temperaturanstieg. In der Thermosphäre als Teil der Ionosphäre spaltet die Sonnenstrahlung die wenigen Luftmoleküle in Ionen auf. Ihre elektrisch leitenden Schichten reflektieren Rundfunkwellen und ermöglichen Nachrichtenverbindungen über weite Distanzen.

Die **Exosphäre** weist keine feste Grenze auf und geht in den luftleeren Bereich des Weltraums über. Ungeladene Gasteilchen können den Anziehungsbereich der Erde verlassen.

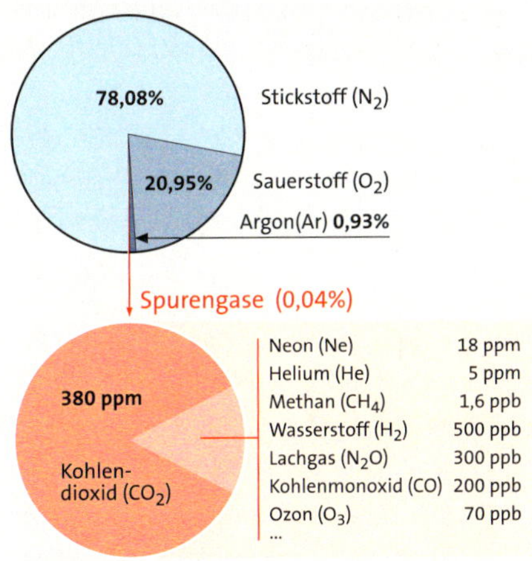

② ***Zusammensetzung trockener und reiner (aerosolfreier) atmosphärischer Luft in Bodennähe***

1 *Charakterisiere die Stockwerke der Atmosphäre. Stelle das Ergebnis tabellarisch dar.*
2 *Welche Funktionen erfüllt die Atmosphäre, damit Leben auf der Erde möglich ist?*
3 *Stelle die Zusammensetzung der Luft in angemessener Form als Stabdiagramm dar.*

Die atmosphärische Luft *der Erde ist ein Gasgemisch mit den Hauptbestandteilen Stickstoff, Sauerstoff, Argon und Kohlenstoffdioxid und einer Vielzahl an Spurengasen. Bis zu einer Höhe von rund 20 Kilometer ist fast stets Wasserdampf in stark schwankenden Anteilen (bis zu 4 Volumenprozent) in der Luft enthalten.*

Spurengase

Spurengase sind Gase, die nur in einem sehr kleinen Anteil in der Luft vorkommen. Dies kann in dem Bereich ein Molekül unter einer Million (ppm = parts per million) oder einer Milliarde (ppb = parts per billion) an Luftmolekülen sein.

Fühlbare Wärme
ist die Wärme, die mit einem Thermometer gemessen werden kann.

Latente Wärme
ist die Wärme, die im gasförmigen Wasserdampf enthalten ist.
Wenn Wasser vom flüssigen in den gasförmigen Zustand verdunstet, muss es Wärme aufnehmen. Diese ist dann im Wasserdampf gespeichert und wird wieder abgegeben, wenn das Wasser in den flüssigen Zustand wechselt (kondensiert).

Absorption
Die von der Sonne kommende Strahlungsenergie wird aufgenommen und in eine andere Energieform, z. B. Wärmeenergie, umgewandelt.

Streuung
Die Strahlung wird nicht umgewandelt, sondern in verschiedene Richtungen gelenkt.

Reflexion
Wie von einem Spiegel wird die Strahlung zurückgeworfen und nicht umgewandelt.

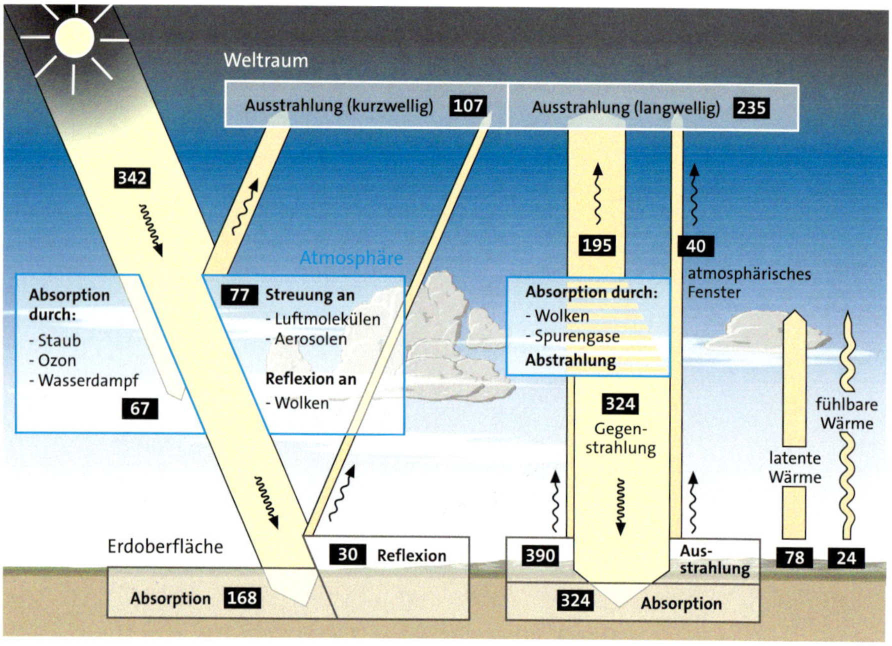

❶ ***Strahlungshaushalt***

Strahlungshaushalt der Erde

Die Erde erhält ihre Energie von der Sonne. Bei mittlerer Entfernung zwischen Erde und Sonne sowie senkrechter Einstrahlung beträgt die am Oberrand der Erdatmosphäre eingestrahlte solare Energie 1368 Watt pro Quadratmeter (**Solarkonstante**). Aufgrund der Kugelgestalt und der Rotation der Erde wird jedoch im Mittel nur ein Viertel (342 W/m²) wirksam.

Von der Sonnenstrahlung werden durch Reflexion von Wolken, Aerosolen und Atmosphäre und durch die Erdoberfläche rund 31 % direkt in den Weltraum zurückgestrahlt. Die Größe der reflektierten kurzwelligen Strahlung von der Erdoberfläche kann je nach Beschaffenheit der Oberfläche sehr unterschiedlich sein und wird **Albedo** genannt. Dunkle Gesteine haben eine geringe Albedo, weiße Schneefelder einen hohen Wert.

Nur 235 W/m² stehen für die Erwärmung der Atmosphäre, Hydrosphäre und der Erdoberfläche zur Verfügung. Etwa 67 W/m² werden davon von Wolken, Wasserdampf und Ozon absorbiert, so dass etwa 50 % der kurzwelligen Sonnenstrahlung die Erdoberfläche erreicht. Diese wird absorbiert und in Wärmeenergie umgewandelt. Die Wärmeabgabe der Erdoberfläche, auch Ausstrahlung genannt, an die darüber liegenden Luftschichten erfolgt im unsichtbaren Infrarotbereich. Durch aufsteigende Luft und durch Verdunstung von Wasser verliert die Erdoberfläche teilweise an Energie.

Die langwellige Wärmestrahlung der erwärmten Erdoberfläche verlässt die Atmosphäre größtenteils nicht auf direktem Wege, sondern wird von atmosphärischen Spurengasen und von Wolken zunächst teilweise absorbiert. Sie emittieren diese Wärmestrahlung einerseits in den Weltraum und andererseits in Richtung Erdoberfläche zurück. Würde die gesamte Energie wieder vollständig in den Weltraum abgestrahlt werden, läge die mittlere Lufttemperatur bei −18 °C. Tatsächlich beträgt sie +15 °C. In Anlehnung an ein Gartentreibhaus bezeichnet man den Wärmestau in der unteren Atmosphäre als **natürlichen Treibhauseffekt**.

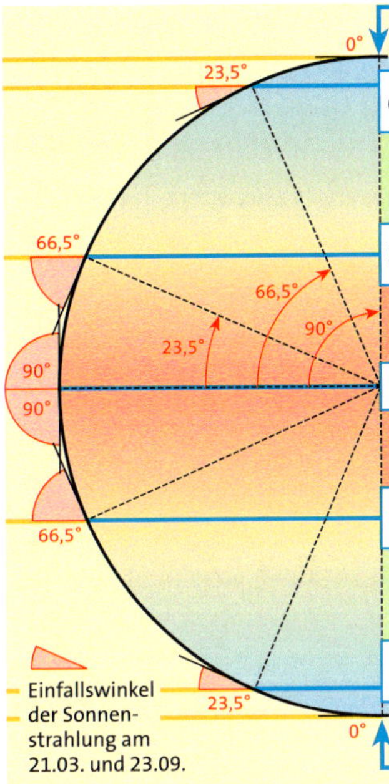

Breitenkreis / Zone	Tageslänge in Stunden am: 22.06.	21.03. 23.09.	22.12.	Mittagshöhe der Sonne maximal	minimal	Temp. im Jahresmittel
90°N Nordpol	24	12	0	23 1/2°	-	-23°C
nördliche Polarzone						
66 1/2°N nördlicher Polarkreis	24	12	0	47°	0°	-23°C
nördliche gemäßigte Zone						
23 1/2°N nördlicher Wendekreis	13,5	12	10,5	90°	43°	+24°C
tropische Zone						
0° Äquator	12	12	12	90°	66 1/2°	+26°C
tropische Zone						
23 1/2° S südlicher Wendekreis	10,5	12	13,5	90°	43°	+22°C
südliche gemäßigte Zone						
66 1/2° S südlicher Polarkreis	0	12	24	47°	0°	-8°C
südliche Polarzone						
90° S Südpol	0	12	24	23 1/2°	-	-33°C

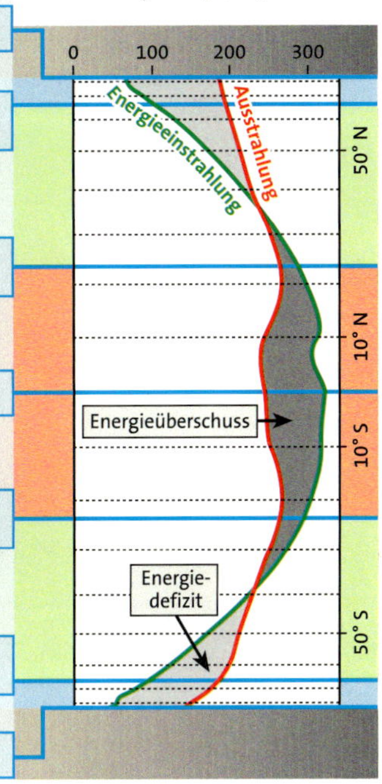

❷ ***Energiedefizit und Energieüberschussgebiete nach Breitenkreisen***

Die eigentlichen Verursacher des Treibhauseffekts sind eine Reihe von Spurengasen wie Wasserdampf (H_2O), Kohlenstoffdioxid (CO_2), Methan (CH_4), Distickstoffoxid (N_2O) und Ozon (O_3), deren Anteil an der Gesamtmasse der Atmosphäre zusammen weniger als 1 % ausmacht.

Diese Treibhausgase lassen die kurzwellige Solarstrahlung weitgehend passieren, absorbieren aber die langwellige Wärmestrahlung der Erdoberfläche im Infrarotbereich. Das wichtigste natürliche Treibhausgas ist Wasserdampf, das für fast zwei Drittel des natürlichen Treibhauseffekts verantwortlich ist, neben dem Kohlenstoffdioxid als dem zweitwichtigsten natürlichen Treibhausgas. Auch **Aerosole** beeinflussen Wetter und Klima. Sie wirken sowohl direkt aufgrund ihrer Wechselwirkung mit den Strahlungsvorgängen als auch indirekt aufgrund ihrer Rolle bei der Wolkenbildung auf das Klimasystem ein. Wolken verhindern teilweise die Ausstrahlung von langwelliger Wärmestrahlung. So ist es in einer sternenklaren Nacht viel kälter, da ein Großteil der Wärmestrahlung ins Weltall entweichen kann.

Bezüglich Ein- und Ausstrahlung befindet sich das System Erde – Atmosphäre im Gleichgewicht, allerdings ist für Teilbereiche der Erdoberfläche eine positive oder negative **Strahlungsbilanz** festzustellen. Der Energiegewinn ist im Tropenbereich am größten und geht zu den Polen in ein Energiedefizit über. Auch ist die Strahlungsbilanz über Meeresflächen höher als über dem Festland. Denn Meeresflächen absorbieren mehr Strahlung und die Gegenstrahlung ist wegen des höheren Wasserdampfgehalts der Luft höher. Meeresströmungen und Winde wirken über sehr große Distanz energieausgleichend.

1 *Rechne die Bilanzierung des Strahlungshaushalts in der Grafik 1 in Prozentzahlen um. Der Input von 342 W/m² entspricht +100 %.*
2 *Berechne die Strahlungsbilanz am Äquator und bei 60° n. Breite. Begründe den Unterschied.*
3 *Worauf beruht der natürliche Treibhauseffekt?*
4 *Warum ist der Strahlungsgewinn auf der Südhalbkugel größer als auf der Nordhalbkugel?*

Aerosole
sehr kleine Schwebeteilchen in der Luft

Albedo *(in Prozent der einfallenden Strahlung)*

Schnee (frisch gefallen)	*75–95*
Haufenwolken	*70–90*
Sand (trocken)	*35–45*
Grasfläche	*10–20*
Nadelwald	*5–15*
Asphaltstraße	*5–10*
Wasser (hoch stehende Sonne)	*5–10*

Knapp 70 % der globalen Wärmetransporte erfolgen durch Luftbewegungen, mehr als 30 % leisten die Meeresströmungen.

→ *anthropogener Treibhauseffekt, Seite 142/143*

① *Cumulus-Wolken*

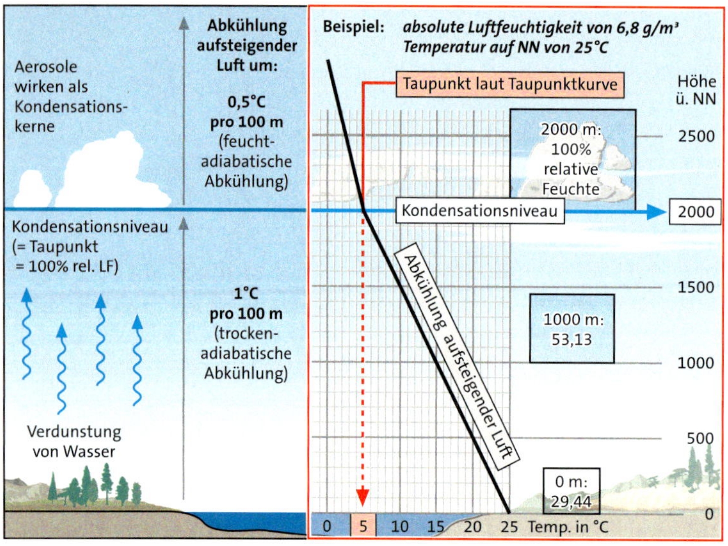

② *Wolkenbildung*

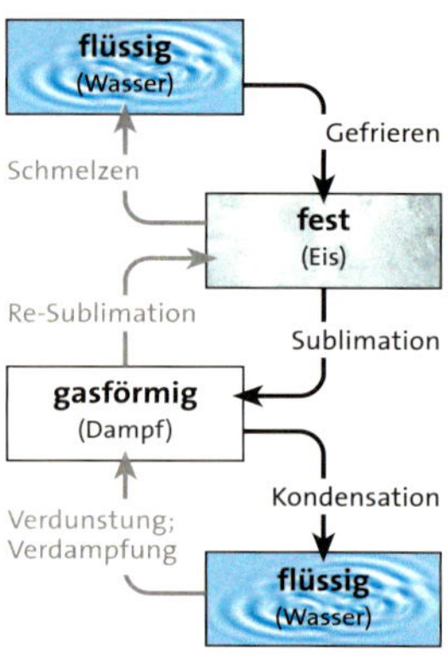

③ *Wasser in der Atmosphäre*

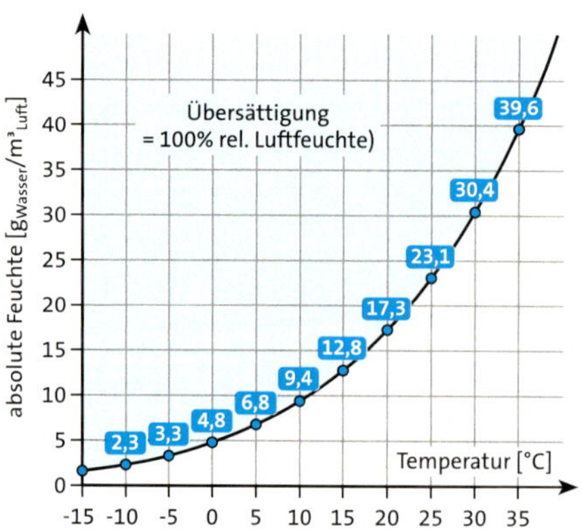

④ *Taupunktkurve*

Wolkenbildung und Niederschlag

Wasser in der Atmosphäre

Durch Verdunstung wird der Atmosphäre ständig Wasser in Form des unsichtbaren Wasserdampfes zugeführt. Je höher die Lufttemperatur ist, umso mehr Wasserdampf kann die Luft aufnehmen. Die tatsächlich in der Luft enthaltene Wasserdampfmenge wird als **absolute Feuchte** bezeichnet und in Gramm pro Kubikmeter Luft (g/m³) angegeben.

Davon ist die **maximal absolute Feuchte** zu unterscheiden. Sie gibt an, wie viel Wasserdampf ein Volumen Luft bei einer bestimmten Temperatur maximal aufnehmen kann. Eine Luft mit 6,8 g/m³ absoluter Feuchte ist bei einer Temperatur von 30 °C sehr trocken, bei 5 °C dagegen gesättigt.

Das Verhältnis der wirklich in der Luft vorhandenen zu der von ihr maximal aufnehmbaren Wasserdampfmenge bezeichnet man als **relative Luftfeuchtigkeit**. So kann zum Beispiel Luft mit einer Temperatur von 20 °C maximal 17,3 g/m³ Wasserdampf aufnehmen. Bei einer absoluten Feuchte von 8,65 g/m³ hätte diese Luft eine relative Feuchte von 50 %.

Kühlt sich diese warme, ungesättigte Luft unter 10 °C ab, kann sie bei gleichem Wasserdampfgehalt von 8,65 g/m³ eine relative Feuchte von 100 % erreichen. Man spricht dann vom **Taupunkt**. Er gibt die Temperatur an, bis zu der sich feuchte Luft abkühlen muss, damit 100 % relative Luftfeuchte bzw. Sättigung erzielt werden. Wenn der Taupunkt erreicht ist, kommt es zur **Kondensation**. Es bilden sich kleinste Wassertröpfchen oder Eisnadeln um feinste schwebende Teilchen (Aerosole), die als **Kondensationskerne** wirken.

1 *Nenne Beispiele für Kondensation bzw. für Verdunstung aus dem Alltag.*

2 *Bestimme die relative Luftfeuchtigkeit bei einem Wasserdampfgehalt von 4,8 g/m³ und 0 °C sowie bei 20 °C Lufttemperatur.*

3 *Welche Prozesse führen zur Wolkenbildung?*

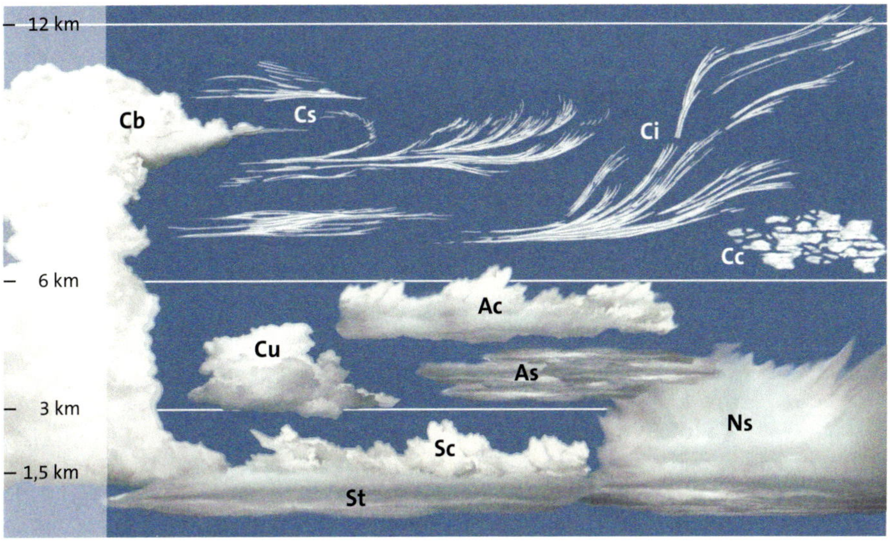

⑤ ***Wolkengattungen***

Wolkengattungen

Hohe Wolken

Cirrus Ci

Cirrocumulus Cc

Cirrostratus Cs

Mittelhohe Wolken

Altocumulus Ac

Altostratus As

Tiefe Wolken

Stratocumulus Sc

Stratus St

Wolken mit großer vertikaler Ausdehnung

Nimbostratus Ns

Cumulus Cu

Cumulonimbus Cb

⑥ **Wolken bilden sich:**

A Die von Sonneneinstrahlung erhitzte Bodenoberfläche erwärmt die darüberliegende Luft, die aufsteigt. Mit der Höhe nimmt der Luftdruck ab und die Luft dehnt sich aus. Dabei kühlt sie sich ab. Wird die Luft bis zum Taupunkt abgekühlt, kondensiert der in ihr enthaltene Wasserdampf. Bei vertikaler Luftströmung entstehen Haufen- oder Cumuluswolken. Sie können heftige Niederschläge bringen.

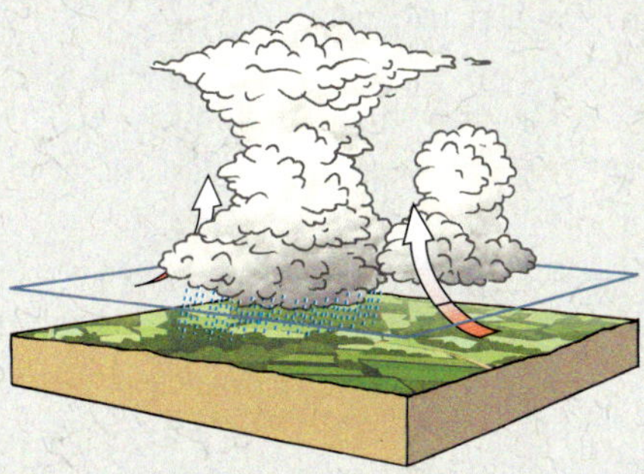

B Feuchte und wärmere Luftmassen werden vom Wind über ein Gebiet mit kälterer Luft geschoben. Bei der Aufgleitung wird das Kondensationsniveau erst in großer Höhe erreicht. Dort bilden sich zunächst Cirren (Federwolken) und in der Folge sehr dichte Schichtwolken durch die überwiegend horizontalen Luftbewegungen. Die Niederschläge sind ergiebig und lang anhaltend.

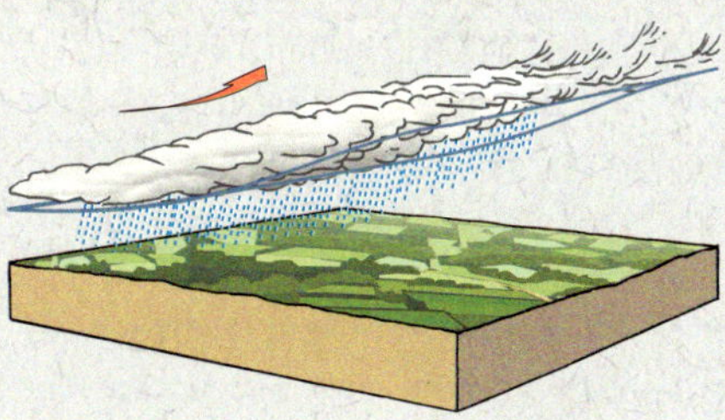

C Kalte Luftmassen dringen vor und stoßen auf feuchte und wärmere Luft, die dadurch zum schnellen Aufstieg gezwungen wird. Es entsteht eine dichte Quellbewölkung in Form von hoch aufgetürmten Haufenwolken. Es kommt zu kräftigen Niederschlägen.

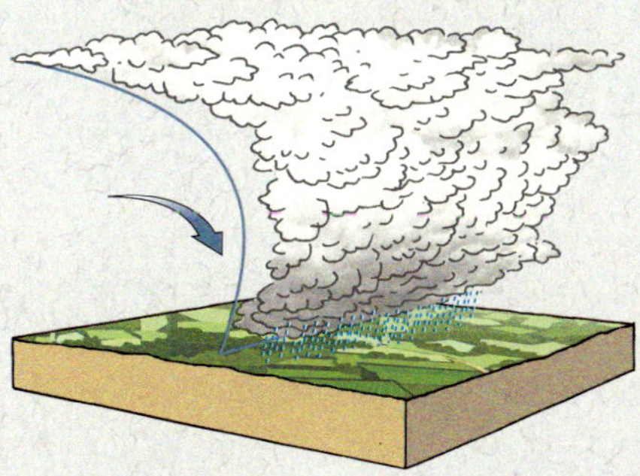

Konvektion

vertikal aufsteigende Luftmassen

Advektion

horizontale Zufuhr von Luftmassen

EXTRA-Link

Wolkenarten im Bild

www.klett.de/extra

[EXTRA-Link: 27850X-0015]

Luftdruck und Wind

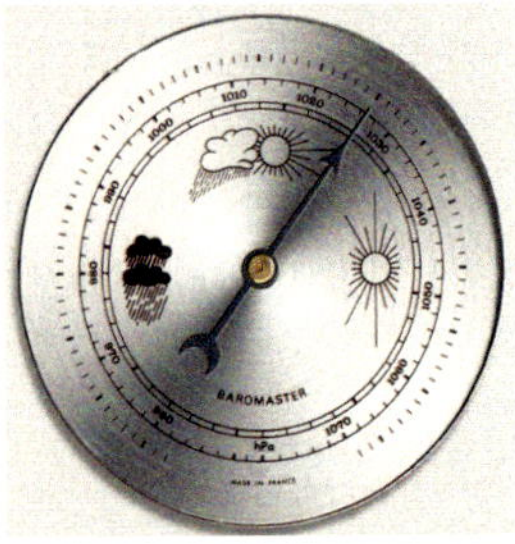

1

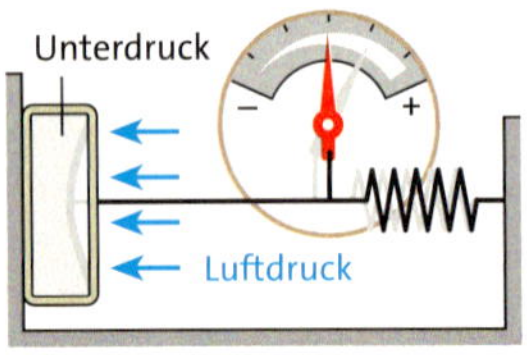

2 ***Barometer***

Luftdruckrekorde

Maximum

Welt: Agata (263 m), Sibirien, am 31.12.1968 ein Luftdruck von 1 083,8 hPa

Deutschland: Berlin, am 23.01.1907 wurden 1 057,8 hPa gemessen.

Minimum

Welt: Taifun bei Okinawa, Japan, September 1958 wurden 856,0 hPa gemessen.

In Deutschland wurde am 26. 2. 1989 ein Wert von 948,6 hPa für Osnabrück gemessen.

1 hPa = 100 Newton/m²

Es ist erstaunlich: Auf einem Menschen lasten etwa 250 Kilogramm Luft. An diese unsichtbare Last haben wir uns gewöhnt, wir spüren sie nicht. Probleme bereiten uns nur plötzliche Änderungen des Luftdrucks. Unter **Luftdruck** versteht man die Kraft, die die Masse der Erdatmosphäre unter der Einwirkung der Schwerebeschleunigung auf eine Einheitsfläche ausübt. Die über einer Bezugsfläche lagernde Luftsäule drückt die darunter befindliche Luft zusammen. Die gleiche Luftportion hat zum Beispiel in Meereshöhe ein geringeres Volumen als in fünf Kilometer Höhe. Der Luftdruck wird mithilfe eines Barometers gemessen und in der Einheit Hektopascal (hPa) oder Newton (N) je Quadratmeter angegeben. Auf Meeresspiegelniveau beträgt der mittlere Luftdruck 1013 hPa. Normalerweise schwanken die Werte zwischen 980 und 1 040 hPa.

Auf einer Wetterkarte werden die Luftdruckverhältnisse durch Linien gleichen Luftdrucks, den **Isobaren**, dargestellt. Aus dem Abstand der Isobaren kann man Aussagen über die Windstärke ableiten.

Wird die Erdoberfläche stark erwärmt, so erwärmt sich auch die darüberliegende Luft. Sie dehnt sich aus, wird leichter und steigt auf. In der Höhe fließt sie zur Seite weg. Als Folge sinkt am Boden der Luftdruck, ein **Tiefdruckgebiet** oder „Tief" ist entstanden. Andererseits entsteht über kälterem Untergrund, wo Luft absinkt und zusätzliche aus der Höhe nachfließt, am Boden ein **Hochdruckgebiet** oder ein „Hoch". Tief- und Hochdruckgebiete, die durch Erwärmung und Abkühlung entstehen, werden als thermische Druckgebiete bezeichnet.

Das Gefälle zwischen den Gebieten mit hohem und denen mit tiefem Druck führt zu Luftströmungen, um als **Wind** die Druckunterschiede auszugleichen. Je größer der Unterschied ist, umso größer sind die Geschwindigkeiten des Windes.

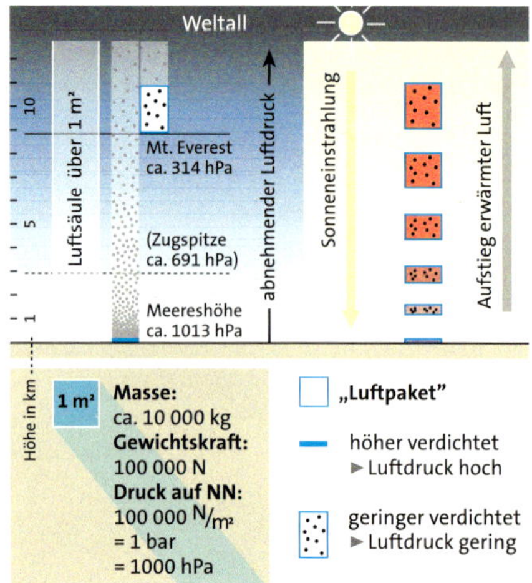

3 ***Luftdruck***

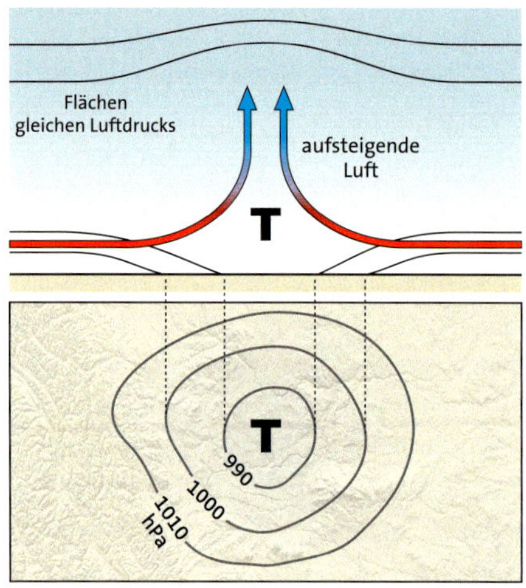

4 ***Bodentief***

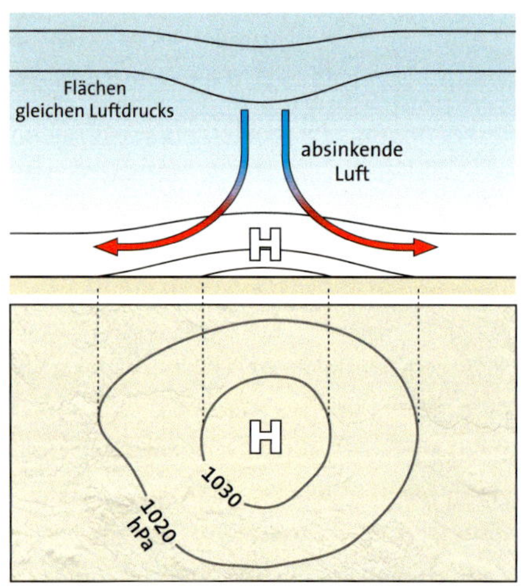

5 ***Bodenhoch***

Land-See-Wind-System

Bei ruhiger Wetterlage stellt sich auf kleinem Raum an Seen oder Meeresküsten ein Land-See-Wind-System ein. An sonnigen Tagen wird die Luft über dem Festland schneller erwärmt als die über der Wasserfläche. Ursache für die unterschiedliche Erwärmung ist die Tatsache, dass Wasser eine wesentlich höhere Wärmekapazität als Land besitzt. Zur Erwärmung von einem Gramm Wasser um ein Grad Celsius wird daher mehr Wärmeenergie benötigt als für dieselbe Erwärmung von einem Gramm Boden. Bei gleicher Wärmezufuhr durch die Sonne steigt daher die Temperatur des Wassers weniger stark an als die des Landes. Zudem bleibt die der Landoberfläche zugeführte Sonnenenergie auf die oberflächennahen Bereiche begrenzt. Das Land erhitzt sich schnell und intensiv, während sich die Sonnenenergie im Meer durch turbulenten Wärmetransport auf eine bis zu 100 Meter dicke Schicht verteilt. Ein Teil der Energie wird aber auch sofort durch Verdunstung in Form von latenter Wärme an die Atmosphäre abgegeben. So haben die Oberflächentemperaturen über Wasser nur einen geringen Tagesgang, über Land hingegen schwanken sie stark mit der Einstrahlung. Wegen der Erwärmung liegen die Isobarenflächen über dem Land höher als über dem Meer. Dabei ist die Hebung der obersten Schichten am größten. In der Höhe entsteht dadurch ein Druckgefälle vom Land zur Wasserfläche. Die sich einstellende Luftströmung sorgt für einen ständigen Abfluss von Luftteilchen zur Wasserfläche. Diese Luftmassenabnahme ist mit einer Verringerung des Luftdrucks über der Festlandsoberfläche verbunden, so dass sich dort ein „Tief" ausbildet. Über dem Meer erhöht die in der Höhe zugeflossene Luft den Luftdruck. Die abgekühlte Luft sinkt wegen der größeren Dichte nach unten. Über der Wasseroberfläche entsteht so ein „Hoch". Es stellt sich in Richtung des Druckgefälles, vom „Hoch" zum „Tief", ein Wind vom Wasser zum Land ein. Damit ist zugleich der Kreislauf geschlossen. Nachts kehrt sich dagegen der Kreislauf um.

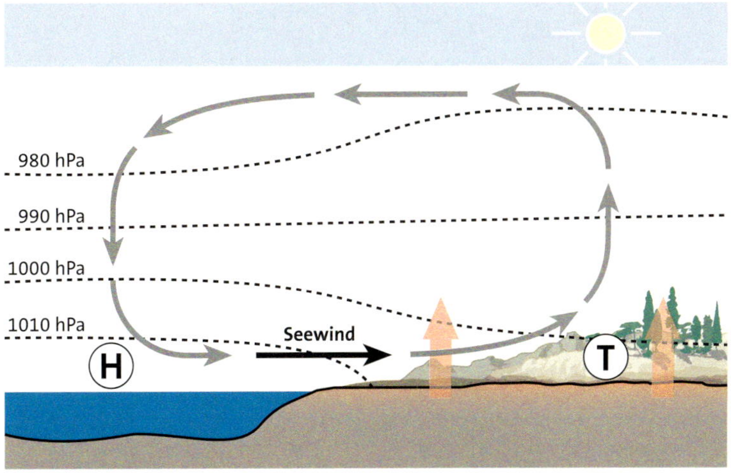

6 ***Seewind am Tag***

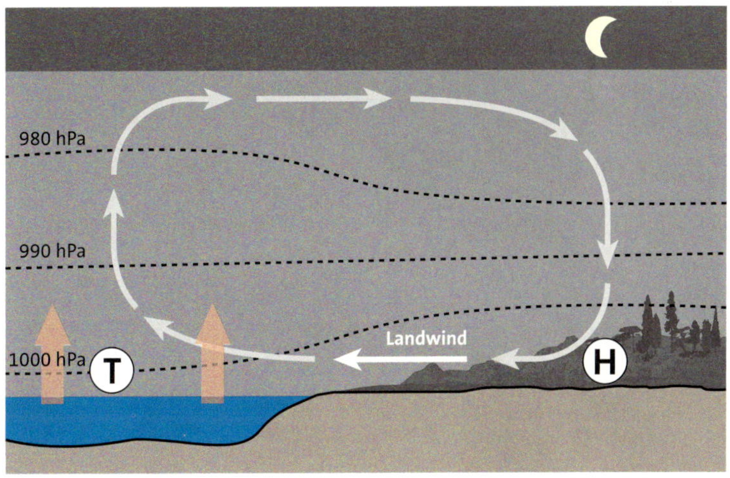

7 ***Landwind bei Nacht***

Zur Beobachtung und Messung des Windes wird seine Eigenschaft, eine Kraft auf Gegenstände auszuüben, genutzt. Die Windstärke wurde früher nach der Beaufort-Skala mit Windstärken von 0 bis 12 angegeben. Da diese Skala nicht ausreicht, benutzt man heute folgende Maßeinheiten: Meter pro Sekunde (m/s) oder Kilometer pro Stunde (km/h).

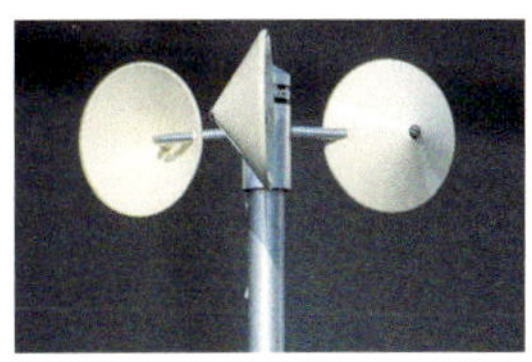

8 ***Anemometer zur Messung der Windgeschwindigkeit***

1 *Erkläre die Luftdruckunterschiede auf dem Montblanc im Vergleich zu denjenigen in Mannheim.*

2 *Erkläre einem Mitschüler mithilfe von Grafik 7 wie der Landwind zur Nachtsituation entsteht.*

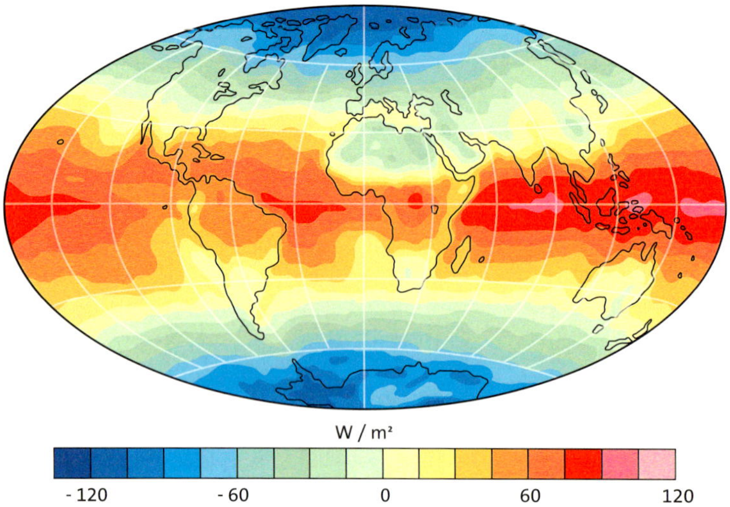

Netto-Einstrahlung

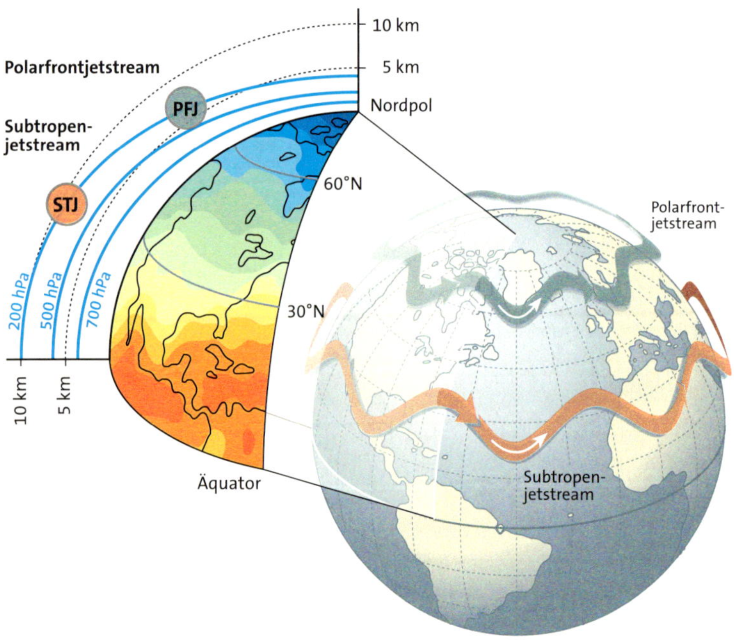

Schema der Druckverhältnisse in der Troposphäre und Ausbildung des Jetstreams

Planetarische Zirkulation

Im Äquatorbereich ist die Strahlungsbilanz positiv, somit ist auch die Erwärmung des Bodens und der Luft hoch. An den Polen ist die Strahlungsbilanz negativ, somit ist auch die Abkühlung der Luft und des Bodens groß. Eigentlich müssten die Polbereiche immer kälter, die Tropenzone immer wärmer werden. Da dies so nicht beobachtet wird, muss ein Energieausgleich innerhalb der Troposphäre erfolgen. Das große Temperaturgefälle zwischen den Tropen und den Polarregionen bedeutet grundsätzlich ein Luftdruckgefälle. Da kalte Luft dichter ist als warme Luft, nimmt der Luftdruck in den Polgegenden rascher mit der Höhe ab als in den äquatornahen Gebieten. Die konstanten Druckflächen sind in kalter Luft stärker gedrängt als in warmer Luft. Im Äquatorbereich lässt aufsteigende Warmluft ein Bodentief und ein Hoch im oberen Troposphärenbereich entstehen. Eigentlich müssten die Druckunterschiede zum Pol hin durch Winde ausgeglichen werden.

Aber Luftströmungen über eine derartig lange Distanz werden auf der Erde nicht beobachtet. Vielmehr beobachtet man auf beiden Erdhalbkugeln in Zonen mit großen horizontalen Temperatur- und Druckunterschieden der hohen Troposphäre bandförmige Luftströme mit Windgeschwindigkeiten von 100 bis 500 Kilometer pro Stunde. Die etwa 200 Kilometer breiten Starkwindbänder werden **Strahlströme** oder **Jetstreams** genannt. Insbesondere bilden sich ein Polarfrontjet und ein Subtropenjet aus. Selten sind sie global rundum ausgebildet, sondern weisen Lücken und Verzweigungen auf. Als Westwinde strömen die Strahlströme meistens in Mäandern. Der Polarfrontjet pendelt zwischen etwa 40° und 70° nördlicher Breite und beeinflusst entscheidend die Wettervorgänge in diesen Breiten. Zum Verständnis der Windrichtungen muss zudem die Erdrotation mit einbezogen werden: bei der Rotation von West nach Ost bewegt sich die Atmosphäre mit.

3

Gaspard Gustave de Coriolis,
französ. Ingenieur und Physiker, 1792–1843

Coriolis entdeckte sie

Die Atmosphäre dreht sich mit der Erde, am Äquator sogar mit Überschallgeschwindigkeit. Wir merken davon nichts. Da eine Luftmasse am Äquator in der gleichen Zeit einen viel größeren Weg zurücklegt als in höheren Breiten, ist ihre Geschwindigkeit am Äquator am höchsten.

Wenn ein Luftteilchen durch Druckunterschiede zum Beispiel bei 45° nördlicher Breite in Richtung Norden in Bewegung gesetzt wird, behält es seine erhaltene Beschleunigung bei und ist bei 75° nördlicher Breite schon um 749 km/h schneller als ein Luftteilchen, das bei 75° wegen der geringeren Umlaufstrecke nur 432 km/h schnell ist. Das polwärts strömende Luftteilchen behält aus Trägheitsgründen seine hohe Geschwindigkeit bei und bewegt sich daher schneller als die Erde sich unter ihm dreht. Es eilt der Erde in Richtung Osten voraus und es scheint, dass das Luftteilchen in Strömungsrichtung nach rechts abgelenkt wird. Ebenfalls nach rechts wird ein Luftteilchen abgelenkt, das von 45° nördlicher Breite zum Äquator unterwegs ist. Wegen seiner Langsamkeit von 1181 km/h hinkt es den 1670 km/h schnell kreisenden Luftteilchen um 489 km/h hinterher. Auf der Südhalbkugel erfolgt die Ablenkung in Strömungsrichtung nach links. Eine äquatorwärts strömende Luftmasse wird dadurch auf der Nordhalbkugel zum Nordostwind, auf der Südhalbkugel zum Südostwind. Im Bereich des Äquators wird die Ablenkung unbedeutend. Dieser Effekt wird nach ihrem Entdecker Coriolis benannt. Die Erddrehung bewirkt, dass ein Hoch auf der Nordhalbkugel im Uhrzeigersinn und ein Tief gegen den Uhrzeigersinn umströmt wird. Auf der Südhalbkugel erfolgt dies genau umgekehrt.

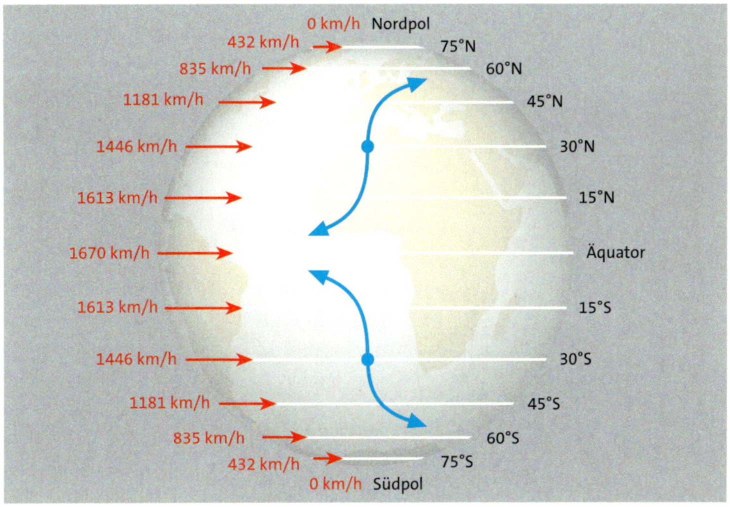

4 ***Der Corioliseffekt/Coriolisablenkung***

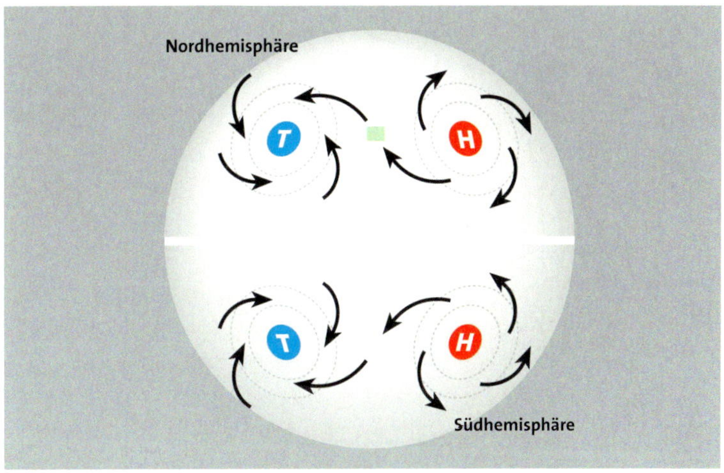

5 ***Windströmungen zwischen Hoch und Tief***

1 *Erkläre die Tatsache, dass die 200 hPa-Fläche im Polarbereich in geringerer Höhe zu verzeichnen ist als über dem Äquator.*

2 *Erläutere die Regel von Buys-Ballot (Grafik 6): „Wenn man auf der Nordhalbkugel mit dem Rücken zum Wind steht, befindet sich links vorne tiefer Druck, rechts hinten hoher Druck."*

6 *Die Regel von Buys-Ballot*

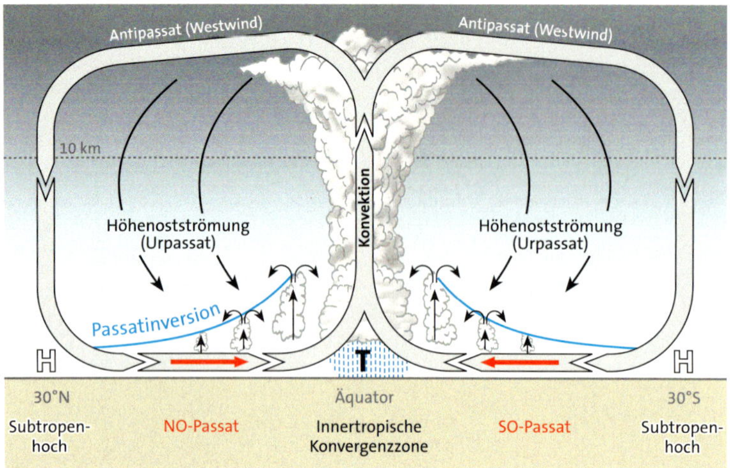

7 ***Die Passatzirkulation (Querschnitt)***

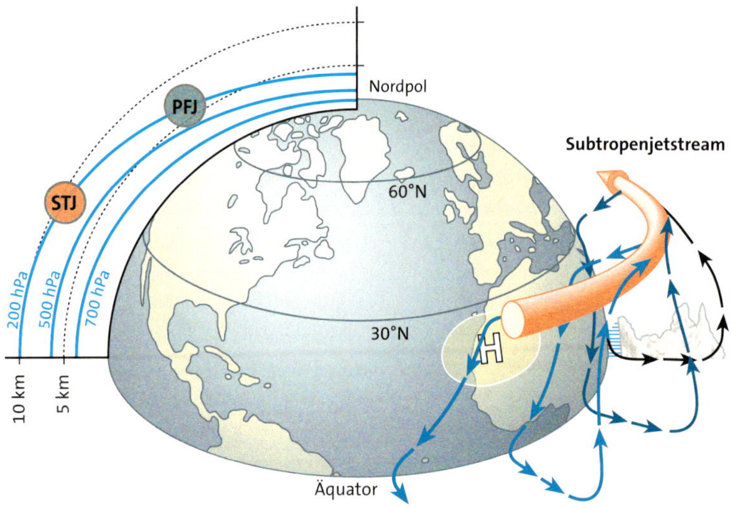

8 ***Einfluss des Subtropenstrahlstroms***

EXTRA-Link
Modellexperiment zum Jetstream
www.klett.de/extra
[EXTRA-Link: 27850X-0022]

Zum Verständnis der Luftdruckgebilde und der weitreichenden Luftbewegungen in der Troposphäre entwickelte man das Modell der **planetarischen Zirkulation**. Dabei ist die Wirkung der Coriolisablenkung, die größer in höheren als in niederen Breiten ist und mit der Windgeschwindigkeit zunimmt, von Bedeutung. Auch Strahlströme, die den Ausgleich der großen meridionalen Temperatur- und Druckunterschiede in der oberen Troposphäre bewirken, beeinflussen die bodennahen Luftdruckgebilde und Windsysteme.

Wind- und Druckverhältnisse im Tropenbereich

Die Subtropenstrahlströme befinden sich über den subtropischen Hochdruckgürteln. Diese Strahlströme werden von den tropischen **Hadley-Zellen** angetrieben, die sich beiderseits des Äquators bis ungefähr zum 30. Breitengrad, den sogenannten Rossbreiten, erstrecken. Durch die intensive Sonneneinstrahlung steigt erwärmte Luft in der äquatorialen Zone auf. Es entsteht eine konvektive Bewegung. Dies führt zu Kondensation, Freisetzung von latenter Wärme und zu intensiver Konvektion mit hochreichenden Quellwolken. Die Luftmassen werden in der Höhe nach Norden und Süden verlagert und durch die Coriolisablenkung zur Weströmung. Im Bereich der Rossbreiten strömen die Luftmassen wieder ab und wehen bodennah als sogenannte Passatwinde aufgrund der Erdablenkung aus nord- bzw. südöstlicher Richtung zum Äquator zurück. Als **Nordost-** bzw. **Südostpassat** strömen die Luftmassen in der **Innertropischen Konvergenzzone (ITC)** zueinander.

Die Wetterabläufe in den Tropen sind geprägt von einer Rückkopplung zwischen einer großräumigen Konvergenz der Passatwinde und einer intensiven Konvektion in den dazugehörigen Hebungsgebieten. Der hohe Wasserdampfgehalt der äquatorialen Luft bewirkt, dass es bei der Konvektion zu starker Wolkenbildung und heftigen und ergiebigen Niederschlägen kommt. Faktisch können aber nicht alle der in der ITC extrem schnell aufsteigenden Luftmassen über die Passatwinde aus den Subtropen ausgeglichen werden. Wir haben eine Vielzahl an Wolkentürmen und Luftpaketen, die in ein vielfältiges Aufsteigen und kompensatorisches Absteigen mit einbezogen sind, bevor die Luftmassen diesen Bereich in der Höhe wieder verlassen. In den Rossbreiten der Subtropen wird die ohnehin nur noch wenig feuchte Luft beim Absinken erwärmt. Da warme Luftmassen mehr Wasserdampf aufnehmen können, erklärt sich die hier vorherrschende Wolkenlosigkeit und Trockenheit.

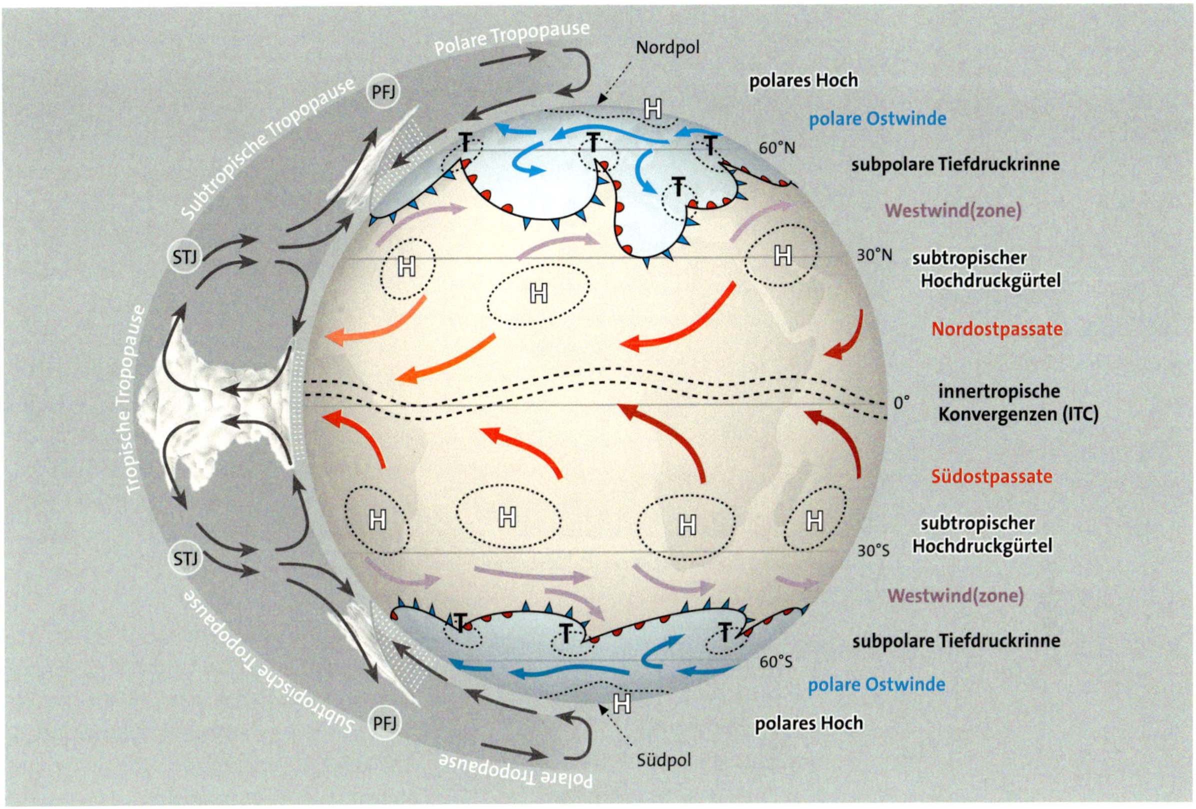

9 ***Modell der planetarischen Zirkulation***

Im Bereich der Westwindzone
Die Naht zwischen warmer subtropischer und kalter polarer Luft markiert der Polarstrahlstrom. Dieser bildet sich im oberen Bereich der Troposphäre meist als wellenförmiges Starkwindband aus. Dabei wird auf der Nordhalbkugel warme Luft in den Wellenbergen nach Norden und in den Wellentälern kalte Luft nach Süden verlagert. Die Mäanderströmung des Strahlstroms ist ursächlich für die Ausbildung von **Zyklonen** (Tiefdruckgebiete) und **Antizyklonen** (Hochdruckgebiete). Die Polarfront ist die Entstehungszone der wandernden Tiefdruckgebiete der **Westwindzone**. Sie bilden sich ständig neu und lösen sich auch wieder auf. Die vorherrschenden Westwinde transportieren sie ostwärts und bringen somit den mittleren Breiten ein unbeständiges und wechselhaftes Wetter. Diese Zone ist also eine Mischungszone zwischen wärmeren und kälteren Luftmassen.

Im polaren Bereich
Polwärts der **subpolaren Tiefdruckrinne** schließt sich die Zone der **polaren Ostwinde** an. Bedingt durch die Ausstrahlung kühlen sich die Luftmassen in der Polarregion stark ab. Dadurch dicht und schwer geworden, sinken sie ab, bilden ein **polares Kältehoch** und fließen am Boden auseinander. Dabei erhalten sie wiederum durch Ablenkung auf der Nordhemisphäre eine nordöstliche bis östliche bzw. auf der Südhemisphäre eine südöstliche bis östliche Richtung. Zum Ausgleich müssen in der Höhe Luftmassen aus niederen Breiten herantransportiert werden.

3 *Erläutere die Entstehung des polaren Kältehochs.*
4 *Warum ist das Wetter in der gemäßigten Zone so unbeständig?*
5 *Erkläre die Ausbildung des Nordostpassates.*

Bekannte Zyklonen und Antizyklonen:
Islandtief, Aleutentief, Azorenhoch, Hawaiihoch

EXTRA-Link
Das Modell der Planetarischen Zirkulation zum Ausdrucken www.klett.de/extra [EXTRA-Link: 27850X-0016]

❶ *Jacob Bjerknes (1897–1975)*

❷ ***Durchzug einer Zyklone (Satellitenbild Meteosat vom 6. 8. 1987)***

Zyklonen

❸ **Wetterlage**

Das Sturmtief zieht von der Nordsee weiter zur Ostsee. Mit ihm beeinflusst ein Schwall Warmluft Norddeutschland. Rückseitig wird für kurze Zeit wieder Kaltluft aus dem Nordmeer herangeführt. Sie beeinflusst unser Wetter allerdings nicht auf Dauer, da sich gleichzeitig ein intensives Tief südwestlich von Island entwickelt. Es weitet in der Folge seinen Einfluss auf die Britischen Inseln aus und bringt rechtzeitig zum Frühjahrsbeginn wieder milde Luft über der Nordsee heran.

Auszug aus einem Wetterbericht vom 15. März 1988

Wie entstehen diese wandernden Tiefdruckgebiete, auch Zyklonen genannt? Bereits 1922 stellten Vilhelm Bjerknes, sein Sohn Jacob und Mitarbeiter eine erste Erklärung zur Entstehung und Entwicklung von Zyklonen in den Außertropen auf. Diese „Polarfront-Theorie" wird in der Wissenschaft als Durchbruch angesehen, das Zusammenspiel von Wind, Niederschlag, Temperatur und Luftdruck zu verstehen. Weitere Modelle, basierend auf einer soliden mathematischen Grundlage, folgten. Wären die Vorgänge der Zyklonengenese nicht so komplex, hätte man bei der längerfristigen Wetterprognose schon eine weit höhere Trefferquote erreicht.

Stadien der Zyklonenentwicklung

Stadium 1: Auf der Nordhalbkugel kann der Auslöser für die Entstehung der Zyklonen in den mittleren Breiten der Polarfrontjetstream sein. Es strömt mehr Luft ein als aus. Als Ausgleich kommt es zu Absinkvorgängen von der oberen Troposphäre in Richtung Erdoberfläche mit entsprechendem Luftdruckanstieg und ausströmender Luftbewegung am Boden. Es entsteht ein Bodenhoch. Bei Erweiterung des Strahlstroms kommt es zu einer Höhenstrom-Divergenz, bei der mehr Luft aus- als einströmt. Durch aufsteigende Luftbewegungen kommt es zu einem Luftdruckabfall am Boden. Es bildet sich ein Bodentief aus.

Stadium 2: Beim Vorstoß kalter Luft gegen warme Luftmassen entsteht eine **Kaltfront**. Trifft warme Luft auf kalte Luft, bildet sich eine **Warmfront** aus. Der zwischen diesen Fronten liegende Keil von Warmluft bildet den Warmsektor.

Die spezifisch leichtere Warmluft mit einem höheren Feuchtigkeitsgehalt gleitet auf die Kaltluft auf und schiebt sich in die kalte Luftmasse hinein. Bei der Aufgleitbewegung entstehen die charakteristischen Wolkenformationen für eine Warmfront: Cirren, Altostratus, Nimbostratus. Es folgt anhaltender, ergiebiger Niederschlag.

Stadium 3: Bei weiterer Vertiefung der Wellenstörung fällt der Luftdruck in den zentralen Teilen, vor allem unmittelbar vor der Kaltfront. Es entsteht eine geschlossene zyklonale Zirkulation. Das Niederschlagsgebiet an der Vorderseite erweitert sich. Eingebettet in die Westwindzone ziehen die Zyklonen von West nach Ost. Die Westseite der Zyklone wird Rückseite, die Ostseite Vorderseite genannt. Die Ausdehnung einer Zyklone beträgt inzwischen etwa 1 000 Kilometer.

Stadium 4: Bei der Ostverlagerung verstärkt sich das Tief und die mitgeführten Fronten schwenken im Gegenuhrzeigersinn um das Zentrum herum. Die Kaltfront kommt rascher voran als die Warmfront. Schließlich holt die kalte Luftmasse die Warmfront ein. Der Prozess der **Okklusion** (lat. occludere = einschließen) nahe dem Zyklonenzentrum beginnt, indem sich die warme Luftmasse, durch die Kaltfront vom Nachschub abgeschnitten, vom Boden hochhebt und eine Okklusionsfront bildet.

Stadium 5: Der andauernde Okklusionsprozess führt schließlich zur Auflösung der Zyklone. Tochterzyklonen sind aber bereits entstanden und tragen weiter zur Zyklonenfamilie bei.

1 *Beschreibe die Bewölkung im Satellitenfoto 2 von Nordwesteuropa.*

2 *Informiere dich über den typischen Lebenslauf einer Zyklone und formuliere zu jedem Stadium einen beschreibenden Satz.*

3 *Weshalb bildet sich an der Kaltfront ein schmaleres Wolkenband aus als an der Warmfront?*

4 *Zeichne das Stadium 3 in der Aufsicht.*

5 *Welche Bedeutung haben Zyklonen für die planetarische Zirkulation?*

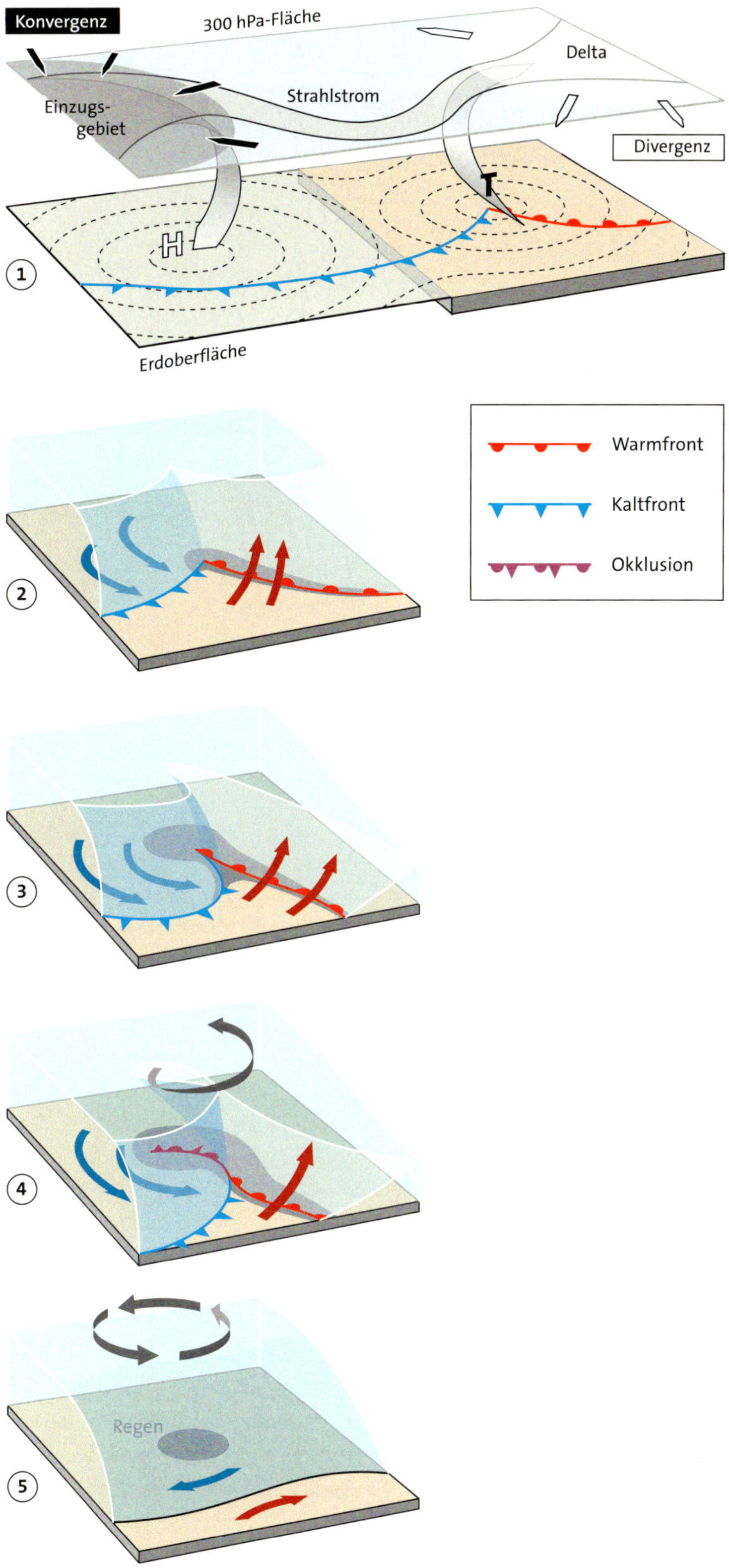

4 ***Entwicklung einer Zyklone***

EXTRA-Link
Der Zug einer Zyklone zum Ausdrucken
www.klett.de/extra
[EXTRA-Link: 27850X-0017]

1 ***Durchzug einer Zyklone***

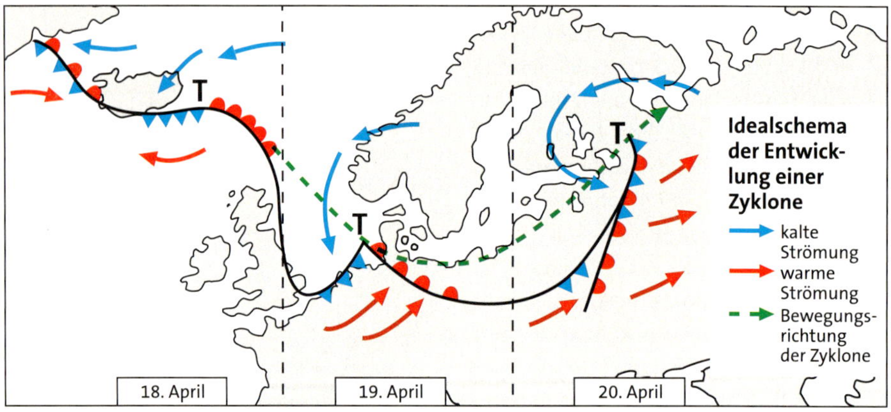

2 ***Idealschema der Entwicklung einer Zyklone***

Durchzug einer Zyklone

→ *Zur Bedeutung der Symbole für Bewölkung, Windstärke und Windrichtung siehe Seite 123*

Der Geburtsort der Zyklonen, die über Europa hinwegziehen, liegt meist über dem Nordatlantik. Mit dem Westwind ziehen diese normalerweise über den europäischen Kontinent hinweg. Im Sommer bewegen sie sich meist auf nördlicheren Bahnen als im Winter. Dies geschieht im Einklang mit den Luftdruckgürteln, die im Sommer in höhere Breiten verschoben sind. Ziehen sie auf einer weit nördlichen Bahn nach Skandinavien, so bringen sie warme Luftmassen bis in den hohen Norden. Nehmen die Zyklonen eine südlichere Zugbahn, ist der Weg für kalte Luftmassen polaren Ursprungs frei.

Im Zusammenwirken mit den Antizyklonen, zum Beispiel mit dem Azorenhoch, beeinflussen Zyklonen unser Wetter entscheidend. Überquert eine Zyklone Mitteleuropa, zeigt der Wetterablauf eine charakteristische Abfolge, die mit den Wettervorgängen an der Warmfront und Kaltfront erklärt werden können. Einen idealtypischen Wetterverlauf beim Durchzug einer Zyklone zeigt die nebenstehende Abbildung 3.

1 *Beschreibe die Wettererscheinungen wie Wolkenbild, Luftschichtung, Niederschlag, Luftdruck, Temperatur und Windrichtung beim Durchzug einer Zyklone gemäß den einzelnen Phasen. Erstelle hierzu eine Tabelle.*

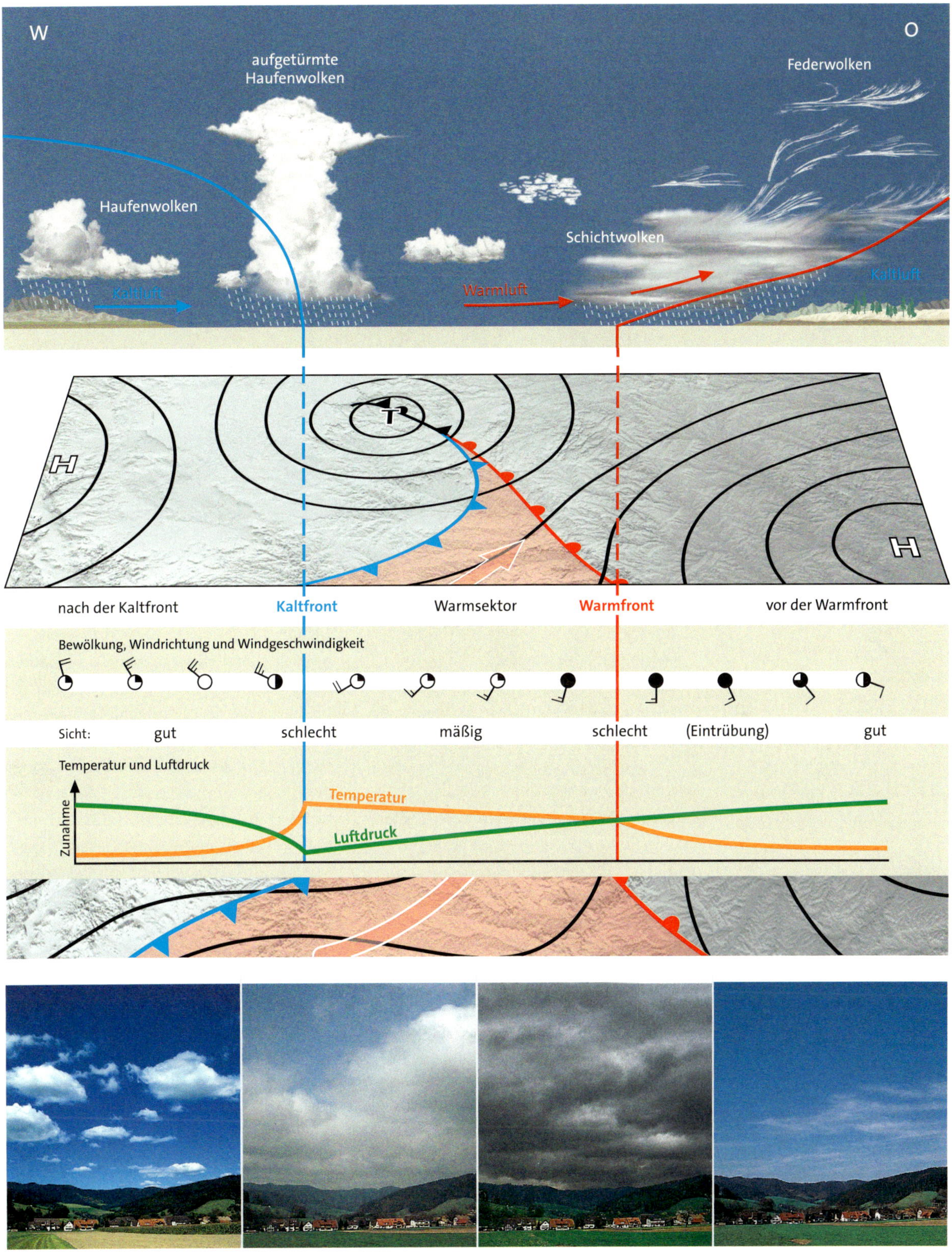

③ Schematisches Profil und Wettererscheinungen einer ideal ausgebildeten Zyklone

1 ***Tornado in Stillwater, Oklahoma am 4.10.1998***

Tornados

Kaum zu glauben

In Minnesota wurde 1931 ein 83 Tonnen schwerer Zug von einem Tornado 25 Meter hoch in die Luft geschleudert. Viele der 117 Passagiere wurden getötet.

2 Oklahoma City – Verheerende Tornados haben in den USA ein Bild der Verwüstung hinterlassen. In den Bundesstaaten Oklahoma und Kansas starben 46 Menschen, es gab Hunderte von Verletzten, ganze Wohngebiete wurden ausradiert.
Fassungslos steht Lee Ann Richardson aus Moore in Oklahoma auf ihrem verwüsteten Grundstück. „Alles ist weg", sagt sie mit einem Blick auf die Stelle, wo bis vor wenigen Stunden ihr Haus stand. Übrig geblieben sind davon nur Trümmer, Teppichfetzen und lose Stromkabel.
Von der Dauer und der Heftigkeit der Tornados, die am Montag Abend in den beiden Bundesstaaten wüteten, zeigten sich selbst Experten überrascht: Fast alle Tornados oder „Twister", so die nicht wissenschaftliche Bezeichnung, entwickelten in ihren Zentren Geschwindigkeiten von bis zu 500 Stundenkilometern. Sie wurden als sogenannte F5-Tornados eingestuft – der höchste Wert überhaupt.
Oklahoma City bietet einen verheerenden Anblick. Ganze Häuserreihen sind zerstört, zerbeulte Autos säumen den Straßenrand. Im Süden der Stadt schlugen Tornados eine kilometerbreite Schneise der Verwüstung. Mehr als 60 000 Menschen waren ohne Strom, Turnhallen wurden zu Notunterkünften umgewandelt. „Das Ausmaß übertrifft alles bisher Dagewesene", sagt Frank Keating, Gouverneur von Oklahoma. Der Bundesstaat wurde zum Katastrophengebiet erklärt.
In der Highschool von Del City wartet Mary Pat Faris auf Nachrichten über vermisste Familienangehörige. „Ich habe ihn kommen hören", beschreibt sie die letzten Sekunden vor dem Tornado. „Ich hörte die Bäume ächzen, und dann war mein Haus weg". Mary Pat Faris überlebte zusammengekauert in ihrer Badewanne.

nach dpa/ap/pat: Hamburger Morgenpost online vom 5. Mai 1999

So entstehen Tornados

Tornados oder „Großtromben“ entstehen immer über Land in Verbindung mit energiereichen Gewitterwolken, die auch Superzellen genannt werden. Diese bilden sich, wenn feuchtwarme Luft am Boden auf hochreichende Kaltluft trifft und wenn Windstärke und Windrichtung am Boden und in der Höhe stark differieren. Häufig ist in den mittleren Luftschichten zusätzlich kalte und sehr trockene Luft vorhanden. Wird diese labile Schichtung der Luftmassen durch intensive Sonneneinstrahlung und starke Erwärmung der bodennahen Luft oder durch andere Faktoren wie zum Beispiel Fronten oder Strahlströme beeinflusst, führt dies zum Aufsteigen warmer Bodenluft. Die Warmluft durchbricht die Trennschicht zur darüberliegenden Kaltluft. Der Wasserdampf kondensiert und es bilden sich gewaltige Gewitterwolken. Gleichzeitig stürzt Kaltluft auf der Gewitterrückseite herab. Während sich dieser Fallwind auf der Gewitterseite ausbreitet, wird durch die Sogwirkung der riesigen Gewitterwolke Warmluft schräg in die Höhe geführt. Durch diese entgegengesetzte Windrichtung in 1 bis 2 Kilometer Höhe entsteht eine Luftzirkulation, deren Wirbelachse zunächst horizontal ist. Dieser Wirbeltubus wird nun von der Gewitterwolke überrollt und dadurch die Wirbelachse bis zur Senkrechten gedreht. Jetzt beginnt sich der untere Teil der aufströmenden Luft in Rotation zu versetzen. Zwischen Erdoberfläche und Wolkenuntergrenze entwickelt sich dabei der charakteristische Wolkenschlauch in Form eines Rüssels. Im Tornadorüssel rotiert die Luft mit ungeheurer Geschwindigkeit aufwärts. Tornados wirken im Gegensatz zu Hurrikanen relativ kleinräumig. Aufgrund des hohen Staudrucks des Windes hinterlassen Tornados eine Schneise der Verwüstung von 5 bis 10 Kilometer Länge, manchmal sogar bis zu 300 Kilometer Länge. Die Klassifizierung der Tornados erfolgt anhand der Fujita-Skala, deren Einteilung nach der Rotationsgeschwindigkeit des Luftwirbels erfolgt.

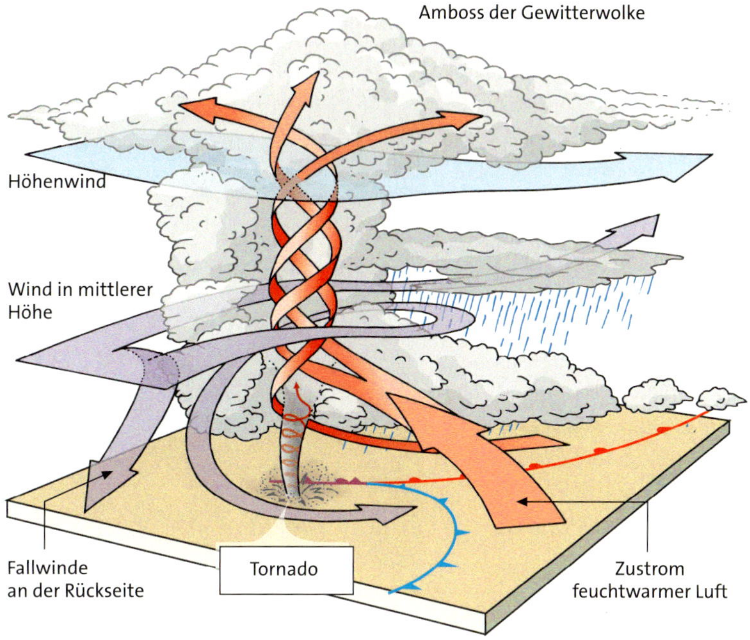

3 ***Entstehung eines Tornados***

4 **Die Fujita-Skala**

F-Stufe	Bezeichnung	Windgeschwindigkeit	Beschreibung
F 0	Sturmtornado	64–116 km/h	Äste brechen, flach wurzelnde Bäume kippen um, Schäden an Schornsteinen
F 1	Gemäßigter Tornado	117–180 km/h	Autos werden weggeschoben, Dachziegel fliegen herab
F 2	Bedeutender Tornado	181–251 km/h	Entwurzelung großer Bäume, Dächer von Holzhäusern werden zerstört
F 3	Schwerer Tornado	252–330 km/h	Dächer und Wände von stabileren Häusern werden zerstört, Züge umgeworfen und Wälder entwurzelt
F 4	Verwüstender Tornado	331–416 km/h	Häuser werden völlig zerstört, Autos und große Gegenstände durch die Luft geschleudert
F 5	Unglaublicher Tornado	417–510 km/h	Autos fliegen mehr als 100 Meter weit, Baumstämme entrindet
F 6	Unvorstellbarer Tornado	> 510 km/h	Wie bei F 5-Tornados (F 6-Tornados gibt es amtlich nicht)

1 *Erstelle ein Poster über die Ausgangssituation, die Entstehung, den Ablauf und die Folgen eines Tornados.*

2 *Bezeichne die Lage des Tornadorüssels in dem Schaubild 3.*

3 *Warum ist das Tornadorisiko in der Norddeutschen Tiefebene höher als im übrigen Deutschland?*

1 Die teuersten Hurrikane
(Versicherungsschäden in US-Dollar):

„Andrew", Aug. 1992	*15,500 Milliarden*
„Hugo", Sept. 1989	*4,195 Milliarden*
„George", Sept. 1998	*2,900 Milliarden*
„Katrina" Okt. 2005	*40,500 Milliarden*

2 Die tödlichsten Hurrikane

- *in Texas, 1900, 10 000 Tote bei Skala 4*
- *in Florida, 1928, 1836 Tote bei Skala 4*
- *in New England, 1938, 600 Tote bei Skala 3*
- *in Florida, 1935, 408 Tote bei Skala 5*

3 Hurrikan im Golf von Mexiko

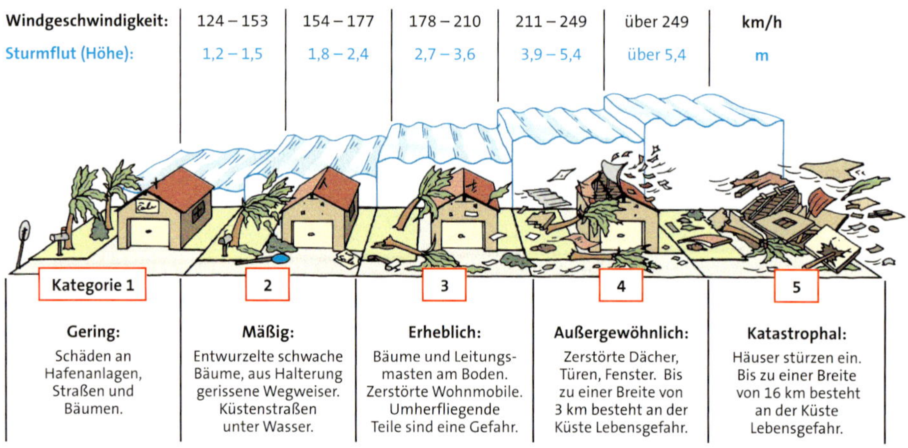

4 Stärke und Folgeschäden von Hurrikanen nach den Saffir-Simpson-Skala

Hurrikane

Bezeichnungen tropischer Wirbelstürme
Hurrikane, Taifune, Willy-Willies, Mauritius-Orkane, Cordonazos, Bengalen-Zyklone, Monsun-Stürme

Tropische Wirbelstürme zählen zu den größten Naturgewalten der Erde. Mit Orkanböen, sintflutartigen Regenfällen und haushohen Flutwellen hinterlassen sie an Küsten oder auf Inseln eine Spur der Verwüstung. Es sind Tiefdruckgebiete mit einem Durchmesser von 500 – 1 000 Kilometer und sie setzen sich aus riesigen kreisförmigen Bändern von Cumulus- und Cumulonimbuswolken zusammen, die spiralförmig um das Sturmzentrum („Auge") kreisen.

Auf ihren Zugbahnen verfrachten sie einen großen Teil der tropischen Wärme und Feuchtigkeit über die Wendekreise hinweg in kühlere und trockenere Zonen bis hin in unsere Breiten. Im langjährigen Mittel werden in der am 1. Juli eines jeden Jahres beginnenden und am 30. November endenden Saison zehn tropische Wirbelstürme beobachtet, aus denen in der Regel sechs große Hurrikans hervorgehen.

Geburt eines tropischen Wirbelsturms

Hurrikane entstehen immer über warmen Meeren mit Wassertemperaturen über 27 °C. Intensive Sonneneinstrahlung lässt große Mengen Wasser verdunsten, die von warmer Luft aufgenommen werden. Auslösende Ursache der Wirbelstürme ist häufig eine konvergente Strömung, d. h. es fließen Luftmassen aus unterschiedlichen Richtungen am Südrand des Subtropenhochs zusammen. Warme und feuchte Luftmassen strömen ein, steigen auf und kühlen dabei ab. Der in der Luft enthaltende Wasserdampf kondensiert und es bilden sich hoch aufgetürmte Quellwolken.

Bei dieser Kondensation wird sehr viel Wärme frei und dem Luftraum wird ununterbrochen Energie zugeführt. Dadurch schießt immer mehr Luft in die Höhe, und zwar ringförmig um das Zentrum. Im Zentrum der Hurrikans entsteht nach einiger Zeit eine 20 bis 60 Kilometer breite, wolkenfreie, fast windstille Zone. Dort herrscht meist absteigende Luftbewegung mit Wolkenauflösung. Vorwiegend in den Monaten Juli bis November bilden sich die meisten Hurrikans, meist zwischen 10° und 20° nördlicher Breite im westlichen Atlantik, Karibik und Golf von Mexiko, niemals in Äquatornähe. Dort ist die Coriolisablenkung, welche die Luftströmungen nach rechts bzw. nach links ablenkt und die Luftmassen dadurch in eine Drehbewegung versetzt, noch zu schwach. Solange sich ein Hurrikan über warmes Meerwasser bewegt, steht genügend Energie für die Erhaltung des Wirbels zur Verfügung. Kommt der mit 15 bis 50 km/h dahin ziehende Hurrikan aber an Land, ist die Zufuhr von Energie unterbrochen, da der Regen die Temperatur des Bodens absenkt. Zusätzlich wird die Reibung des Landes wirksam. Der Hurrikan wird instabil. Dennoch reicht die Energie aus, um in küstennahen Gebieten verheerende Schäden und Überflutungen anzurichten.

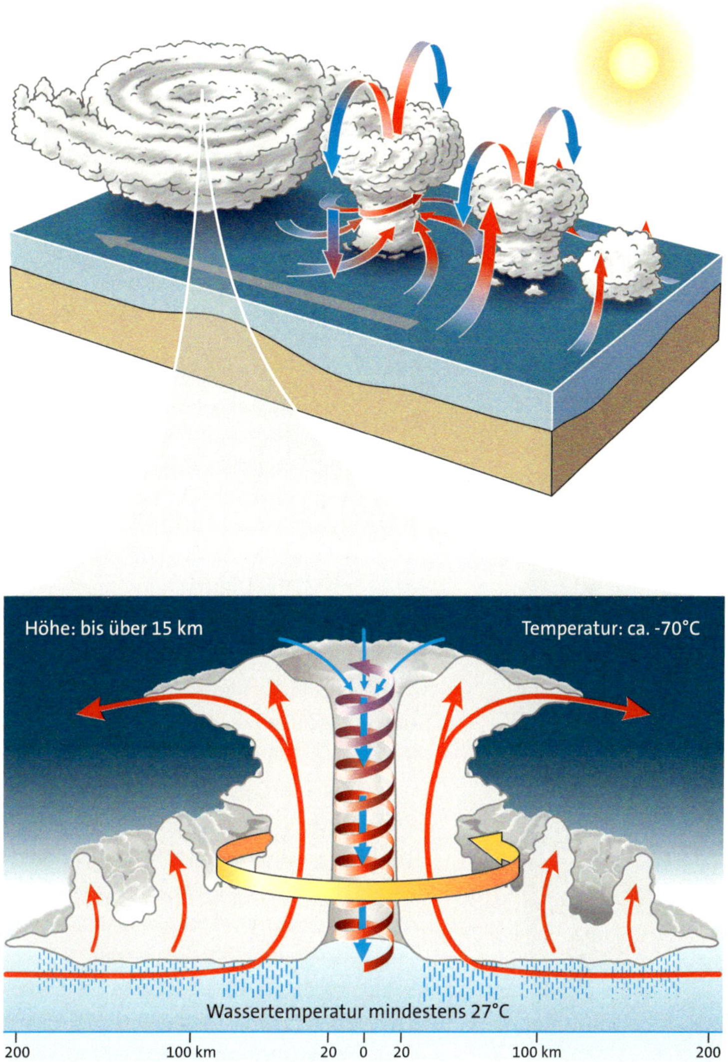

5 *Entwicklungsstadien und Aufbau eines Hurrikans*

1 *Unter welchen Bedingungen entstehen tropische Wirbelstürme?*

2 *Weshalb treten in Äquatornähe keine Wirbelstürme auf?*

3 *Erkläre die Entstehung von verheerenden Flutwellen, die von einem tropischen Wirbelsturm ausgehen.*

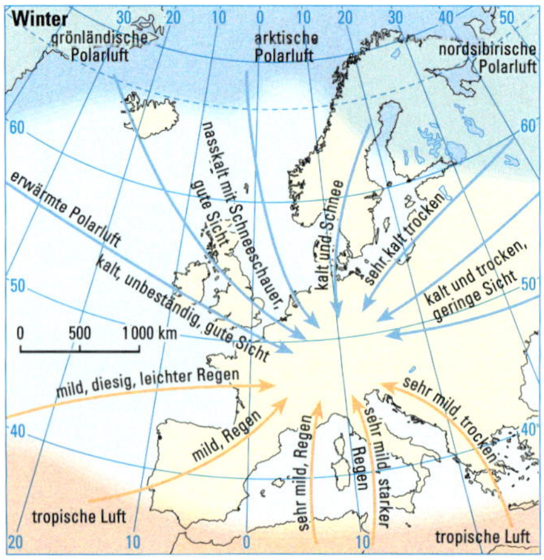

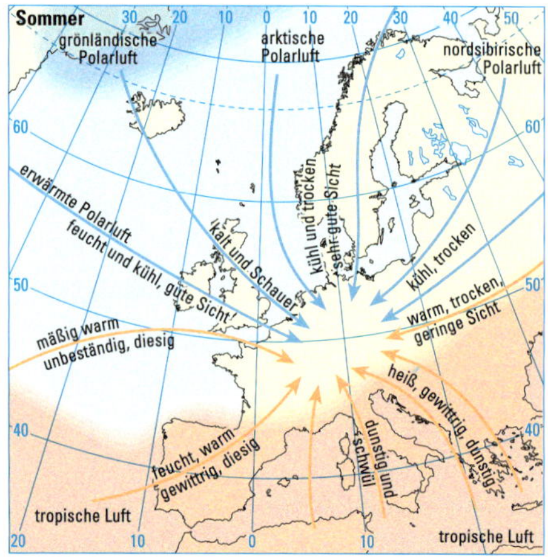

1 *Typische Luftströmungen über Mitteleuropa*

Täglich wird die Wettersituation in den Medien mithilfe von Wetterkarten dargestellt. Nur wer die Symbole in den Karten versteht, ist über die Wetterlage bestens informiert.

Wetterkarten auswerten

Eine Bodenwetterkarte enthält viele Informationen, die das Wetter in einem Gebiet zu einem gegebenen Zeitpunkt darstellen. Die Messwerte für Temperatur, Luftdruck, Bewölkung, Niederschlag, Windrichtung, Windgeschwindigkeit und der Verlauf von Fronten werden in Form von Symbolen in die Karte eingetragen. Um eine Wetterkarte korrekt lesen zu können, müssen diese Symbole entsprechend erkannt und gedeutet werden. Alle drei Stunden werden die Messwerte der einzelnen Wetterstationen den Wetterdienstzentralen per Datenleitung übermittelt. Weltweit hat man dafür bestimmte Beobachtungstermine festgelegt. Die Bodenwetterkarte enthält die Messdaten der angeschlossenen Wetterstationen in Form von verschlüsselten Zahlen- und Buchstabengruppen, die maschinell auf eine Karte übertragen werden. Anschließend werden die gesammelten Werte von den Meteorologen analysiert und interpretiert. Dabei wird versucht, die Fronten und Okklusionen einzutragen. Nach dem Einzeichnen der Isobaren, den Linien gleichen Luftdrucks, werden die Zentren und die Verteilung der Tiefs und Hochs sichtbar. Für eine eingehende Beurteilung der Wetterkarte werden zudem Höhenwetterkarten, Satellitenbilder und Radarbilder herangezogen.

Eine Wetterkarte auswerten

1. Schritt: Grundinformationen erheben

Orientiere dich auf der Karte und trage zunächst wichtige Informationen zur Karte zusammen: Art der Karte (Bodenwetterkarte oder Höhenwetterkarte), Datum und Uhrzeit, Quelle bzw. Urheber der Karte.

3. Schritt: Einzelne Wetterdaten erheben

Werte nun die Wettersituation aus. Stelle die Angaben von Temperatur, Bewölkung und Windverhältnisse an verschiedenen Orten fest.

3. Schritt: Großräumige Wetterlage beschreiben

Bestimme die Lage der Hoch- und der Tiefdruckgebiete. Suche den Verlauf der Fronten und beschreibe die Großwetterlage und die Hauptluftmassen.

4. Schritt: Wetterbericht erstellen

Erstelle einen Wetterbericht für den zu untersuchenden Raum.

5. Schritt: Wetter vorhersagen

Formuliere für ausgewählte Stationen bzw. Regionen eine Wettervorhersage. Beachte dabei, wie sich die Druckverhältnisse ändern oder die Fronten verlagern könnten. Beschreibe, welche Wetterveränderungen damit verbunden wären.

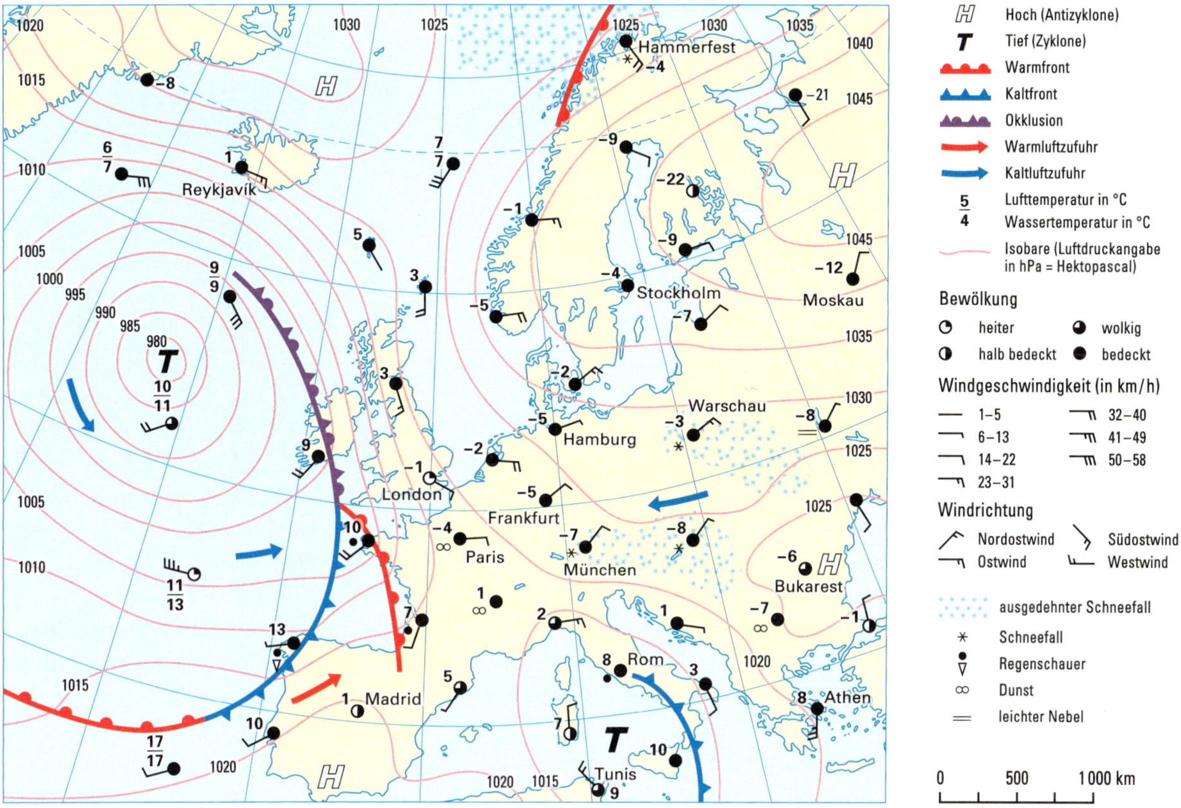

Vereinfachte Bodenwetterkarte von Europa am 5. 1. 1997, 0 Uhr

Quelle

Vereinfachte Bodenwetterkarte von Europa, gültig für den 05.01.1997 um 0 Uhr, Quelle: Deutscher Wetterdienst

Wettersituation in Europa

Moskau: bedeckt, -12 °C Lufttemperatur, 1 040 hPa, Wind aus Norden bis zu 22 km / h

Frankfurt: bedeckt, -5 °C Lufttemperatur, 1 020 hPa, Wind aus Nordost bis zu 22 km / h

Paris: bedeckt, Dunst, -4 °C Lufttemperatur, 1 015 hPa, Wind aus Ost bis zu 22 km / h

Reykjavik: bedeckt, +1 °C Lufttemperatur, 1 015 hPa, Wind aus Südost bis zu 31 km / h

Wetterlage für Deutschland

Deutschland befindet sich im Einfluss des osteuropäischen Festlandhochs, das kalte Festlandluft nach Deutschland führt. Es herrscht eine geschlossene Wolkendecke. Der Wind weht überwiegend aus Nordost und Ost, in Süddeutschland tritt vereinzelt Schneefall auf, im Osten von Bayern ist länger andauernder Schneefall zu erwarten.

Wettervorhersage für Deutschland

Deutschland gerät zunehmend in den Einfluss eines Frontensystems ausgehend von einem Tief westlich der britischen Inseln, wodurch zunächst milde Meeresluft herangeführt wird.

Auswertungsbeispiel

Höhenwetterkarte

Darstellung der Druckverteilung und der Strömungsverhältnisse für das 500 hPa-Niveau

Bodenwetterkarte

Darstellung der Verteilung wichtiger Wetterelemente auf Karten

Meteorologie (Wetterkunde)

Sie befasst sich mit den physikalischen und chemischen Prozessen in der Atmosphäre und den Eigenschaften, Ursachen und Wirkungen des Wetters

Windstärke

Stufen der Windgeschwindigkeit nach der Beaufort-Skala

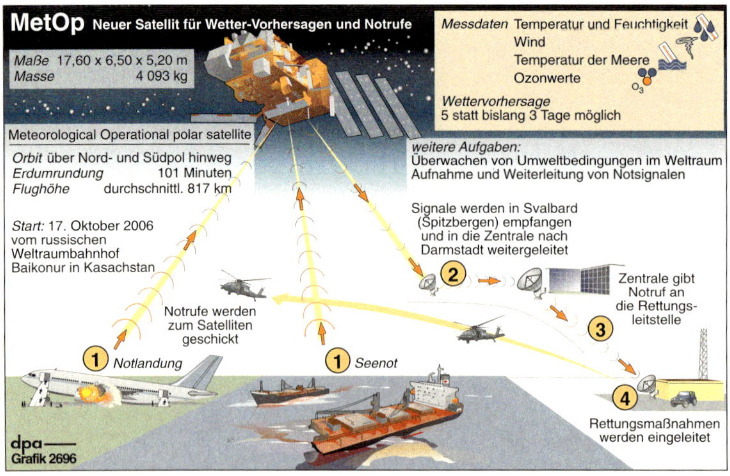

1 *Die Funktionsweise von MetOp*

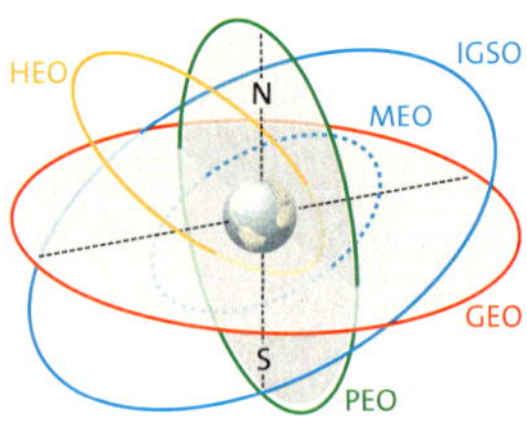

2 *Arten von Umlaufbahnen*

GEO *= geostationärer Satellit*
PEO *= polarumlaufender Satellit*

Moderne Wetterbeobachtung

Keine Wettervorhersage ohne Wettersatelliten

Der erste europäische Wettersatellit Meteosat wurde 1977 von der Europäischen Weltraumorganisation ESA in die Erdumlaufbahn gebracht. Neben weiteren Aufgaben wie Nachrichten- und Datenübertragung liefert Meteosat Informationen über das aktuelle Wettergeschehen in 30-minütigem Abstand. Die Bilder von – bis heute insgesamt sieben – Meteosat-Satelliten haben die Qualität der Wetterprognose bereits deutlich verbessert.

Zwei Typen von Satelliten

Grundsätzlich gibt es zwei Typen von Wettersatelliten: Die **„polarumlaufenden" Wettersatelliten** umkreisen die Erde auf annähernd kreisförmigen Flugbahnen in ca. 800 bis 1 500 Kilometer Höhe. Beim zweiten Typ handelt es sich um **„geostationäre" Satelliten**. Sie umkreisen die Erde über dem Äquator in einer Flughöhe von etwa 36 000 Kilometern. Für einen Umlauf benötigen sie genau einen Tag. Von der Erde aus gesehen scheinen sie daher fest am Himmel zu stehen.

3 **Die neue Satellitengeneration**

MetOp-A wurde als erster von insgesamt drei Satelliten im Rahmen eines Gemeinschaftsprogramms der ESA und der Europäischen Organisation für die Nutzung von metereologischen Satelliten (EUMETSAT) 837 Kilometer hoch über den Kerguelen-Inseln im südlichen Indischen Ozean in seine kreisförmige Umlaufbahn gebracht. Der Satellit wird den Globus von Pol zu Pol umrunden und den Äquator dabei immer um dieselbe Ortszeit (09.30 Uhr) passieren. Von diesen so genannten „sonnensynchronen" Umlaufbahnen aus kann praktisch jeder Punkt der Erdoberfläche bei ähnlichen Sonneneinstrahlungsbedingungen täglich überflogen werden.
Zur Durchführung seiner anspruchsvollen Aufgaben führt MetOp-A ein umfangreiches Paket zur Fernerkundung mit sich. Zur Instrumentenausstattung gehört u. a. ein fortschrittliches, sehr hoch auflösendes Radiometer der dritten Generation (AVHRR-3) zur umfassenden Abbildung der Wolkendecke und der Ozean- und Landoberflächen.
Die MetOp-Satelliten werden die Erde 14 Mal pro Tag umkreisen und die erfassten Daten an die EPS-Kontroll- und Datenerfassungsbodenstation (CDA) in Svalbard im Norden Norwegens senden. Dank ihrer Position in 78° nördlicher Breite wird die CDA bei jedem MetOp-Überflug der Arktis für den Satelliten „sichtbar" sein. Anschließend werden die MetOp-Daten an die EUMETSAT-Einrichtungen in Darmstadt zur Verarbeitung und Verteilung weitergeleitet. Zusätzlich werden bestimmte Daten des polaren Systems in Echtzeit an regionale meteorologische Organisationen gesandt, sobald sich der Satellit in Reichweite der entsprechenden Empfangsstationen befindet.

Jörg Rapp, MetOp-Satellit erfolgreich gestartet, in: Deutsche Meteorologische Gesellschaft (Hrsg), Mitteilungen DMG 04/2006 (gekürzt nach ESA/EUMETSAT)

Wetterradar

Wettervorhersagen oder Unwetterwarnungen sind heute viel schneller und lokal treffender durch den Einsatz von Wetterradaranlagen zu erstellen. Erst ein Radarverbund mit vielen Anlagen gestattet, eine flächendeckende Erfassung der Wettersituation von Deutschland zu erstellen.

Technisch betrachtet arbeitet der Wetterradar gleich wie jeder andere Radar, nur dass er auf das Erkennen der einzelnen Niederschlagsarten (Regen, Hagel, Schnee) optimiert ist. Von einer drehenden Antenne wird ein Signal ausgesandt. Wenn das Signal auf eine Niederschlagszone trifft, wird ein Teil des Signals in Richtung der Antenne reflektiert, welche das Signal ausgesendet hat. Diese Antenne funktioniert gleichzeitig als Empfänger und kann aus der zeitlichen Verzögerung zwischen dem ausgesandten und dem empfangenen Signal die Entfernung der Niederschlagszone berechnen. Die Intensität des reflektierten Signals gibt Rückschlüsse über die Art und Intensität der Niederschlagszone.

Es ist somit teilweise möglich, zwischen kaum spürbarem Nieselregen, Regen, Hagel und Schnee zu unterscheiden.

Kennt man in etwa den Durchmesser und die Anzahl der Niederschlagspartikel, so kann man durch Kalibrierung eine Farbtabelle erzeugen, deren Farbe die Intensität der Niederschläge wiedergibt.

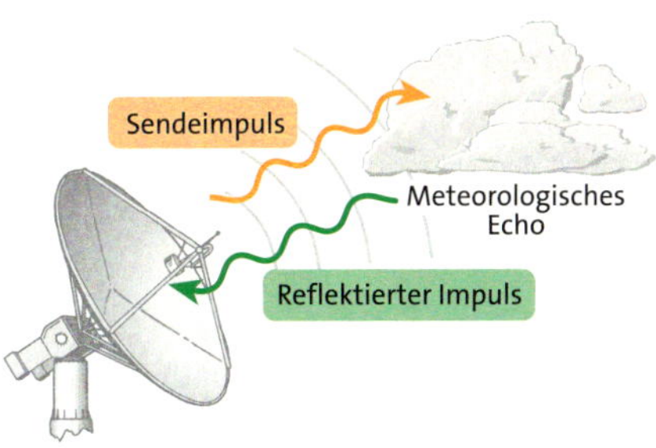

4 ***Niederschlagsradar***

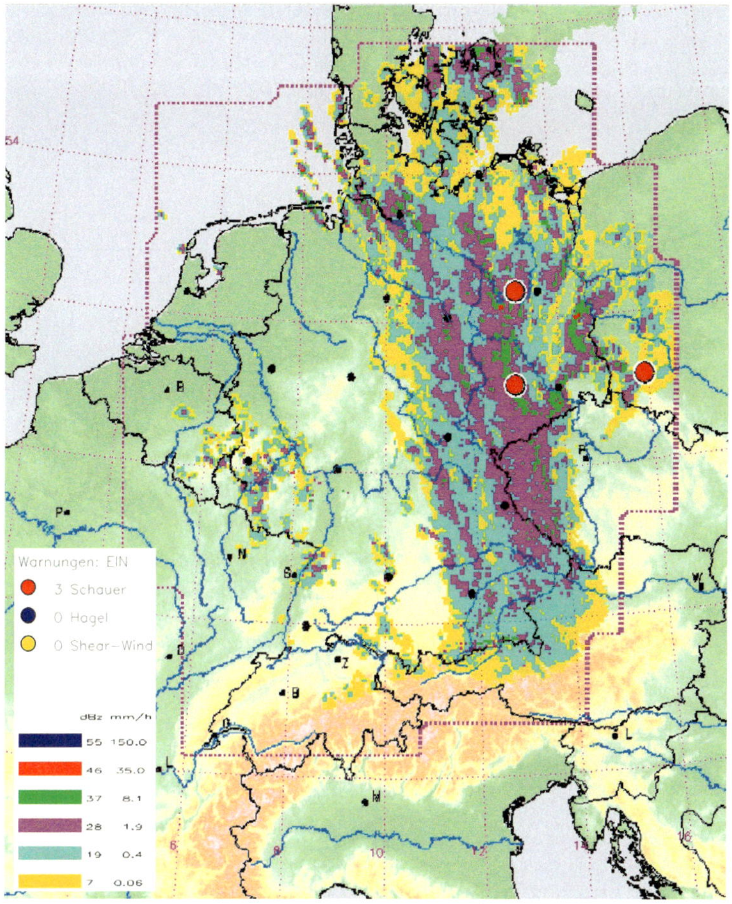

5 ***Regenradarkarte von Deutschland am 12. 08. 2002 (6:00 Uhr)***

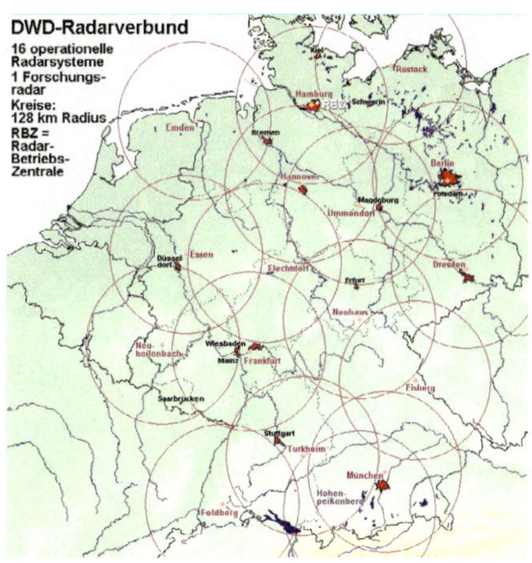

6 ***Radarverbund des Deutschen Wetterdienstes***

7 ***Radarstation***

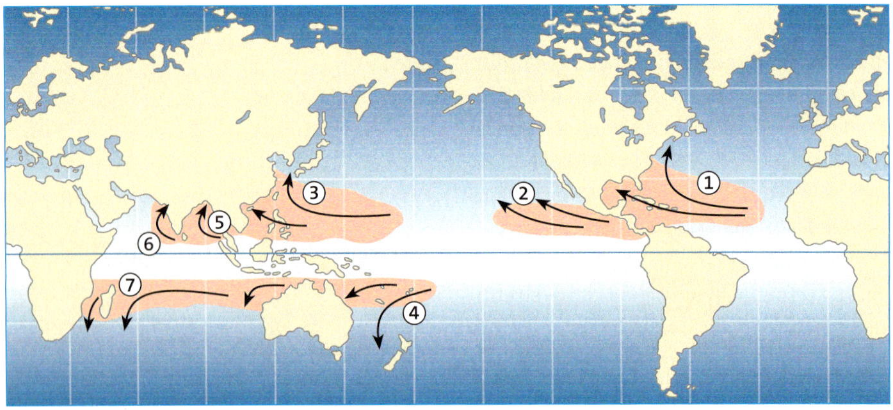

1

Wichtige Begriffe

Advektion
Aerosol
Atmosphäre
Corioliseffekt
Exosphäre
Feuchte – absolute, relative
Heterosphäre
Hochdruckgebiet
Homosphäre
Hurrikan
Innertropische Konvergenzzone
Isobare
Jet stream (Strahlstrom)
Kondensation
Kondensationskern
Konvektion
Luftdruck
Mesosphäre
Ozonschicht
Passat
Planetarische Zirkulation
Polares Kältehoch
Polare Ostwinde
Strahlungsbilanz
Stratosphäre
Subpolare Tiefdruckrinne
Subtropische Hochdruckgürtel
Thermosphäre
Tiefdruckgebiet
Treibhauseffekt
Troposphäre
Tornado
Westwindzone
Wetterkarte
Zyklone

Orientieren

1 *Ordne die folgenden Wirbelstürme den Ziffern 1 bis 7 in Karte 1 zu: Hurrikane, Willy-Willies, Mauritius-Orkane, Cordonazos, Bengalen-Zyklone, Taifune, Monsun-Stürme.*

Kennen und verstehen

2 ***Nenne die Begriffe***
a) Bodennahe Schicht der Atmosphäre
b) Linien gleichen Luftdrucks
c) Durch sie erhalten Luftmassenbewegungen auf der Nordhalbkugel eine Rechtsablenkung.
d) Die äquatoriale Tiefdruckrinne zwischen den Passatgürteln.
e) Gas, das im Bereich von 20 bis 50 Kilometer Höhe der Erdatmosphäre die UV-Strahlung von 0,29 – 0,32 µm absorbiert.

3 ***Welche Aussagen treffen zu?***
a) In der Troposphäre nimmt die Temperatur mit der Höhe ab.
b) In der Tropopause herrscht Windstille.
c) In der Stratosphäre nimmt die Temperatur mit der Höhe zu.
d) In der Stratopause herrscht ein Temperaturminimum.

4 *Warum platzen Wetterballone in Höhen von 30 bis 35 Kilometern?*

5 *a) Vergleiche Tornados mit Hurrikans. Erstelle eine Tabelle.*
b) Erkläre, warum sich im Äquatorbereich keine Hurrikans bilden.

6 ***Wolkenformen erkennen***
Foto 3: Bezeichne die jeweilige Wolkenform und erkläre ihre Entstehung.

7 *Welcher der folgenden Prozesse ist nicht korrekt. Begründe.*
a) Die Energie der Sonne wird vom Erdboden absorbiert.
b) Aufsteigende Luft erwärmt sich.
c) Warme Luft steigt auf und kalte Luft sinkt.
d) Eine Abkühlung von feuchter Luft kann zur Kondensation führen.

8 *Was stimmt? Nebel kann entstehen,*
a) wenn kalte Luft horizontal auf ein Warmluftgebiet zufließt.
b) wenn feuchte Luft horizontal auf ein Warmluftgebiet zufließt.
c) kalt-feuchte Luft horizontal in ein Gebiet mit trockener Luft fließt.
d) warm-feuchte Luft horizontal in ein Gebiet mit kalter Luft fließt.

9 *Welche Aussage beschreibt die absolute und welche die relative Feuchte?*
a) Gibt an, wie viel Wasserdampf in Gramm pro Kubikmeter Luft enthalten ist.
b) Gibt an, wie viel Wasserdampf höchstens enthalten sein darf, bevor er kondensiert.
c) Ist der Quotient aus absoluter und maximaler Luftfeuchte, multipliziert mit Hundert.

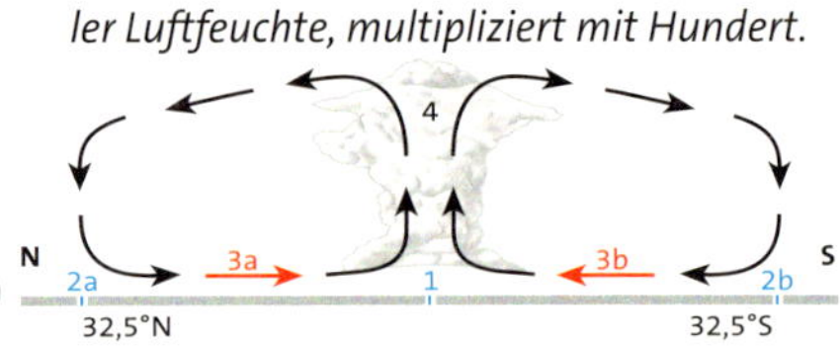

2

③ **Wolkenformen**

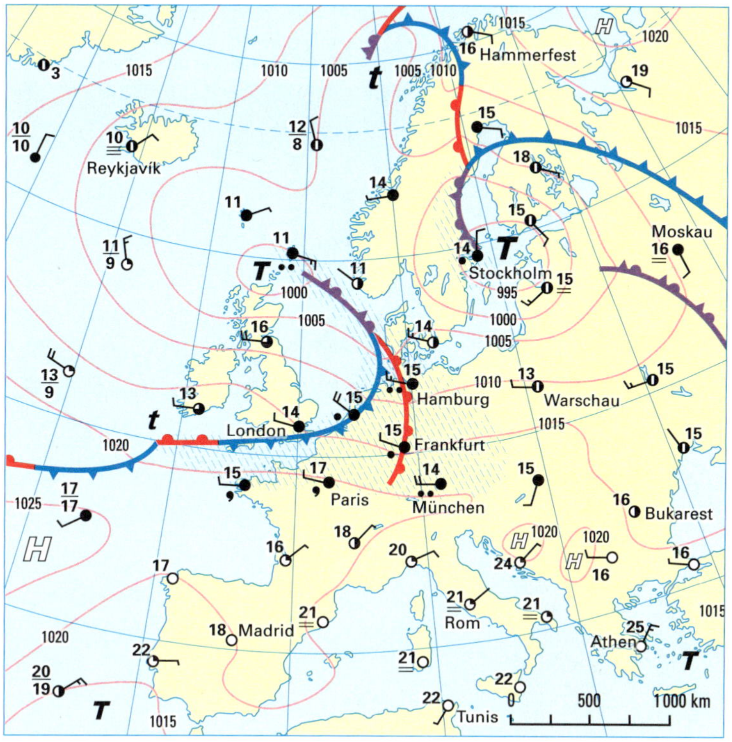

④ ***Wetterkarte vom 16. 7. 1996, 0 Uhr aus dem Haack Weltatlas***

10 *a) Zeichne das Schema 2 ab und beschrifte die Zeichnung.*

b) Erläutere die Wirkungsweise der Passatzirkulation.

Fachmethoden anwenden

11 *Werte die Wetterkarte 4 aus:*

a) Beschreibe die Wettersituation in Hamburg, Bordeaux und London.

b) Erstelle eine Wettervorhersage für Warschau und für Paris.

12 *Zeichne den Ausschnitt eines Zyklonenstadiums (Abb. 6) in eine Wetterkartendarstellung um und erläutere die jeweilige Wettersituation der Stationen A und B.*

Übertragen, beurteilen und bewerten

13 *Fülle ein Trinkglas bis zum Rand mit Wasser und decke es mit einem Karton oder Papier ab. Drehe es über einem Waschbecken um und lasse den Karton los. Erläutere die Beobachtung.*

14 *Folgendes Experiment wird durchgeführt:*

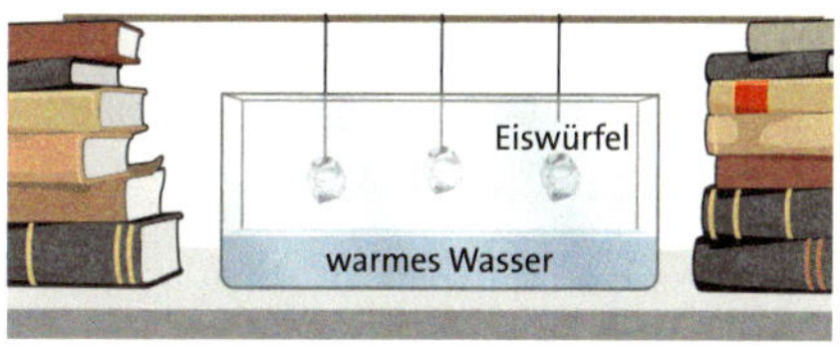

⑤

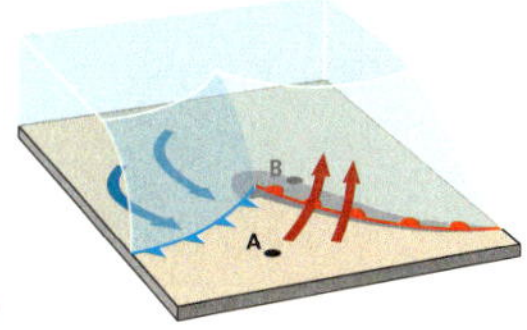

⑥

Übertrage die Zeichnung ins Heft. Zeichne die Konvektionsströme ein und erläutere die Strömungsverhältnisse.

15 *Würde man die Ozonschicht der Stratosphäre auf Höhe der Erdoberfläche verlagern, so wäre sie nur 3 Millimeter mächtig. Warum wäre dies so?*

16 *Das Wasser in einem Teekessel siedet auf einem 6 000 Meter hohen Berg bei einer anderen Temperatur als in einem 500 Meter hohen Tal. Erläutere.*

17 ***Querdenken***

Hätte die Erde eine Ekliptik von 0°, welche Folgen hätte dies auf das Wetter und Klima?

Teste dich selbst

mit den Aufgaben 1, 3, 7, 15

Bedrohung und Schutz der Atmosphäre

Stürme, Überschwemmungen, Hitzewellen und Waldbrände häufen sich, Gletscher schmelzen ab, der Meeresspiegel steigt – sind das die ersten Anzeichen eines globalen Klimawandels? Inwieweit ist der Mensch für die Erderwärmung verantwortlich? Was können und müssen wir tun, um negative Folgen eines Klimawandels erfolgreich zu bekämpfen?

6

① *Die Wikinger besiedeln um 985 Grönland und Nordamerika*

③ *A. P. van de Venne: „Der Winter 1614", Gemäldegalerie Berlin*

Klima im Wandel

Das Gemälde des Malers van de Venne zeigt Menschen auf einem zugefrorenen Gewässer. Viele künstlerische Darstellungen aus dieser Zeit verdeutlichen, dass damals die Winter über mehrere Jahrzehnte wesentlich kälter gewesen sind. Denn heute sind die niederländischen Kanäle im Winter meist eisfrei.

Tatsächlich war der Zeitraum Anfang des 15. bis in das 19. Jahrhundert in Europa eine Periode niedrigerer Temperaturen, vor allem in den Wintermonaten. Diese Klimaschwankung wird als „Kleine Eiszeit" bezeichnet.

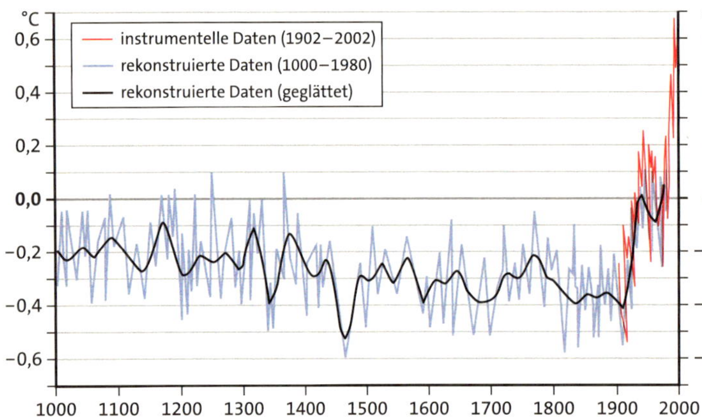

② *Temperaturveränderung der letzten 1 000 Jahre relativ zum Mittel 1961–1990*

④ **Die Kleine Eiszeit, eine frühneuzeitliche Klimakatastrophe**

„Die verregneten Sommer häuften sich, während langer Monate war oft kein Sonnenstrahl zu sehen; die Winter wurden kälter und sie dauerten länger. Eine Memminger Chronik berichtet, 1570 habe ein 'grausamer, schneeiger, windiger kalter, strenger und unveränderlicher Winter' geherrscht. Im tiefen Schnee sei es unmöglich gewesen, von einem Dorf zum anderen zu gelangen. Bodensee, Zürichsee und andere Alpenseen froren zu. Das Wintergetreide verdarb. Im Jahr darauf kam es zu einer der schlimmsten Hungerkrisen der frühen Neuzeit. Die Natur erstarrte in klirrendem Frost. Verzweifelte Menschen versuchten, sich von Gras und Baumrinde zu ernähren. Der Hunger trieb das Wild aus den Wäldern: Ernst Egli, Pfarrer von Chur, schreibt in einem Brief an Heinrich Bullinger davon, wie drei Näherinnen bei Zizers von Wölfen angefallen worden seien. Allein in den süddeutschen Reichsstädten dürften Hunger und Kälte Tausende von Opfern gefordert haben."

Neue Zürcher Zeitung, 24./25.01.2004, S. 47

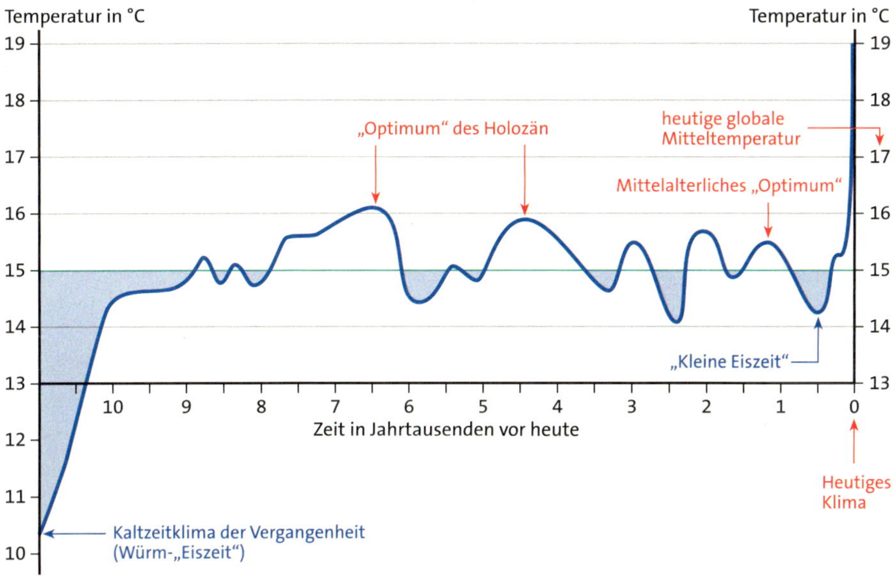

5 ***Temperaturveränderung der letzten 12 000 Jahre***

Aus der Klimageschichte der Erde

Präkambrium

Vor ca. 3 Milliarden Jahren, eisfreies Klima mit Temperaturen um bis zu 50 °C. Nach einer Abkühlung zwei Vereisungen vor ca. 2–2,5 Milliarden und vor ca. 750–550 Millionen Jahren.

Paläozoikum

Große klimatische Gegensätze; Europa lag am Äquator und hatte tropisches Klima.

Mesozoikum

Überdurchschnittlich warmes Klima mit geringen Temperaturunterschieden.

Känozoikum

Globale Abkühlung und Vereisung der Antarktis vor etwa 40 Millionen Jahren; Vor etwa 2,4 Millionen Jahren Beginn des Wechsels von Warm- und Kaltzeiten.

Das Klima ist veränderlich, es schwankt, seit die Erde existiert: langfristig in Zeiträumen von über 100 000 Jahren oder kurzfristig in Zyklen von 10 bis 100 Jahren. Seit dem Pleistozän, das vor 1,8 Millionen Jahren begann, wechselten Kalt- und Warmzeiten ab. Dabei waren die mittleren Temperaturen in den Warmzeiten bis zu 3 Kelvin höher und in den Kalzeiten bis zu 9 Kelvin niedriger als heute. Die vor etwa 11 000 Jahren einsetzende Erwärmung führte zum Abschmelzen des Inlandeises und erreichte vor etwa 6 000 bis 4 000 Jahren ein erstes Optimum. Etwa 2 Kelvin höhere Temperaturen als heute haben die Ausbildung eines Eichenmischwaldes ermöglicht. Auch die Blütezeit des Römischen Reiches fällt in eine solche Warmphase mit besonders niederschlagsreichen Wintern im Mittelmeerraum. Nur so konnte Nordafrika zur „Kornkammer“ Roms werden. Im mittelalterlichen Optimum besiedelten die Wikinger Grönland. Die Weinbaugrenze lag gegenüber heutigen Verhältnissen um 4 bis 5 Breitengrade nördlicher. In der „Kleinen Eiszeit“ gingen die Bauern in Süddeutschland vom Weinbau zur Bierherstellung über.

Klimazeuge Weinanbau

Ein verlässliches Zeugnis von Klimaschwankungen gibt etwa der Weinanbau: So sei im Hochmittelalter (11.–13. Jahrhundert) sogar bis nach Norwegen Wein angebaut worden. Heute wandert die Weinbaugrenze wieder nach Norden – wo sie schon einmal war: über den 52. Breitengrad hinaus, der als nördliche Anbaugrenze galt. So in Mecklenburg-Vorpommern und Brandenburg, wo seit kurzem wieder Weinbau betrieben wird. Forscher des Potsdam-Instituts für Klimafolgenforschung rechnen bis 2020 mit Müller-Thurgau-Anbau in ganz Brandenburg. Sogar von den extrem Wärme beanspruchenden Weinsorten Riesling und Grauburgunder in Schweden wird dieser Tage berichtet. Alles klare Zeichen einer Klimaerwärmung.

1 *Beschreibe die Klimaänderungen im Diagramm 2 und erläutere an ausgewählten Beispielen Auswirkungen auf das Leben der Menschen.*

2 *Informiere dich über die Bedeutung des Namens der Insel Grönland.*

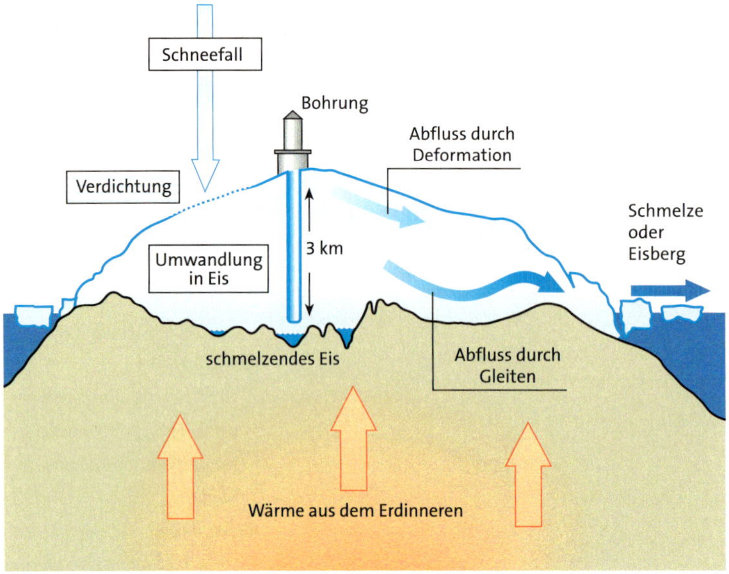

⑥ ***Eisbohrung in der Antarktis***

⑦ ***Eisbohrkern „Vostok" aus der Antarktis***

⑧ ***Eisbohrkernentnahme in der Antarktis***

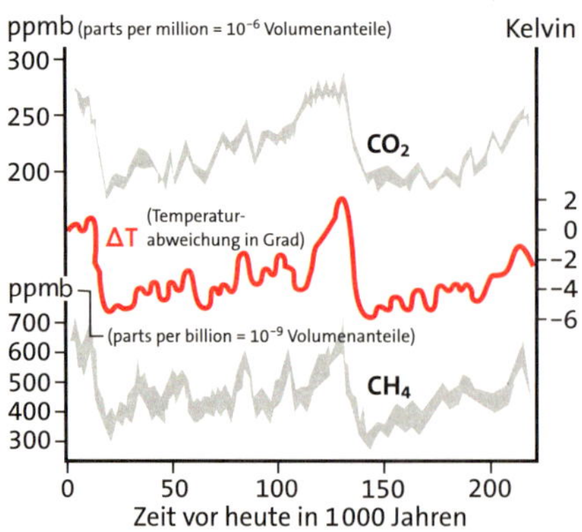

⑨ ***Treibhausgasgehalt und Temperatur***

Woher wissen wir eigentlich, wie das Klima früher war?

Erst seit etwa 300 Jahren werden in Europa Klimadaten gemessen und aufgezeichnet. Informationen über das frühere Klima erhalten Klimaforscher aus den unterschiedlichsten Archiven wie Chroniken, Schiffstagebüchern, phänologischen Aufzeichnungen oder Buchführungen über Preise von Wein und Getreide.

Um das Klima der Vergangenheit, das Paläoklima, zu rekonstruieren, nutzen die Wissenschaftler indirekte Klimadaten, die sogenannten Proxydaten, aus unterschiedlichen natürlichen Klimaarchiven wie Eisbohrkernen, See- oder Tiefseesedimenten, Pollen oder Baumringen.

Eisbohrkerne als Klimaarchiv

Inlandeis und Gletscher in Grönland und der Antarktis entstanden über lange Zeiträume hinweg. Der in mehreren Schichten zusammengepresste Schnee „enthält" Informationen über die Bedingungen der Atmosphäre zum Zeitpunkt seines Fallens. Der bislang am tiefsten reichende Eisbohrkern wurde 2004 in der Antarktis von Mitarbeitern des Alfred-Wegener-Instituts gewonnen.

Wissenschaftler analysieren anschließend die in den Luftporen des Eises eingeschlossene Luft und gewinnen so Informationen über die Zusammensetzung der Atmosphäre zum Zeitpunkt des Schneefalls.

Durch eine Analyse des Verhältnisses der Sauerstoffisotope ($^{18}O/^{16}O$) kann auf die Temperaturen geschlossen werden, die bei der Entstehung des Niederschlags in der Atmosphäre herrschten. Auf diese Weise lässt sich die Lufttemperatur in den Polargebieten der Erde rekonstruieren.

Durch Abzählen von Jahresschichten kann man zu einer Datierung des Eiskerns gelangen. Einlagerungen wie Staub oder Vulkan-asche ermöglichen eine genaue Datierung der Ablagerungen. Die sichtbar unterschiedliche Dicke der einzelnen Schichten erlaubt Rückschlüsse auf die jeweilige Niederschlagsmenge.

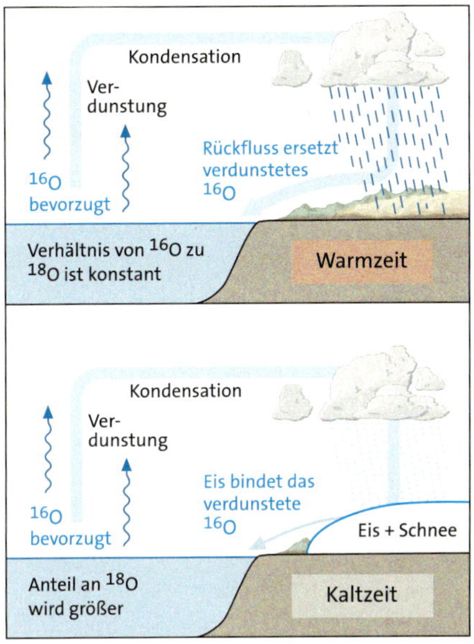

10 ***Sauerstoffisotopenanalyse im Meeressediment*** *(je kälter, um so mehr ^{16}O und desto weniger ^{18}O wird verdampft)*

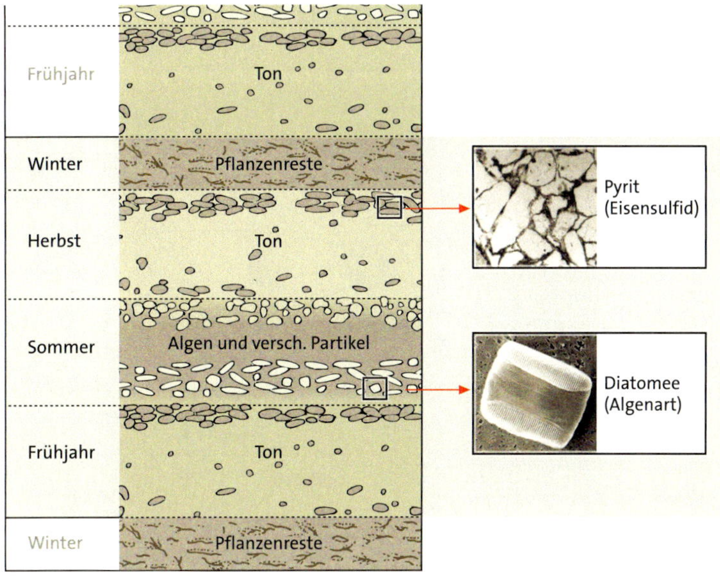

11 ***Warvenanalyse (Warven sind Jahresschichten von Sedimenten in Seen oder Meeren, die meist aus unterschiedlichen Teillagen bestehen.)***

Sauerstoffisotopenanalyse

Die Bestimmung des Verhältnisses der Sauerstoffisotope ^{16}O und ^{18}O, die chemisch gleich, aber verschieden schwer sind (Sauerstoff ^{18}O hat zwei Neutronen mehr) ist eine der wichtigsten Standardmethoden zur Rekonstruktion der Paläotemperatur. Weil das Verhältnis der beiden Isotope temperaturabhängig ist, können absolute Temperaturwerte ermittelt werden. Das aus einer Probe ermittelte Isotopenverhältnis wird dazu mit einem Standard verglichen.

Je kälter es ist, desto schneller verdunsten im Meerwasser ^{16}O-Moleküle im Vergleich zu ^{18}O-Molekülen. In Kaltzeiten kommt es deshalb zu einer Anreicherung von ^{16}O in den Eismassen der Polarregionen. Ein Ungleichgewicht zwischen ^{16}O (höhere Anteile) und ^{18}O (geringere Anteile) entsteht. Weil große Mengen von ^{16}O-Molekülen im Eis gebunden sind, vergrößert sich in dieser Zeit der Anteil von ^{18}O im Meerwasser. Die Meeresorganismen lagern dann verstärkt ^{18}O in ihre Kalkschalen ein: für die Klimaforscher ein Hinweis auf niedrigere Temperaturen. Mit der Isotopenzusammensetzung können Wissenschaftler sogar die Paläotemperatur bestimmen.

Sedimente als Klimaarchiv

Sedimentablagerungen in Seen oder Meeren stellen ein weiteres Klimaarchiv dar. Im jährlichen Verlauf der Sedimentfolgen spiegeln sich Klima- und Umweltbedingungen wider. So enthalten die Ablagerungen biologisch eingeschlossenes Material, welches auf seine Zusammensetzung und seinen Aufbau untersucht werden kann (Pollen, Plankton, Organismen der Meeresböden). Während Pollen Informationen über die damalige Vegetation beinhalten, geben das Plankton und die im Sediment eingeschlossene Organismen Aufschluss über die Eigenschaften der Ozeane zur Ablagerungszeit, z.B. über Temperatur, Sauerstoffgehalt oder im Wasser vorhandene Elemente. Bohrungen in Tiefseesedimenten ermöglichen durch die Analyse des Sauerstoff-Isotopenverhältnis in den Schalen fossiler Meerestiere Rückschlüsse auf frühere Temperaturen.

3 *Erläutere Möglichkeiten zur Erforschung des Paläoklimas der Erde.*

4 *Eisschichten mit einem höheren relativen Anteil an ^{18}O weisen auf wärmere Zeiten hin. Erkläre.*

Isotope des Sauerstoffs

Es gibt insgesamt 3 stabile Sauerstoff-Isotope:
^{18}O (~0.20 %),
^{17}O (~0.04 %) und
^{16}O (~99.76 %).
Im flüssigen Zustand ist das Massenverhältnis von $H_2{}^{16}O$ zu $H_2{}^{18}O$ etwa bei 500 : 1, in der Gasphase wird dieses Verhältnis zugunsten des $H_2{}^{16}O$ verschoben.

Einflussfaktoren globaler Klimaänderungen

Externe Faktoren (Faktoren, die das Klima beeinflussen, aber nicht vom Klima beeinflusst werden):
- *Erdbahnparameter*
- *Tektonische Prozesse (Kontinentverschiebung, Vulkanismus)*
- *Solare Variationen*
- *Meteoriteneinschläge*

Interne Faktoren (Faktoren, die das Klima beinflussen und vom Klima beeinflusst werden):
- *Ozeane*
- *Atmosphärische Zirkulationen*
- *Albedo (Eis- und Vegetationsflächen)*
- *Kohlenstoffkreislauf*
- *Zusammensetzung der Atmosphäre*

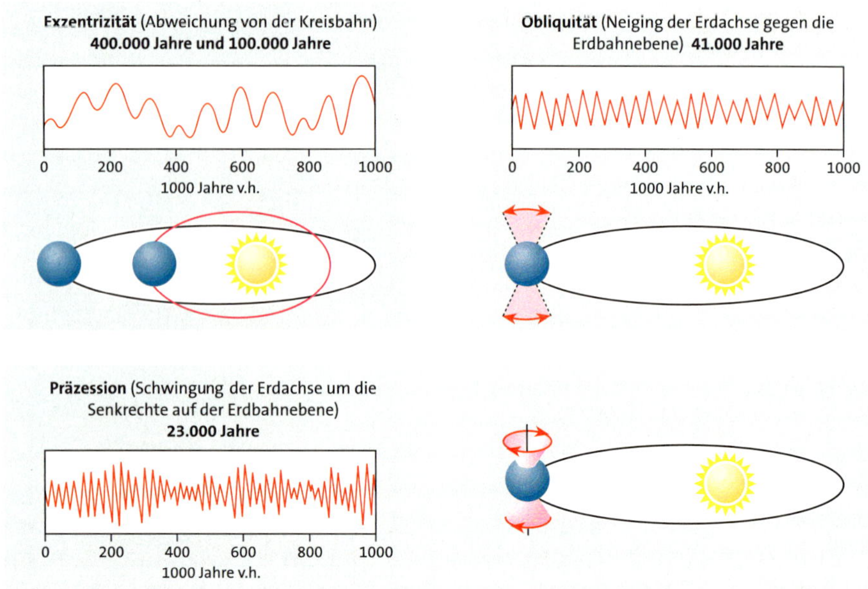

12 ***Die wichtigsten Erdbahnparameter und ihre charakteristischen Zeitskalen (Zyklen)***

Sonne und Klimawandel

Bei einem mittleren Abstand von 150 Millionen Kilometern zwischen Sonne und Erde beträgt die auf die äußere Atmosphäre auftreffende Solarstrahlung gegenwärtig 1368 W/m² (Solarkonstante). Dieser Wert schwankt in einem Zyklus von 11 bzw. 80 Jahren zwischen 1325 bis 1420 W/m². Das liegt an der elliptischen Umlaufbahn der Erde um die Sonne sowie dem Auftreten von Sonnenflecken. Sonnenflecken kommen zustande, weil starke lokale Magnetfelder den Aufstieg von heißer Materie aus dem Inneren der Sonne bis an die Oberfläche behindern. Ein mittlerer Sonnenfleck hat dabei etwa die Größe der Erdoberfläche. Mit zunehmender Zahl der Sonnenflecken erhöht sich die Strahlungsintensität der Sonne. In Jahren mit verminderter Fleckenanzahl verringert sie sich. Diese Variationen gehören zu den externen Einflussfaktoren auf das Klima der Erde. Die Intensität der Sonneneinstrahlung und Strahlungsverteilung auf der Erde wird aber auch durch Veränderungen der Erdbahnparameter (Abbildung 12) beeinflusst. Nach dem serbischen Astrophysiker Milutin Milankovitch werden die Zeiträume, in denen diese Parameter schwanken, Milankovitch-Zyklen genannt. Sie stellen die Hauptursache für den Wechsel von Warm- und Kaltzeiten dar. Damit können aber auch andere natürliche Klimaschwankungen auf der Erde erklärt werden. Eine Reduzierung der Ursachen für Klimaänderungen auf die Variabilität der Sonneneinstrahlung ist jedoch aufgrund komplexer Wechselwirkungen im Klimasystem nicht möglich.

Es sind immer unterschiedliche Einflussfaktoren, die auf verschiedenen Zeitskalen Klimaänderungen bewirken.

13 „Nach allem, was man über die beteiligten Strahlungsprozesse heute weiß und aufgrund der physikalischen Interpretation vergangener Klimaänderungen waren die Schwankungen des solaren Energieflusses und der Vulkanaktivität die wichtigsten Antriebsfaktoren für Klimaänderungen der letzten Jahrhunderte.

Über Zeiträume von Jahrtausenden spielt die Änderung der Erdbahn um die Sonne und die damit verbundene Änderung in der geographischen Verteilung des solaren Energieflusses eine dominierende Rolle."

DLR: DEKLIM – Deutsches Klimaforschungsprogramm. www.deklim.de (20.06.2007)

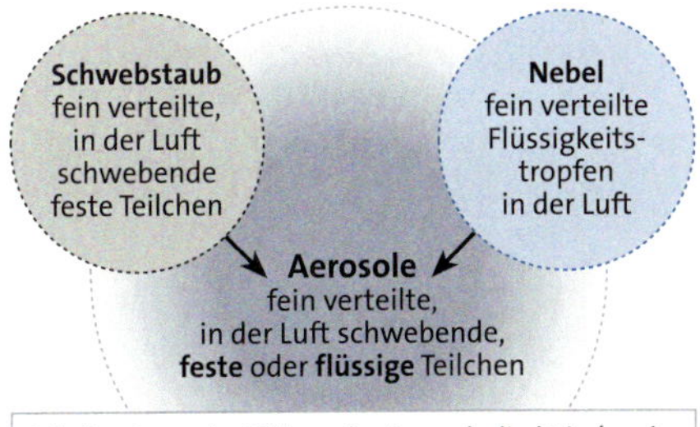

Primäre Aerosole: Bildung des Aerosols direkt in/an der Quelle, z. B. durch Aufwirbelung, Oberflächenbearbeitung, Verbrennung, etc.
Sekundäre Aerosole: Bildung des Aerosols durch chemische Reaktion und/oder Anlagerung an einen Kondensationskern

14 ***Aerosole***

15 ***Ausbruch des Pinatubo 1991 mit einer 30 Kilometer hohen Eruptionswolke***

Vulkanausbrüche und Klimawandel

Hauptursache für die Abkühlung nach großen Vulkanausbrüchen sind nicht die Aschepartikel, die dabei in die Atmosphäre geschleudert werden, sondern Schwefeldioxid. Gelangt dieses Gas bis in die Stratosphäre, dann bilden sich sogenannte Aerosole, die sich zu einer dicken Schicht verbinden. Sie reflektieren einen Teil der Sonnenstrahlung ins Weltall zurück – auf der Erde kommt es zur Abkühlung. Als am 9. Juni 1991 der Pinatubo ausbrach, gab es für 2 Jahre eine globale Abkühlung um 0,5 °C. Der vulkanische Anteil an den Klimaänderungen zwischen 1400 und 1850 wird auf 41–49 % geschätzt.
In der Klimageschichte hatten große Meteoriteneinschläge ähnliche Auswirkungen auf das Klima wie Vulkanausbrüche.

Plattentektonik und Klimawandel

Plattentektonische Prozesse haben die Lage der Kontinente im Verlauf der Erdgeschichte ständig verändert. Befinden sich an den Polen große Landmassen, führt das zu einer stärkeren Reflexion der Sonnenstrahlen als bei einer Wasserfläche. Es kommt zu einer stärkeren Abkühlung und einer positiven Rückkopplung mit sinkenden Temperaturen und einer immer weiter fortschreitenden Eisbildung. Bei entsprechender Größe der Landmassen in Polnähe führt das Anwachsen der Eisdecke zu einem Sinken des Meeresspiegels. Weil sich damit auch die Wasseroberfläche verringert, kann weniger Wasser verdunsten und die Niederschläge nehmen ab.

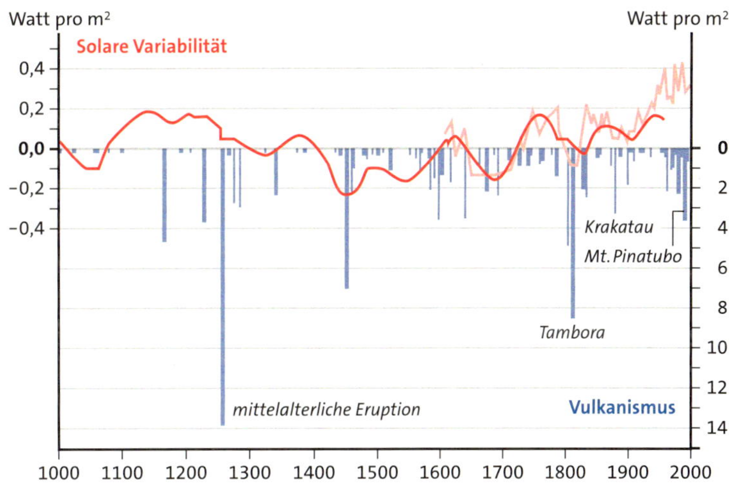

16 ***Variabilität des Strahlungsantriebes durch solare Einstrahlung und durch Vulkanismus als Abweichung vom Mittelwert des Zeitraums 1961–90;*** *gezeigt werden bei der Sonneneinstrahlung zwei verschiedene Datenserien, die aus Eisbohrkernmessungen von 10Be (Beryllium) abgeleitet wurden, und beim Vulkanismus aus Eisbohrkernen und in den letzten Jahrzehnten aus optischen Eigenschaften der Atmosphäre abgeleitete Daten*

5 Erläutere die Wirkung natürlicher Einflussfaktoren auf das Klima der Erde.
6 Begründe mithilfe deiner Kenntnisse zum Strahlungshaushalt die abkühlende Wirkung von Vulkanausbrüchen und Aerosolen auf das Klima.

Literaturtipp
de Boer, J. u. D. Sanders: Das Jahr ohne Sommer. Die großen Vulkanausbrüche und ihre Folgen. Essen 2004.

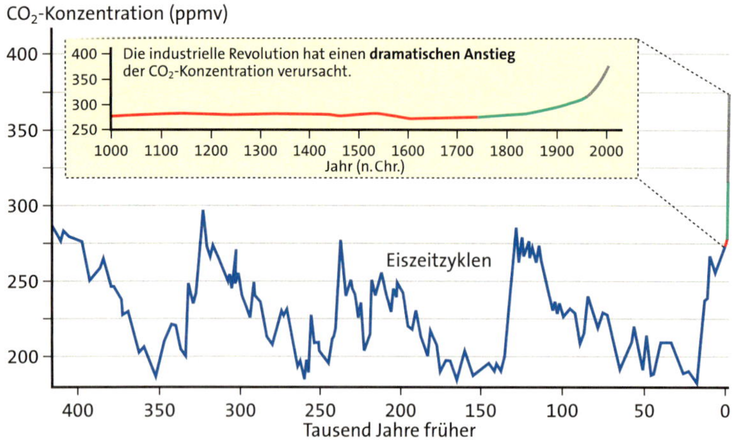

Rekonstruktion der CO_2-Konzentration seit 400 000 Jahren vor heute

IPCC (Intergovernmental Panel on Climate Change)

Das IPCC wurde 1988 von der World Meteorological Organisation (WMO) und dem United Nations Environment Programme (UNEP) eingesetzt, als die Hinweise auf eine globale Klimaänderung immer deutlicher sichtbar wurden. Das IPCC hat die Aufgabe, in regelmäßigen Abständen (etwa 5 Jahre) den Zustand des Klimasystems und seine Auswirkungen auf die menschlichen Gesellschaftssysteme festzustellen und Möglichkeiten der politischen Gegensteuerung zu benennen. Das IPCC betreibt keine eigene Forschung, sondern bedient sich der veröffentlichten wissenschaftlichen Literatur. Der jüngste Bericht erschien 2007.
www.ipcc.ch

Mensch und Klimawandel

Der Kohlenstoffdioxid-Gehalt der Luft hat seit 1750 um 35 % von 280 ppm auf 379 ppm im Jahr 2005 zugenommen. Die Zuwachsrate der letzten 10 Jahre ist die größte seit 50 Jahren. Der heutige Wert ist der höchste in den letzten 650 000 Jahren. 78 % der Erhöhung gehen auf die Nutzung fossiler Brennstoffe und 22 % auf Landnutzungsänderungen (z. B. Rodungen) zurück.

Andere wichtige Treibhausgase wie z. B. Methan und Lachgas, deren Anteile seit 1750 um 148 % bzw. 18 % zugenommen haben, machen zusammen etwa halb soviel aus wie der CO_2-Anstieg.

Die für Klimaänderungen verantwortlichen Änderungen der Strahlungsbilanz werden vorwiegend durch Kohlenstoffdioxid verursacht, in kleinerem Umfang auch durch andere Treibhausgase. Änderungen der solaren Einstrahlung haben dagegen nur einen geringen Einfluss.

Die globale Oberflächentemperatur ist seit 1850 um +0,74 °C gestiegen, elf der letzten zwölf Jahre waren die wärmsten seit Beginn der meteorologischen Aufzeichnungen. Die Temperaturzunahme der letzten 50 Jahre ist doppelt so hoch wie die der letzten 100 Jahre, und die Arktis hat sich doppelt so stark erwärmt wie im globalen Mittel.

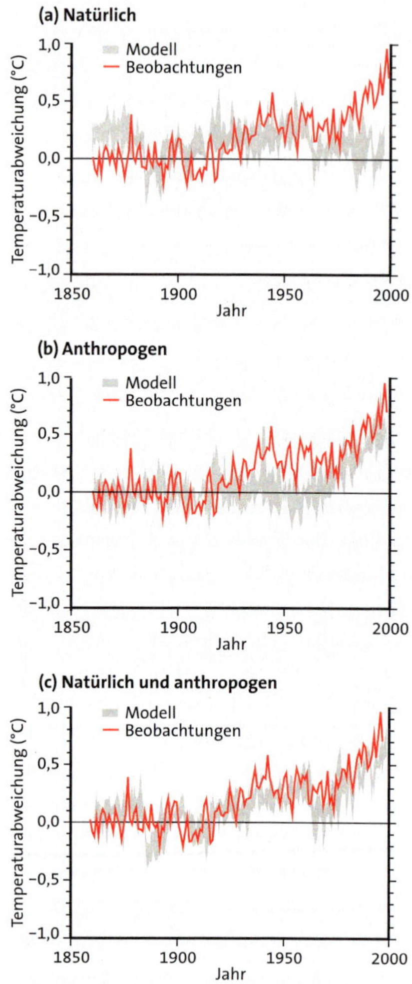

Das Band in (a) zeigt Simulationen, die nur natürliche Antriebsfaktoren berücksichtigen: Schwankungen der solaren Einstrahlung und vulkanische Aktivitäten. Das Band in (b) zeigt Simulationen, die anthropogene Antriebskräfte berücksichtigen: Treibhausgase und eine Schätzung bezüglich der Schwefelaerosole. In (c) sind sowohl natürliche wie auch anthropogene Antriebsfaktoren berücksichtigt. *Nach IPCC 2001*

Vergleich zwischen Modellrechnungen und Beobachtungen des Temperaturanstiegs seit 1860 (Abweichungen vom Mittelwert 1961–90)

Die Häufigkeit heftiger Niederschläge hat deutlich zugenommen. Es ist sehr wahrscheinlich, dass die Erwärmung der letzten 50 Jahre wesentlich durch anthropogene Treibhausgase (hauptsächlich Kohlenstoffdioxid) verursacht worden ist.

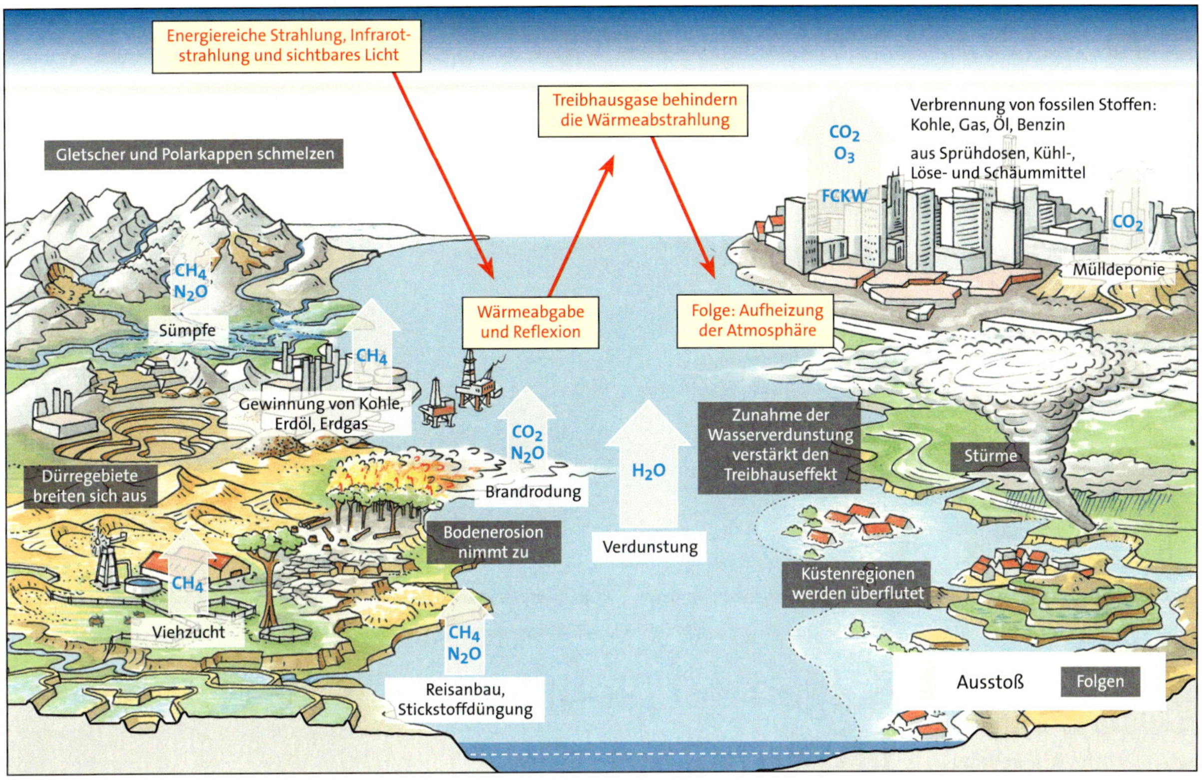

(19) ***Der Treibhauseffekt***

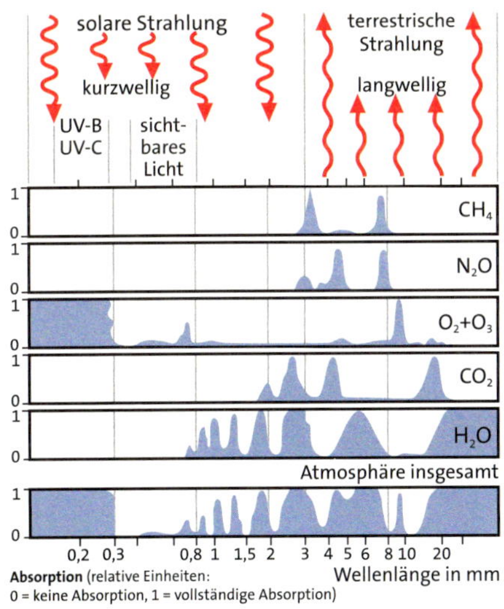

(20) ***Strahlungsabsorption durch atmosphärische Gase***

(21) **Charakteristika einiger wichtiger Treibhausgase**

	CO_2	CH_4	N_2O	FCKW-11
Mittlere Verweilzeit in Jahren	50–200	12	114	45
Relatives Treibhauspotenzial[1]	1	23	296	4600
Beitrag zum anthropogenen Treibhauseffekt in Prozent[2]	60	20	6	3

[1] Relatives molekulares Treibhauspotenzial gemessen an der Treibhauswirkung von CO_2 (= 1) über 100 Jahre

[2] Der Rest entfällt auf andere FCKW sowie auf das troposphärische Ozon

7 *Erkläre Zusammenhänge zwischen menschlichen Aktivitäten und der globalen Erwärmung seit 150 Jahren.*

8 *Beurteile angesichts der Forschungsergebnisse des IPCC die Aussage: „Warmphasen hat es in der Klimageschichte häufig gegeben".*

9 *Der Treibhauseffekt kann sich durch das Abschmelzen der polaren Eismassen oder die Erwärmung der Ozeane selbst verstärken. Erkläre.*

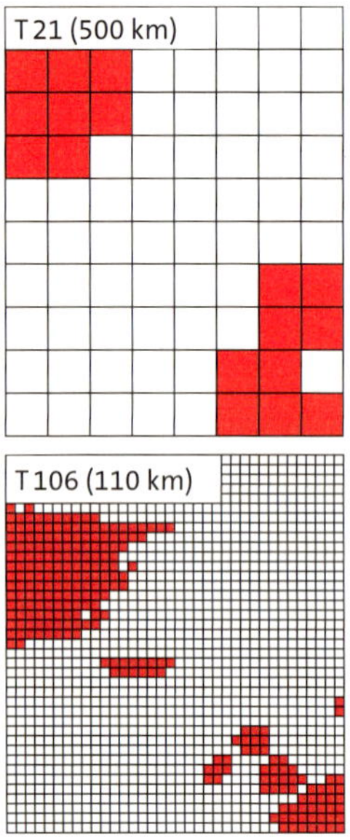

1 ***Grönland und Westeuropa mit einem Gitternetz in unterschiedlicher Auflösung***
Zur Berechnung der Bewegung von Gasen in der Luft oder in einer Flüssigkeit wie dem Ozean überzieht man die Erdatmosphäre sowie den Ozean mit einem relativ groben dreidimensionalen Gitternetz. Eine typische Gitterzelle hat eine Länge und Breite von 500 km und ist 1 km hoch. Mit der Verkleinerung der Gitternetze verbessern sich die Ergebnisse, aber die zu verarbeitenden Datenmengen erreichen schnell die Rechenkapazität der leistungsfähigsten Rechner der Erde.

EXTRA-Link
IPCC, Bangkok May 2007
www.Klett.de/extra
(Extra-LINK: 27850X-0023)

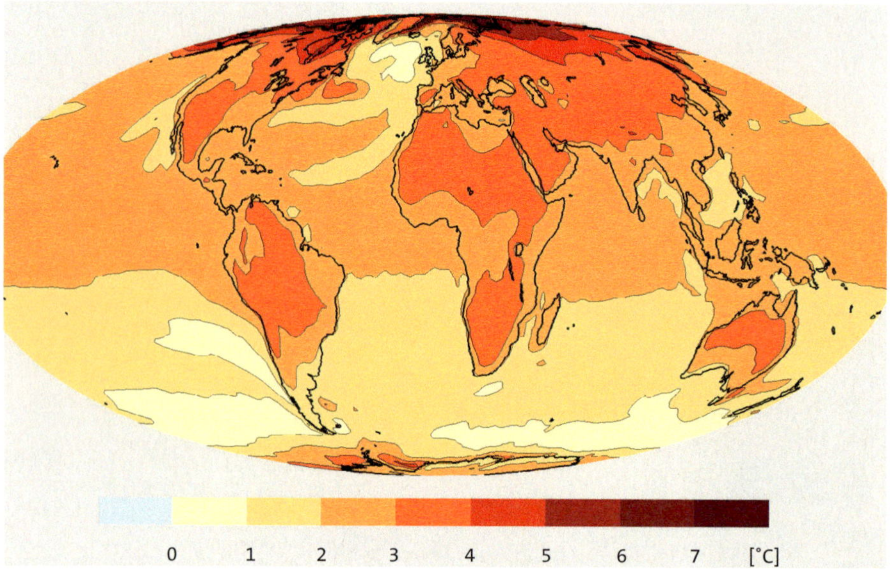

2 ***Regionale Temperaturveränderung bis zum Jahr 2100*** *Die Farbflächen zeigen die Veränderung der jährlichen Mitteltemperatur der Periode 2071–2100 gegenüber der Periode 1961–1990 nach dem Szenario A1B in °C.*

Folgen der globalen Erwärmung

Um Aussagen über das künftige Klima und seine Auswirkungen zu gewinnen, haben Wissenschaftler **Klimamodelle** entwickelt. Dazu berechnen sie wichtige Aspekte des Klimasystems mithilfe physikalisch-mathematischer Gleichungen, die dann von Hochleistungsrechnern gelöst werden. Atmosphäre, Kontinente und Ozeane werden dabei in Gitterzellen zerlegt. Zur Untersuchung der Auswirkungen auf Europa und Deutschland entwickelte das Max-Planck-Institut das regionale Klimamodell (REMO) mit einem Gitternetz von 10 Kilometern Maschenweite.

Für die letzte Dekade des 21. Jahrhunderts sagt das IPCC (4. Bericht 2007) eine globale Erwärmung für das niedrigste Szenario von 1,8 °C und für das höchste Szenario um 4,0 °C voraus. Diese Werte sind 2- bis 10-mal so hoch wie die beobachtete Erwärmung während des 20. Jahrhunderts mit 0,6 Grad im globalen Mittel. Damit ändert sich die Temperatur mit einer Geschwindigkeit, wie sie in den letzten 10 000 Jahren nicht vorkam.

3 **Klimaänderungen in Deutschland**

„Je nach Anstieg der Treibhausgase könnten bis zum Ende des Jahrhunderts die Temperaturen in Deutschland – vor allem im Süden und Südosten – um mehr als 4 °C im Vergleich zu den letzten 50 Jahren steigen. Im Sommer wird es in weiten Teilen Deutschlands weniger Niederschläge geben. Im Winter werden im Süden und Südosten mehr Niederschläge fallen – allerdings wegen der gestiegenen Temperaturen weniger Schnee.

Die Ergebnisse im Detail: Mehr Treibhausgase führen in Deutschland zu einer mittleren Erwärmung, die im Jahr 2100 – abhängig von der Höhe zukünftiger Treibhausgasemissionen – zwischen 2,5 °C und 3,5 °C liegt. Diese Erwärmung wird sich saisonal und regional unterschiedlich stark ausprägen. Am stärksten dürften sich der Süden und Südosten Deutschlands im Winter erwärmen. Bis zum Jahr 2100 könnten die Winter hier um mehr als 4 °C wärmer werden als im Zeitraum 1961 bis 1990."

Nach MPI-M und UBA (Hrsg.): Künftige Klimaänderungen in Deutschland – Regionale Projektionen für das 21. Jahrhundert. Hintergrundpapier April 2006, S. 4

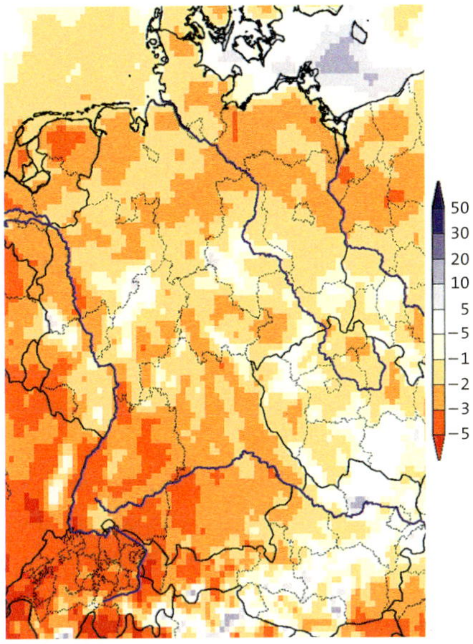

④ ***Relative Niederschlagsänderung 2071–2100 gegenüber 1961–1990 (in %)***

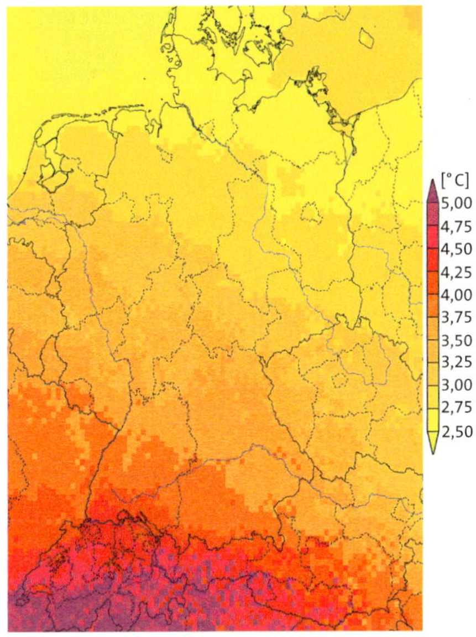

⑤ ***Veränderung der Jahresmitteltemperatur 2071–2100 gegenüber 1961–1990 (in °C in 2 m Höhe)***

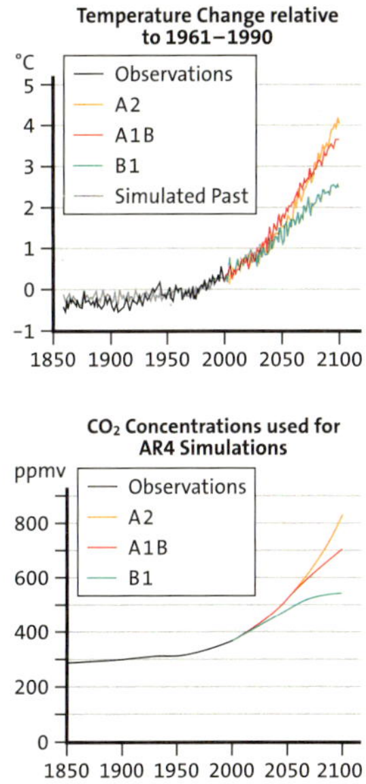

⑦ ***SRES-Szenarien***

Klimaszenarien des IPCC

Experten des IPCC gingen der Frage nach, wie sich das Klima der Erde in Zukunft unter dem Einfluss von Treibhausgasemissionen entwickeln wird. Im Second Report on Emission Szenarios (SRES) entwickelten sie unterschiedliche Szenarien. Dabei berücksichtigten sie folgende Fragen:

- Wie verändert sich die Weltbevölkerung in den nächsten 100 Jahren?
- Welchen Lebensstandard wird sie erreichen?
- Wie hoch wird der Energieverbrauch sein?
- Welche Energieträger werden dafür eingesetzt?

Weil es für jede dieser Fragen verschiedene Antwortmöglichkeiten gibt, ergaben sich mehrere Szenarien. Man einigte sich international auf 35 SRES-Szenarien, die man in 4 Familien unterteilte: A1, A2, B1 und B2.

Die Szenarien-Familien A1 und A2 gehen von einer primär ökonomisch orientierten Welt aus.

Die Szenarien-Familien B1 und B2 wiederum gehen von einer ökologischen und nachhaltigen künftigen Entwicklung der Menschheit aus.

A1 Eine Welt mit schnellem Wirtschaftswachstum und schneller Einführung neuer und effizienterer Technologien.

A2 Eine sehr heterogene Welt mit einem Schwerpunkt auf traditionelle Werte (family values and local traditions).

B1 Eine sich vom Materialismus abkehrende Welt und die Einführung sauberer Technologien.

B2 Eine Welt mit dem Schwerpunkt auf lokalen Lösungen für ökonomische und ökologische Nachhaltigkeit.

ökonomisch

A1 A2

global ◄ ► regional

B1 B2

ökologisch

Das Szenario A1 hat drei Varianten, je nach genutzter Energie:

A1 F fossil = hauptsächlich Öl und Kohle
A1 N neue = erneuerbare Energiequellen
A1 B beide = ausgewogene Nutzung beider Arten

B2 wiederum geht von einer ökologischen und nachhaltigen künftigen Entwicklung der Menschheit aus.

⑥ ***Klimaszenarien des IPCC***

1 *a) Benenne wesentliche Unterschiede zwischen den SRES-Szenarien.*
b) Erläutere jeweils die Ergebnisse.
c) Beurteile die Aussagekraft von Klimaszenarien.

Surftipp
www.wetter-klimawandel.de
www.baden-wuerttemberg.wetter-klimawandel.de
www.lubw.baden-wuerttemberg.de

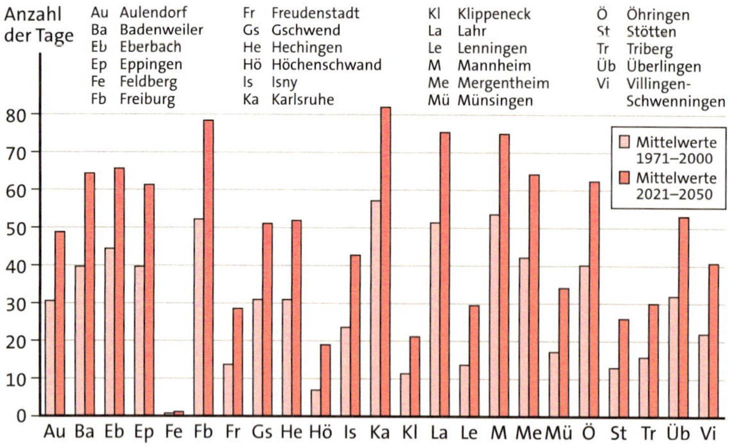

8 ***Anzahl der bisherigen und künftigen Sommertage (T_{max} > 25 °C) pro Jahr***

9 **Auswirkungen in Baden-Württemberg**

Stuttgart: Die Anzeichen des Klimawandels lassen sich auch bei uns in Baden-Württemberg immer mehr feststellen – etwa an den Veränderungen in der Tier- und Pflanzenwelt. Manche Zugvögel ziehen im Winter nicht mehr fort, mediterrane Arten wie der Bienenfresser brüten in zunehmender Zahl erfolgreich im Rheintal oder die Obstbäume blühen früher. Konsequenzen ergeben sich auch durch das Vordringen von Allergien verursachenden Insekten und Parasiten und gar Seuchen. Auch Hitzetode und Kreislauferkrankungen zählen zu den Risiken des Klimawandels. (...)
Auch wenn die Auswirkungen der Veränderungen kaum vorhersagbar sind, so ist in den nächsten Jahren zu erwarten, dass neue Arten mit noch unbekannten Eigenschaften bei uns einwandern. Es werden nach Einschätzung verschiedener Wissenschaftler aber auch klimabedingte Verluste heimischer Arten von 5 bis 30 Prozent erwartet. Die internationale Umweltorganisation Millenium Ecosystem Assessment prognostiziert sogar ein Massensterben bei europäischen Pflanzen und Tieren. Die Studie geht davon aus, dass im Jahr 2080 wahrscheinlich die Hälfte aller Pflanzenarten in Europas infolge des Klimawandels als bedroht eingestuft werden muss."

www.umweltakademie.baden-wuerttemberg.de/servlet/is/23474

10 **Meeresspiegelanstieg**

„Unsere Szenarien gehen von einem durchschnittlichen Anstieg des Meeresspiegels von 2 bis 10 cm pro Jahrzehnt aus. (1 bis 2 cm pro Jahrzehnt waren es im letzten Jahrhundert.) Die Hauptursache für diesen Anstieg des Meeresspiegels ist die Ausdehnung des warmen Meerwassers, ein langsamer unaufhaltsamer Prozess, der dafür sorgt, dass der Meeresspiegel in kommenden Jahrhunderten weiter ansteigen wird (...) Sowohl für Deutschlands Nordsee- als auch für die Ostseeküste lassen die kommenden Klimaveränderungen erhebliche Konsequenzen befürchten (...)
Der Meeresspiegel der Ostsee beeinflusst den Wasserspiegel der Oder. Ein weiterer Anstieg des Meeresspiegels um nur 10 cm würde die tiefer liegenden Gebiete des Nationalparks vollständig überfluten. Unsere Szenarien deuten darauf hin, dass sich ein solcher Anstieg in den nächsten 20 bis 60 Jahren zu jeder Zeit ereignen könnte. Zusätzliche Niederschläge würden die Dauer der Überflutungen im Spätherbst und Frühling in den Niederungen verlängern."

WWF Infoblatt: Hulme, M. and Sheard, N. (1999) Climate Change Szenarios for Germany, Norwich, UK, 6pp

11 **Gesundheitsrisiken in Städten**

Extreme Sommerhitze und Luftfeuchtigkeit, kombiniert mit Luftverschmutzungen in städtischen Gebieten führt bereits zu verstärkten Herz- und Atemwegserkrankungen sowie Todesfällen in deutschen Städten. Der höchste Anstieg der Todesfälle wird an den Tagen beobachtet, an denen die Nachmittagstemperaturen und die Luftfeuchtigkeit hoch sind, und an denen es wenig Wind gibt. Höhere Sommertemperaturen verbunden mit Luftverschmutzung führen zu einem Anstieg der Häufigkeit von Asthmaattacken, ernsthaften Atemproblemen oder Störungen der Lungenfunktion.

WWF Infoblatt: Hulme, M. and Sheard, N. (1999) Climate Change Szenarios for Germany, Norwich, UK, 6pp

12 **Wenn der Golfstrom kippt**

„Doch leider hat das atlantische Stromsystem einen Haken: Es ist nicht ganz stabil. Zwar hat unsere Heizung während der letzten zehntausend Jahre offenbar tadellos funktioniert. Davor hat sie jedoch erheblich gestottert und ist wiederholt sogar völlig zusammengebrochen. Das verraten die Tiefseesedimente.

Der Grund für das eigenartige Verhalten der Strömung konnte durch Simulationen entschlüsselt werden. Um schwer genug zum Absinken zu sein, muss das Wasser im Nordatlantik genug Salz enthalten, denn Salz erhöht die Dichte. Dem entgegen wirken die Niederschläge, die das Wasser verdünnen. Dieser Verdünnungseffekt greift jedoch nicht, solange immer neues, salziges Wasser von Süden her nachströmt. Kurz gesagt: Die Strömung fließt, weil das Wasser salzig ist, und das Wasser ist salzig, weil die Strömung fließt. Ein klarer Fall eines sich selbst aufrechterhaltenden Systems. Erhöht man die Niederschläge über dem Nordatlantik immer mehr, schwächt sich die Strömung zunächst nur wenig ab. Es kommt jedoch ein Punkt, wo der Nachstrom von salzigem Wasser zu schwach wird, die Niederschläge verdünnen das Wasser, der Strom wird noch schwächer – ein Teufelskreis, der zum völligen Zusammenbruch der Strömung führt. Ein klassisches nichtlineares System, das sich innerhalb gewisser Grenzen selbst reguliert, bei Überschreiten dieser Grenzen aber regelrecht umkippt. Die Brisanz dieser Erkenntnis liegt darin, dass durch den vom Menschen verursachten Treibhauseffekt die Niederschläge im Nordatlantik aller Voraussicht nach zunehmen werden."

Süddeutsche Zeitung, 3./4. Juli 99. Stefan Rahmstorf: Die Welt fährt Achterbahn
www.pik-potsdam.de/~stefan/achterbahn.html

2 *Stelle wesentliche Auswirkungen der globalen Erwärmung für Deutschland und Europa dar.*

3 *„Der Klimawandel hat Gewinner und Verlierer". Bewerte diese Aussage.*

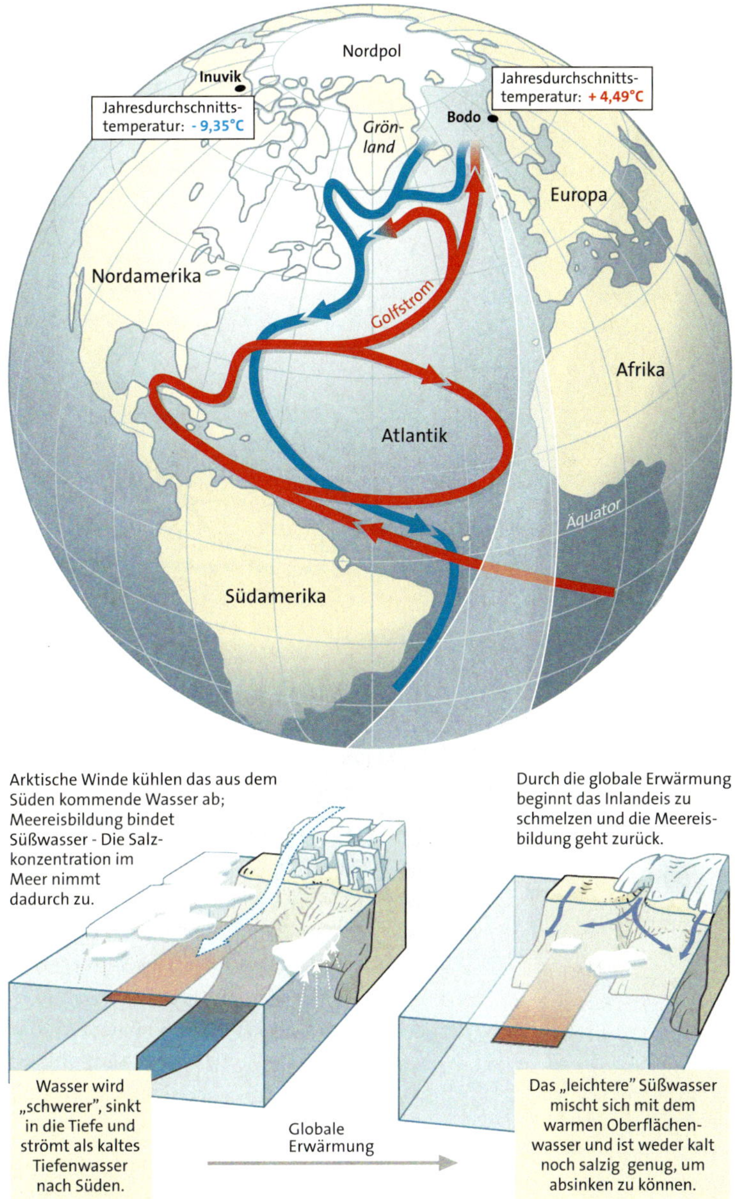

13 ***Wie der Golfstrom funktioniert***

14 ***Kippt der Golfstrom?***

Es ist sehr wahrscheinlich, dass die Meridionale Umwälzbewegung im Atlantik um durchschnittlich 25 % im 21. Jh. abnehmen wird. Die Temperaturen in der Atlantischen Region werden dennoch zunehmen, da der Einfluss der globalen Erwärmung überwiegt. Es ist allerdings sehr unwahrscheinlich dass es zu einem abrupten Zusammenbruch im 21. Jh. kommt. *(IPCC, 2007)*

1

Manchmal ist es schwierig, Ursache-Wirkungs-Zusammenhänge nur mit Worten darzustellen. Oft beeinflussen sich viele Faktoren gleichzeitig. Um alle Beziehungen veranschaulichen zu können, müssen meist auch gleichzeitig ablaufende Prozesse beschrieben werden. Dies kann mithilfe eines Wirkungsgefüges erfolgen.

Ein Wirkungsgefüge erstellen

Das Klima der Erde wird von mehreren Faktoren beeinflusst. Eine bedeutende Einflussgröße stellen menschliche Aktivitäten dar. Die Erwärmung kann sich aber auch durch positive Rückkopplung selbst verstärken. Beispiele dafür sind: das Abschmelzen des grönländischen Eisschildes, die Versteppung des Amazonas-Regenwaldes, die Erwärmung der Ozeane oder das Auftauen des Tundra-Permafrostes.

Prof. Schellnhuber, ein Klimaexperte und Berater der Bundesregierung, formuliert dazu: „Diese Kipp-Punkte sind die Achillesferse unseres Planeten. Wir sollten diese Kippschalter tunlichst nicht aktivieren. Manche könnten zu Punkten ohne Wiederkehr geraten“.

Ein Arbeitsauftrag könnte lauten: Erstelle ein Wirkungsgefüge zur Selbstverstärkung des Treibhauseffekts durch positive Rückkopplung.

1. Schritt: Zielsetzung klären

Lies die Aufgabe genau durch und erfasse die Problemstellung. Achte darauf, welche Zusammenhänge im Wirkungsschema dargestellt werden sollen.

2 **Zielsetzung der Aufgabe**

In dem Wirkungsschema sind die Rückkopplungen darzustellen, die von den Auswirkungen einer Erwärmung ausgehen.

2. Schritt: Stichwörter sammeln

Sammle ausgehend vom Problem alle Stichwörter bzw. Wortgruppen, die dir in diesem Zusammenhang einfallen. Notiere sie auf Kärtchen.

3 **Beispiele**

Zunahme Lufttemperatur, Abnahme Schneefälle, Verringerung der Schnee- und Eisflächen, Abnahme Albedo, absorbierte Globalstrahlung ...

3. Schritt: Stichwörter ordnen

Wähle geeignete Stichwörter aus. Sortiere die Kärtchen nach über- und untergeordneten Begriffen. Finde zunächst den Begriff, der die wesentlichsten Merkmale einer Sache umfasst. Ordne diesem weitere Begriffe zu. Ergänze weitere untergeordnete Begriffe auf neuen Kärtchen.

4. Schritt: Zusammenhänge durch Pfeile verdeutlichen

Überlege, welche Zusammenhänge zwischen den einzelnen Begriffen bestehen. Achte auf Ursachen und Auswirkungen. Verschiebe die Kärtchen so, dass du möglichst viele Begriffe mit Pfeilen verbindest.

5. Schritt: Zusammenhänge erklären

Begründe ausgewählte Zusammenhänge, die von dir durch Pfeile markiert wurden. Wenn du in der Gruppe gearbeitet hast, kannst du die möglichen Alternativen mit den Mitschülern diskutieren, das gemeinsame Ergebnis vergleichen und notwendige Ergänzungen vornehmen.

4 **Beispiel**

Durch die globale Erwärmung nehmen die Anteile von Schnee am Niederschlag ab. Die Folge davon ist ein Schrumpfen der Schnee- und Eisflächen. Dadurch verringert sich die Albedo und Reflexion der Sonnenstrahlung. Die Erdoberfläche absorbiert einen größeren Teil der Sonnenstrahlung und erwärmt sich somit stärker. Mit der zunehmenden Ausstrahlung erhöht sich die Lufttemperatur weiter.

6. Schritt: Überschrift formulieren

Ergänze das Wirkungsschema durch eine Überschrift, die es näher bezeichnet. Beachte, dass ein Wirkungsschema immer nur eine Vereinfachung der Wirklichkeit darstellt.

1 *Erstelle ein Wirkungsschema zu den Auswirkungen der globalen Erwärmung auf Natur und Gesellschaft.*

5 **Stichwörter als Kärtchen**

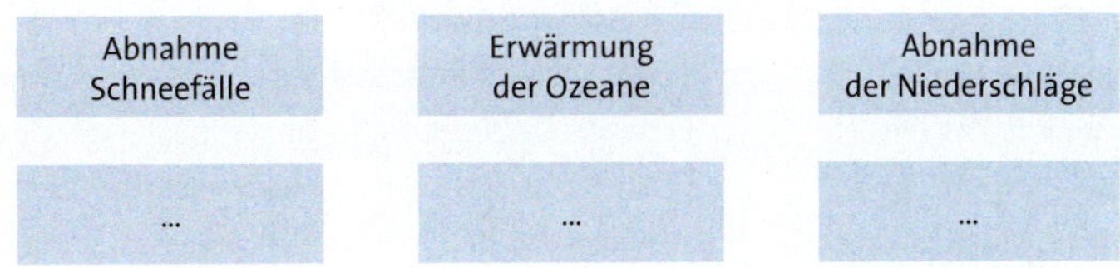

6

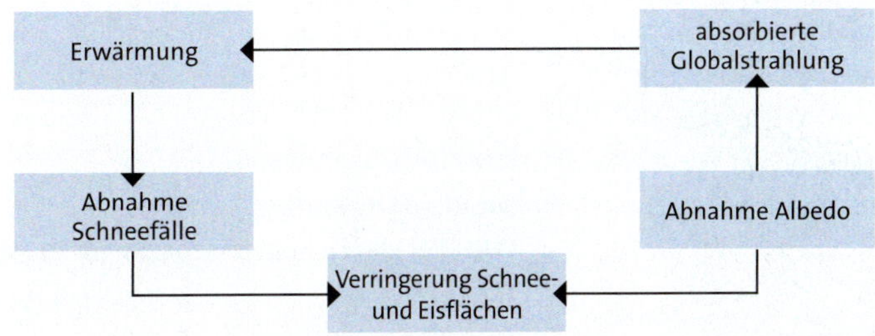

7 **Der Treibhauseffekt verstärkt sich selbst: positive Rückkopplung**

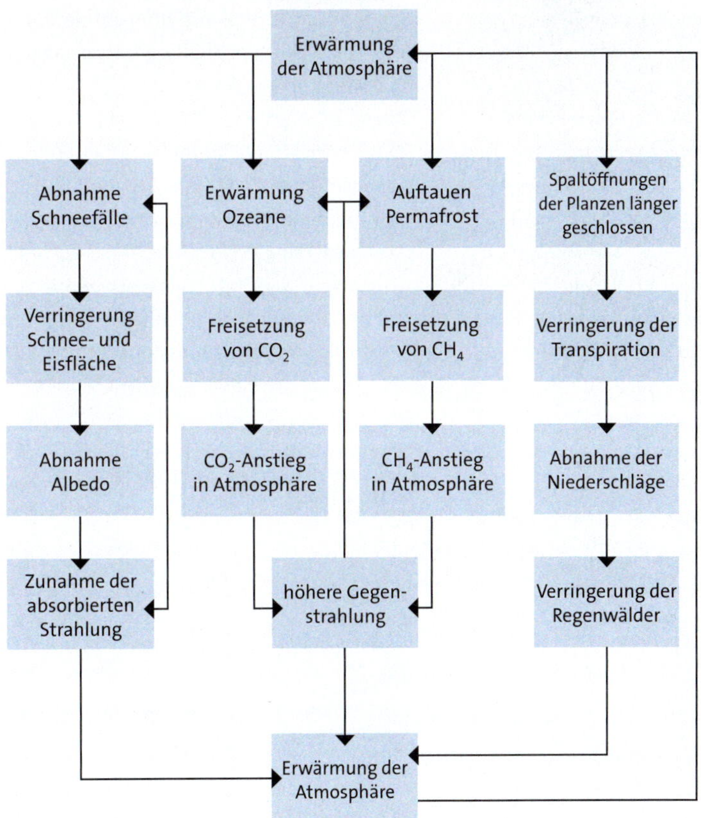

Klimaschutz – eine Aufgabe für Eine Welt

Klimakonvention
Kurzbezeichnung für: UNFCCC = United Nations framework Convention on Climate Change, Rahmenkonvention der Vereinten Nationen zum Klimawandel. Die Klimakonvention wurde 1992 auf der Konferenz der Vereinten Nationen zum Thema Umwelt und Entwicklung in Rio de Janeiro unterzeichnet
Weitere Information:
http://unfccc.int
www.bmu.de

Zum Weiterarbeiten/ Rechercheauftrag
Über das Jahr 2012 hinaus gibt es bis heute keine verbindlichen Absprachen.
Die Konferenz in Nairobi im November 2006 erbrachte keine neuen verbindlichen Ziele. Informiere dich im Internet über die weitere Entwicklung.

→ *Treibhausgase, vgl. Seite 143*

anthropogen = vom Menschen geschaffen oder beeinflusst

Das Klima wird sich ändern, aber wir können heute beginnen, die anthropogenen Ursachen zu vermindern, um den Wandel des Klimas nicht noch zu beschleunigen, sondern für die Zukunft abzubremsen. An diesem Ziel muss die Weltgemeinschaft gemeinsam arbeiten. Daher sind internationale und nationale Abkommen wichtig.

Internationale Abkommen

Die Klimakonvention

Das Ziel der Klimakonvention ist es, die Konzentration der Treibhausgase auf einem Niveau zu stabilisieren, so dass es dem Ökosystem gelingen kann, sich an die Umweltveränderungen anzupassen, die Versorgung mit Nahrungsmitteln nicht gefährdet wird und eine nachhaltige wirtschaftliche Entwicklung möglich ist.
Sowohl die entwickelten Staaten als auch die Entwicklungsländer verpflichten sich zusammenzuarbeiten, Umweltdaten zu sammeln und nationale Programme zur Abschwächung des Klimawandels zu verabschieden. Dabei liegt ein besonderer Akzent auf der Ausweisung und Erhaltung von Senken für Treibhausgasemissionen.

Die Konvention beruht auf dem Prinzip, dass die Staaten, die am meisten für den Klimawandel verantwortlich zu machen sind, die reichen Industriestaaten, eine besondere Verantwortung haben. Sie verpflichten sich deshalb, die weniger entwickelten Staaten zu unterstützen. Sie stellen finanzielle Mittel zur Verfügung und erleichtern den Transfer von Know-how und Umwelttechnologie zur Umsetzung der nationalen Klimaschutzpläne.

Das Kyotoprotokoll

1997 fand eine weitere Folgekonferenz der Staaten, die die Klimakonvention 1992 unterzeichnet haben, in Kyoto statt. Ziel dieser Konferenz war ein Abkommen zu treffen, das die industrialisierten Staaten verpflichtet, ihre Emissionen an Treibhausgasen zu verringern. Man konnte sich zu diesem Zeitpunkt darauf einigen, die Emissionen weltweit im Zeitraum von 2008–2012 gegenüber dem Bezugsjahr 1990 um mindestens 5,2 % zu senken, die EU hat eine Reduzierung um 8 % zugesagt. Diese Senkung betrifft sechs Treibhausgase, die besonders klimawirksam sind. Nachdem 141 Länder, die 55 % der weltweiten Emissionen verursachen, das Protokoll unterzeichnet hatten, konnte es am

1 Prozentuale Veränderung der Emissionen von 6 Treibhausgasen von 1990–2002 in % (1990 = 100 %)

	Soll	Ist
Belgien	−7,5	+2,1
Dänemark	−21,0	−0,8
Deutschland	−21,0	−18,9
Finnland	0	+6,8
Frankreich	0	−1,9
Griechenland	+25,0	+23,4
Großbritannien	−12,5	−14,9
Irland	+13,0	+28,9
Italien	−6,5	+9,0
Luxemburg	−28,0	−15,1
Niederlande	−6,0	+0,6
Österreich	−13,0	+8,5
Portugal	+27,0	+40,4
Schweden	+4,0	−3,7
Spanien	+15,0	+39,4
EU15	−8,0	−2,9

Quelle: FR-Infografik, 16. 2. 2005. Quelle dort: DIW

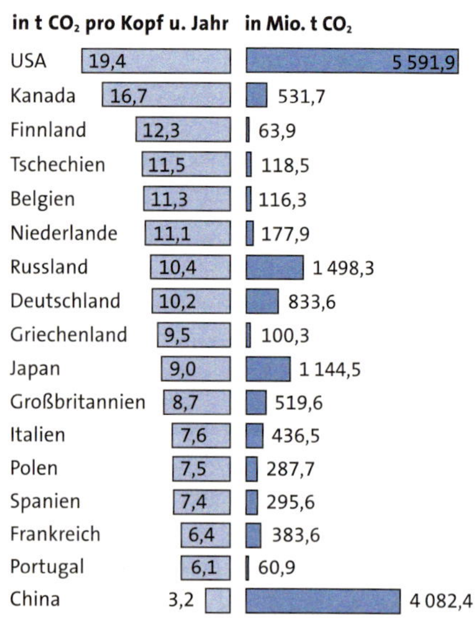

2 *Verursacher von CO_2-Emissionen im Jahr 2002*

16.2.2005 in Kraft treten, d.h. alle Industriestaaten, die das Protokoll ratifiziert haben, müssen bis 2012 die zugesagten Treibhausgas-Reduktionen verbindlich umsetzen.

Emissionshandel

Um das Ziel der Reduzierung der Emissionen zu erreichen, hat sich die EU für ein Verfahren entschieden, bei dem die Menge an Treibhausgasen festgelegt wird, die Industrie und Energieversorger ausstoßen dürfen. Die EU strebt außerdem eine marktwirtschaftliche Lösung an, den Handel mit Emissionsrechten.

In Deutschland teilt das Bundesumweltamt den Betrieben CO_2-Emissions-Zertifikate zu, die dem einzelnen Betrieb eine bestimmte Menge an Emissionen erlauben. Überschreitet der Betrieb diese Menge, so muss er entweder Zertifikate zukaufen, von Betrieben, die unter der erlaubten Ausstoßmenge bleiben, oder der Betrieb muss in seine Umwelttechnik investieren, so dass sein Ausstoß vermindert wird. Ansonsten zahlt er Strafe.

In der EU sind in der Erprobungsphase etwa 12 000 Unternehmen, die 46 % des CO_2-Ausstoßes hervorbringen, zum Emissionshandel verpflichtet. In Deutschland sind es etwa 1850 Anlagen.

Der Preis für die Zertifikate richtet sich nach Angebot und Nachfrage. Die EU ist Vorreiter für dieses System, das später international angewandt werden soll.

1 *Stelle die internationalen Übereinkünfte zum Klimaschutz dar.*

2 *a) Ermittle anhand der Karte 3 die Staaten, die das Protokoll nicht unterzeichnet bzw. ratifiziert haben.*

b) Erörtere die Bedeutung des Kyoto-Protokolls für den Klimaschutz.

c) Die zwischenstaatliche Einigung ist ein langwieriger und schwieriger Prozess. Stelle mögliche Gründe dar.

3 *a) Erkläre mithilfe der Grafik 4 den Emissionshandel.*

b) Diskutiert über dessen Vor- und Nachteile.

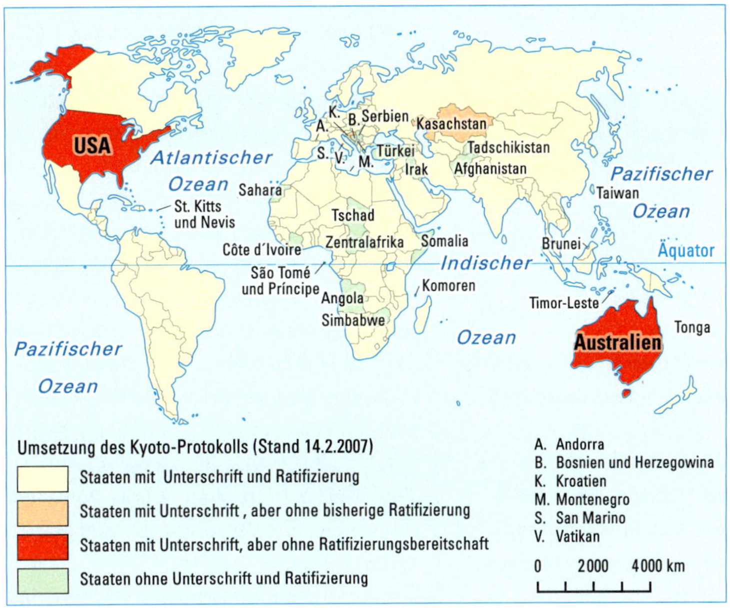

3 *Unterzeichner des Kyoto-Protokolls*

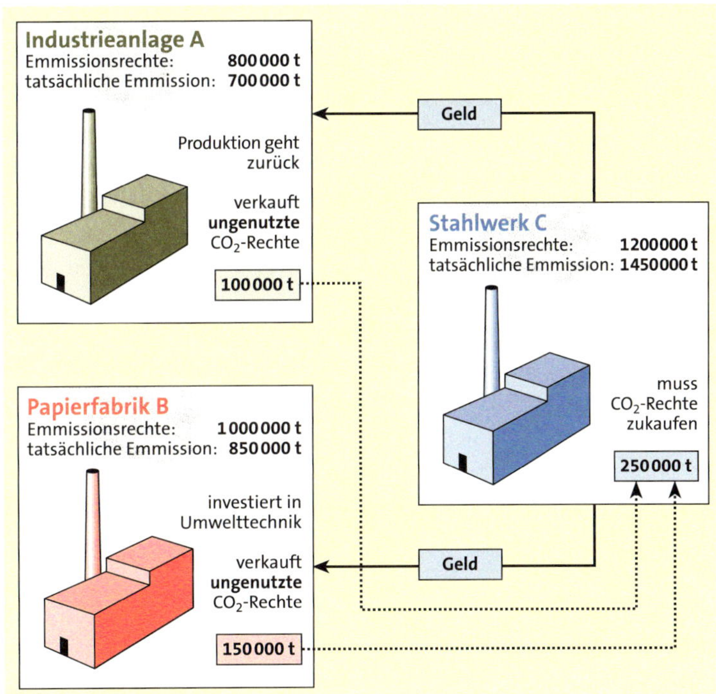

4 *Der Handel mit Emissionen*

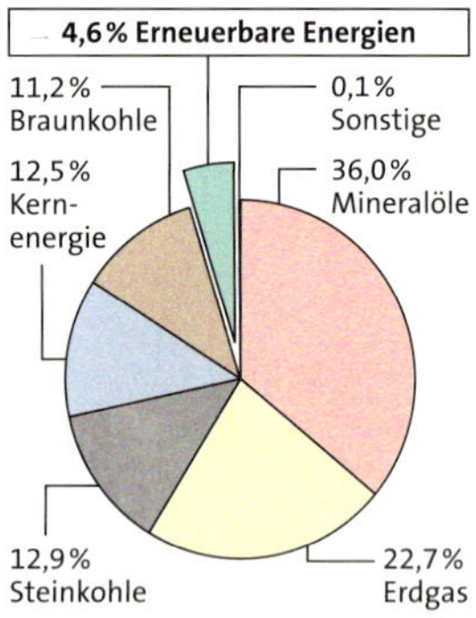

5 ***Struktur des Primärenergieverbrauchs in Deutschland 2005***

6 ***CO_2-Äquivalent: Umrechnung der Treibhauswirksamkeit der verschiedenen Treibhausgase im Vergleich zur Wirksamkeit von CO_2***

Kohlendioxid (CO_2)	*1*
Methan (CH_4)	*21*
Lachgas (N_2O)	*310*
CHF_3 u. a.	*11 300*
CF_4 u. a.	*6 500*
SF_6	*23 900*

Nationales Klimaschutzprogramm

Deutschland als das größtes Verursacherland von Emissionen in der EU hat sich im Rahmen des Kyoto-Protokolls verpflichtet, die Treibhausgas-Emissionen bezogen auf 1990 im Zeitraum 2008–2012 um 21 % zu senken. Dieses Ziel hat Deutschland nahezu erreicht: Ende 2005 lagen die Treibhausgas-Emissionen um rund 19 Prozent unter dem Emissionsniveau von 1990. Neben dem Kyoto-Protokoll hat sich Deutschland weitere ehrgeizige Ziele gesteckt: eine CO_2-Reduktion um 40 Prozent bis 2020 und um 80 Prozent bis 2050, jeweils bezogen auf 1990. Um diese Ziele zu erreichen, wurde 2000 und 2005 ein Nationales Klimaschutzprogramm verabschiedet.

Der nationale Klimaschutz steht dabei im Kontext des Leitbildes der nachhaltigen Entwicklung und der Agenda 21. Im Rahmen des Klimaschutzprogramms wird der Handlungsbedarf für die Sektoren, die nicht vom Emissionshandel erfasst sind, wie die privaten Haushalte, Verkehr und Gewerbe, Handel und Dienstleistungen beschrieben und Zielvorgaben festgelegt.

Laut Klimaschutzbericht sind für „Energie und Industrie“ die Ziele der Minderung durch den Emissionshandel und damit erwartete Investitionen in Umwelttechnik garantiert. Einsparmöglichkeiten bestehen aber auch im Bereich der privaten Haushalte. Hier fördert die Bundesregierung Maßnahmen zur Modernisierung von Altbauten und für die Ausstattung von Neubauten, so dass durch eine bessere Wärmedämmung, den Bau von Niedrigenergiehäusern und von Passivhäusern der Energiebedarf und somit die Emissionen gesenkt werden. Dazu trägt ebenso der Einsatz effizienter Heizsysteme und der Einsatz erneuerbarer Energien bei. Weitere Einsparungen sind im Stromverbrauch durch den bewussten Umgang und neue Techniken bei Elektrogeräten zu erzielen.

Im Verkehrssektor sollen durch staatliche Steuerung, z. B. über die LKW-Maut und die Kfz-Steuer, die Emissionen verringert werden. Durch gezielte Stadtplanung kann der Individualverkehr in den Städten zugunsten des ÖPNVs und des Fahrradverkehrs umgelenkt werden. Wichtig sind im Verkehrssektor technische Innovationen sowie Effizienzsteigerung bestehender und die Entwicklung neuer Antriebstechniken.

7 **Entwicklung der Treibhausgase (THG) in Deutschland**

THG-Sektor Zahlen in Mio. t		IST 1990	IST 2003	Ziel 2012
CO_2-Äquivalente gesamt		1248	1017	986
davon	CO_2	1015	865	844
	Sonstige THG	233	152	142
Haushalte und Verkehr gesamt		287	289	291
davon	Haushalt	129	122	120
	Verkehr	158	167	171
Energie und Industrie gesamt		637	516	495
davon	Industrie	195	131	k.A.
	Energiewirtschaft	442	385	k.A.
Gewerbe, Handel, Dienstleistung		91	60	58

Quelle: Nationales Klimaschutzprogramm 2005

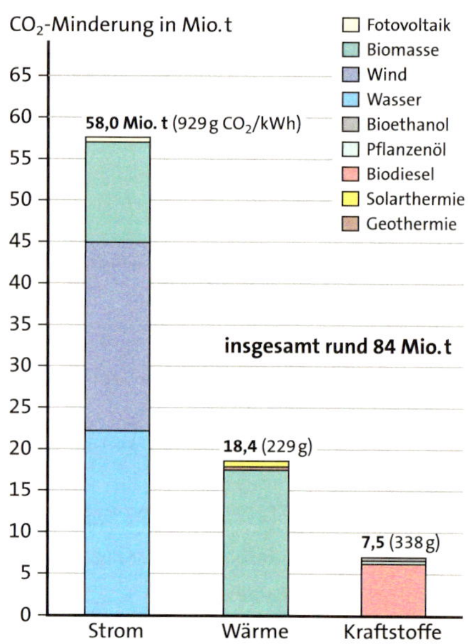

8 ***Verschiedene CO_2-Emissionen durch Nutzung erneuerbarer Energien in Deutschland im Jahr 2005***

Mittel- und langfristige Perspektiven

Das Klimaschutzprogramm 2005 beschränkt sich in seinen Aussagen nicht nur darauf, wie das Kyoto-Ziel erreicht werden soll, sondern es geht auch auf eine Vision für die Klimaschutzpolitik in Deutschland, Europa und der Welt nach 2012 ein. Deutschland übernimmt dabei die Vorreiterrolle in Sachen Klimaschutz. Das mittelfristige Ziel ist eine Reduzierung der emittierten Treibhausgase in Deutschland bis zum Jahr 2020 gegenüber 1990 um 40 Prozent. Dies unter der Voraussetzung, dass sich die übrigen EU-Staaten ihrerseits verpflichten, ihre Emissionen um 30 Prozent zu senken.

Das Programm greift damit einen Beschluss des Europäischen Rates für Umwelt auf. Danach müssen die Industriestaaten ihre Emissionen bis 2020 um 15 bis 30 Prozent gegenüber dem Basisjahr 1990 senken und bis zum Jahr 2050 sogar um 60–80 Prozent, sofern die globale Erwärmung nicht mehr als 2 °C gegenüber dem vorindustriellen Zeitalter ansteigen soll.

Diese ehrgeizigen Ziele können jedoch nur umgesetzt werden unter Einbeziehung aller Staaten, insbesondere der USA und der großen Entwicklungs- und Schwellenländer. Dabei ist eine ausgewogene Verteilung der Klimaschutzanstrengungen auf alle Staaten unter Vermeidung von Benachteiligungen anzustreben.

4 *Informiere dich über das nationale Klimaschutzprogramm.*

5 *Werte die Tabellen 6 und 7 aus und vergleiche den bisherigen Verlauf der Entwicklung mit den Zielen 2012.*

6 *Beurteilt die Bedeutung der erneuerbaren Energien beim Klimaschutz.*

7 *Deutschland ist Vorreiter im Klimaschutz. Überprüfe diese Aussage.*

8 *2008 erscheint der nächste Klimaschutzbericht. Informiere dich im Internet.*

9 *Erstelle deine persönliche Klimabilanz. Informiere dich mit den Internetadressen 10–14 und Text über weitere Maßnahmen, wie du persönlich zum Klimaschutz beitragen kannst.*

9 **Sechs Richtige: CO_2-Reduktion ohne Mühe**

Kleiner Dreh am Heizregler: Nur ein Grad weniger im Raum senkt den Energieverbrauch um circa sieben Prozent. Temperaturen zwischen 18 Grad im Schlafzimmer und 21 Grad in der guten Stube reichen in Wohnräumen meistens aus. Nachts und wenn alle außer Haus sind, empfiehlt sich, die Heizung noch weiter zu drosseln.

Richtiges Lüften: Stehen Fenster und Türen länger auf Kipp, entweicht allzuviel Wärme. Besser ist, mehrmals am Tag für einige Minuten gut durchzulüften. Denn abgestandene Luft mit hoher Feuchtigkeit in den Innenräumen sollte regelmäßig gegen frische Luft mit relativ geringer Feuchte ausgetauscht werden. Bildet sich hohe Luftfeuchtigkeit auf kalten Innenwänden, kann Schimmelpilz entstehen.

Licht durch Energiesparlampen: Die Sparvarianten kosten zwar deutlich mehr als Glühbirnen, brauchen aber bei gleicher Lichtausbeute circa 75 Prozent weniger Strom und halten zehnmal so lange. Unterm Strich sorgt die normale Lebensdauer einer Energiesparlampe für ein Plus von rund 80 Euro in der Haushaltskasse.

Stand-by unter Kontrolle: HiFi-Anlagen, Fernseher, aber auch Küchengeräte bleiben häufig in Warteposition (Stand-by-Modus) und stehen somit ständig unter Strom. Dieser Leerlauf verschlingt locker pro Jahr 70 Euro. Deshalb ist es ratsam, wenn möglich den Stecker zu ziehen oder eine abschaltbare Steckdosenleiste zu benutzen.

Optimale Plätze für elektrische Geräte: Kühlschränke und Gefriergeräte sollten nicht neben dem Herd, sondern möglichst an einem kühlen Platz stehen. Jedes Grad plus oder minus in der Umgebungstemperatur steigert bzw. senkt den Stromverbrauch um sechs Prozent.

Ökonomisches Autofahren: Wer seine Geschwindigkeit dem Verkehrsfluss anpasst, mit niedriger Drehzahl fährt und auf einen leicht erhöhten Reifendruck achtet, kommt mit weniger Sprit aus.

gekürzt nach http://www.vz-bawue.de (20.05.2007)

10 ***www.klimanet.baden-wuerttemberg.de***

11 ***www.klimanet4kids.baden-wuerttemberg.de***

12 ***www.atmosfair.de***

13 ***www.myfootprint.org***

14 ***www.bmu-kids.de***

Orientieren

1 a) *Benenne wichtige Gase, die den natürlichen und anthropogenen Treibhauseffekt verursachen.*
b) *Vergleiche deren Klimawirksamkeit.*

2 *Stelle in einer Übersicht die Länder mit den höchsten CO_2-Emissionen pro Kopf und absolut gegenüber (Internet).*

3 *Benenne mithilfe des Atlasses Regionen der Welt, die von einem Meeresspiegelanstieg besonders betroffen sind.*

Kennen und Verstehen

4 *Erkläre, warum die Polargebiete für das globale Klima von besonderer Bedeutung sind.*

5 *Brandrodung verstärkt den Treibhauseffekt in zweierlei Weise. Begründe.*

6 *Wolken können den Treibhauseffekt verstärken und verringern. Erkläre.*

7 *Welche der Ursachen A bis E treffen für den Meeresspiegelanstieg zu? Begründe deine Entscheidung. Der Meeresspiegel steigt an, weil*
A *mit der Erwärmung auch die Niederschläge zunehmen;*
B *das Wasser sich bei Erwärmung ausdehnt und ein größeres Volumen einnimmt;*
C *weil sich die Erdkruste hebt und dadurch der Meeresboden steigt;*
D *die Eispanzer Grönlands und der Antarktis schmelzen;*
E *die Gletscher der Hochgebirge schmelzen.*

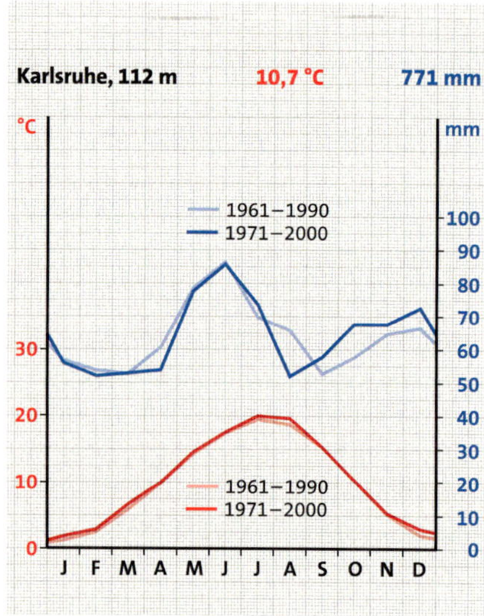

② **Klimadiagramm Karlsruhe**

Fachmethoden anwenden

8 *Analysiere die Ergebnisse der Klimaforschung in Abbildung 3 und erläutere, inwieweit diese als Beweis für den weltweiten Klimawandel angesehen werden können.*

9 *Arbeite mit dem Klimadiagramm 2.*
a) *Vergleiche die Temperaturen und Niederschläge der Zeiträume 1961–91 und 1971–2000 in Karlsruhe.*
b) *Inwieweit können die Unterschiede als Indiz für einen Klimawandel gelten?*
c) *Beschreibe die Entwicklung der energiebedingten CO_2-Emissionen in Baden-Württemberg in Diagramm 1.*
d) *Leite daraus Maßnahmen für den Klimaschutz ab.*

Wichtige Begriffe
Aerosol
Eisbohrkern
Emissionshandel
Klimamodell
Klimakonvention
Klimaschutz
Klimaszenario
Sauerstoffisotopenanalyse
Treibhauseffekt
Treibhausgas

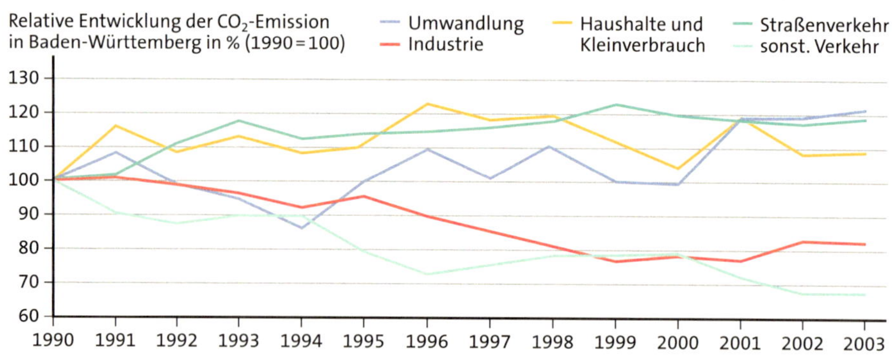

① **Relative Änderung der CO_2-Emissionen in Baden-Württemberg nach Sektoren**

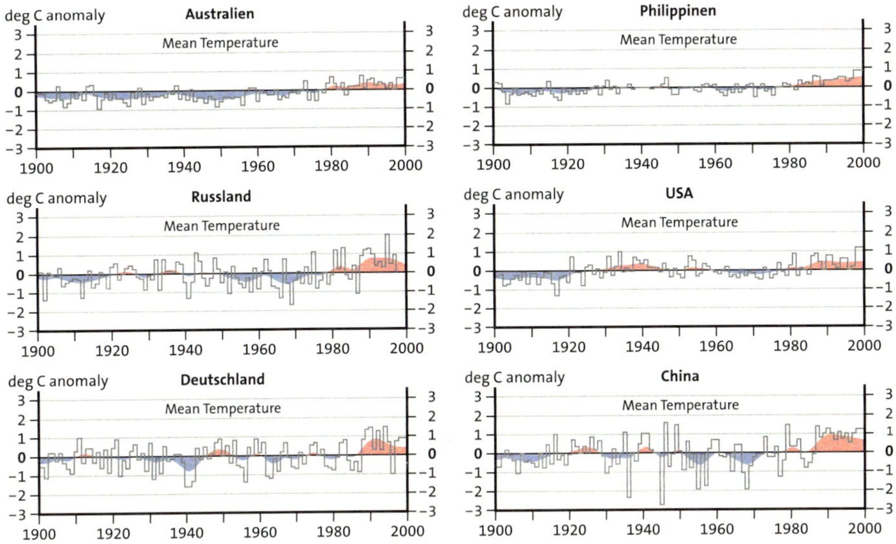

(3) ***Temperaturveränderungen relativ zum Mittel 1961 – 1990***
Global Observated climate data sets (Climate Research Unit, Great Britain)

Teste dich selbst
mit den Aufgaben 2, 5 und 12.

Übertragen

10 *a) Recherchiere mit den Begriffen „Szenario Ausfall Golfstrom" im Internet, was Wissenschaftler zum möglichen Zusammenbruch des Golfstroms herausgefunden haben.*
b) Begründe mit diesen wissenschaftlichen Argumenten und deinen Kenntnissen, warum wir nach den bisherigen Modellrechnungen im 21. Jahrhundert in Nordeuropa keine neue Kaltzeit erwarten.

Beurteilen

11 *Setze dich mit den Argumenten der Klimaskeptiker (4) auseinander.*

12 *Der Umgang mit den Folgen des Klimawandels ist nicht nur eine Herausforderung für Wirtschaft und Politik, sondern hat auch eine ethische Dimension. Diskutiere diese Aussage.*

Handeln

13 *Erstelle mithilfe der Webseite www.wdr.de/tv/quarks/sendungsbeitraege/2007/0130/005_klima.jsp deine persönliche CO_2- bzw. Energiebilanz. Du benötigst die Angaben der Endenergie für Strom (kWh), Wärme (l, m³, kg oder kWh) sowie für Benzin (l). Der CO_2-Ausstoß pro Kopf in Deutschland liegt (2006) bei 9 000 Kilogramm im Jahr. Vergleiche die Ergebnisse in der Klasse.*

(4) **Argumente der Klimaskeptiker**

Der wesentliche Faktor der Klimaänderungen ist die Sonnenaktivität, wobei die Änderung des Klimas nicht durch Treibhausgase, sondern durch die veränderte Sonnenstrahlung und Sonnenaktivitäten gesteuert wird. Der menschliche Beitrag zum Treibhauseffekt ist sehr klein und daher unbedeutend. Die anthropogenen Anteile beim Kohlendioxid mit 1,2 % und bei den Nicht-Kohlendioxid-Gasen mit 0,9 % liegen noch deutlich im Bereich der Unsicherheiten, die bei der heutigen Bestimmung des Gesamt-Treibhauseffekts zu veranschlagen sind.

Klimaschutzmaßnahmen wie das Kyoto-Protokoll kosten viele Milliarden Dollar. Trotz dieser kostspieligen Maßnahmen steigen die Temperaturen am Ende nur um 0,1 Grad weniger. Es ist daher viel sinnvoller, das ökonomische Wachstum zu entwickeln, was die Lösung und nicht das Problem des Treibhauseffekts ist.

Globale Herausfor
Zukunftssicherung

„Im Moment leben wir in den hochentwickelten Ländern noch so, als hätten wir drei weitere Erdkugeln in Reserve. Aber wenn wir mit unserer Natur sinnvoll haushalten und ihre Rohstoffe zehnfach oder noch effizienter nutzen, können wir auch in Zukunft ohne Wohlstandsverlust gut auf unserer einen Erde leben."

So das Wuppertal-Institut für Klima, Umwelt und Energie zu den globalen Herausforderungen und drängendsten Zukunftsfragen unserer Zeit.

rungen und

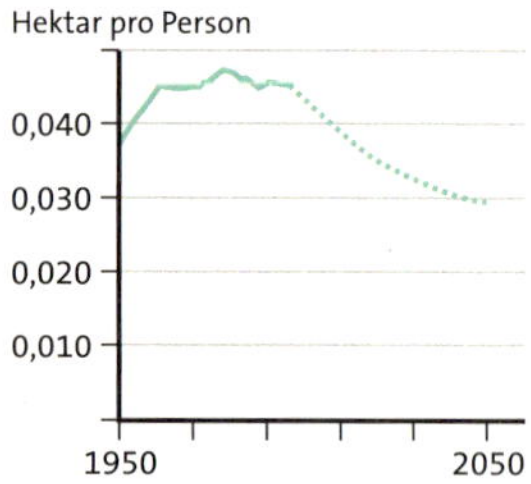

1 ***Bewässerte Anbaufläche/Kopf weltweit***

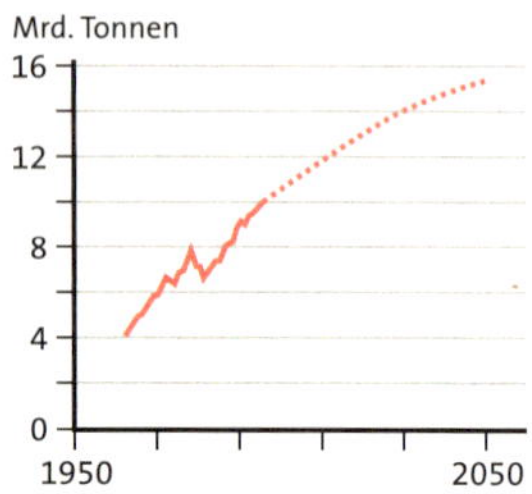

2 ***Weltweiter Rohstoffverbrauch***

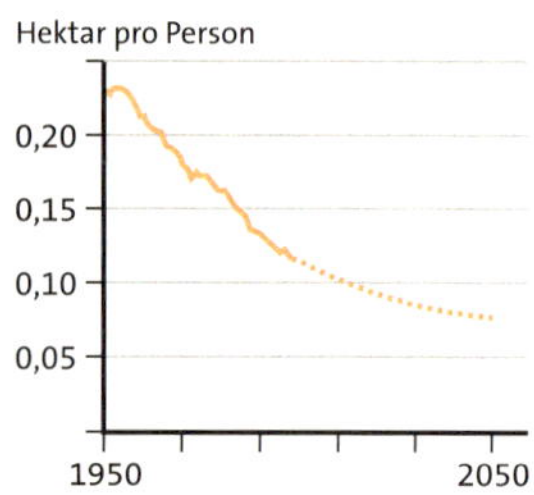

3 ***Weltweite Getreideanbaufläche***

4 ***Auf dem Markt von Karachi (Pakistan)***

Globale Herausforderungen ...

Bis zum Jahr 2050 wird die Weltbevölkerung voraussichtlich auf über 9 Milliarden Menschen angewachsen sein. Damit einher geht ein entsprechender Mehrbedarf an allem, was zum (Über-)Leben erforderlich ist: Nahrung, Wohnraum, Kleidung, Wasser und vieles mehr. Hinzu kommt, dass der Bedarf und Verbrauch jedes einzelnen von uns heute ungleich größer ist, als dies für frühere Generationen der Fall war. Das bewirkt, dass der Ressourcenverbrauch im Vergleich zum Bevölkerungswachstum überproportional stark ansteigt. Angetrieben durch das Phänomen der nachholenden Entwicklung einzelner Gruppen oder ganzer Gesellschaften nimmt überdies auch der Bedarf an all jenen Gütern zu, die das Leben annehmlich gestalten: Reisen, Kultur, Luxus. Dies verstärkt den Druck auf die verfügbaren Ressourcen noch weiter, allen voran auf die Energierohstoffe, aber auch auf Wasser, Boden, Erze und vieles mehr. Da die Weltbevölkerung nach wie vor weit davon entfernt ist, eine auch nur annähernde Gleichverteilung der Güter erreicht zu haben, und die Ressourcen definitiv als endlich zu begreifen sind, ergeben sich zwangsläufig regionale und/oder temporäre Probleme wie etwa Hunger oder Wassermangel, die sich in jüngster Zeit zu globalen Dimensionen ausweiteten. Die Zunahme dieser globalen Probleme stellt die Weltgemeinschaft vor eine gemeinsame Herausforderung. Zur Sicherung unserer aller Zukunft müssen wir tragfähige Lösungen finden.

Was sind globale Herausforderungen?
Globale Probleme zeichnen sich dadurch aus, dass sie vom Menschen verursachte, existenzielle Bedrohungen der heute lebenden Weltbevölkerung darstellen und in mindestens zwei Regionen der Erde gleichzeitig auftreten. Die derzeit drängendsten Probleme sind in der ausreichenden Versorgung mit sauberem Trinkwasser, mit ausreichender Nahrung und Energie, in der Eindämmung des Klimawandels, der Umweltverschmutzung und der Aids-Problematik sowie im Erhalt der natürlichen Lebensgrundlagen, vor allem der für das (Über-)Leben unverzichtbaren Ressourcen Wasser, Boden und Luft zu sehen.

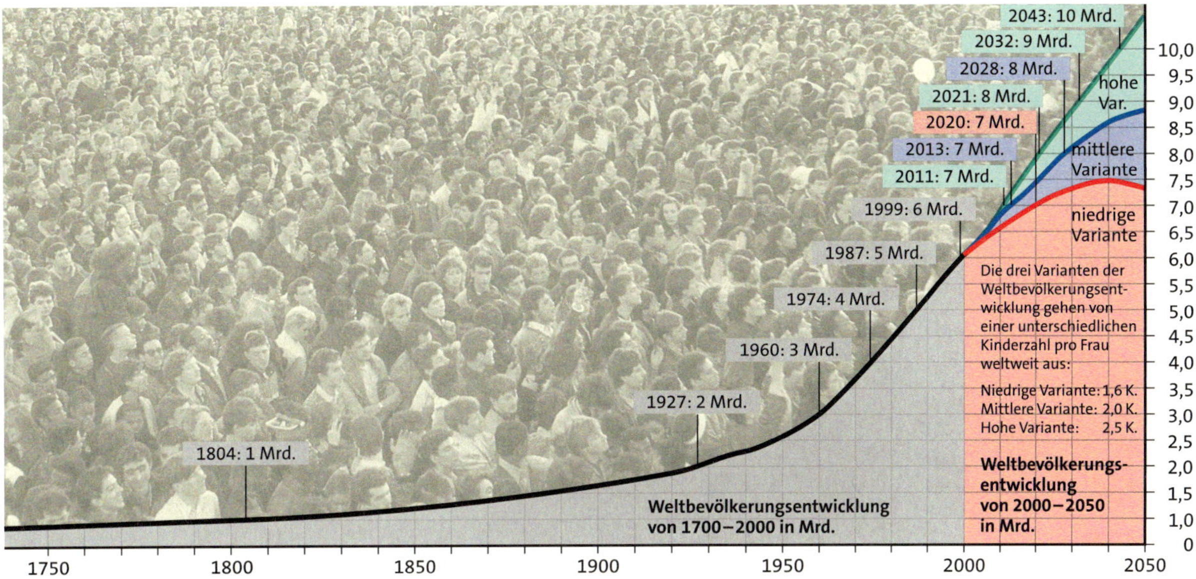

5 ***Wachstum der Weltbevölkerung und Prognosen bis zum Jahre 2050***

... und Zukunftssicherung

Weder die strikte Modernisierung noch die Förderung traditioneller Wirtschaftssysteme und Gesellschaftsformen haben in den vergangenen Jahrzehnten dazu geführt, dass die ökonomischen, sozialen und ökologischen Probleme der Welt bewältigt werden konnten. Mit der „Agenda 21" hat sich die Weltgemeinschaft auf der größten internationalen Konferenz aller Zeiten, der Welt-Umweltkonferenz von Rio de Janeiro im Jahre 1992, darauf verständigt, die Lösung der von allen als existenzbedrohend erkannten globalen Herausforderungen gemeinsam auf der Grundlage des Nachhaltigkeitsprinzips anzugehen.

Dieses Prinzip verpflichtet alle Akteure der einen Welt darauf, die ökonomischen, ökologischen und sozialen Aspekte und Interessen menschlichen Handelns miteinander so in Einklang zu bringen, dass die natürlichen Lebensgrundlagen nachhaltig erhalten bleiben, ein Ausgleich zwischen den armen und den reichen Regionen der Erde gefunden wird und nachfolgende Generationen mit den gleichen Lebenschancen ausgestattet sind wie ihre Vorfahren.

Die Frage, ob mit dem Nachhaltigkeitsprinzip der richtige Lösungsweg für die aktuellen globalen Herausforderungen - hier exemplarisch untersucht anhand der Aspekte Wasser, Energie, Boden und städtische Lebensweise - eingeschlagen wurde, liegt diesem Kapitel als Leitfrage zugrunde.

1 *Werte die Diagramme in den Marginalspalten aus und verfasse auf dieser Grundlage einen pointierten Zeitungsartikel über die globalen Herausforderungen unserer Zeit.*

2 *Erörtere den Lösungsansatz Nachhaltigkeitsprinzip hinsichtlich der aktuellen globalen Herausforderungen.*

3 ***GFS-Vorschlag:***
Vertiefe eines der durch die Grafiken angesprochenen globalen Problemfelder in einer GFS. Berücksichtige dabei auch die aktuelle Presseberichterstattung.

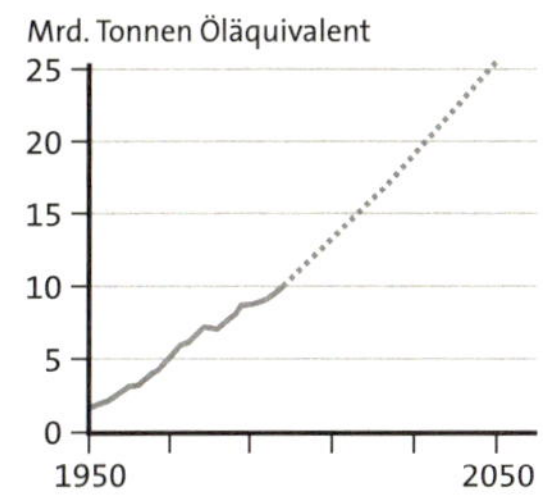

6 ***Weltweiter Energiebedarf***

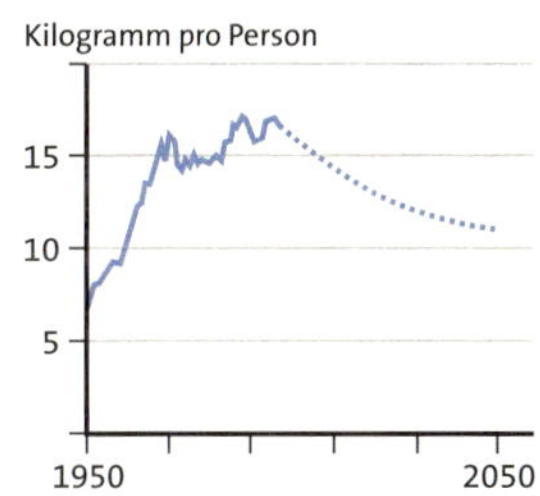

7 ***Weltweite Fischfangerträge***

Kaum zu glauben

Nur rund 1 Prozent allen Wassers auf der Erde kann von der Weltbevölkerung als Trinkwasser genutzt werden.
Denn 97 Prozent sind Salzwasser und zwei Drittel des gesamten Süßwassers der Erde sind entweder in den Gletschern, Sümpfen oder im Boden gebunden und entziehen sich so der Nutzung.

Würde das gesamte Wasser der Erde in einen 5-Liter-Eimer passen, dann würde der Anteil nutzbaren Süßwassers nur einen Esslöffel voll ausmachen.

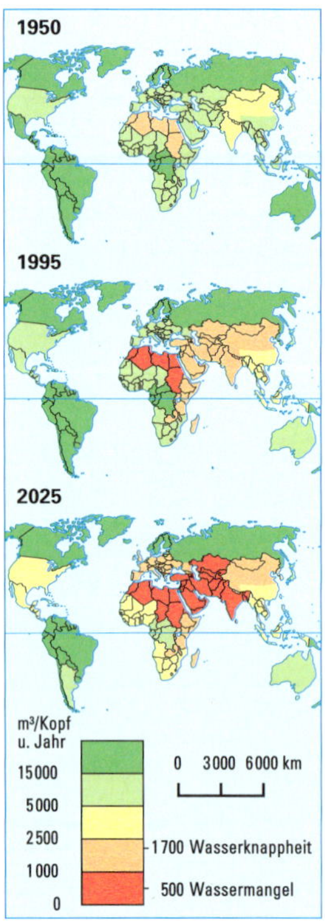

1 Zugang zu sauberem Trinkwasser in m³/Kopf und Jahr

2 Der tägliche „Kampf" um Wasser in Indien

Globale Herausforderung Wasser

„Dem Blauen Planet geht das Wasser aus", „Zunahme von Wasserkonflikten" oder gar „Krieg um Wasser" sind Schlagzeilen, die in den letzten Jahren immer öfter zu lesen sind. Doch nicht nur die Medien, auch die Wissenschaft und die internationale Politik setzt sich mit den zunehmenden Wasserkonflikten auseinander. Diese reichen von umstrittenen, grenzüberschreitenden Nutzungen von Fließgewässern, wie am Euphrat oder Ganges, über die zunehmend schwieriger werdende Versorgung der Megastädte mit sauberem Trinkwasser, wie in Mexico City. Aber auch die Bereitstellung ausreichenden Bewässerungswassers für die Landwirtschaft, wie in Indien, bis hin zum Bau großer Staudämme, wie am Jangtsekiang in China ist mit Spannungen verbunden. Die in vielen Regionen der Erde auftretenden unterschiedlichen Konflikte um Wasser sind zu einem globalen Problem geworden, wenn nicht sogar zum herausragenden Weltproblem des 21. Jahrhunderts.
Dabei zeigen die um Wasser entbrannten Konflikte sehr unterschiedliche Charakteristika. Diese können primär politischer, ökonomischer oder ökologischer Natur sein. Immer aber haben sie negative Auswirkungen auf Menschen.
Die politischen Konflikte um Wasser können bi- oder multilateral, d. h. zwischen zwei oder mehreren Staaten entbrennen, wie etwa am Euphrat. Zu beobachten sind aber auch politische Konflikte um Wasser innerhalb von Nationalstaaten zwischen einzelnen Regionen, wie etwa am Cauvery in Südindien. Um dessen Wasser streiten sich die Bundesstaaten Karnataka und Tamil Nadu.
Demgegenüber treten ökonomisch motivierte Wasserkonflikte mit der Einführung oder der Erhöhung von Wasserpreisen auf, wie es in Mexico City der Fall ist. Dies führt dazu, dass Arme überproportional viel für Trinkwasser bezahlen müssen, was ihre Wasserversorgung gefährdet. Und in manchen Tourismusregionen Thailands verfügen Reisbauern oft nicht mehr über genügend Bewässerungswasser für ihre Reisfelder, da sie die durch die große Wassernachfrage von Golfplatzbetreibern stark gestiegenen Wasserpreise nicht zahlen können.
Ökologisch bedingte Wasserkonflikte entstehen etwa durch die Kontamination von Fließgewässern, die gleichzeitig anderen als Trinkwasserressource dienten. Auch die durch den Bau großer Staudammanlagen immer wieder hervorgerufenen schweren Schädigungen der lokalen ökologischen Verhältnisse führen zu Konflikten, wie am Amu-Darja.
Die realen Wasserkonflikte sind nicht rein politischer, ökonomischer oder ökologischer Natur, sondern zeigen stets Überlappungen untereinander und haben mit ihren Auswirkungen auf Menschen – etwa in Gestalt von Gesundheitsgefährdungen, existenziellen Bedrohungen oder erzwungenen Umsiedlungsmaßnahmen – immer auch eine gesellschaftliche Dimension.

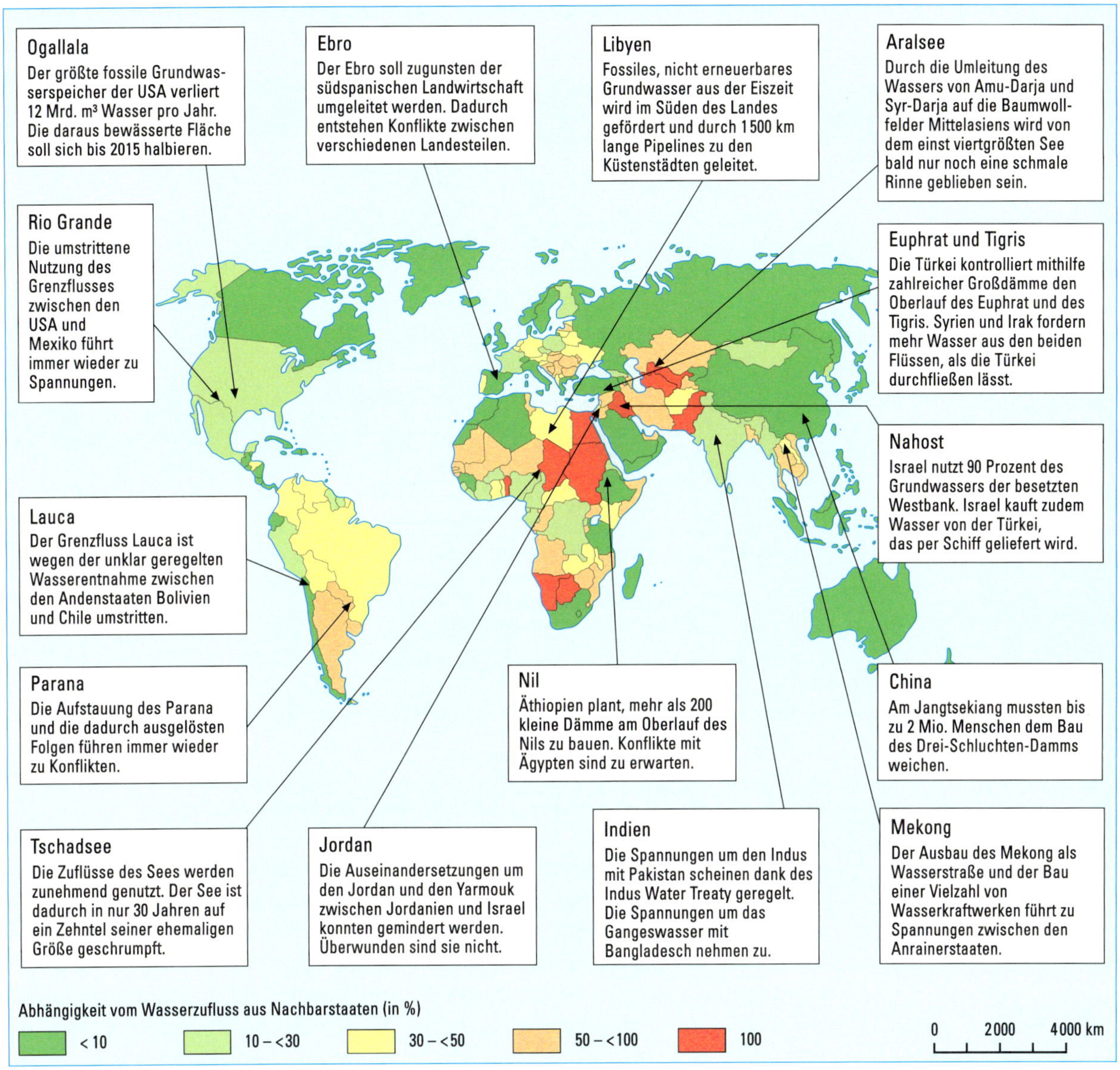

3 *Ausgewählte Wasserkonflikte weltweit*

1 *Fertige auf der Grundlage des Textes ein Schema der Wasserkonflikte an.*

2 *Erstelle eine Tabelle über die aktuellen Wasserkonflikte nach folgendem Vorschlag.*

3 ***GFS-Vorschlag:***
Stelle einen der aktuellen internationalen Wasserkonflikte im Rahmen einer GFS vor.

Kontinent	**Fluss/Flussbecken**	**Anrainerstaaten**	**Abhängigkeitsgrad**	**Dominierende Nutzungskonflikte**
Afrika	Nil Tschadsee ...			
Asien				
...				

1 Bevölkerungsentwicklung in Millionen

	1975	2000
Türkei	40	66
Syrien	7,5	16
Irak	11	23

2 Bevölkerungsprojektionen der Vereinten Nationen (2025 in Millionen)

Niedere UN-Projektion	
Türkei	*79*
Syrien	*24*
Irak	*38,5*
Mittlere UN-Projektion	
Türkei	*88*
Syrien	*26*
Irak	*41*
Hohe UN-Projektion	
Türkei	*95,5*
Syrien	*28,3*
Irak	*43,5*

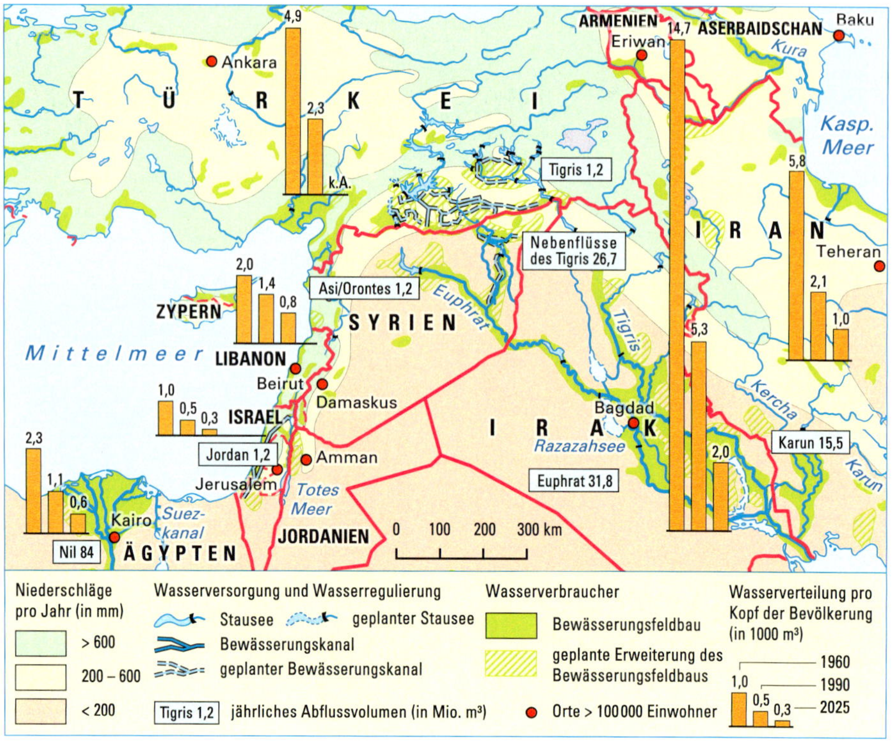

4 Wasserverfügbarkeit pro Kopf der Bevölkerung in den Ländern des Nahen Ostens

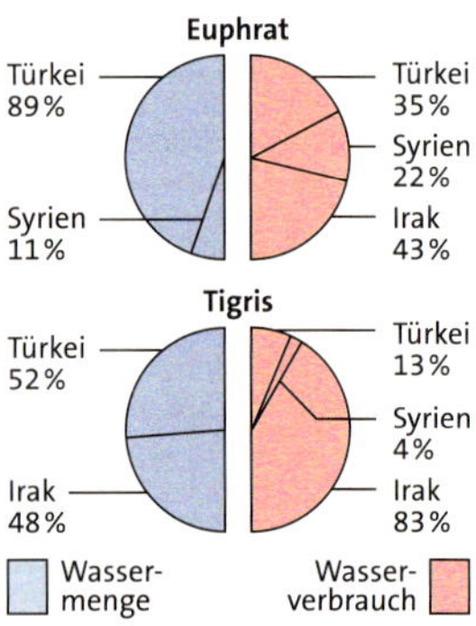

3 Anteil am Euphrat- und Tigriswasser *(jeder Halbkreis entspricht 100 Prozent)*

Der Konflikt um den Euphrat

Der Streit um den Euphrat zwischen der Türkei, Syrien und dem Irak zählt zu den brisantesten Auseinandersetzungen um das existenzielle Gut Wasser im Nahen und Mittleren Osten. Die am niederschlagsreichen Oberlauf des Euphrat gelegene Türkei nimmt dabei eine stark von nationalen Interessen geprägte Haltung ein, indem sie die uneingeschränkte Verfügbarkeit des Euphrat-Wassers für sich beansprucht. Folgerichtig sieht die Regierung in Ankara es als ihr grundsätzlich legitimes Recht an, die nach Syrien weitergeleitete Wassermenge maßgeblich zu bestimmen. Demgegenüber begreifen die am Unterlauf des Euphrat gelegenen Staaten Syrien und Irak den Euphrat nicht als nationales, sondern als internationales Fließgewässer, über dessen gesamte Wasserressourcen die Anrainerstaaten gemeinsam und zu gleichen Teilen verfügen können. Mit dem Bau immer neuer Staudämme im Zusammenhang mit dem Ausbau des südostanatolischen Bewässerungsprojektes GAP sowie der abnehmenden und zeitweise mehr oder minder starken Kontamination des Euphrat-Wassers durch Agrochemikalien gewinnt der Konflikt zwischen der Türkei und Syrien an Schärfe.

Weiter stromabwärts ist zwischen Syrien und dem Irak eine ähnliche Konfliktkonstellation zu beobachten, die angesichts der im Vergleich zu Syrien geringeren Abhängigkeit des Irak vom Euphrat jedoch weniger Brisanz enthält.

1 *Vergleiche die Satellitenaufnahmen 5 und 6 hinsichtlich der jeweiligen Wassernutzung.*
2 *Kombiniere diese Erkenntnisse mit den Informationen aus den anderen Materialien*
3 *Informiere Dich über den Verlauf des Grenzflusses Orontes. Lege dar, inwieweit dieser den Euphratkonflikt komplizierter macht.*

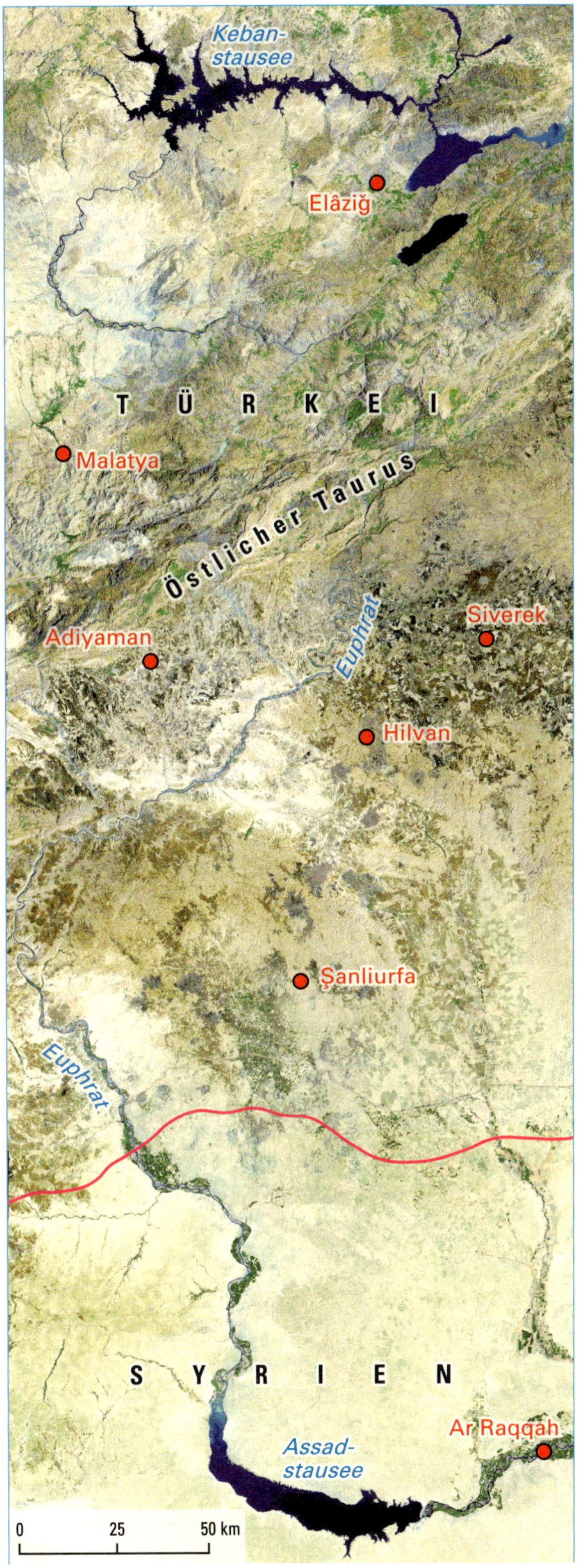

5 *Euphrat, Grenzgebiet Türkei – Syrien, 1976*

6 *Euphrat, Grenzgebiet Türkei – Syrien, 2000*

1 *Der Euphrat nahe der türkisch-syrischen Grenze*

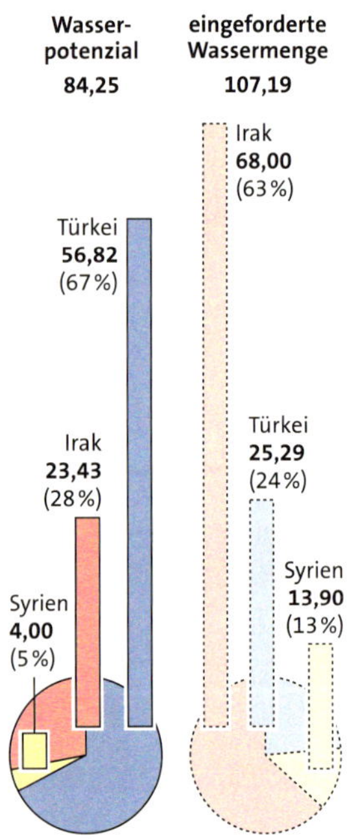

2 ***Euphrat und Tigris Gesamtwassermenge***
Angaben in Mrd. m³/Jahr (Wasserpotenzial bezeichnet hier die von den beiden Flüssen Euphrat und Tigris pro Jahr maximal transportierte Wassermenge)

Die Positionen der Euphratanrainer

Trotz vielfältiger grenzüberschreitender Kontakte und Kooperationen hinsichtlich des Euphrat schwelt der Konflikt zwischen den Euphratanrainerstaaten weiter. Dabei ist es erklärter Wille aller Beteiligten, auf dem Verhandlungsweg eine dauerhafte Lösung zu finden. In vielen Verhandlungsrunden wurden die jeweiligen Positionen ausgetauscht. Eine abschließende Einigung steht aber noch immer aus.

1 *Analysiert und visualisiert die unterschiedlichen Positionen der Euphratanrainerstaaten im Rahmen eines Gruppenpuzzles. Beachtet dabei,*
- *welche Forderungen die einzelnen Anrainerstaaten formulieren,*
- *ob Euphrat und Tigris als ein oder zwei Flusssysteme aufgefasst werden,*
- *welche Rolle der syrisch-türkische Grenzfluss Orontes in der Auseinandersetzung spielt.*

2 *Nimm wertend Stellung zum Konflikt um den Euphrat.*

3 **Die türkische Position**

Die Probleme um Euphrat und Tigris werden nicht verschwinden, denn die Türkei, Syrien und der Irak werden immer Nachbarn bleiben und die beiden großen Ströme werden immer durch diese Staaten fließen. Es müssen für alle befriedigende Regelungen gefunden werden, die auch für künftige Generationen tauglich sind. Die Türkei ist bemüht, Wege zu einer Grundlage zu finden, die den regionalen Frieden stärkt und das Wohlergehen der Bevölkerungen befördert (...) Der türkische Plan basiert auf zwei Prinzipien:
1. Euphrat und Tigris bilden ein grenzüberschreitendes Flusssystem, da sie gemeinsam als Schatt el Arab in den Persischen Golf münden und auf dem Territorium des Irak zudem mittels des Tharthar-Kanals künstlich miteinander verbunden wurden.
2. Der grenzüberschreitende Charakter von Euphrat, Tigris und Orontes ist von den Anrainerstaaten seit 75 Jahren anerkannt. Diese Anerkennung ist festgeschrieben in einer Reihe von bi- und multilateralen Abkommen (...)

Die Türkei schlägt zur Lösung des Problems einen Drei-Stufen-Plan vor:
1. Erstellen einer Datenbank über die verfügbaren Wasserressourcen
2. Erstellen einer Datenbank über die Landressourcen
3. Analyse der Wasserressourcen und der Landressourcen

Mit der Umsetzung des Drei-Stufen-Plans sind mehrere Vorteile verbunden: Der Plan ist so angelegt, dass er mit den internationalen Rechtsprinzipien für grenzüberschreitende Gewässer übereinstimmt. Jedes Land wüsste, dass es fair behandelt würde, da die Lösung auf der Basis ihrer Ansprüche basierte, die wiederum mit wissenschaftlichen Methoden errechnet wurden.

Nach: Türkisches Außenministerium: Water – a source of conflict or of cooperation in the Middle East. www.mfa.gov.tr/grupa/ac/aci/default.htm

4 **Die irakische Position**

Tigris und Euphrat sind internationale Flüsse gemäß der internationalen Übereinstimmung. Das Tigris-Flusssystem ist klar vom Euphrat-Flusssystem durch hydrologische Grenzen getrennt. Die Tatsache, dass beide Flüsse nach ihrer Vereinigung zum Schatt el Arab gemeinsam in den Persischen Golf entwässern, berechtigt nicht dazu, beide Flüsse einem Gewässersystem zuzurechnen.

Das Ziel des gemeinsamen technischen Komitees aus den Staaten Türkei und Syrien besteht zusammengefasst darin, den geeigneten und vernünftigen Anteil, den jeder der drei Anrainerstaaten aus den beiden Flüssen – Euphrat und Tigris – benötigt, festzulegen.

Dies muss einhergehen mit der Einhaltung der Prinzipien Gleichheit und Vernunft durch jeden der drei Staaten, mit dem fairen und vernünftigen Gebrauch von Wasser, wie er im internationalen Recht festgelegt wurde, sowie mit der Einhaltung der erworbenen Rechte für geplante Projekte.

Es besteht die Notwendigkeit, permanente Regeln und Verfahrensweisen zu etablieren, die geeignet sind, einerseits den Anforderungen zum Schutz der Flussökologie zu genügen und andererseits die Folgen, die durch die Bewässerungsnutzung und landwirtschaftlichen Projekte, die in der Türkei realisiert wurden, zu erfassen.

Der Irak hält daran fest, dass die optimale Nutzung des Wassers die umfassende Entwicklung der Wasserressourcen ebenso beinhaltet wie eine gerechte Zuteilung, die Erfordernis, die Effizienz der Wassernutzung zu steigern, die Wasserverluste zu reduzieren und den Schutz vor Verschmutzung zu gewährleisten, indem man gegen die Verursacher mittels der notwendigen Messungen ankämpft.

Nach: Iraq Ministry of Foreign Affairs and Ministry of Irrigation: The Division of Waters under the international law. Facts on the joint waters with Turkey. Bagdad 1999, S. 29–30.

5 **Die syrische Position**

Syrien fordert im Zuge der Auseinandersetzung mit der Türkei um das Euphrat-Wasser folgendes:

Der Euphrat ist ein eigenständiges internationales Gewässer, das nicht im Verbund mit dem Tigris als ein System gesehen werden kann. Die Türkei muss sich in diesem Zusammenhang an die Bestimmungen des internationalen Rechts halten.

Syrien fordert von der Türkei den Zufluss von 700 Kubikmeter Wasser pro Sekunde.

Syrien fordert die Türkei auf, das Euphratwasser nicht wie bisher mit Agrochemikalien zu kontaminieren, sondern dafür Sorge zu tragen, dass das Euphrat-Wasser qualitativen Standards genügt.

Jeder Anrainerstaat soll seinen Wasserbedarf benennen.

Die Wasserkapazitäten von Euphrat und Tigris sollen für jeden Anrainerstaat einzeln berechnet werden.

Für den Fall, dass die Gesamtnachfrage unter dem Gesamtangebot liegt, soll das verbleibende Wasser entsprechend der vorliegenden Bedarfsberechnungen unter den Anrainerstaaten aufgeteilt werden.

Für den Fall, dass die Gesamtnachfrage bereits über den verfügbaren Kapazitäten liegt, soll der zu leistende Verzicht auf Wasser für alle Anrainerstaaten proportional errechnet und entsprechend Verzicht geleistet werden.

Syrien fordert die Anwesenheit internationaler Beobachter bei der Überwachung der Vereinbarung und der Aufteilung des Euphrat-Wassers.

Nach: Syrian proposal for the draft decision on the work of the international law commission at its 45th session. Tokyo 17.–21.1.1994, S. 4.

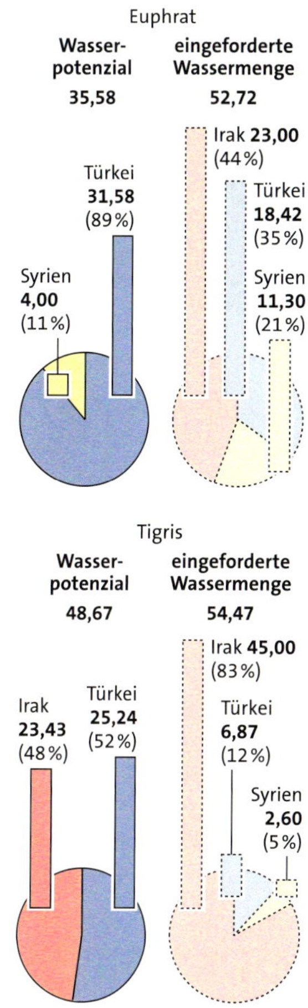

6 ***Reale Wassermengen und formulierte Ansprüche der Anrainerstaaten von Euphrat und Tigris*** *Angaben in Mrd. m³/Jahr*

1 ***Ein Nepalese (links) und ein Inder im Gespräch***

Kooperation statt Konflikt

Boutros-Boutros Ghali, Generalsekretär der Vereinten Nationen 1986–1996

„Die Kriege des 21. Jahrhunderts werden nicht um Öl, sondern um Wasser geführt werden"

Analog zur Vielfalt der Wasserkonflikte müssen die Lösungsansätze entsprechend differenziert sein. So ist der zunehmenden Wasserverknappung entweder durch den weiteren Ausbau der Wasserversorgung oder aber durch Einsparungen beim Wasserverbrauch zu begegnen. So wird am Ebro versucht, den Grundwasserstrom, der unterhalb des Ebros ins Mittelmeer mündet, anzuzapfen und das gewonnene Süßwasser zur Nutzung in der spanischen Landwirtschaft einzusetzen. Und im Süden Libyens werden mitten in der Sahara fossile und damit nicht erneuerbare Grundwasservorräte aus 2 000 Metern Tiefe gefördert und mittels einer annähernd 2 000 Kilometer langen Röhrenleitung zur Versorgung in die Küstenstädte geleitet. Selbst der interkontinentale Wasserhandel hat bereits eingesetzt, indem kanadisches Wasser nach Ostasien verschifft wird. Zudem kommen Verfahren der Wiederaufbereitung von Abwasser oder die extrem wassersparende Technik der Tröpfchenbewässerung in der Landwirtschaft zum Einsatz. Der weit verbreiteten Wasserverschmutzung wird einerseits durch Vermeidungsstrategien und andererseits durch innovative und robuste Reinigungstechnologien begegnet. Schließlich sind die drohenden politischen Konflikte um Wasser am besten durch intensive Formen der zwischenstaatlichen Kooperation zu entschärfen. Dabei gilt der Grundsatz, dass Wasserknappheit in einer Region nicht zwingend zum Konflikt, sondern vielmehr zur besseren Verständigung und Kooperation der Anrainerstaaten führen muss. Im Konflikt um den Indus zwischen Indien und Pakistan funktioniert dieser Ansatz trotz kriegerischer Auseinandersetzungen seit nahezu fünfzig Jahren erstaunlich stabil. Längst werden auch auf der internationalen Ebene Lösungsansätze zur Bewältigung der Wasserproblematik gesucht.

2 **Der künftige Weg**

Der Welt geht nicht das Wasser aus. Für viele Länder wird jedoch die Zeit knapp, die ihnen bleibt, um die wichtigsten Probleme anzugehen, die sich aus der Wasserknappheit ergeben.

Zu den zentralen Aufgaben zählen:

- die Entwicklung nationaler Wasserstrategien einschließlich der Überwachung der Wasserverfügbarkeit, der Ermittlung der Nachhaltigkeitsgrenzen der Nutzung durch den Menschen und der Regulierung der Entnahme innerhalb dieser Grenzen.
- die Einführung von Preisstrategien, die den realen Knappheitswert von Wasser widerspiegeln und mit Blick auf die Verbraucher gleichzeitig die Zugangsgerechtigkeit aufrechterhalten.
- die Kürzung widersinniger Subventionen für Wasserübernutzung, die Einführung des Verbraucherprinzips bei der Umweltverschmutzung und die Schaffung von Anreizen zur Vermeidung von Umweltverschmutzung.
- nationale Überprüfungen der Grundwasserneubildungen und der Entnahmeraten sowie die Einführung von Preis- und Regulierungssystemen, um eine Übernutzung zu verhindern. (...)

UNDP: Bericht über die menschliche Entwicklung 2006, S. 214.

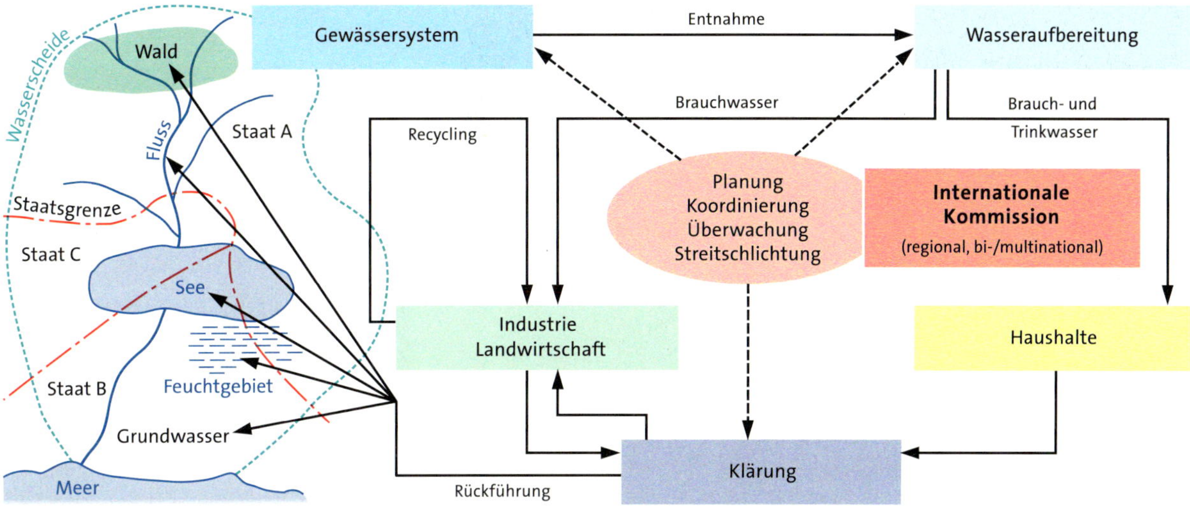

3 *Das Prinzip grenzüberschreitenden Wassermanagements*

Der Watershed-Ansatz

Der Watershed (= Wasserscheide)-Ansatz geht davon aus, dass nicht die politische Grenze, sondern das zu einem Flusssystem gehörende Einzugsgebiet, das durch die Wasserscheide begrenzt wird, ausschlaggebend sein soll, wie das Fließgewässer genutzt wird. Somit wären nicht mehr die in vielen Fällen weit abgelegenen nationalstaatlichen Regierungszentren für die Verfügungsgewalt über grenzüberschreitende Gewässer ausschlaggebend, sondern die politischen Vertretungen der Menschen vor Ort. Deren Entscheidungen über die Nutzung des Wassers eines grenzüberschreitenden Flusses – so die Vorstellung des Watershed-Ansatzes – ist stärker an den Bedürfnissen der Menschen ausgerichtet und übergeordnete politische Interessen blieben außen vor. Im konkreten Konflikt um den Euphrat würde also nur die kurdische Bevölkerung im Osten der Türkei, die nordöstliche Bevölkerung Syriens und die Anwohner im Westen des irakischen Zweistromlandes über das Euphratwasser verhandeln.

Der Rhein ist ein eindrucksvolles Beispiel für die erfolgreiche und funktionierende Umsetzung des Watershed-Ansatzes und das damit verbundene grenzüberschreitende Fluss-Management. Dessen Anrainerstaaten Schweiz, Frankreich, Luxemburg, Deutschland und die Niederlande haben sich 1950 im Internationalen Komittee zum Schutz des Rheins (IKRS) zusammengeschlossen. Mittels dieses Gremiums regeln sie alle zentralen Fragen zum Ausbau des Rheins, zu dessen Nutzung sowie zu Aspekten des Hochwasserschutzes. Besondere Bedeutung aber kommt dem Schutz des Rheins vor Verunreinigung sowie der Renaturierung seiner Auen zu. Zu den Erfolgen dieser intensiven grenzüberschreitenden Kooperation zählt sicher die deutliche Verbesserung der Wasserqualität, was u.a. zur Rückkehr der Lachse geführt hat .

Inwieweit sich die positiven Erfahrungen des internationalen Managements des Rheins auch auf Gebiete ausgeprägten Wassermangels wie etwa den Nahen Osten übertragen lassen, wird jedoch unterschiedlich bewertet. Dennoch kann die Lösung der grenzüberschreitenden Wasserproblematik nur in der Kooperation zu finden sein.

1 *Diskutiere die vorgeschlagene Maßnahme, Wasserpreise einzuführen, die den Wert des Wassers widerspiegeln.*

2 *Erläutere auf der Grundlage der Skizze 3 den Watershed-Ansatz zur Lösung grenzüberschreitender Wasserkonflikte.*

4

Surftipps

www.iksr.org

www.epa.gov/owow/watershed/framework.html

1 *Bodenzerstörung in Sizilien*

3 *Gully-Bildung in Kenia*

Globale Herausforderung Bodendegradation

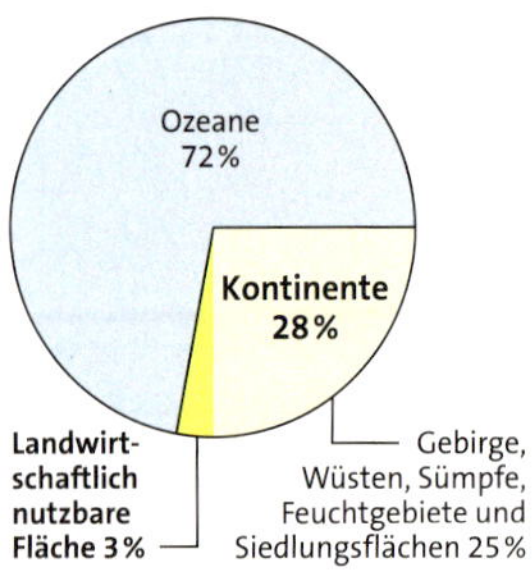

2 *Anteil landwirtschaftlich nutzbarer Böden an der Erdoberfläche*

Jahr für Jahr werden weltweit sechs Millionen Hektar Ackerland – das entspricht fast der Staatsfläche Irlands – in ihrer Qualität gemindert oder zerstört, so dass sie für die Landwirtschaft vollkommen verloren sind. Gemessen an der weltweit zur Verfügung stehenden Ackerfläche sind das 0,5 Prozent. Die Folgen dieser massiven und auf allen Kontinenten und in verschiedenen Formen zu beobachtenden Bodendegradation äußern sich in erster Linie im Verlust von Bodenfruchtbarkeit und in deren Folge in geringerer Produktivität. Ausgelöst wird dieses Problem nahezu ausschließlich durch den Menschen infolge unsachgemäßer (Über-)Nutzung der Böden. Angesichts der anwachsenden Weltbevölkerung bewirkt diese Entwicklung einen zunehmenden Druck auf die verbleibenden Ressourcen zumal die globalen Bodenreserven bereits weitgehend genutzt werden.

Je nach wirtschaftlichem und gesellschaftlichem Entwicklungsstand variieren die Formen der Bodendegradation. So sind in vielen Entwicklungsländern die Überbeanspruchung von ökologisch labilen Böden sowie Formen der Bodendegradation durch ungeregelte Urbanisierung anzutreffen. Für die Schwellenländer sind Bodendegradationen typisch, die durch Veränderungen in der traditionellen Landwirtschaft, durch Übernutzung von Wäldern und anderen Ökosystemen oder durch Fehlplanungen von landwirtschaftlichen Großprojekten verursacht wurden. In den Industrienationen dagegen sind insbesondere Bodendegradationen infolge von Kontaminationen, industriell betriebener Landwirtschaft oder der Zersiedelung der Landschaft zu beobachten.

4 *Bodenversalzung in Pakistan*

(5) Man unterscheidet im wesentlichen zwei Formen der **Bodendegradation**: die chemische und die physikalische.

Die Formen der **chemischen Bodendegradation** umfassen (1) den Verlust des Bodens an organischer Substanz und dadurch bedingt an Nährstoffen. Ursache dafür ist in den meisten Fällen eine monokulturelle Anbauweise. (2) Die durch „sauren Regen“ verursachte Versauerung des Bodens führt zur Herabsetzung des ph-Wertes des Bodens und damit verbunden zum Verlust von Bodenfruchtbarkeit. (3) Überwiegend durch unsachgemäße Bewässerung ausgelöst, kommt es vor allem in ariden Regionen zu großflächigem Versalzen von Böden. Die im Grundwasser gelösten Salze werden bei der Verdunstung des Bodenwassers ausgeschieden und bleiben an der Bodenfläche zurück. (4) Schließlich stellt die Kontamination, die Vergiftung von Böden durch organische oder anorganische Schadstoffe, eine weitere Form der chemischen Bodendegradation dar.

Auch die **physikalische Bodendegradation** zeigt mehrere Formen. Dazu zählen (1) die durch fließendes Wasser ausgelöste, rinnenhafte oder durch Wind verursachte flächenhafte Bodenerosion. (2) Die Versiegelung von Böden, da vor allem durch Bebauung der Oberflächenabfluss des Wassers auf den versiegelten Flächen vermindert wird. Der Abfluss des Oberflächenwassers wird jedoch gleichzeitig gelenkt und auf sich herausbildende Rinnen konzentriert. Dies führt wiederum zu Erosionserscheinungen. Ferner führt (3) der Einsatz schwerer Landwirtschaftsmaschinen zur Verdichtung von Böden, stört und mindert deren Durchlüftung und Wasserversorgung und zerstört den Lebensraum vieler Bodenlebewesen, was sich wiederum negativ auf die Bodenfruchtbarkeit auswirkt.

nach http://hypersoil.uni-muenster.de/0/02/02/03.htm (10.04.2007)

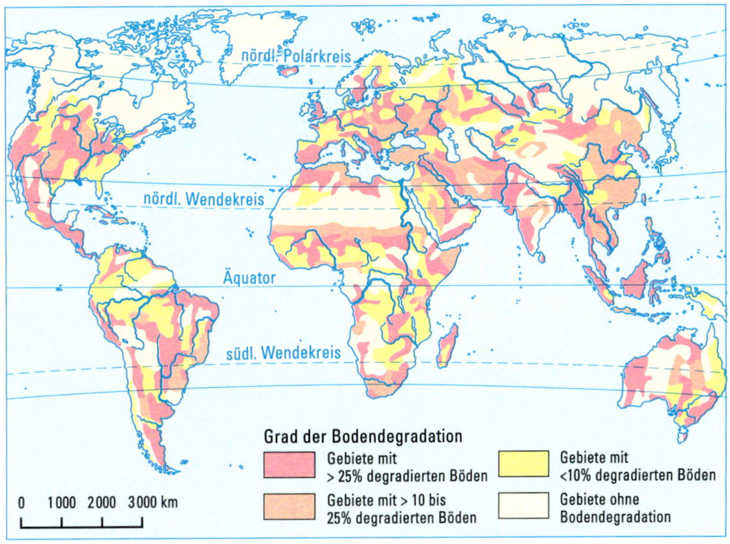

(6) ***Bodendegradation weltweit***

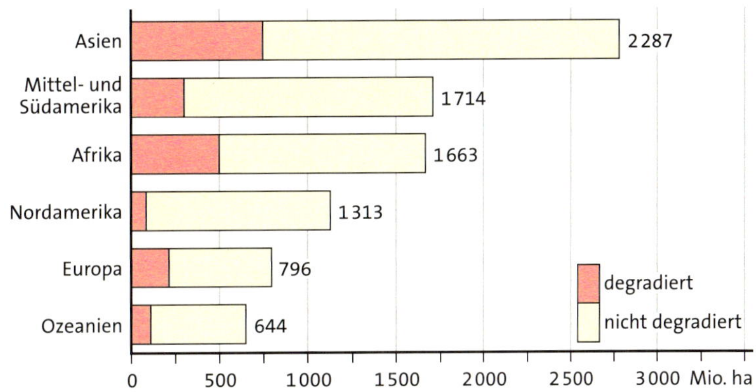

(7) ***Grad der Bodendegradation nach Kontinenten***

1 *Beschreibe die in den Fotos 1, 3 und 4 dargestellten Formen der Bodendegradation und erkläre deren Verursachung.*

2 *Erläutere den Unterschied zwischen physikalischer und chemischer Bodendegradation.*

3 *Erstelle mithilfe von Karte 6 eine Übersicht über die am stärksten von Bodendegradation betroffenen Staaten der Erde.*

4 *Entwirf ein Wirkungsgefüge zu Ursachen und Folgen der Bodendegradation. Nutze dazu auch folgende Internetseite: athene.umb.no/emner/pub/EDS215/Lecture Soil.htm*

1 **Staubsturm in Beijing**

2 **Desertifikation in der Region Ningxia Hui**

*Man spricht von **Desertifikation**, wenn in Gebieten mit relativ trockenem Klima die natürlichen Ressourcen (Boden, Vegetation, Wasser) als Folge einer zu intensiven Nutzung durch den Menschen beeinträchtigt oder zerstört werden. Eine solche Zerstörung hat dramatische Folgen: Die Vegetation geht zurück oder verschwindet vollständig; Wasser wird zum Mangelgut; die Böden erodieren, versalzen oder versanden; Sand wird vom Wind verfrachtet und zerstört die Infrastruktur. Kurz: Das Land wird unfruchtbar und verödet.*
http://www.iydd2006.de/desertifikation.html

Der gelbe Drache bedroht China

„Wir hatten den größten Sandsturm seit 2003. Er erfasste Gebiete von etwa 1,61 Millionen Quadratkilometer und verstaubte 200 Millionen Menschen. Pro Quadratkilometer sind in Peking über 10 Tonnen Staub angefallen," berichtet ein Korrespondent aus Beijing.

Chinas nördliche Provinzen werden nicht nur gelegentlich, sondern regelmäßig im Frühjahr von gewaltigen Sand- und Staubstürmen – dem „gelben Drachen" – heimgesucht. Mit jedem Sturm werden mehr als zwei Millionen Tonnen Sand und Staub transportiert und über Städte, Dörfer und Felder verteilt. Chinas Hauptstadt verschwindet bei diesen Ereignissen in einem Schleier aus rotem und gelbem Staub, das öffentliche Leben kommt nahezu zum Erliegen.

Ursache für diese an Häufigkeit deutlich zunehmenden Stürme ist zum einen ein stabiles Kältehoch über dem Kontinent während des Winterhalbjahres, das für kräftige Winde aus den innerasiatischen Gebieten zur Ostküste sorgt. Zum anderen ist seit Jahrzehnten die massive Ausbreitung der Wüsten zu konstatieren, aus denen Sand und Staub ausgeblasen werden. Als Ursache der Wüstenausbreitung im Norden Chinas ist weniger ein natürlicher, als vielmehr ein vom Menschen durch unangepasste Landwirtschaft verstärkter Desertifikationsprozess zu identifizieren.

Mehr als 400 Millionen Menschen auf 2,6 Millionen Quadratkilometern – das entspricht etwa der siebenfachen Fläche Deutschlands – sind heute in China von der Desertifikation betroffen. Am weitesten verbreitet sind dabei Winderosion, aber auch Wassererosion und Versalzung tragen zu dieser bedrohlichen Lage bei.

Besonders schwerwiegend für die betroffene Bevölkerung ist die Schädigung bzw. der Verlust von annähernd 8 Millionen Hektar Ackerland sowie von mehreren hundert Millionen Hektar Weideland. Auch die Funktion von Bewässerungsanlagen und Brunnen sind zu Zehntausenden bedroht.

Gleiches gilt für eine zunehmende Zahl von Dörfern, die von der herannahenden Wüste regelrecht begraben zu werden drohen und aufgegeben werden müssen. Die Abnahme der Bodenproduktivität hat ihrerseits massive Auswirkungen auf die Ernährungssiche-

3 ***Staubsturm nahe Xiahe, Tibet***

rung der betroffenen Bevölkerung sowie deren ökonomische Situation.
Neben den Problemen um die Versorgung der Bevölkerung mit ausreichendem und vor allem sauberem Trinkwasser ist die Desertifikation zu einem der drängendsten Probleme Chinas geworden. Dabei geht es nicht nur um den drohenden Verlust weiterer landwirtschaftlicher Nutzflächen, sondern um einen gewaltigen volkswirtschaftlichen Schaden. Derzeit werden die jährlich durch die Desertifikation verursachten Kosten auf 5–8 Milliarden Euro geschätzt.
Verursacht und verschärft wird die Ausbreitung der Wüste vor allem durch die permanente großflächige Ausdehnung von Siedlungs- und Landwirtschaftsflächen, durch die anhaltende Überbeanspruchung der verfügbaren Boden- und Wasserressourcen sowie den einsetzenden Klimawandel. Ferner tragen das Bevölkerungswachstum durch den damit einhergehenden Anstieg an Nahrungsmittelbedarf, die Vergrößerung der Nutztierherden und Feldflächen sowie des Brennholzbedarfs, die auf Expansion ausgerichtete Wirtschaftspolitik und die Armut weiter Teile der Bevölkerung zur Desertifikation bei.

4 ***Der Osten Chinas an einem normalen Sommertag und im April 2001***

1 *Werte die Abbildungen aus und fasse deine Ergebnisse thesenartig zusammen.*
2 *Erkläre mithilfe des Textes die Ursachen dieser Entwicklung.*
3 *Unterscheide die Prozesse der natürlichen Wüstenbildung von der Desertifikation. Nutze dazu die Internetseite des IYDD: www.iydd2006.de/desertifikation.html*

IYDD
INTERNATIONAL YEAR OF DESERTS & DESERTIFICATION
2006

5 ***Surftipp***
www.iydd2006.de

1 ***Die „große grüne Mauer": Wiederaufforstungsprojekt westlich von YinChuan, autonome Region Ningxia Hui***

Chinas „große grüne Mauer"

Filmtipp

China – Die Grüne Mauer
ArtNr.: 4202615
Medienart: VHS

Surftipp

www.iydd2006.de/
www.auswaertiges-amt.de/diplo/de/Aussenpolitik/VereinteNationen/VN-Engagements/VN-Wueste.html

Lange, vor allem aber unter der Regierung Mao Zedongs (1949–1976), galt in der chinesischen Führung die Überzeugung, dass der Mensch die Natur beherrsche und folglich uneingeschränkt nutzen könne. In großem Stil wurden in den Trockengebieten der nördlichen und nordwestlichen Provinzen seit den 1950er-Jahren gewaltige Neulanderschließungsprojekte in Gang gesetzt. Die damit verbundenen Rodungen und Baumaßnahmen bedeuteten massive Eingriffe in labile Naturräume. Erst angesichts der sich immer rapider und weiter ausbreitenden Wüsten, vor allem aber der zunehmenden Sand- und Staubstürme kam es Ende der 1970er-Jahre zum Umdenken.

Nicht minder gigantisch als die Neulanderschließungen soll nun seit 1978 bis zum Jahr 2050 eine „große grüne Mauer" auf einer Länge von 7000 Kilometern und einer Breite von bis zu 1700 Kilometern entlang der Wüstengebiete der nördlichen Provinzen entstehen. Mit einer geplanten Aufforstungsfläche von 61 Millionen Hektar wurde das größte Umweltschutzprogramm der Welt aus der Taufe gehoben. Der aus unzähligen Bäumen bestehende, 35 Millionen Hektar große Schutzwall soll die Landwirtschaftsflächen vor allem vor Winderosion schützen. Staubstürme kann er jedoch nicht verhindern.

Da trotz aller Anstrengungen des offiziell unter der Bezeichnung „The Three-North Shelterbelt Development Program" geführten Projektes die weitere Ausbreitung der Wüsten nicht gestoppt werden konnte, hat die chinesische Regierung 1996 im Rahmen des Agenda 21-Prozesses den bis 2050 projektierten „Nationalen Aktionsplan zur Wüstenbekämpfung" verabschiedet. Danach sollten zunächst alle Schäden erfasst und für die Aufklärungsarbeit und Schulung der Bevölkerung konzipierte Demonstrationsstationen errichtet werden. Die aktuelle Zielvorgabe lautet, die Desertifikation bis zum Jahr 2010 auf einer Fläche von 13 Millionen Hektar – das entspricht dem Territorium Griechenlands – zu stoppen und bis 2030 die Lage zu konsolidieren. Dann, so die Planvorgaben, soll bis 2050 damit begonnen werden, an die Wüste verloren gegangenes Terrain zurück zu gewinnen, so dass 2050 alle durch menschliches Fehlverhalten entstandenen Schäden beseitigt sein werden.

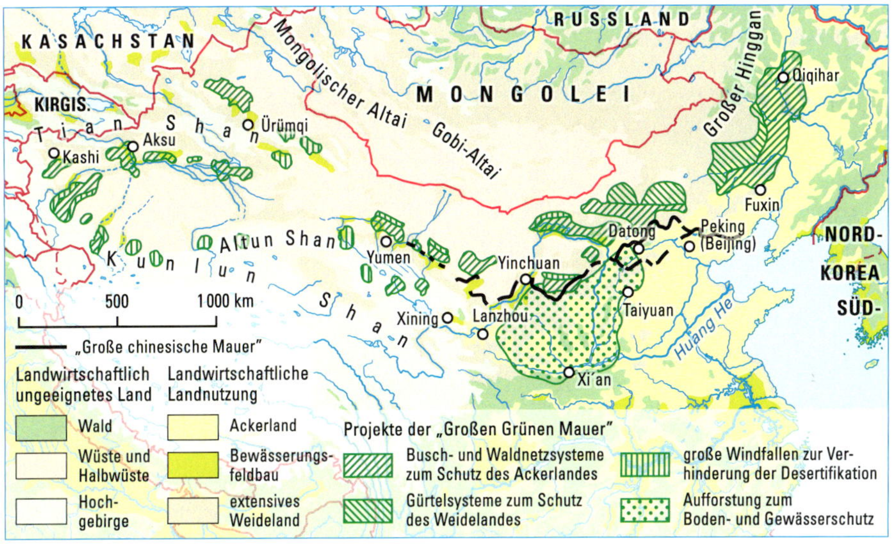

2 ***Kartenskizze der „großen grünen Mauer"***

4 ***Bauern pflanzen Bäume an einem Hang nahe Yudushan nordwestlich von Beijing***

Diese Ziele sollen durch rigorose Gebietssperren und umfassende Weideverbote erreicht werden. In Einzelfällen kommt es gar zur Umsiedlung von Menschen und der Aufgabe von Siedlungen in besonders labilen Naturräumen. Neben diesen restriktiven Maßnahmen setzt die Projektführung auf die Partizipation der Bevölkerung, der sie diverse Anreize bietet. Finanzielle Prämien erhält, wer Acker- und Weideland in stark desertifikationsgefährdeten Gebieten aufgibt, seine Tiere verstärkt in Ställen hält oder in unternehmerische Maßnahmen zur Desertifikationsbekämpfung investiert. Mehr als die Verlangsamung des Wüstenwachstums konnte bislang nicht erreicht werden.

Um die Desertifikation erfolgreich bekämpfen zu können, bedarf es jedoch über die Aufforstung hinausgehende Maßnahmen. Dazu gehört in erster Linie die Beseitigung der Armut unter der ländlichen Bevölkerung. Denn Armut treibt Menschen vielfach zur Besiedlung und Bewirtschaftung marginaler Standorte, was der Ausbreitung der Desertifikation den Boden bereitet. Aber auch Schulungen zur Vermeidung von Bodenversalzung durch unsachgmäße Bewässerung leisten einen wichtigen Beitrag zur Bekämpfung der Desertifikation.

3 ***Wiederaufforstungsprojekt in Yulin, Provinz Shaanxi, China.***

1 *Erstelle einen Steckbrief zum Projekt „große grüne Mauer".*

2 *Nimm wertend Stellung zum Projekt „große grüne Mauer".*

3 *Recherchiere weitere Maßnahmen zur weltweiten Bekämpfung der Desertifikation.*

1

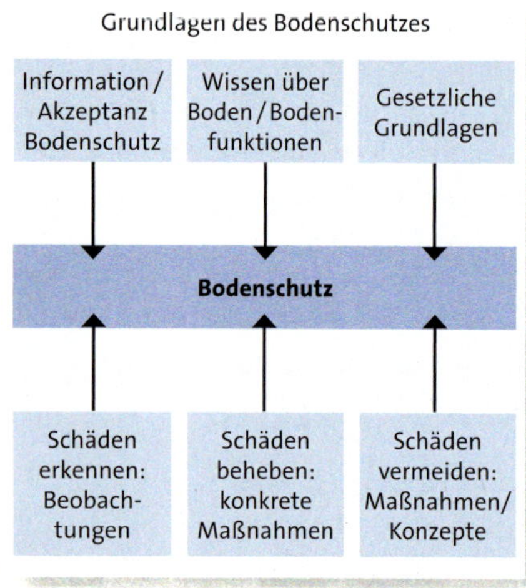

2

Die Welt unter unseren Füßen schützen

Führe zu der Frage nach den existenziellen Voraussetzungen für das Leben auf der Erde eine Umfrage in deiner Schule durch.

Fragebogen

Unabdingbar für das Leben auf der Erde sind:

- *Sauerstoff*
- *Wasser*
-
-
-

Surftipps

www.bmu.de/bodenschutz/aktuell/doc/3960.php

www.bmu.de/bodenschutz/aktuell/doc/37983.php

Böden zählen neben Sauerstoff, Wasser und Energie zu den Grundvoraussetzungen des Lebens auf der Erde. Boden kann man zwar nicht essen, aber ohne Boden können wir in der Regel nichts essen. Diese simple Einsicht entspricht jedoch nicht der öffentlichen Wahrnehmung des Bodens in unserer Gesellschaft. Daran hat auch die Einführung eines Internationalen Tags des Bodens am 5. Dezember bislang nichts geändert.

Analog zu der weltweit festzustellenden, großräumig stattfindenden Bodendegradation und deren vielfältiger und komplexer Ursachen sind entsprechend spezifische Lösungsansätze gefragt.

So hat die Bundesregierung 1999 ein Gesetz zum Schutz des Bodens verabschiedet, das mittels Grundpflichten zur Vorsorge und Sanierung sicherstellen soll, dass die Bodenfunktionen für Menschen, Tiere und Pflanzen erhalten bleiben. Auf europäischer Ebene hat die Kommission eine europäische Bodenschutzstrategie beschlossen, die erreichen soll, dass die weitere Verschlechterung der Bodenqualität vermieden, die Bodenfunktionen erhalten und bereits geschädigte Böden wiederhergestellt werden. Konkret wurden rechtliche Rahmenbedingungen zum Schutz der Böden hinsichtlich Erosion, Verlust organischer Substanz, Versalzung, Verdichtung und Kontamination erlassen, Gelder zur weiteren Erforschung des Bodenschutzes bereitgestellt und die Sensibilisierung der Öffentlichkeit für die Notwendigkeit des Bodenschutzes beschlossen.

Auf internationaler Ebene wurde aus Sorge um die ausreichende Produktion von Nahrungsmitteln angesichts der rapide wachsenden Weltbevölkerung bereits in den 1980er-Jahren eine Weltboden-Charta von der FAO, der Food and Agriculture Organisation of the United Nations, erarbeitet. Sie umfasst 13 Leitlinien für eine nachhaltige Bodenbewirtschaftung zum Erhalt der globalen Lebensgrundlage.

1 *Interpretiere die Karikatur 1.*
2 *Überprüfe anhand von Text 3 die globale Anwendbarkeit der Weltboden-Charta.*
3 *Informiere Dich über die Bodenschutzregelungen Deutschlands sowie der EU.*

3 **Weltbodencharta**

1. Das Boden, Wasser, assoziierte Pflanzen und Tiere umfassende Land gehört zu den Hauptressourcen, die der Menschheit zur Verfügung stehen. Aus der Nutzung dieser Ressourcen sollte nicht ihr Abbau oder ihre Zerstörung folgen, da die Existenz der Menschheit von ihrer dauerhaften Produktivität abhängt.

2. Wegen der herausragenden Bedeutung der Bodenressourcen für Überleben und Wohlstand der Völker, die ökonomische Unabhängigkeit der Staaten und die schnell steigende Notwendigkeit vermehrter Nahrungsproduktion ist Vorrang geboten für eine optimale Landnutzung, die Verbesserung und Erhaltung der Bodenproduktivität und den Schutz der Bodenressourcen.

3. Bodendegradation als Folge von Bodenerosion durch Wasser und Wind, Versalzung, Vernässung, Verarmung an Nährstoffen, Verschlechterung der Bodenstruktur, Verwüstung oder Verschmutzung bedeutet einen teilweisen oder totalen Verlust der Bodenproduktivität, sowohl quantitativ als auch qualitativ. Darüber hinaus gehen täglich erhebliche Bodenflächen für nichtlandwirtschaftliche Zwecke verloren (...).

4. Bodenerosion wirkt sich auf Land- und Forstwirtschaft durch sinkende Erträge und veränderten Wasserhaushalt direkt aus; aber andere Sektoren der Volkswirtschaft und der Umwelt als Ganzes, einschließlich der Industrie und Handel, werden oft genauso ernsthaft betroffen, (...).

5. Es ist eine wesentliche Verantwortung der Regierung, dass Landnutzungsprogramme Maßnahmen zum Zwecke der bestmöglichen Verwendung der Böden einschließen, die Langzeiterhaltung und -verbesserung der Produktivität sichern und Verluste von produktiven Böden vermeiden. (...)

6. Die Bereitstellung geeigneter Anreize auf betrieblicher Ebene und ein vernünftiges technisches, institutionelles und gesetzliches Gerüst sind Grundvoraussetzung für eine gute Landnutzung.

7. Die den Landwirten und anderen Bodennutzern gegebenen Hilfen sollten praktischer, service-orientierter Natur sein und zur Übernahme pfleglicher Landbewirtschaftungsweisen ermutigen.

8. Gewisse Landbesitzstrukturen können die Übernahme vernünftiger Bodenbewirtschaftungs- und -erhaltungsmaßnahmen auf landwirtschaftlichen Betrieben behindern. Um solche Hindernisse zu beseitigen, die die Rechte, Pflichten und Verantwortlichkeiten der Grundbesitzer, Bauern und anderer Landnutzer betreffen, sollten in Übereinstimmung mit den Empfehlungen der Weltkonferenz über Landwirtschaftsreform und ländliche Entwicklung geeignete Mittel und Wege verfolgt werden.

9. Die Landbewirtschafter und die breite Öffentlichkeit sollten über die Notwendigkeit und die Mittel zur Verbesserung der Bodenproduktivität und des Bodenschutzes gut informiert werden. (...)

10. Um die bestmögliche Landnutzung sicherzustellen, ist es wichtig, die Landressourcen eines Staates in ihrer Eignung für unterschiedliche Landnutzungsformen, einschließlich Landwirtschaft, Weide- und Forstwirtschaft zu ermitteln.

11. Land mit einem Potenzial für einen weiten Bereich von Nutzungsformen sollte so flexibel bewirtschaftet werden, daß zukünftige andere Nutzungen nicht für eine lange Zeit oder für immer ausgeschlossen werden. Die Nutzung von Land für nichtlandwirtschaftliche Zwecke sollte so organisiert werden, daß man die Beschlagnahme oder die Zerstörung hochwertiger Böden möglichst vermeidet.

12. Entscheidungen über die Verwendung und Bewirtschaftung von Land und seiner Ressourcen sollten den langfristigen Nutzen eher begünstigen (...)

13. Landerhaltungsmaßnahmen sollten schon im Planungsstadium berücksichtigt werden und ihre Kosten in die Etats der Entwicklungsplanung eingesetzt werden.

gekürzt nach WBGU: Welt im Wandel: Grundstruktur globaler Mensch-Umwelt-Beziehungen. Bonn 1993

WBGU

4 ***Der Wissenschaftliche Beirat der Bundesregierung Globale Umweltveränderungen***
(WBGU) wurde 1992 im Vorfeld der Rio-Konferenz von der Bundesregierung als unabhängiges wissenschaftliches Beratergremium eingerichtet.
Seine Hauptaufgaben sind: globale Umwelt- und Entwicklungsprobleme zu analysieren und darüber in Gutachten zu berichten, nationale und internationale Forschung auf dem Gebiet des globalen Wandels auszuwerten, im Sinne von Frühwarnung auf neue Problemfelder hinzuweisen, Forschungsdefizite aufzuzeigen und Impulse für die Wissenschaft zu geben, nationale und internationale Politiken zur Umsetzung einer nachhaltigen Entwicklung zu beobachten und zu bewerten, Handlungs- und Forschungsempfehlungen zu erarbeiten und durch Presse- und Öffentlichkeitsarbeit das Bewusstsein für die Probleme des globalen Wandels zu fördern.

www.wbgu.de

EXTRA-Link
ungekürzte Version der Weltbodencharta
www.klett.de/extra
[Extralink: 27850X-0019]

1 „Energieengpässe" der Zukunft

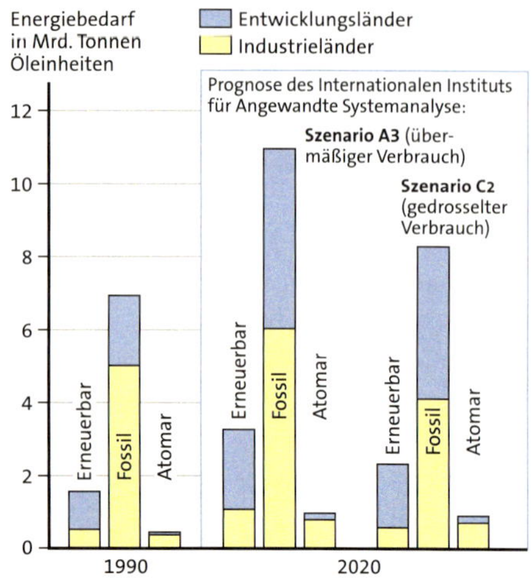

4 **Energiemix der Zukunft**

Globale Herausforderung Energie

2 ***Weltweite statistische Reichweite einzelner Energieträger in Jahren, errechnet auf den Grundlagen des aktuellen Energiebedarfs***

Braunkohle	*544*
Steinkohle	*150*
Erdöl	*44*
Erdgas	*64*
Uran	*37*

→ *Treibhausgase, vgl. Seite 150*

3 Benzin wird es in 20 Jahren in Deutschland nach einer Prognose des US-Zukunftsforschers Dennis Meadows nur noch auf Bezugsschein geben. „Dann wird Benzin so knapp sein, dass es schlichtweg nötig ist, es zu rationieren, damit alle noch etwas bekommen können", sagte Meadows in Hamburg. Schon heute werde Energie spürbar knapper. Die Energiereserven der Welt steuerten immer schneller auf ihr Ende zu. „Wie wird es sein in 25 Jahren? Ich weiß es nicht", sagte Meadows. „Das hängt davon ab, welche Entscheidungen getroffen werden." *Dpa-Meldung vom 22.11.2006*

Die aktuelle Energieversorgung der Welt ist in zweierlei Hinsicht problematisch. Zum einen steigt der Energiebedarf der wachsenden Weltbevölkerung überproportional stark an. Grund dafür ist, dass jeder einzelne durch seinen Lebensstandard im Durchschnitt heute mehr Energie nutzt als frühere Generationen. So entsteht ein rein quantitatives Problem der Energiebereitstellung. Dies wird zu steigenden Preisen, zu ungleicher regionaler und sozialer Energieversorgung und in der Folge zu immer wahrscheinlicher werdenden Konflikten führen. Angesichts der in absehbarer Zeit definitiv zu Ende gehenden Welterdölreserven und der aktuell stark ansteigenden Nachfrage nach Öl durch die aufstrebenden „asiatischen Riesen" Indien und China wird diese Problematik massiv verschärft.

Zum anderen sieht sich die Weltbevölkerung mit einem qualitativen Energieproblem konfrontiert. Denn die zur Energiebereitstellung bislang vorrangig betriebene Verbrennung der fossilen Energieträger Erdöl, Erdgas und Kohle setzt in gewaltigen Mengen das Treibhausgas Kohlenstoffdioxid frei. Dieses trägt seinerseits erheblich zur Steigerung des anthropogenen Treibhauseffektes bei. Die damit einhergehenden Klimaveränderungen zeigen regional unterschiedlich ausgeprägte Erscheinungen: Temperaturanstiege, abschmelzende Gletscher, zunehmende Dürre- und Überschwemmungsereignisse oder die Zunahme schwerer Stürme, insbesondere der atlantischen Hurrikane. In der Folge dieser Klimaveränderungen treten massive wirtschaftliche Probleme auf, deren Kosten auf mehr als 5 Billiarden US-$ beziffert werden.

1 *Überprüfe die Aussagekraft der Karikatur 1 sowie der Angaben zur Reichweite der Energieressourcen in Jahren in Tabelle 2.*
2 *Stelle den Zusammenhang zwischen Energieproblematik und Klimawandel dar.*
3 *Erörtere mögliche Wege, die quantitative und qualitative Energieproblematik zu lösen.*

5 **Energiestudie 2005**

Nicht-erneuerbare Energieträger (Erdöl, Erdgas, Kohle und Uran) decken heute über 90 % des Welt-Primärenergiebedarfs. Trotz enormer Steigerungsraten bei erneuerbaren Energien werden in den kommenden Jahrzehnten die nicht-erneuerbaren Energierohstoffe dominieren. Angesichts der Endlichkeit aller dieser Energieträger stellt sich einerseits die Frage, wie lange diese noch verfügbar sind. Andererseits verlangt die wachsende Sensibilität der Gesellschaft für Umweltbelange eine Antwort auf die Frage, in welchem Umfang sich die einzelnen Energieträger mittel- bis langfristig substituieren lassen. Der aktuelle Weltenergiebedarf liegt bei etwas mehr als 400 Exajoule (Exajoule = 10^{18} J).

Die **Reserven**, d.h. die derzeit technisch und wirtschaftlich gewinnbaren Mengen an nicht-erneuerbaren Energierohstoffen betrugen Ende 2005 insgesamt etwa 37 500 EJ bzw. 1 300 Gt SKE (Steinkohleeinheit). Sie waren damit geringfügig höher als Ende 2004 (BGR 2005), bedingt durch leichte Anstiege bei allen Energierohstoffen.

Die **Ressourcen** der nicht-erneuerbaren Energierohstoffe, d.h. die gegenwärtig wirtschaftlich bzw. technisch nicht gewinnbaren Mengen, jedoch geologisch indizierten und somit vorhandenen Mengen an Energierohstoffen, betrugen Ende 2005 ca. 190 100 EJ bzw. etwa 6 500 Gt SKE. Sie stiegen gegenüber 2004 um ca. 4 %. (...)

Vergleicht man Jahresförderung, Reserven und Ressourcen der nicht-erneuerbaren Energierohstoffe miteinander, so ergibt sich in etwa eine Relation von 1 zu 100 zu 500. Die in der Studie vorgestellten Reservenzahlen lassen, bis auf konventionelles Erdöl, insgesamt eine ausreichende Versorgung mit fast allen Energierohstoffen für mittelfristige Zeiträume erkennen, unterstellt man ein gleich bleibendes Preisgefüge und moderate Verbrauchsanstiege.

Bundesamt für Geowissenschaften und Rohstoffe 2005

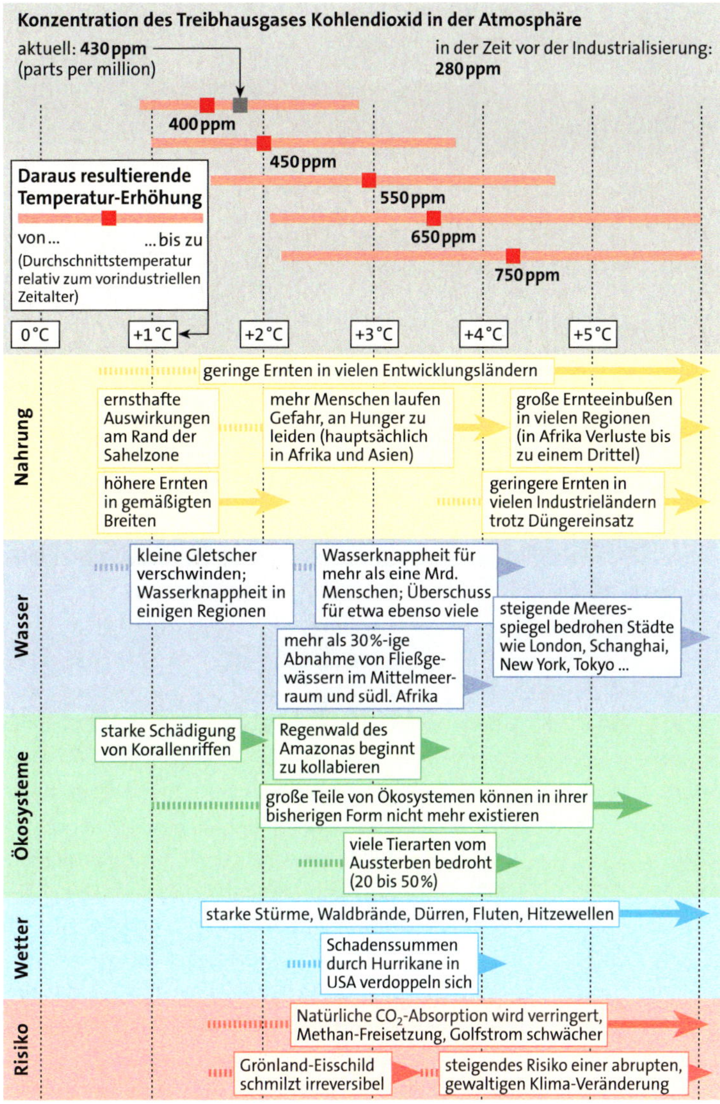

6 ***Die Folgen des Klimawandels*** *(nach Frankfurter Rundschau vom 3. November 2006)*

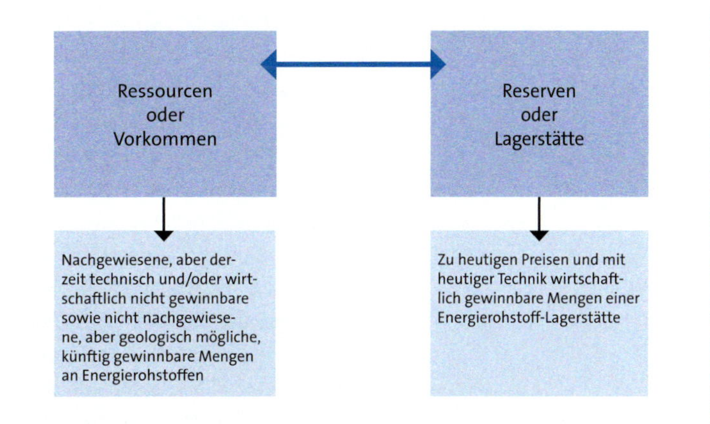

7

1 *Las Vegas bei Nacht*

Las Vegas – Welthauptstadt des Energiebedarfs

2 *Zahl der Straßenlampen in Las Vegas*

1999	*40 000*
2004	*48 365*
2006	*50 440*

Keine vergleichbar große Stadt der Welt verbraucht auch nur annähernd so viel elektrischen Strom wie die 1905 am Rande der Mojave-Wüste gegründete Stadt Las Vegas. Der Stromverbrauch der Welthauptstadt des Entertainment ist heute mit mehr als 20 Millionen Megawattstunden pro Jahr bei zwei Millionen Einwohnern größer als der von Peru (28 Millionen Einwohner) oder der von Ecuador (13 Millionen Einwohner) und Tunesien (10 Millionen Einwohner) zusammen.

Von der Bahnstation zum Spielerparadies

Entlang der gerade fertiggestellten Eisenbahnlinie von Salt Lake City nach Los Angeles vermaß die Bahngesellschaft 1 200 Grundstücke, die zum Verkauf angeboten wurden. Das Interesse daran war so groß, dass sie im Mai 1905 im Rahmen einer Auktion versteigert wurden. Als entscheidend für die Entwicklung von Las Vegas erwies sich der Bau des Hoover-Damms in den 1930er-Jahren und die gleichzeitige Legalisierung von Glücksspiel und Prostitution in Nevada, die in den Jahren zuvor noch mit bis zu fünf Jahren Gefängnis bestraft werden konnten. Mit dem Besucherstrom zum Hoover-Damm – allein zur Eröffnung kamen 20 000 Menschen – entwickelte sich sukzessive das Spieler- und Freizeitparadies Las Vegas, dessen Jahreseinnahmen heute weit mehr als zehn Milliarden Dollar betragen.

Damit der Besucherstrom nicht abreißt, sondern weiterhin anwächst, setzt die Unterhaltungsindustrie auf den weiteren Ausbau der Glitzermetropole sowie auf immer spektakulärere Attraktionen. Heute besuchen über 38 Millionen Menschen die Stadt am Rande der Wüste, logieren durchschnittlich zwei Nächte in einem der 132 000 klimatisierten Hotelzimmer der Stadt. Die Superlative der Unterhaltungsindustrie – wie etwa der stärkste Laserstrahl der Welt, der über 400 Kilometer weit zu sehen ist und dessen Leuchtkraft der von 400 Millionen Glühbirnen entspricht, der größte künstliche Vulkan der Welt oder die künstlich erzeugten Gewitter eines japanischen Restaurants – benötigen gewaltige Mengen an elektrischer Energie. Gleiches gilt für die allgegenwärtigen

③ ***Sassy Sally`s Casino in der Freemont Street***

Leuchtreklamen, welche die Vergnügungsviertel taghell erleuchten. Allein in der Freemont Street werden dafür mehr als 12 Millionen Glühbirnen eingesetzt. Sichergestellt wird der Energiebedarf der Stadt zum Teil durch den Hoover-Damm, vor allem aber durch Kohlekraftwerke.

Las Vegas ist die am schnellsten wachsende Stadt der USA: Von 25 000 Einwohnern 1950 ist sie auf heute etwa 2 Millionen Menschen angewachsen. Deren ausreichende Versorgung mit Wasser lässt den kommunalen Energiebedarf neben der weiterhin boomenden Unterhaltungsindustrie anwachsen.

Der Extremfall Las Vegas ist zwar nicht repräsentativ für den Energiebedarf städtischen Lebens, spiegelt aber doch den vielerorts verschwenderischen Umgang mit den Energieressourcen der Erde wider. Dies hat auch die Stadt Las Vegas erkannt und steuert in jüngster Zeit u.a. mit dem Bau von Null-Energiehäusern entschieden dagegen.

1 *Diskutiert Möglichkeiten, den Energiebedarf von Las Vegas zu reduzieren ohne die Freiheit der Menschen einzuschränken.*

2 *Überprüft die Übertragbarkeit eurer Lösungsansätze auf andere Gesellschaften bzw. Länder mit hohem Energiebedarf.*

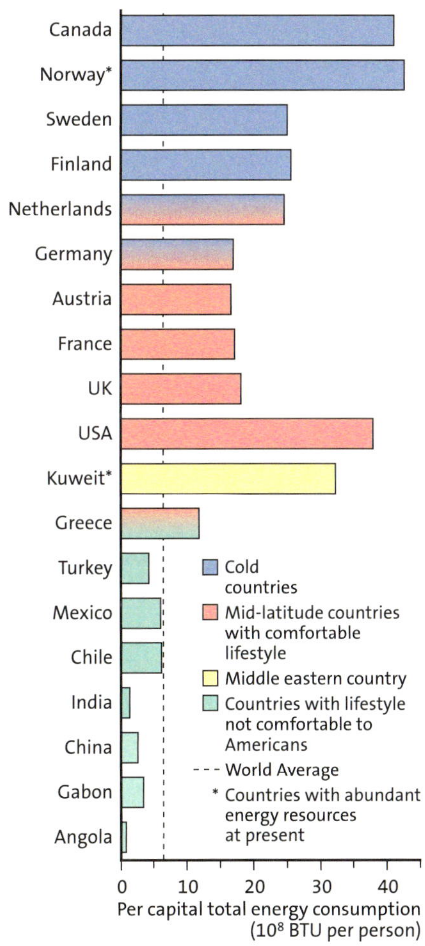

④ ***Primärenergiebedarf pro Kopf***

1 ***Jühnde***

Zukunftsmodell Jühnde?

2 ***Jühnde in Zahlen (2006)***

Einwohner	*775*
Bäckerladen	*1*
Kaufladen	*1*
Gaststätte	*1*
Arztpraxis	*1*
LW-Vollerwerbsbetriebe	*8*
davon ohne Vieh	*2*
Schweinemast	*2*
Milchvieh	*4*
Schweine	*1 400*
Kühe	*900*
Wald	*850 ha*
Feld und Wiese	*1 000 ha*

Surftipps

www.jühnde.de

dort Verlinkung zu Bioenergiedorf

www.bioenergiedoerfer-frankenwald.de/bioenergiedorf-mauenheim

Aus 17 Bewerbern wählte das Team des Interdisziplinären Zentrums für Nachhaltige Entwicklung (IZNE) der Universität Göttingen im Herbst 2001 das wenige Kilometer südlich der Universitätsstadt gelegene Dorf Jühnde als den geeignetsten Standort für ein zukunftsweisendes Projekt nachhaltiger Energieversorgung aus. In Jühnde sollte das erste Biodorf Deutschlands entstehen, dessen Wärme- und Stromversorgung vollständig durch erneuerbare Energien gewährleistet wird. Entscheidend für die Wahl war letztlich die Motivation der Dorfbewohner sowie die Verfügbarkeit und Sicherstellung der erforderlichen Biomasse aus der dörflichen Landwirtschaft. Diese ist einerseits durch ausgedehnte Feld-, Wiesen- und Waldflächen anderseits durch Viehwirtschaft geprägt.

Mit weit reichender Unterstützung des Bundesministeriums für Verbraucherschutz, Landwirtschaft und Ernährung, der europäischen Initiative für den ländlichen Raum, der Stadt Göttingen sowie des Landes Niedersachsen entstand bis zum Sommer 2005 in Jühnde eine Biogasanlage und ein Hackschnitzelkraftwerk, die die Energieversorgung des Dorfes sichern sowie dessen Abhängigkeit vom knapper werdenden Öl beseitigen sollen. Außerdem werden die bei der Verbrennung von Öl entstehenden Emissionen vermieden.

Das Besondere an diesem Projekt ist aber nicht nur die Nutzung lokaler Ressourcen und die emissionsfreie Erzeugung elektrischen Stroms und Wärme, sondern die Tatsache, dass die Dorfbewohner zugleich Eigner, Produzenten und Kunden der Anlage sind. Weit über die Hälfte der 200 Haushalte des Dorfes investierte zwischen 2 000 und 3 000 Euro für den Kauf von Anteilsscheinen und die Teilhabe an dem Projekt. Dennoch ist die Finanzierung des Projektes erst auf der Grundlage des 2004 verabschiedeten Erneuerbare-Energien-Gesetzes (EEG) gesichert, das die Abnahme erneuerbarer Energie zu festgesetzten Preisen für 20 Jahre garantiert. Für die Gemeinde Jühnde, die mit ihrer Anlage knapp 4 Millionen KWh im Jahr und damit das Doppelte des Eigenbedarfs erzeugt, bedeutet dies die sichere Einnahme von 660 000 Euro im Jahr.

③ ***Biogasanlage Jühnde***

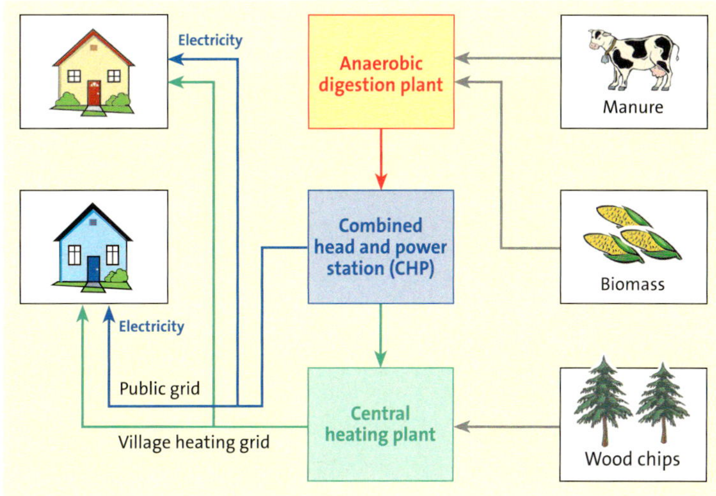

④ ***Energiekonzept der Gemeinde Jühnde***

Die beteiligten Haushalte haben ihre Heizung direkt an das projekteigene Nahwärmenetz angeschlossen und zahlen eine jährliche Pauschale von 500 Euro/Haushalt sowie 4,9 Cent/KWh Wärmeleistung. Gegenüber der herkömmlichen Ölheizung spart ein Haushalt rund 750 Euro/Jahr.
Die für den Betrieb der Anlage erforderlichen Rohstoffe wie Sonnen- und Kornblumen, Raps, Getreide, Holz, Mist und Gülle stammen aus der heimischen Land- und Forstwirtschaft und sichern den Landwirten eine zusätzliche Einnahmequelle bzw. die berufliche Umorientierung vom Land- zum Energiewirt.
Inzwischen stößt das Modell Jühnde nicht nur im In-, sondern auch im Ausland auf wachsendes Interesse. In Baden-Württemberg wurde das Modell eines Bioenergiedorfes im Dorf Mauenheim verwirklicht.

1 *Fasse die zentralen Aspekte und Besonderheiten der Energieversorgung Jühndes in maximal 10 Stichworten zusammen.*

2 *Beurteile die Übertragbarkeit des Modells Jühnde auf die Energieversorgung anderer Kommunen in Deutschland. Berücksichtige dabei auch die Finanzierung des Projektes sowie dessen Dimensionen.*

⑤ **Biogasanlage**

Sie dient der Erzeugung von Strom und Wärme aus Biomasse. Zusammen mit der Gülle werden nachwachsende Rohstoffe wie z. B. Roggen, Weizen, Sonnenblumen und Mais vergoren und das entstehende Gas in einem Blockheizkraftwerk in Strom und Wärme umgewandelt.
Die Biogasanlage besteht aus einer Güllevorgrube, einem Fermenter und Zwischenlagerbehälter. Die Anlage wird ausschließlich mit Inputstoffen wie Rinder- und Schweinegülle und Ganzpflanzensilagen betrieben. Diese Stoffe sind nach dem Energie-Einspeise-Gesetz zugelassen. Die dabei frei werdende Energie wird in elektrische Energie, die in das öffentliche Netz eingespeist wird, und Wärmeenergie umgewandelt. Die beim Verbrennungsprozess gewonnene Wärme wird über ein Nahwärmenetz zu den Jühnder Haushalten transportiert, um damit Räume zu heizen und warmes Wasser zu erzeugen. Damit kann die Grundlast an Wärme abgedeckt werden. Der entstehende Fermentationsrückstand wird entsprechend den Regeln auf die Ackerflächen ausgebracht.

⑥ ***Der Weg zum Bioenergiedorf***

Herbst 2001
- *Auswahl Jühndes für das Projekt*

Herbst 2002
- *Verbindliche Absichtserklärung der Bürger Jühndes zur Teilnahme an dem Projekt*

Sommer 2003
- *Anträge auf Investitionszuschüsse*

Herbst 2003
- *Entwurfsplanung liegt vor*

Herbst 2004
- *Endgültige Entscheidung zur Projektrealisierung*
- *Baubeginn der Biogas- und Hackschnitzelanlage*

Herbst 2005
- *Start der Wärmeversorgung*

Sommer 2006
- *Offizielle Einweihung der Bioenergieanlage Jühnde*

Erneuerbare Energie

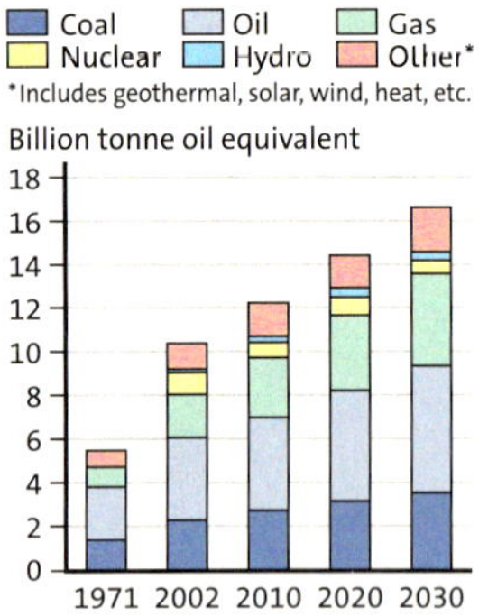

1 ***Projected Future Demand***

2 ***Russel Train, Umweltexperte***

„Die knappste Ressource ist nicht das Öl, nicht das Gas und auch nicht das Uran; es ist die Zeit, die wir noch haben, um unsere Verhaltensweisen den Anforderungen und Grenzen unserer Umwelt anzupassen."

EXTRA-Link

Materialien zu den erneuerbaren Energien unter www.klett.de/extra [Extralink: 27850X-0020]

Angesichts der vielschichtigen Probleme im Zusammenhang mit der Energieversorgung ist eine grundlegende Energiewende unumgänglich. Deren Erfolg muss sich daran messen lassen, inwieweit es gelingt, die Verbrennung fossiler Energieträger drastisch zu reduzieren und so die Freisetzung klimaschädlicher Treibhausgase zu minimieren sowie gleichzeitig die ausreichende Energieversorgung der Weltwirtschaft sicherzustellen. Dazu bedarf es intelligenter Technologien und Konzepte, die Einsparungen ermöglichen und durch Erhöhung der Wirkungsgrade die Energieeffizienz deutlich steigern, um den Lebensstandard hinsichtlich der Wohnqualität, der individuellen Mobilität und der Kommunikation zu halten.

Weltweit arbeiten Ingenieure an der globalen Herausforderung Energie. Dabei konnten vor allem im Bereich der Effizienzsteigerung Fortschritte erreicht werden, wenngleich eine umfassende und nachhaltige Lösung noch nicht gefunden wurde. Sicher aber scheint, dass zum einen den erneuerbaren Energien dabei eine zentrale Rolle zukommt und dass zum anderen die Vielzahl dezentral realisierter Schritte zum Erfolg führen wird. Als erfolgversprechend wird aktuell die Idee eines Verbundnetzes erneuerbarer Energien für Europa vorangetrieben. Dieses Modell sieht vor, im Mittelmeerraum erzeugten Solarstrom, an den Küsten durch Wasserkraft und an geologisch geeigneten Stellen durch Geothermie erzeugten Strom in ein europäisches Verbundnetz einzuspeisen und so den Anteil der fossilen Energieträger zu reduzieren.

1 *Nimm Stellung zu dem Zitat des Umweltexperten Russel Train.*

2 *Recherchiere zu den erneuerbaren Energien im Internet (z. B. www.energie-atlas.ch). Erstelle eine Übersicht zu deren Verfügbarkeit, Wirkungsgrad und Potenzial.*

3 *Überprüfe die Realisierungsmöglichkeiten der in Zeichnung 3 vorgeschlagenen Wege zur Energieversorgung.*

3

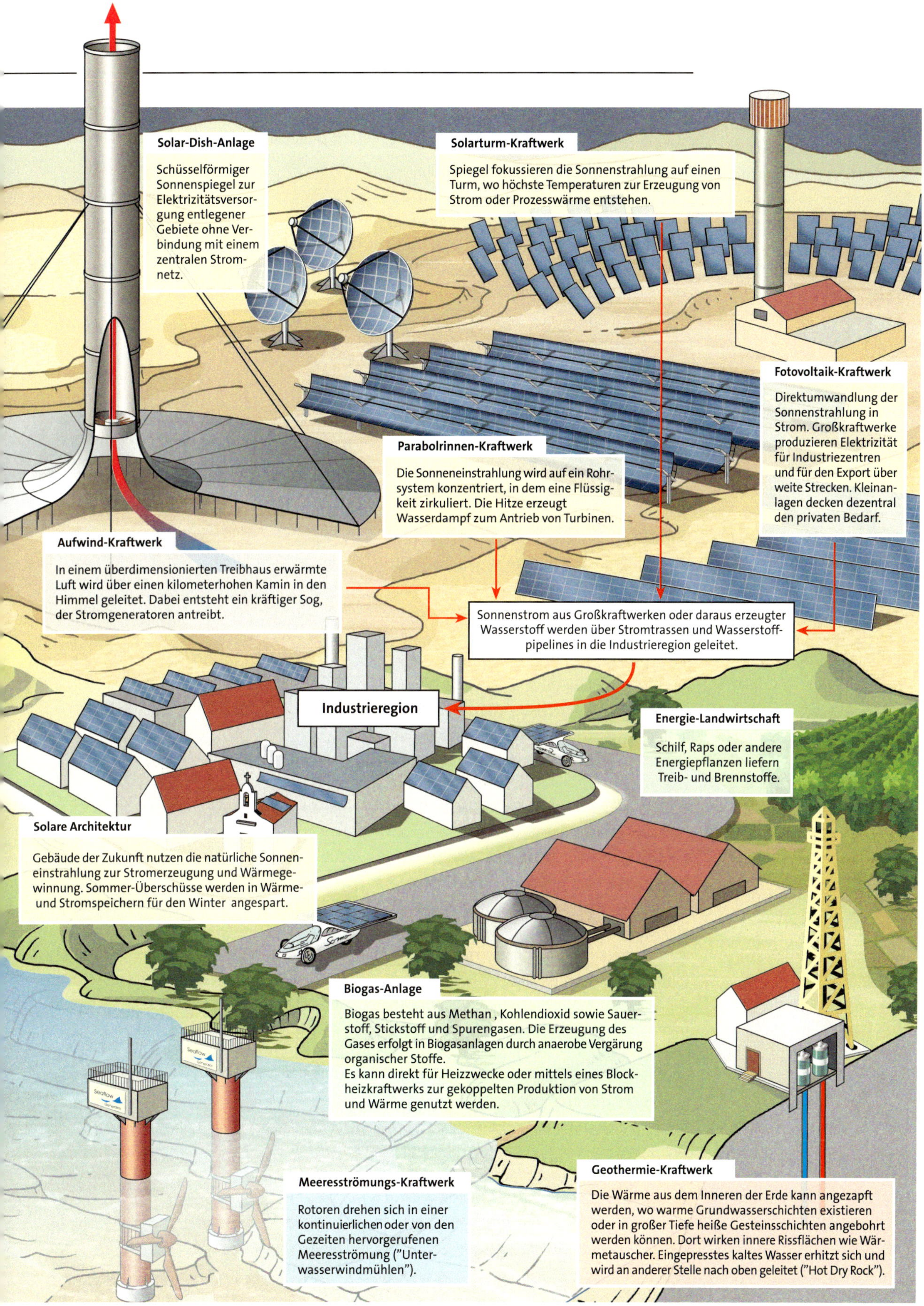
Solar-Dish-Anlage
Schüsselförmiger Sonnenspiegel zur Elektrizitätsversorgung entlegener Gebiete ohne Verbindung mit einem zentralen Stromnetz.
Solarturm-Kraftwerk
Spiegel fokussieren die Sonnenstrahlung auf einen Turm, wo höchste Temperaturen zur Erzeugung von Strom oder Prozesswärme entstehen.
Fotovoltaik-Kraftwerk
Direktumwandlung der Sonnenstrahlung in Strom. Großkraftwerke produzieren Elektrizität für Industriezentren und für den Export über weite Strecken. Kleinanlagen decken dezentral den privaten Bedarf.
Parabolrinnen-Kraftwerk
Die Sonneneinstrahlung wird auf ein Rohrsystem konzentriert, in dem eine Flüssigkeit zirkuliert. Die Hitze erzeugt Wasserdampf zum Antrieb von Turbinen.
Aufwind-Kraftwerk
In einem überdimensionierten Treibhaus erwärmte Luft wird über einen kilometerhohen Kamin in den Himmel geleitet. Dabei entsteht ein kräftiger Sog, der Stromgeneratoren antreibt.
Sonnenstrom aus Großkraftwerken oder daraus erzeugter Wasserstoff werden über Stromtrassen und Wasserstoffpipelines in die Industrieregion geleitet.
Industrieregion
Energie-Landwirtschaft
Schilf, Raps oder andere Energiepflanzen liefern Treib- und Brennstoffe.
Solare Architektur
Gebäude der Zukunft nutzen die natürliche Sonneneinstrahlung zur Stromerzeugung und Wärmegewinnung. Sommer-Überschüsse werden in Wärme- und Stromspeichern für den Winter angespart.
Biogas-Anlage
Biogas besteht aus Methan , Kohlendioxid sowie Sauerstoff, Stickstoff und Spurengasen. Die Erzeugung des Gases erfolgt in Biogasanlagen durch anaerobe Vergärung organischer Stoffe.
Es kann direkt für Heizzwecke oder mittels eines Blockheizkraftwerks zur gekoppelten Produktion von Strom und Wärme genutzt werden.
Meeresströmungs-Kraftwerk
Rotoren drehen sich in einer kontinuierlichen oder von den Gezeiten hervorgerufenen Meeresströmung ("Unterwasserwindmühlen").
Geothermie-Kraftwerk
Die Wärme aus dem Inneren der Erde kann angezapft werden, wo warme Grundwasserschichten existieren oder in großer Tiefe heiße Gesteinsschichten angebohrt werden können. Dort wirken innere Rissflächen wie Wärmetauscher. Eingepresstes kaltes Wasser erhitzt sich und wird an anderer Stelle nach oben geleitet ("Hot Dry Rock").

Globale Herausforderung Stadt

*Als **Stadt** bezeichnet man eine administrative, d. h. verwaltungsrechtlich bestimmte Siedlungseinheit, die durch die Stadtgrenze definiert wird.*

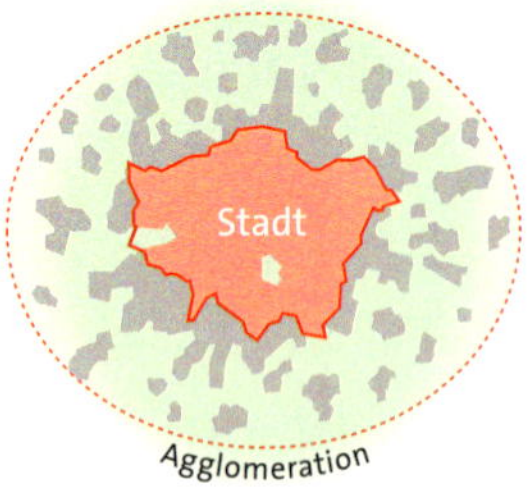

*Unter **Agglomeration** versteht man die räumliche Verdichtung von Bevölkerung, Wirtschaft und Infrastruktur über die Stadtgrenzen einer Großstadt hinaus.*

Die Hälfte der Weltbevölkerung – das sind mehr als drei Milliarden Menschen – lebt auf nur zwei Prozent der Erdoberfläche, verbraucht dort zwei Drittel aller Ressourcen und produziert im Gegenzug drei Viertel des Weltmüllaufkommens. Müsste man angesichts dieser vernichtenden Bilanz nicht schlicht die Auflösung der Städte fordern?
Bis in unsere Zeit blieb mit Blick auf die gesamte Weltbevölkerung der „Normalfall" das Leben auf dem Land und im Dorf. So lebten 1930 zwei Drittel der seinerzeit etwa zwei Milliarden Menschen zählenden Weltbevölkerung in ländlichen Regionen. Diese globale Perspektive zeigt regional jedoch große Unterschiede. Während insbesondere in den Industrienationen, aber auch in Lateinamerika sowie in Teilen des Orients seit längerem die Stadt als Lebensraum der Bevölkerungsmehrheit überwiegt, leben etwa in Indien noch immer deutlich mehr Menschen in Dörfern als in Städten. Der **Verstädterungsgrad**, also der in Städten lebende prozentuale Bevölkerungsanteil eines Landes, nimmt weltweit zu. Nicht nur in Indien, sondern weltweit sind riesige, meist von der Hoffnung auf ein besseres Leben getragene Wanderungsbewegungen in die Städte zu beobachten. Sie tragen neben der in den Ländern des Südens zudem hohen Wachstumsrate der Bevölkerung ganz wesentlich zum hochdynamischen urbanen Wachstum bei. Die Zahl der Millionenstädte ist weltweit bereits auf mehr als 300 angestiegen, von denen viele längst mehr als zehn, manche gar bereits mehr als zwanzig Millionen Menschen zählen. Dieses rasante Wachstum führte zur Einführung einer neuen Kategorie: die Megacity. In dieser leben mehr als zehn Millionen Menschen. Das Gros der Megacities entsteht in den Ländern des Südens, insbesondere in Asien.

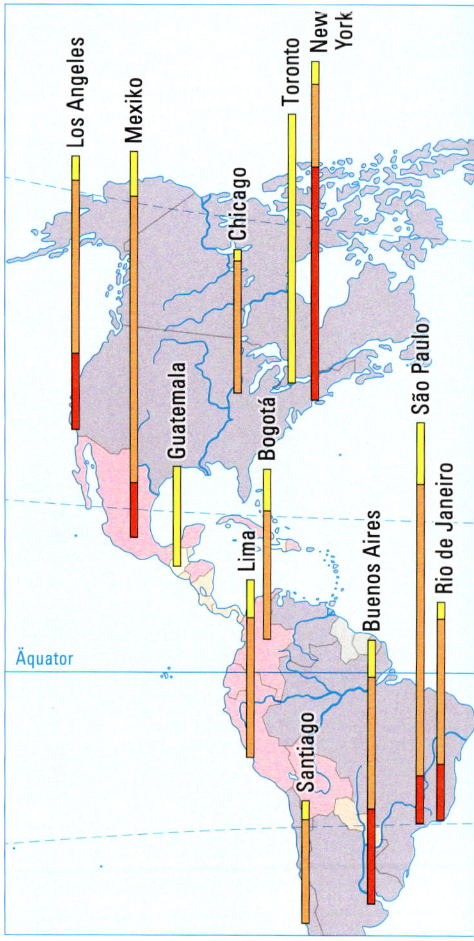

Entwicklung der Megacities 1950–2015

2007 nun, so sagen die Statistiker, werden erstmals in der Geschichte mehr Menschen in Städten als in Dörfern leben. Und bis zum Jahr 2030 soll deren Zahl dann auf nahezu 5 Milliarden Menschen angewachsen sein. Mit dieser extremen Bevölkerungskonzentration gehen Herausforderungen – wie die Versorgung mit sauberer Luft, Energie, Nahrungsmitteln und Wasser oder die Entsorgung von Wasser und Müll – einher, die es zu meistern gilt.

1 *Im 5. Jh. v. Chr. war Chang'an (China) mit 500 000 Einwohnern die größte Stadt der Welt, auf der damals rund 400 Millionen Menschen lebten. Vergleiche das heutige Verhältnis der Megastädte zur Weltbevölkerung mit der damaligen Situation.*

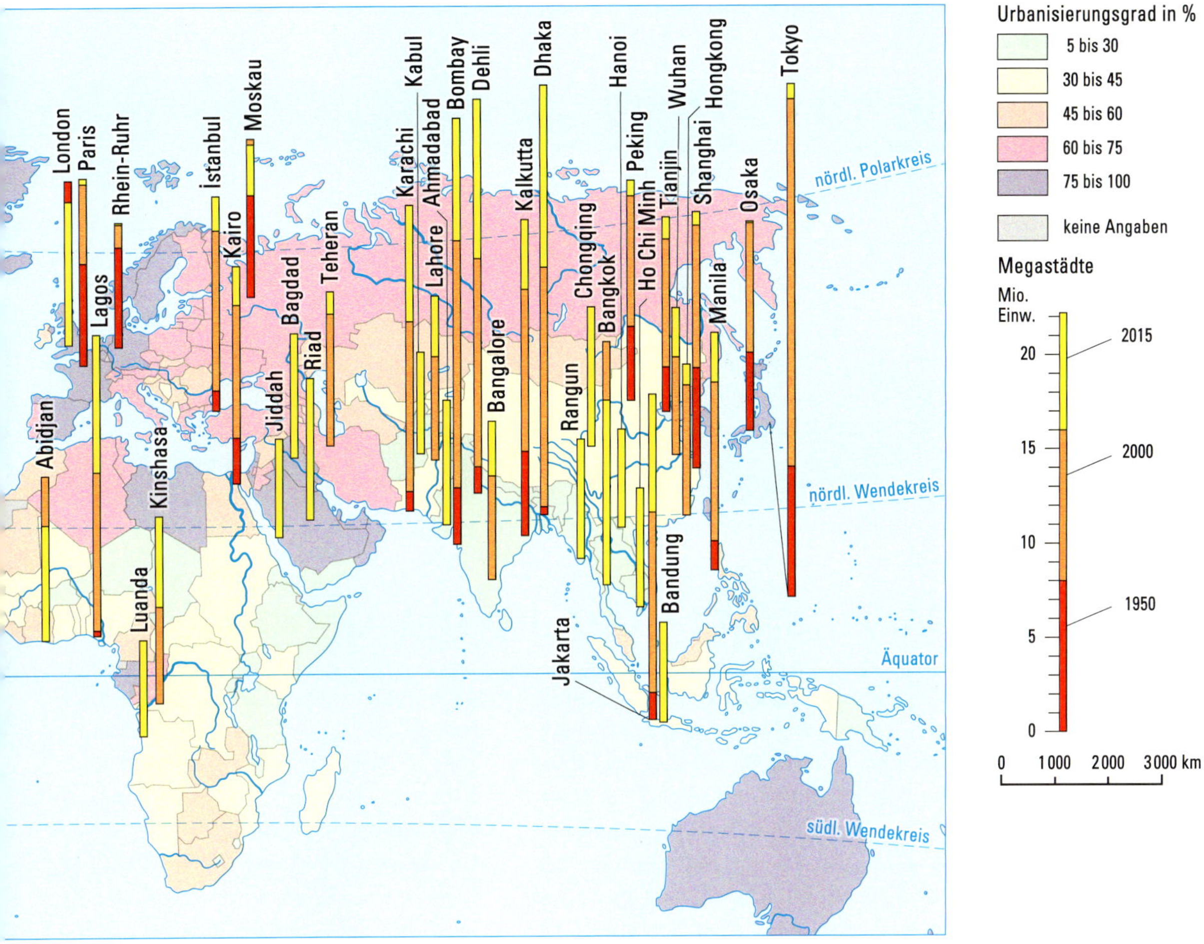

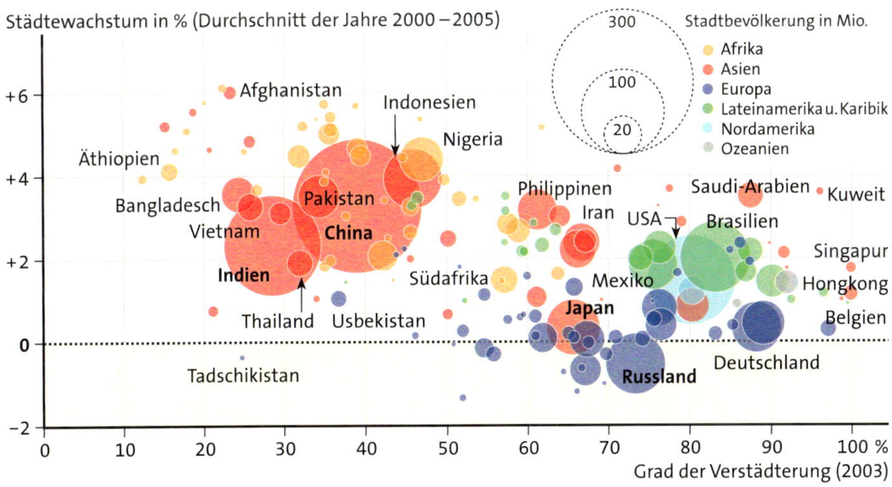

3 Städtewachstum in Prozent

nach Atlas der Globalisierung, 2006, S. 35

1 ***Äußerer Ring (Periferico)***

2 ***Mexiko-City im Smog***

Mexiko City – der urbane Alptraum

Nach offiziellen Angaben leben derzeit etwa 20 Millionen Menschen in Mexiko City. Doch niemand weiß, wie viele Menschen die **Agglomeration** der über 2200 Meter hoch gelegenen mexikanische Hauptstadt wirklich zählt. Um die Mitte des 20. Jahrhunderts war die Stadt vor allem aufgrund massiver Zuwanderungen verarmter Landbewohner gewachsen. Heute trägt insbesondere die städtische Armutsbevölkerung zum Bevölkerungszuwachs bei. Deren räumliche Konzentration auf die innerstädtischen Slums und die Armutsviertel im Osten Mexiko Citys führt gleichermaßen zur Verdichtung und Ausdehnung des Stadtgebietes. Die durchschnittlich 3861 E/km² betragende Bevölkerungsdichte ist in einigen Stadtteilen mit 11590 E/km² bereits doppelt so hoch wie die von New York und wird nur von der in Tokyo übertroffen (zum Vergleich: Stuttgart 2837 E/km²).

Es ist aber nicht die große Einwohnerzahl, die die **Megacity** Mexiko City auch in den Augen der eigenen Bevölkerung zu einer der unattraktivsten Städte der Erde macht. Dies bedingen vielmehr die durch Luftverschmutzung, Wasserknappheit und Kriminalität erschwerten Lebensverhältnisse. Die dagegen eingeleiteten Maßnahmen, wie der Bau einer U-Bahn zur Reduzierung des Pkw-Verkehrs oder die Regelung, dass an bestimmten Tagen nur Autos mit geraden und an anderen Tagen solche mit ungeraden Autokennzeichen in der Stadt fahren dürfen, sind erste Schritte zur Verbesserung der Luftqualität in Mexiko City. Weit schwieriger und teurer erweisen sich die Bemühungen, die Versorgung der Stadt mit sauberem Trinkwasser sicherzustellen.

1 *Erstelle ausgehend von den beiden Fotos 1 und 2 und dem Quellentext 4 eine strukturierte Auflistung über die drängendsten Probleme Mexiko Citys.*

2 *Erörtere, welche Auswirkungen die umweltpolitischen Maßnahmen der Stadtregierung auf unterschiedliche gesellschaftlichen Gruppen haben.*

3 *Prüfe, inwieweit die für Mexiko City beschriebene Problemkonstellation typisch für die Entwicklung der Megastädte unserer Zeit ist. Nutze dazu auch Diagramm 3, S.185.*

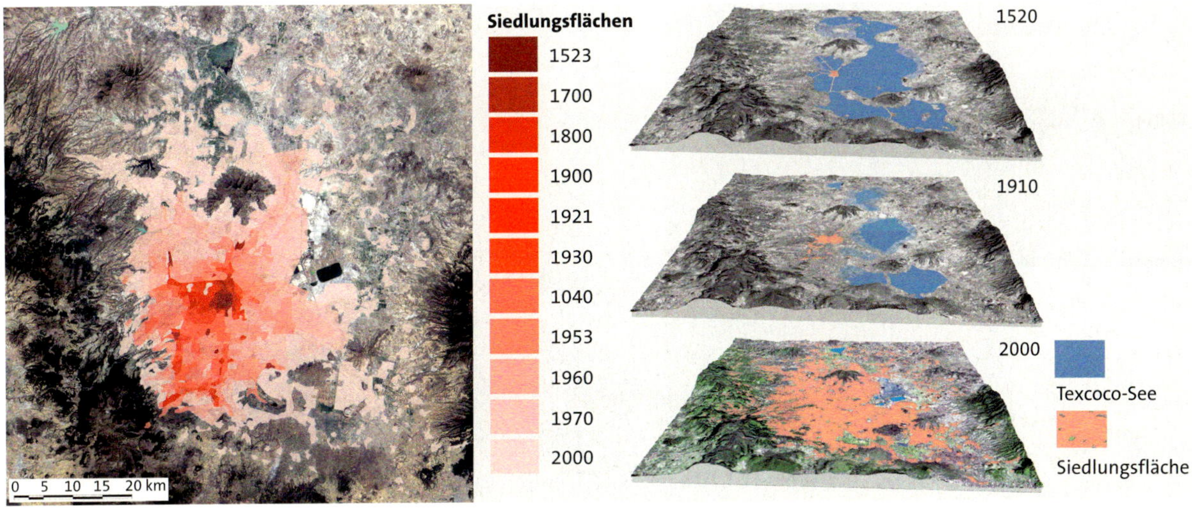

3 ***Räumliche Entwicklung von Mexiko-Stadt***

4 **Leben am Rande der Katastrophe**

Bevölkerungsforscher irrten sich, als sie Mexiko-Stadt vor zwanzig Jahren dem Untergang weihten. Die größte Stadt Lateinamerikas werde an ihrem ungezügelten Bevölkerungswachstum ersticken, sagten die Forscher damals voraus. (...)

Doch schon seit einigen Jahren wächst Mexiko-Stadt praktisch nicht mehr. Die Bevölkerung stagniert bei knapp 20 Millionen Menschen. (...) Längst hat der Moloch seine Anziehungskraft verloren. (...) War Mexiko-Stadt jahrzehntelang Anziehungspunkt für Menschen auf der Suche nach einem besseren Leben, verlässt heute wer kann die Megalopolis. Vor allem die Mittelschicht geht – auf der Suche nach Lebensqualität. (...)

Mehr Menschen als durch die Kriminalität sterben in Mexiko-Stadt durch die Luftverschmutzung. Fast jeden Tag legt sich auf den 20-Millionen-Moloch ein gelb-brauner Dunstteppich, es riecht metallisch und manchmal faul. (...) Jährlich sterben 30 000 Menschen an Krankheiten, die mit der Umweltbelastung in Zusammenhang stehen, z. B. Krebs oder Lungenentzündung. Zudem sinkt die Lebenserwartung der Menschen in Mexiko-Stadt durch die Kontamination um rund zehn Prozent.

Das tägliche Verkehrschaos trägt seinen Teil zu der Umweltsituation bei. In der Hauptstadt fahren 4,5 Millionen Fahrzeuge. (...) Weil in den Stoßzeiten der Verkehr regelmäßig zusammenbricht, baut die Stadtregierung schon seit einiger Zeit ein zweites Stockwerk an den Knotenpunkten der drei Stadtautobahnen. (...) Das Problem der Zukunft für die Hauptstadt ist das Wasser. Schon jetzt müssen knapp 30 Prozent des Trinkwassers aus weit entfernten Regionen in die Hauptstadt gepumpt werden. Den abgebenden Dörfern ist das schon lange ein Dorn im Auge. (...)

Protzender Reichtum und Verschwendungssucht treffen auf blanke Armut. Hochhäuser treffen auf Azteken-Ruinen, riesige Parks auf gigantische Müllkippen, auf denen 17 000 Menschen arbeiten, Shopping-Malls auf Hunderte anarchischer Märkte, wo außer Diebesgut vor allem Drogen, Waffen und schwarz-gebrannte CDs verkauft werden. Mexiko-Stadt hat die größte Uni Lateinamerikas mit mehr als einer viertel Million Studenten und zugleich Zehntausende Analphabeten. (...)

Nach Klaus Ehringfeld, Handelsblatt 16. 4. und 28. 4. 2005

5 ***Entwicklung der Einwohnerzahl (geschätzt) von Mexiko City***

1910	*0,56 Mio*
1930	*1,1 Mio*
1950	*2,95 Mio*
1960	*5 Mio*
1970	*8,6 Mio*
1980	*13 Mio*
1990	*15,2 Mio*
2000	*18,0 Mio*
2005	*19,9 Mio*

Prognose

2010	*19,7 Mio*
2015	*20,4 Mio*

1

2

3 *Dongtan – Freizeit- und Versorgungsangebote*

Dongtan – die erste Ökostadt der Welt

„Willkommen in der Zukunft" lautet der Werbeslogan, mit dem Dongtan, die derzeit nahe Shanghai auf der Chongming-Insel im Mündungsbereich des Jangtsekiang entstehende erste Öko-Stadt der Welt, auf sich aufmerksam macht. Bis zur Eröffnung der Weltausstellung EXPO, die im Jahr 2010 in Shanghai stattfinden wird, soll Dongtan bereits 50 000 Menschen beherbergen. Bis 2040 wird Dongtans Fläche einem Drittel von Manhattan entsprechen und die Stadt auf eine halbe Million Menschen angewachsen sein.

Das prognostizierte rasante Wachstum ist Dongtan mit anderen zur Entlastung der bereits heute aus allen Nähten platzenden Mega-City Shanghai entstehenden Städte wie Luchao Harbour oder Anting gemein. Zwar wird in diesen Stadtprojekten großer Wert auf eine nachhaltige Stadtplanung gelegt, doch in keinem Projekt ist der Anspruch, eine echte Ökostadt zu errichten, so weitreichend formuliert wie in Dongtan.

So soll die Versorgung Dongtans mit Elektrizität ausschließlich mithilfe von Windkraft- und Biogasanlagen sowie Sonnenkollektoren gesichert werden. Der innerstädtische Verkehr wird emissionsfrei zu Fuß, mit dem Fahrrad, dem Boot oder der nach maximal sieben Minuten Fußweg zu erreichenden Straßenbahn bewältigt. Benzingetriebene Autos werden ausnahmslos durch wasserstoffbetriebene Fahrzeuge ersetzt sein.

Die Ernährung der Bevölkerung stellen die landwirtschaftlichen Betriebe auf der Chongming-Insel bereit, so dass keine emissionsbelasteten Transporte entfernt produzierter Nahrungsmittel anfallen. Selbstverständlich werden die organischen wie anorganischen Abfälle vollständig recycelt und entweder als Dünger oder zur Energieumwandlung verwendet.

Die umfassende Isolierung der grundsätzlich als Null-Energiehäuser errichteten Gebäude wird zusammen mit dem Einsatz energiesparender Geräte entscheidend zur Reduktion des Energiebedarfs beitragen. In der Summe dieser energietechnischen Maßnah-

Surftipps
www.dongtan.biz
www.songdo.com

④ ***Dongtan – Wohnen am Wasser***

Summe dieser energietechnischen Maßnahmen soll das Ziel erreicht werden, mit Dongtan die erste kohlenstoff- und treibhausgasneutrale Stadt der Welt zu verwirklichen.
Aufgefangenes und aufbereitetes Regenwasser wird die Versorgung der Stadt mit Trinkwasser gewährleisten.
Nicht allein der künftige Betrieb der Stadt ist streng am Prinzip der Nachhaltigkeit ausgerichtet. Vielmehr wird bereits beim Bau der Stadt strikt darauf geachtet, dass ressourcenschonend gearbeitet wird. Um dies zu realisieren, wird mit Material aus der näheren Umgebung gebaut und die Planer nehmen für sich in Anspruch, in besonderem Maß die ökologischen Verhältnisse vor Ort zu berücksichtigen.
Dongtan, sind sich die Experten einig, ist ein lokales Projekt, das aufgrund seines geschlossenen Konzeptes das Potenzial für eine globale Perspektive künftiger Stadtplanung hat. Insofern ist das Projekt auch ein Politikum, will doch die chinesische Regierung mit Dongtan ein Zeichen setzen, das sich deutlich von der Realität chinesischer Großstädte abhebt und internationale Beachtung finden soll.

Globale Ökostadtansätze

Nachdem bereits Mitte der 1980er-Jahre die kalifornische Kleinstadt Davis als Eco-City von sich reden machte, wurden in der jüngsten Vergangenheit auch andernorts einige an der strikten Umsetzung des Nachhaltigkeitsprinzips ausgerichtete Projekte realisert. Keines jedoch in der Konsequenz, wie es in Dongtan der Fall ist. So sichert die Stadtverwaltung in Melbourne ihre Wasserversorgung ausschließlich durch Regenwasser und deckt ihren Strombedarf nur mittels Sonnenenergie. Und die Müllautos der amerikanischen Stadt San Diego werden mit Methangas betrieben, das in der kommunalen Mülldeponie selbst gewonnen wird.

1 *Nimm wertend Stellung zu dem Projekt Dongtang.*

GFS-Vorschlag:

2 *Die „Sociopolis" nahe Valencia in Spanien sowie New Songdo City, nahe Seoul in Südkorea sind zwei weitere Projekte aktueller nachhaltiger Stadtentwicklung. Überprüfe mithilfe einer Internetrecherche, inwieweit auch diese Projekte zum Vorbild künftiger Stadtplanung taugen könnten.*

Denkanstoß

Die lange Zeit totgeschwiegene Umweltverschmutzung in China hat mittlerweile ein solches Ausmaß erlangt, dass das Land an den Folgen des wirtschaftlichen Aufstiegs zu kollabieren droht. Diese jüngst auch offiziell geäußerte Erkenntnis führt dazu, dass die chinesische Regierung dem Kampf gegen die Umweltverschmutzung oberste Priorität im aktuell gültigen Fünfjahresplan (2006 – 2010) zuschreibt.

1 **Located in Wallington, South London, BedZED comprises 100 homes, community facilities and workspace for 100 people. Residents have been living at BedZED since March 2002.**

Die Zukunft der Stadt

Der ökologische Fußabdruck eines Menschen dürfte gegenwärtig etwa 1,8 Hektar betragen. Real aber beläuft er sich beim Durchschnittsamerikaner auf etwa 14 Hektar, im ländlichen China auf 1,6 Hektar und in Shanghai auf 7 Hektar.

→ *Zum Konzept des ökologischen Fußabdrucks, vgl. Seite 194*

Auf der Suche nach Wegen zur Bewältigung der globalen Herausforderung Stadt ist grundsätzlich folgendes zu erkennen: Erstens: Nicht die Städte an sich sind das Problem, sondern die in den Städten derzeit praktizierten Lebensstile und Wirtschaftsweisen mit ihrer unsachgemäßen Handhabung von Rohstoffen, Abfällen, Verkehr und Energie. Zweitens: Die Siedlungsform Stadt verbraucht zwar sehr viele Ressourcen, müsste dies aber nicht. Denn die Stadt hat aufgrund ihrer größtmöglichen Ressourceneffizienz sowie ihrer wirtschaftlichen und sozialen Entfaltungsmöglichkeiten das größere Nachhaltigkeitspotenzial als die weiträumige Bauweise ländlicher Siedlungen. Die nachhaltig organisierte und funktionierende Stadt stellt folglich die beste aller möglichen Siedlungsformen für die Zukunft bereit.

Vor diesem Hintergrund muss die Stadt als Lebensraum nicht nur bewahrt, sondern ausgebaut werden. Dieser Ausbau aber muss den Prinzipien der Nachhaltigkeit verpflichtet sein und geeigneten Leitbildern folgen, um die Städte der Welt zu humanen Lebensräumen zu entwickeln, die nachfolgenden Generationen die gleichen Entwicklungschancen ermöglichen.

2 **Leitbilder nachhaltiger Stadtentwicklung:**
1. Die „ökologische und ressourcensparsame Stadt" soll der Umwelt soviel geben, wie sie von ihr nimmt. Wichtige Aspekte sind hierbei Energieeinsparung, Reduzierung des Wasserverbrauchs, Vermeidung und Verminderung von Abfall sowie Verwendung ressourcenschonender Baustoffe.
2. Die „ökonomische Stadt" soll eine dauerhafte Leistungs- und Konkurrenzfähigkeit und wirtschaftliche Teilhabe gewährleisten, wozu nicht nur eine moderne technische Infrastruktur, sondern etwa auch ein breites Angebot an hochwertigen Aus- und Weiterbildungsmöglichkeiten erforderlich wäre.
3. Die Vision der „sozialen Stadt" schließlich umfasst Forderungen nach Teilhabe und Schutz vor gesellschaftlicher Ausgrenzung in der Stadt. Der Erfolg misst sich etwa daran, ob breite Bevölkerungsschichten mit ausreichendem Wohnraum versorgt sind, eigenständig ihren Lebensunterhalt sichern können und Zugang zu sozialer Infrastruktur haben.
4. Die „intelligente Stadt" soll durch Energieumwandlungs- und Umweltschutztechnologien die Ressourcenproduktivität und die Umweltsituation verbessern und durch den Einsatz computergestützter Telekommunikation Stoffströme optimieren.

Nach Stefan Schmitz: Nachhaltige Stadtentwicklung – Herausforderungen, Leitbilder, Strategien und Umsetzungsprobleme. In: PGM 145, 2001, S. 9.

3 **Anna Tibaijuka: Schwierige neue Welt**

Wie der jüngste UN-HABITAT-Report zeigt, entwickeln sich vor allem in Asien und Afrika Agglomerationen so gigantischen Ausmaßes, dass sie den Namen „Hyperstädte" verdienen. Diese riesigen urbanen Knotenpunkte mit ihren von Millionen Menschen besiedelten Slums regier- und bewohnbar zu machen, ist die Herausforderung des 21. Jahrhunderts.

Im Jahr 2007 wird die Menschheit Zeuge eines wichtigen Ereignisses in ihrer Geschichte werden. Denn dann wird die städtische Bevölkerung der Welt zum ersten Mal ebenso groß sein wie die ländliche. Dieser historische Meilenstein markiert sowohl eine demographische Veränderung im Hinblick auf die Verschiebungen und das Wachstum der Bevölkerung als auch – was noch wichtiger ist – eine soziale, kulturelle und wirtschaftliche Transformation (...)

Auf der dritten Sitzung des World Urban Forums im kanadischen Vancouver im Juni 2006 – anlässlich des 30. Geburtstags von UN-HABITAT – waren die Teilnehmer sich einig, dass das größte Problem für die Menschheit im 21. Jahrhundert wahrscheinlich die Frage sein wird, wie wir die rapide Verstädterung managen. Vancouver 2006 machte deutlich, dass die Vereinten Nationen ihre Kräfte wie noch nie zuvor bündeln müssen, um für nachhaltige Urbanisierung und „inclusive cities"* zu kämpfen. Tatsächlich war eine der Haupterkenntnisse des Vancouver-Treffens, dass die städtische Bevölkerung der Entwicklungsländer sich in den nächsten 30 Jahren verdoppeln wird. Diese zwei Milliarden neuen Stadtbewohner werden für die kommenden 30 Jahre jede Woche das Äquivalent an Planung, Finanzierung und Infrastrukturmaßnahmen für eine neue Stadt von einer Million Einwohner erforderlich machen.

Eine der wenigen Möglichkeiten, diese Probleme anzugehen, ist eine effektive regionale Stadtplanung. Wenn regionale Entwicklungspläne erfolgreich sind, fühlen sich Menschen auch von kleinen und mittleren Ansiedlungen angelockt, nicht nur von Megastädten. Daneben muss die konkrete geographische Planung auf städtischer Ebene Hand in Hand mit strategischen Entscheidungen, finanziellen Möglichkeiten und viel politischem Willen und Engagement einhergehen, damit sich auf lokaler Ebene Verbesserungen erreichen lassen. Derzeit funktionieren nur wenige städtische Strukturen in den Städten der Entwicklungsländer gut. Verwaltung und Planung auf städtischer Ebene sind selten Teil eines integrierten Gesamtplans. Diese Zwischenstufe von Governance einzurichten ist kompliziert, weil große Städte sich oft in benachbarte Verwaltungsbezirke ausdehnen. In einigen Megastädten wie São Paulo ist die Zahl der Kommunen höher als 30, und in den meisten großen Städten der Entwicklungsländer liegt sie bei mindestens 20. Zudem wird eine offizielle Vertretung auf der Großstadtebene (...) oft als politische Konkurrenz zu anderen Ebenen des politischen Verwaltungsapparats empfunden (...) Im Jahr 2007 müssen wir Geschichte machen, indem wir Möglichkeiten finden, „inklusive Städte" zu schaffen, mehr Brücken als Festungen zu bauen und unsere städtischen Landschaften in Orte für Lebenschancen zu verwandeln – für uns, für unsere Kinder und für unsere Enkel.

Anna Tibaijuka: Übersetzung in Internationale Politik, Nov. 2006, S. 14–15

** Mit „inclusive cities" wird ein Konzept der sozialen Stadtplanung umschrieben, das bislang in der Stadtplanung und -gestaltung ausgeschlossene Gruppen in den Planungsprozess einbindet und so eine soziale Stadt entstehen kann.*

4 UN-HABITAT

5 ***Anna Tibaijuka:***
wurde 1950 in Tansania geboren und ist seit 2000 die geschäftsführende Direktorin von HABITAT, dem Wohn- und Siedlungsprogramm der Vereinten Nationen mit Sitz in Nairobi.

1 Diskutiere die hier vorgeschlagenen Leitbilder nachhaltiger Stadtentwicklung.

2 Bewerte mithilfe des Textes 3 die Ergebnisse des World Urban Forums vom Sommer 2006.

Netz der globalen Herausforderungen

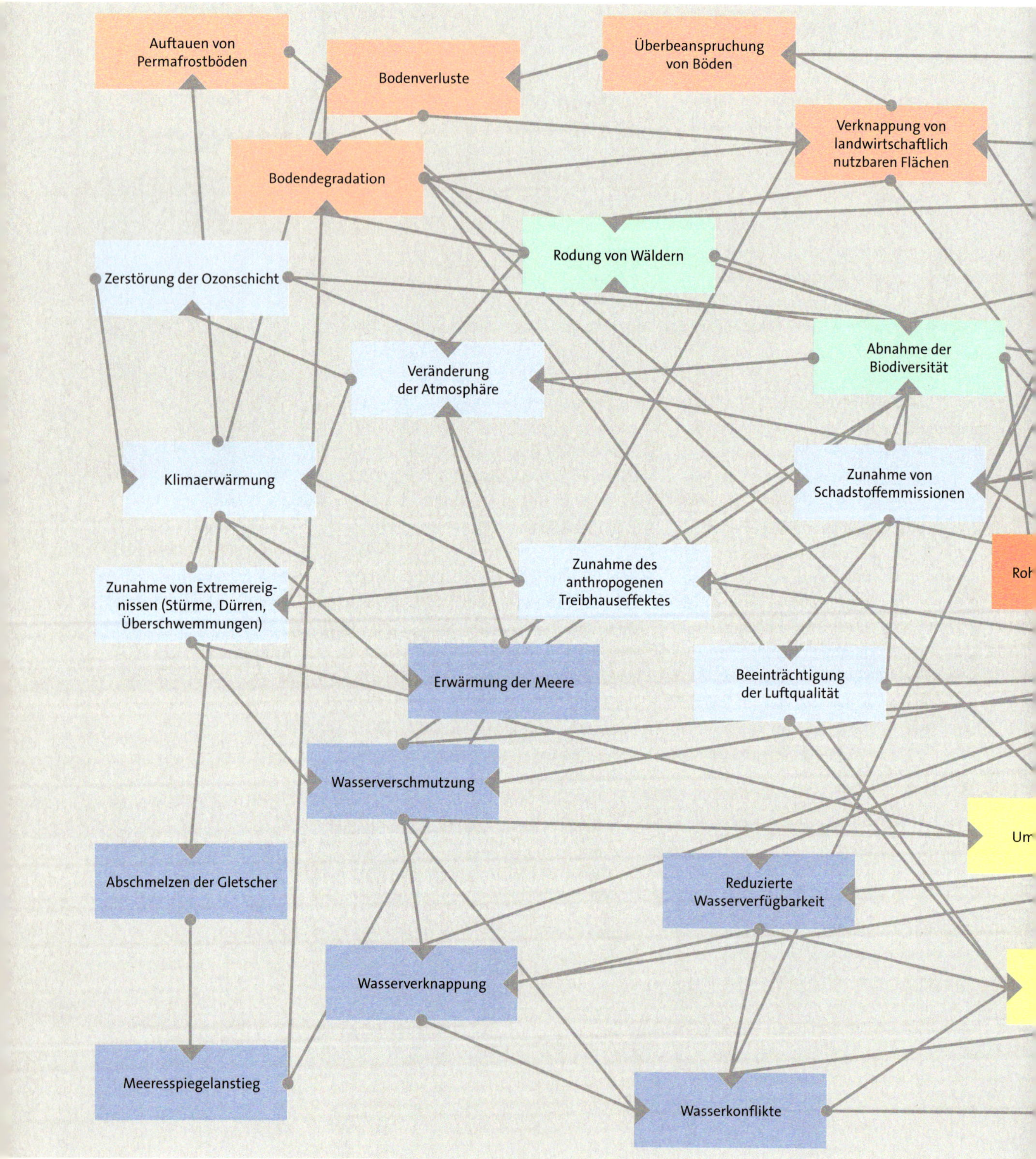

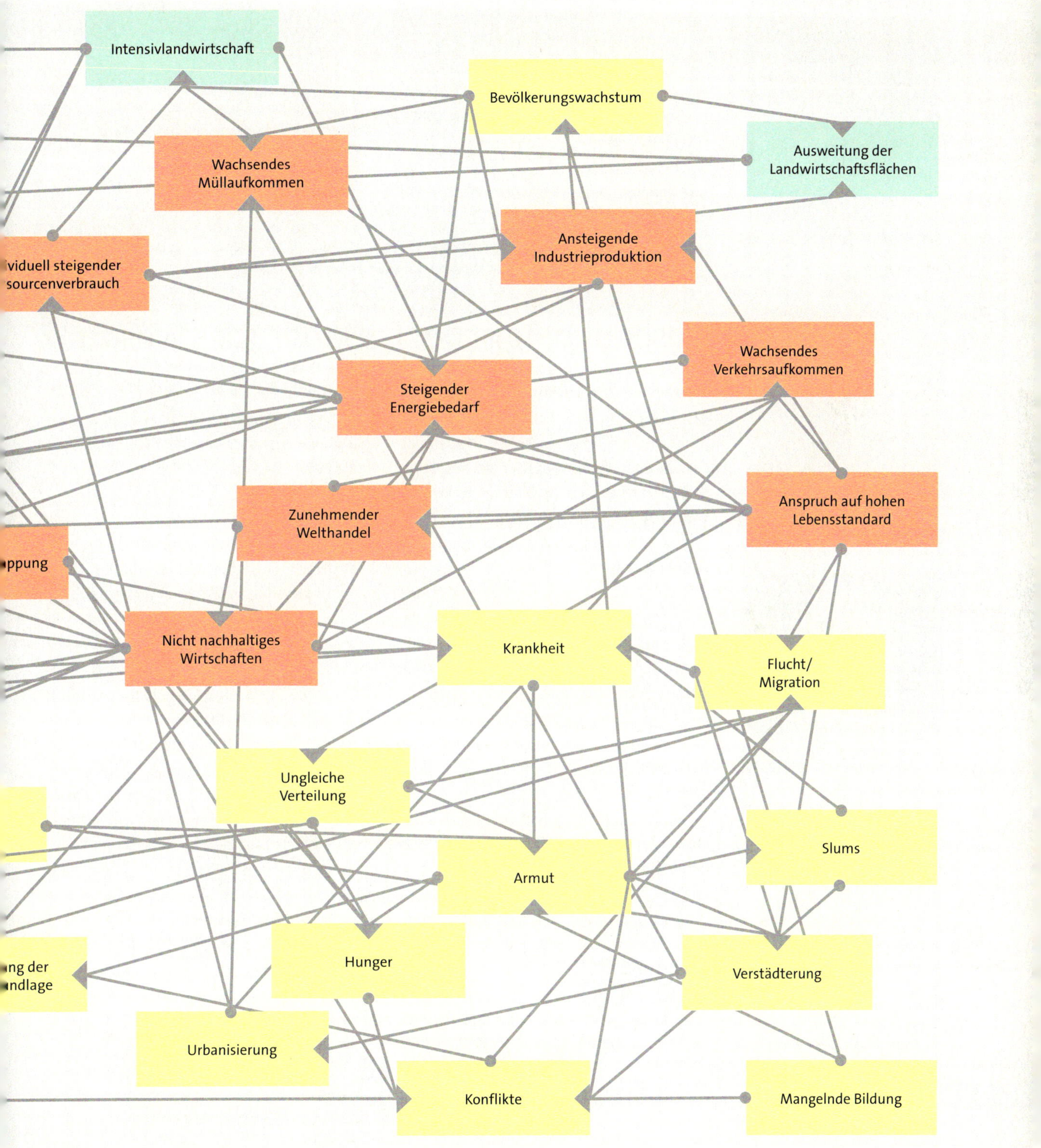

Intensivlandwirtschaft
Bevölkerungswachstum
Ausweitung der Landwirtschaftsflächen
Wachsendes Müllaufkommen
Ansteigende Industrieproduktion
viduell steigender sourcenverbrauch
Wachsendes Verkehrsaufkommen
Steigender Energiebedarf
Anspruch auf hohen Lebensstandard
Zunehmender Welthandel
ppung
Nicht nachhaltiges Wirtschaften
Krankheit
Flucht/ Migration
Ungleiche Verteilung
Slums
Armut
ng der ndlage
Hunger
Verstädterung
Urbanisierung
Konflikte
Mangelnde Bildung

1 ***Fußabdruck***

„Der ökologische Fußabdruck eines Berliners beträgt 1998 4,41 Hektar: Das sind 15 Millionen Hektar für alle Berliner insgesamt. Dies entspricht einem Kreis von 218 Kilometer Radius. Das ist 168-mal die Stadtfläche oder 34 % der Bundesrepublik.

Bei einer nutzbaren Fläche von 7,3 Milliarden Hektar auf der Erde bleiben für 6 Milliarden Menschen 1,2 Hektar Land plus 0,5 Hektar Meeresfläche / Person oder 1,7 Milliarden Menschen mit dem „Berliner Lebensstandard" könnte die Erde dauerhaft beherbergen."

„Zeigt her Eure Füße"- Ein Projekt von Mathias Schnauss in Zusammenarbeit mit Grüne Liga e.V. und KATE e.V.

4 **Dimensionen des ökologischen Fußabdrucks am Beispiel Berlin**

2 ***Mathis Wackernagel***

3 ***William Rees***

Surftipps

Hier findest du Versionen zur Berechnung Deines individuellen ökologischen Fußabdrucks. Zum Beispiel unter:
www.footprint.ch
www.econautix.de/site/econautixpage_1064.php
www.latschlatsch.de/berechnung.php

Unser ökologischer Fußabdruck – Was tun?

Um den Ressourcenverbrauch eines Einzelnen, einer Gruppe, einer Region oder eines Landes zu ermitteln und vor allem vergleichen zu können, entwickelten der Schweizer Mathis Wackernagel und der an der University of British Columbia lehrende Amerikaner William Rees das Modell des **ökologischen Fußabdruckes**.

Die Grundidee dieses Verfahrens besteht darin, den gesamten Ressourcenverbrauch – gleich welcher Art – als Flächenbedarf zu begreifen und in Hektar auszudrücken. Demnach ist der ökologische Fußabdruck einer Bevölkerung die Fläche an produktiver Land- und Wasserfläche, die notwendig ist, die Ressourcen, welche die in diesem Gebiet lebenden Menschen konsumieren, bei gegebener Technologie bereitzustellen und ihren Abfall aufzunehmen. Die aktuelle globale Bilanz macht deutlich, dass wir die Ressourcen der Erde derzeit bereits um zwanzig Prozent übernutzen und offensichtlich so tun, als hätten wir weitere Erden in Reserve.

Selbstverständlich kann keiner alleine die Welt retten. Aber jeder einzelne kann dazu beitragen, dass die Erde in einem Maß genutzt wird, das die natürlichen Lebensgrundlagen erhält, das unser Überleben sichert und den uns nachfolgenden Generationen die gleichen Lebens- und Entwicklungschancen gewährt, wie wir sie haben. Die Bewältigung dieser globalen Herausforderung kann folglich nur in der konsequenten Umsetzung des Nachhaltigkeitsprinzips und der damit einhergehenden sparsamen und effizienten Ressourcennutzung liegen.

Um dies zu erreichen, müssen mehrere Voraussetzungen gegeben sein. Zum einen muss jeder einzelne die Funktionsweisen der vielfältigen Wechselwirkungen zwischen menschlichem Handeln und der Natur in ihren Grundzügen verstehen. Beispielhaft sei hier auf die Emission von Treibhausgasen und deren Auswirkungen auf den Klimawandel oder auf die Wasserverschmutzung sowie die daraus resultierende Schädigung von Flora und Fauna und über die Nahrungskette der Menschen verwiesen.

Zum anderen muss jeder Einzelne auch die Auswirkungen seines individuellen Lebensstils auf die Ressourcen der Erde quantifizieren und bewerten können. Das Modell des ökologischen Fußabdruckes stellt in diesem Zusammenhang ein wichtiges Instrumentarium bereit. Es ermöglicht auf der Grundlage individueller Angaben zum Lebensstil festzustellen, wie groß der eigene

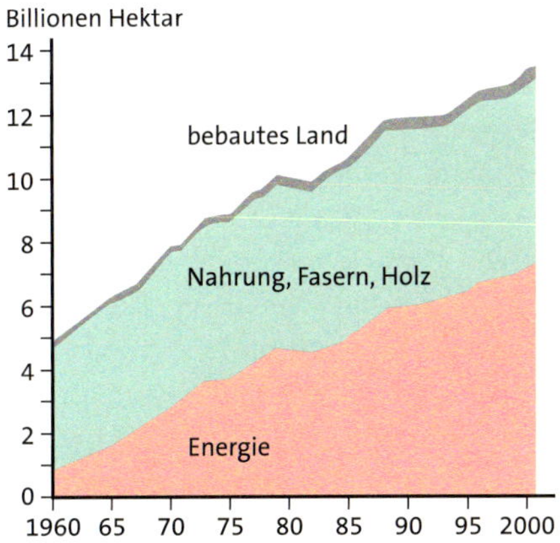

5 ***Ökologischer Fußabdruck 1961–2001***

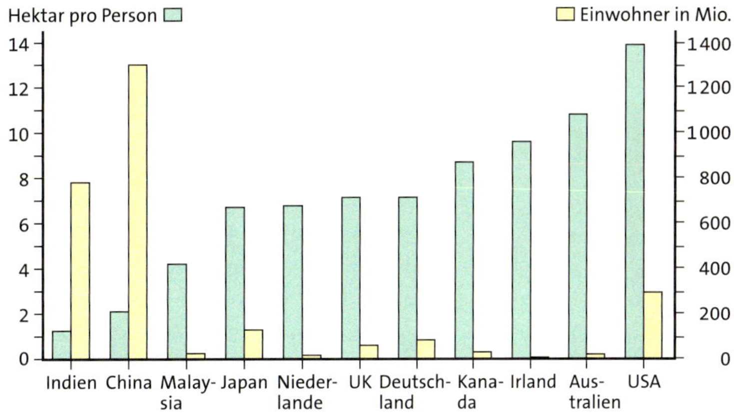

6 ***Ökologischer Fußabdruck nach ausgewählten Staaten***

Ressourcenverbrauch ist. Ausgedrückt wird dies mit der Angabe darüber, wie viele Erden die Menschheit zur Befriedigung ihres Ressourcenbedarfs in Reserve haben müsste, wenn jeder den gleichen Lebensstil pflegen würde wie man selbst. Das über dieses Instrumentarium geschaffene Bewusstsein über den eigenen Lebensstil ist ein wichtiger Erkenntnisschritt hin zu einem eigenen Beitrag zur Ressourcenerhaltung.

Schließlich bedarf es einer Fülle ebenso effizienter wie intelligenter Produktions- und Wirtschaftsweisen, Technologien und Verhaltenskompetenzen, wie etwa das Konzept „Faktor 10“ des Wuppertal-Instituts für Umwelt, Klima und Energie, um eine nachhaltige Entwicklung zu gewährleisten. Nach diesem Konzept ist es möglich, durch effiziente Produktionsweisen und den bewussten Einsatz von Energie den derzeitigen Lebensstandard mit nur einem Zehntel der heute benötigten Ressourcen zu erreichen oder umgekehrt mit unserem aktuellen Ressourceneinsatz zehnmal mehr Menschen als derzeit unseren Lebensstandard bieten zu können. Die konkrete Umsetzung dieses Konzeptes setzt bei der ressourcensparenden Produktion von Sachgütern ein, deren „ökologischen Rucksack“ es zu verkleinern gilt. Unter dem „ökologische Rucksack“ versteht man die Menge an Natur, die produktionstechnisch bedingt in jedem Sachgut steckt; also etwa die Menge an Eisenerzen, Erdöl und Kohle, die erforderlich ist, um einen Nagel herzustellen. Diese Menge kann durch nachhaltige Produktionsweisen massiv vermindert werden. Ferner sind ressourcenschonende Verhaltensweisen, wie etwa die, dass elektrische Geräte wirklich ausgeschaltet und nicht im Stand by-Modus belassen werden, in ihrer Wirkung nicht zu unterschätzen. Allein die konsequente Umsetzung dieses winzigen individuellen Beitrags würde nur in Deutschland den Strombedarf in der Größenordnung von zwei Kernkraftwerken einsparen.

1 *Interpretiere die Abbildungen 5 und 6.*

2 *Erläutere das Modell des ökologischen Fußabdruckes.*

3 *Ermittle mithilfe einer der angegebenen Internet-Adressen deinen individuellen ökologischen Fußabdruck.*

4 *Überprüfe, wo du bezüglich deines Konsum-, Mobilitäts- und Alltagsverhaltens Ansatzpunkte für deinen Beitrag zur Bewältigung der globalen Herausforderungen siehst.*

5 *Prüfe, inwieweit die drei Logos 7–9 die Leitgedanken des Nachhaltigkeitsprinzips ausdrücken. Entwirf selbst ein Logo für nachhaltiges Handeln und stelle es der Klasse vor.*

TERRA Lexikon

Advektion: horizontale Zufuhr von Luftmassen.

Aerosole: kleine, in der Luft schwebende, feste oder flüssige Teilchen der unterschiedlichsten Größe und Herkunft. Die Teilchenkonzentration ist sehr unterschiedlich: Sie beträgt in der Großstadtluft bis zu 4 Millionen Teilchen pro cm^3, in den Polargebieten sind es weniger als 2 pro cm^3. Aerosole spielen als Kondensationskerne bei der Niederschlagsbildung eine wichtige Rolle. Sie entstehen als Verbrennungsprodukte natürlicher oder künstlicher Brände, bei Vulkanausbrüchen, als Industriestäube, als Pollen oder Sporen oder als aus dem Meer stammende Salzpartikel.

Agenda 21: Ein globales Aktionsprogramm zur Zukunftssicherung unserer Erde. Ziel ist eine → nachhaltige Entwicklung, d.h. nicht nur die Bedürfnisse der heutigen Generation sollen erfüllt werden, sondern auch die unserer Nachkommen. Sie wurde 1992 auf dem „Umweltgipfel" in Rio de Janeiro beschlossen und soll in jedem Staat auch auf örtlicher Ebene umgesetzt werden („Lokale Agenda 21").

Agglomeration: Prozess der räumlichen Konzentration von Bevölkerung und/oder Arbeitsplätzen.

Asthenosphäre: Schale des oberen Erdmantels, die sich an die → Lithosphäre anschließt und in der seismische Wellen stark gebremst werden. Diese Zone gilt als Gleitzone (auch Fließzone) auf der sich die starren Platten der → Lithosphäre bewegen. Sie befindet sich in Tiefen zwischen etwa 100 und 250 km und enthält geringe Schmelzanteile.

Atmosphäre: Gashülle von Himmelskörpern, speziell die Lufthülle der Erde. Diese wird nach der vertikalen Änderung der Temperatur in Troposphäre, Stratosphäre, Mesosphäre, Thermosphäre und Exosphäre eingeteilt. Die Atmosphäre besteht aus einem Gemisch verschiedener Gase. Hauptbestandteile sind Stickstoff (78 %), Sauerstoff (21 %), Argon (1 %) sowie Spurengase, z.B. Kohlendioxid (0,03 %). Die Zusammensetzung des Gasgemisches Luft ist in den untersten 100 Kilometern praktisch konstant. Eine Ausnahme bildet der Wasserdampf. Der Wasserdampfgehalt der Luft ist temperaturabhängig und schwankt zwischen 0 und 4 %.

Aufforstung: Das Pflanzen von Bäumen auf zuvor nicht bewaldeten Flächen oder zur Wiederbestockung von kahlen Waldflächen nach Holzeinschlag. Ziel ist die Holzproduktion und der Landschaftsschutz.

Bevölkerungspolitik: Staatliche Maßnahmen mit dem Ziel, auf die Bevölkerungsentwicklung und Bevölkerungsstruktur Einfluss zu nehmen.

Bodendegradation: Verschlechterung der Bodenqualität durch natürliche Einflüsse und / oder menschliche Eingriffe, z.B. durch Auswaschung von Nährstoffen oder durch zu intensive Nutzung.

Bodenreform: In vielen Staaten ist der Grundbesitz (Boden) sehr ungleich verteilt. Wenige Großgrundbesitzer verfügen über viel Landeigentum, dagegen ist die Masse des Volkes „landarm" – es besitzt entweder keine oder nur kleine Landflächen. Bei einer Bodenreform wird die Agrarstruktur grundlegend geändert. Meistens wird der Großgrundbesitz abgeschafft und einzelne private Kleinbetriebe oder genossenschaftliche Betriebe werden gebildet.

Cluster: Räumliche Konzentration von miteinander in Verbindung stehenden Unternehmen in einem Wirtschaftszweig.

Coriolisablenkung/-effekt: Nach dem französischen Physiker Coriolis (1792–1843) benannte Trägheitskraft, die ein Körper in einem rotierenden System neben der Zentrifugalkraft erfährt. Bewegt sich ein Luftpaket am Äquator in der Höhe in Richtung Nordpol, so besitzt es die Drehgeschwindigkeit der Erdoberfläche am Äquator. Es gibt also neben der nördlich gerichteten Geschwindigkeitskomponente zugleich eine west-ostgerichtete von ca. 1670 km / h. Gelangt das Luftpaket z.B. tags darauf bis 25° nördliche Breite, so ist es relativ zur Erdoberfläche nach Osten vorausgeeilt, da der Erdumfang in 25° nördlicher Breite nur noch 36300 km beträgt und die Drehgeschwindigkeit somit bei 1510 km/h liegt.

Diagenese: Umwandlung von Lockergesteinen in Festgesteine durch Druck, wobei das Sediment entwässert, verdichtet und neu verkittet wird.

Diskontinuitätsfläche: Grenzflächen der Erdschalen, an denen seismische Wellen ihre Geschwindigkeit oder Ausbreitungsrichtung ändern.

Erneuerbare Energie: Gewinnung von Energie über regenerative Energieträger wie Wasserkraft, Gezeitenkraft, Erdwärme, Sonnenenergie oder Biomasse.

Exosphäre: →Atmosphäre:

Feuchte–absolute, relative: Die absolute Luftfeuchtigkeit gibt die Masse Wasserdampf in einem Volumen feuchter Luft an (g H_2O/ m^3 Luft) an. Die maximale Luftfeuchtigkeit gibt an, welche Masse Wasserdampf ein Volumen Luft bei einer bestimmten Temperatur und einem bestimmten Luftdruck aufnehmen kann (g H_2O/ m^3 Luft). Die relative Luftfeuchtigkeit gibt an, wie viel Prozent seiner maximalen Luftfeuchtigkeit ein Volumen Luft bereits aufgenommen hat. Sie ergibt sich aus dem Quotienten der absoluten Luftfeuchtigkeit und der maximalen Luftfeuchtigkeit.

Flurbereinigung: Maßnahmen zur Verbesserung der Agrarstruktur durch eine produktions- und maschinengerechte Flurform, die durch das Zusammenlegen von Feldern erreicht werden soll; meist geht damit auch ein Ausbau des Wege- und Gewässernetzes einher.

Geosphäre: Landschaftsraum der Erdoberfläche mit seinen Funktionsbeziehungen zur Atmosphäre, Lithosphäre und Hydrosphäre.

Gestein: Festes Material der Erdkruste und des oberen Mantels (Gesteinshülle der Erde), meist aus mehreren Bestandteilen (Mineralien) zusammengesetzt. So besteht z. B. der Granit aus den Mineralien Feldspat, Quarz und Glimmer. Nach der Entstehung unterscheidet man:

1. Magmatische Gesteine (Magmatite, Erstarrungsgesteine). Sie bilden sich aus dem glutflüssigen Magma entweder in der Tiefe (Tiefengesteine), z. B. Granit, Ganggesteine oder an der Erdoberfläche (Ergussgesteine), z. B. Basalt.
2. Sedimentgesteine (Schichtgesteine), z. B. Sand- oder Kalksteine. Sie entstehen durch Ablagerung von verwitterten Bestandteilen anderer Gesteine.
3. Metamorphe Gesteine (Umwandlungsgesteine), z. B. Gneis oder Marmor. Sie entstehen aus Magma- oder Schichtgesteinen, wenn diese unter großen Druck und hohe Temperaturen geraten, z. B. bei Gebirgsbildungen.

Heterosphäre: Gebiet der Atmosphäre oberhalb 100 Kilometer Höhe, in der vorwiegend eine Sortierung der Luftbestandteile nach der Molekülmasse erfolgt.

Hochdruckgebiet (Hoch): Ein Gebiet mit im Vergleich zu benachbarten Gebieten höherem Luftdruck. Im Zentrum dieses Gebietes herrscht dabei der höchste Luftdruck. Der Begriff Hochdruckgebiet ist also immer relativ zu seiner Umgebung zu sehen. In einem Hoch sinkt die Luft ab, wobei sich Wolken auflösen können. Auf der Nordhalbkugel wird ein Hochdruckgebiet im Uhrzeigersinn, auf der Südhalbkugel gegen den Uhrzeigersinn umströmt.

Homosphäre: Bezeichnung für den unteren Teil der Atmosphäre bis 100 Kilometer Höhe, da in diesem Bereich die gleiche prozentuale Aufteilung der Luftbestandteile vorliegt.

Hotspots: Aufschmelzungspunkte unterhalb der Lithosphäre, an denen sich kleinere Vulkanzentren bilden können.

Hurrikan: Tropischer Wirbelsturm, der über warmen Meeren (Oberflächentemperatur über 27°) meist zwischen 10° und 20° n. B. entsteht. Er ist durch hohe Niederschläge und große Geschwindigkeiten in der Wirbelbewegung gekennzeichnet. Die Drehbewegung wird durch die Coriolisablenkung hervorgerufen.

Infrastruktur: Die für die Entwicklung eines Gebietes notwendige Ausstattung mit Einrichtungen, die die Grundlage für das Funktionieren einer Volkswirtschaft bilden. Hierzu gehören u.a. Verkehrsmittel, Verkehrswege, Ver- und Entsorgungseinrichtungen, Kommunikationsnetze, Einrichtungen des Bildungs- und Gesundheitswesens.

Innertropische Konvergenzzone: →Planetarische Zirkulation:

IPCC: Das Intergovernmental Panel on Climate Change (IPCC) legte im Sommer 2001 seinen Bericht zur Lage des Weltklimas vor. Die darin gegebenen Impulse und Empfehlungen für die internationale und nationale Klimapolitik nennen die dringende Notwendigkeit von Klimaschutzmaßnahmen, um eine weitere Erwärmung der Atmosphäre zu verhindern.

Isobaren: Linien gleichen Luftdrucks auf Klima- und Wetterkarten.

Isostasie: Theorie von einem hydrostatischen Gleichgewicht der Erdkruste bzw. Lithosphäre. Massenverluste, die durch Abtragungen an der Erdoberfläche entstehen, werden durch Hebungen ausgeglichen (isostatische Ausgleichsbewegungen).

Jetstream (Strahlstrom): Starkwindzone von Westwinden an der Troposphärengrenze in etwa 12 Kilometer Höhe. Der Jetstream wird im Bereich der planetarischen Frontalzone hervorgerufen durch das starke Temperatur- und Luftdruckgefälle in der Höhe. Im Wesentlichen treten innerhalb der Troposphäre auf jeder Halbkugel je zwei Jetstreamsysteme auf. Zum einen gibt es den Subtropenjetstream, welcher über dem subtropischen Hochdruckgürtel etwa auf geographischer Breite der kanarischen Inseln, über Nordafrika, den Persischen Golf, Indien, Südostasien, Kalifornien und die Bermuda-Inseln strömt. Der Subtropenjetstream ist als beständiges Starkwindband westlicher Richtung ausgebildet. Der Polarfrontjetstream dagegen ist weit weniger beständig ausgeprägt und viel stärker mäandrierend. Er ist bei weitem nicht so stark ausgeprägt wie der Subtropenjetstream. Vielmehr tritt er in Form von mehreren hundert bis über 1000 Kilometer langen Starkwindbändern auf.

Klimawandel: Durchgreifende Veränderung wichtiger Klimaelemente, besonders der Lufttemperatur, über einen sehr langen Zeitraum, z. B. die Erwärmung nach der letzten Eiszeit vor ca. 10000 Jahren. Der Einfluss des Menschen auf das Klima der Erde ist noch immer nicht abschließend geklärt. Durch die verstärkte Freisetzung von Kohlendioxid und weiteren Treibhausgasen seit Beginn der Industrialisierung vor etwa 150 Jahren trägt der Mensch höchstwahrscheinlich in entscheidendem Maße zur Erwärmung der Erdatmosphäre und somit der Verstärkung des Treibhauseffekts bei.

Klimaszenario: Eine Darstellung des zukünftigen Klimas, um die von der Menschheit verursachte Klimaänderung aufzuzeigen und deren Folgen abzuschätzen.

Kondensationskern: Zur Bildung eines Tropfens beim Vorgang der Kondensation bedarf es eines kleinen Körpers, an dem sich der Wasserdampf als flüssiges Wasser niederschlagen kann. In der Luft enthaltenes →Aerosol (Staub, Sporen, Pollen, Ruß) übernimmt diese Aufgabe.

Konvektion:

a) In der Wetterkunde Bezeichnung für alle vertikalen Luftbewegungen wie z. B. Thermik (Aufsteigen von Warmluft).
b) Vorgang des Transportes von thermischer Energie, der durch den Transport von Teilchen bewerkstelligt wird, z. B. Transport von Wärme durch strömendes Magma.

Konvektionsströme: Fließbewegungen im Erdmantel, die durch unterschiedliche Wärmeproduktion angetrieben werden und bei plattentektonischen Prozessen mitwirken.

Kulturlandschaft: Landschaft, die stark von Menschen z. B. durch land- und forstwirtschaftliche Nutzung und die Anlage von Siedlungen und Verkehrssystemen umgestaltet worden ist. Entwicklungsstufe der Landschaftssphäre, die im Ergebnis der Wechselwirkungen naturgesetzlicher Prozesse (Zusammenwirken der Merkmale der Geofaktoren) und der wirtschaftenden Tätigkeit des Menschen (Nutzung) entstanden ist.

Lithosphäre: Äußere, feste Gesteinsschale, aus der die Platten aufgebaut sind. Umfasst die Kruste und den oberen Mantel bis zur Fließzone.

Luftdruck: Der von der Masse einer Luftsäule unter Wirkung der Schwerkraft der Erde ausgeübte Druck auf eine Fläche. Der Luftdruck kann in verschiedenen Einheiten angegeben werden: in der Physik: 1 N/m2 = 1 Pa, in der Meteorologie: 1 hPa = 100 Pa = 1 mbar (veraltet). Die Messung des Luftdrucks erfolgt über Barometer. Dabei wird die Kraft, welche die Luft der Atmosphäre auf eine bestimmte Fläche ausübt, bestimmt.

Magma: Etwa 1 000 °C heiße, glutflüssige Gesteinsschmelze aus der Tiefe der Erde. Tritt Magma an die Erdoberfläche, so wird es als Lava bezeichnet.

Magmatisches Gestein: → Gesteine,

Mesosphäre: → Atmosphäre

Metamorphes Gestein: → Gesteine

Metropolregion (Metropole): Eine Großstadt, meist die Hauptstadt eines Staates, die zum beherrschenden Zentrum des Landes geworden ist. In ihr konzentrieren sich Wirtschaft und Verkehr, Wissenschaft und Verwaltung. Sie übt deshalb eine starke Anziehung auf die Menschen aus. Zum anderen sind Metropolen als Standort internationaler Organisationen, Handelseinrichtungen, Banken, Firmenleitungen oder Forschungseinrichtungen auch Städte mit Weltbedeutung.

Minerale: Stofflich einheitliche, natürliche Körper der Erdkruste, meist in kristallisiertem Zustand (d. h. mit Raumgitterstruktur). Die häufigsten gesteinsbildenden Minerale sind Quarz, Feldspäte, Glimmer, Augit, Olivin, Hornblende.

Mittelozeanischer Rücken: Mehrere tausend Kilometer lange Gebirge am Boden der Ozeane markieren die Grenze zwischen zwei sich auseinander bewegenden Platten; hier bricht die Lithosphäre auseinander und Magma steigt in Spalten auf.

Nachhaltige Entwicklung: Entwicklungsstrategie, mit der die Lebenschancen der heutigen Generation verbessert werden sollen, ohne die Chancen künftiger Generationen einzuschränken. Der Begriff wird auch für verschiedene Nutzungsformen und Entwicklungen gebraucht: nachhaltige Landwirtschaft, nachhaltige Stadtentwicklung oder nachhaltiger Tourismus. Dabei sollen ökonomische, ökologische und soziale Aspekte in einem ausgewogenen Verhältnis zur Geltung kommen.

Naturlandschaft: Entwicklungsstufe der Landschaftssphäre, wobei der Landschaftshaushalt ausschließlich von Naturfaktoren beeinflusst wird. Der Begriff wird häufig auch verwendet, um jene Landschaften zu bezeichnen, die weitgehend durch natürliche Elemente bestimmt werden. Sie existiert heute nur noch in wenig erschlossenen Räumen, z. B. in „Urwäldern".

Ozonschicht: In etwa 30 Kilometern Höhe bildet sich Ozon (O_3) als Schicht innerhalb der Stratosphäre. Es absorbiert einen großen Teil der lebensfeindlichen UV-Strahlung und ermöglicht damit Leben auf der Erde. Ozonbildung und Ozonabbau in der Ozonschicht stehen in einem Gleichgewicht. Durch die Einbringung bestimmter Gase (FCKW) in die Atmosphäre wird dieses Gleichgewicht gestört. Bis vor wenigen Jahren war die Ausdünnung der Ozonschicht regional begrenzt und als Ozonloch bekannt geworden. Inzwischen ist ein globaler Trend des Rückgangs stratosphärischen Ozons zu beobachten.

Passat: Ganzjährige, richtungsbeständige Luftströmungen zwischen den subtropischen Hochdruckgebieten und der äquatorialen Tiefdruckrinne. Die Erdrotation bewirkt auf der Nordhalbkugel eine Ablenkung als Nordostpassat, auf der Südhalbkugel als Südostpassat.

Planetarische Zirkulation: Unter der allgemeinen atmosphärischen (planetarischen) Zirkulation versteht man die Gesamtheit der die Erde umfassenden Luftmassenbewegungen. Die Ursache liegt in der unterschiedlichen Energiezufuhr von der Sonne, die in den niederen Breiten einen Energieüberschuss (Erwärmung) hervorruft, während sich in Polnähe eine Abkühlung ergibt. Aus diesem Energie- und Temperaturgefälle resultiert die planetarische Zirkulation der Atmosphäre. Es bilden sich auf beiden Erdhalbkugeln Luftdruckgebilde (subtropischer Hochdruckgürtel, subpolare Tiefdruckrinne und polares Hoch) aus und entsprechende

Windsysteme (Passat, Westwinde, polare Ostwinde) versuchen, die Druckunterschiede auszugleichen.

Plattentektonik: Vorstellung einer globalen Tektonik, die davon ausgeht, dass die → Lithosphäre in Platten zerlegt ist, die sich auf der → Asthenosphäre unabhängig voneinander bewegen.

Polares Hoch (Kältehoch): → Planetarische Zirkulation

Polare Ostwinde: → Planetarische Zirkulation

Polyzentrische Entwicklung: Zielt auf eine ausgewogene, nicht monozentrische Siedlungsstruktur mit einer abgestuften Rangfolge von Städten.

Reserven: Sind die Mengen eines Rohstoffes, die mit den derzeitig verfügbaren technischen Möglichkeiten wirtschaftlich gewinnbar sind. Das bedeutet, dass die Höhe der Reserven von den Preisen abhängt, aber auch vom Stand der derzeitigen technischen Möglichkeiten.

Ressourcen (Naturressourcen): Gesamtheit aller auf der Erde vorhandenen Voraussetzungen für das Leben und Wirtschaften des Menschen. Dazu gehören alle energetischen und mineralischen Rohstoffe, Boden, Wasser, Luft, Pflanzen, Tiere und Flächenressourcen.

Schalenbau der Erde: Man unterscheidet drei Hauptschichten (Hauptschalen): die Erdkruste, den Erdmantel und den Erdkern. Die Erdkruste (30–60 Kilometer dick) weist zwei Schichten auf: die kontinentale Kruste (Kontinente und Schelfbereich) und die ozeanische Kruste (im Tiefseebereich). Der obere Erdmantel reicht bis ca. 400 Kilometer Tiefe und ist im oberen Bereich fest und im unteren Bereich plastisch. Der untere Erdmantel (bis –2 900 Kilometer) ist wiederum fest. Der äußere Erdkern (bis –5 100 Kilometer) soll flüssig und der innere Erdkern (bis –6 370 Kilometer) fest sein.

Sea-floor-spreading: Durch das Auseinanderdriften zweier ozeanischer Platten entsteht ein Graben, in dem Magma austritt. Es kommt zu einer Aufwölbung der Grabenränder und der Bildung eines Mittelozeanischen Rückens.

Sedimentgestein: → Gestein

Sozialbrache: Landwirtschaftliche Fläche, die aus wirtschaftlichen Gründen nicht genutzt wird, da z. B. der Eigentümer mit einer anderen Beschäftigung mehr verdient.

Stadtsanierung: Maßnahmen, die getroffen werden, um Stadtteile und Gebäude zu modernisieren oder Fehlentwicklungen in der Struktur zu beheben.

Strahlungsbilanz: Diese und nicht die einfallende Sonneneinstrahlung – ist für die Erwärmung bzw. Abkühlung der Erdoberfläche entscheidend. Die Strahlungsbilanz setzt sich zusammen aus der Bilanz der solaren Strahlung (kurzwellig) und der Bilanz der terrestrischen Strahlung (langwellig). In den höheren Breiten finden wir ein Energiedefizit im Gegensatz zu den niederen Breiten mit einem Energieüberschuss.

Stratigraphie: Lehre von der Abfolge der Gesteinsschichten, wobei diese beschrieben und nach deren Aufeinanderfolge, nach der Gesteinsart und dem Inhalt an Fossilien gegliedert werden.

Stratosphäre: → Atmosphäre

Subduktionszone: Plattengrenze, an der sich zwei Platten aufeinander zu bewegen, wobei die dünnere ozeanische Kruste, die den Ozeanboden bildet, unter die kontinentale Kruste abtaucht (auch: Verschluckungszone). Im Ergebnis des Subduktionsprozesses entstehen Tiefseegräben.

Subpolare Tiefdruckgebiete: → Planetarische Zirkulation

Subtropische Hochdruckgürtel: → Planetarische Zirkulation

Tektonik: Bereich der Geologie, der strukturbildende Bewegungen und Kräfte der Erdkruste und deren Folgen untersucht.

Thermosphäre: → Atmosphäre

Tiefdruckgebiet (Tief): Gebiet mit niedrigerem Luftdruck als dem der Umgebung. In den mittleren Breiten erreicht ein Tiefdruckgebiet mittlere Luftdruckwerte von etwa 990 bis 1000 hPa.

Tiefseegraben, besser Tiefseerinne: Beim Zusammentreffen von ozeanischer und kontinentaler Kruste taucht die spezifisch schwerere ozeanische Kruste unter die kontinentale

Kruste ab. Im Bereich der Abtauchzone entsteht eine lang gestreckte rinnenförmige Einsenkung, wobei Tiefen von 11 000 Meter erreicht werden.

Tornado: Kleinräumiger Wirbelsturm, der durch starke Temperaturgegensätze über dem Festland entsteht. Tornados sind Luftschläuche, in deren Zentrum extrem niedriger Luftdruck herrscht, wodurch Häuser explosionsartig auseinander gerissen werden. Auf ihrer Zugbahn richten sie infolge hoher Geschwindigkeit verheerende Zerstörungen an.

Trabantenstadt: Stadt in der Nähe einer Großstadt; sie ist in vielen Bereichen (Verkehr, Einkaufen, Arbeitspendler) eng mit der „Kernstadt" verbunden.

Transformstörung: Bezeichnet in der Plattentektonik Bereiche, an denen sich zwei Lithosphärenplatten horizontal aneinander vorbeischieben; häufig unterteilen sie die Mittelozeanischen Rücken in Segmente.

Treibhauseffekt: Unter dem Treibhauseffekt versteht man die Fähigkeit der Atmosphäre, die Energieverluste der Erdoberfläche durch Ausstrahlung zu kompensieren und so ein Auskühlen der Erde zu verhindern. Zur Wirkungsweise des Treibhauseffekts: Von der Sonne wird der Erde v. a. kurzwellige Strahlung im Bereich des sichtbaren Lichts sowie UV-Strahlung zugesandt. Die Erde selbst strahlt aufgrund ihrer eigenen Temperatur und der durch die kurzwellige Strahlung absorbierten Energie im langwelligen Bereich aus. Wäre die Atmosphäre nicht vorhanden, so würde die Erde aufgrund ihrer allseitigen Ausstrahlung mehr Energie im langwelligen Bereich verlieren, als sie von der Sonne im kurzwelligen Bereich erhält. Aufgrund der Atmosphäre jedoch erhält die Erde einen Großteil ihrer ausgestrahlten langwelligen Energie zurück, da z. B. auch Wolken im langwelligen Bereich strahlen (Gegenstrahlung). Die wasserdampf- und kohlendioxidhaltige Atmosphäre verhindert eine zu große Ausstrahlung (natürlicher Treibhauseffekt). Steigt der Gehalt an → Treibhausgasen, so bewirken diese eine langfristige Erhöhung der Temperatur auf der Erde (anthropogener Treibhauseffekt).

Treibhausgas: Die Gase innerhalb der Atmosphäre absorbieren in einem bestimmten Wellenlängenbereich. Dadurch ist die Atmosphäre für bestimmte Wellenlängen durchlässig, für andere nicht. Insbesondere für langwellige Strahlung ist die Atmosphäre ursprünglich durchlässig. Durch Einbringen von Treibhausgasen in die Atmosphäre werden diese Absorptionslücken geschlossen, wodurch der Energiehaushalt der Atmosphäre gestört wird. Treibhausgase sind z. B. Kohlenstoffdioxid, Wasserdampf, Methan, Distickstoffoxid, die bei der Verbrennung fossiler Brennstoffe wie Erdöl, Erdgas und Kohle freigesetzt werden.

Tsunami: Eine extrem hohe Meereswelle, die überwiegend durch Seebeben und Massenverlagerung von Meeresboden ausgelöst wird und an Meeresküsten auftreffend größte Zerstörungskraft hat.

Vergrünlandung: Vorgang der Zunahme von Grünland auf Kosten von Ackerland.

Verstädterungsgrad: Ausmaß der Verstädterung in einem Gebiet, das meist am Anteil der städtischen Bevölkerung an der Gesamtbevölkerung gemessen wird. Weltweit leben etwa 50 Prozent der Menschen in Städten.

Volkskommune: Eine Gemeinschaft in China mit mehreren Tausend Familien, die eine Verwaltungseinheit bilden. Alle Produktionsgüter wie Boden, Betriebsgebäude, Maschinen befinden sich in gemeinschaftlichem Besitz.

Westwindzone: → Planetarische Zirkulation

Wetterkarte: Kartendarstellung der Wetterlage in einem Großraum (z. B. Mitteleuropa) zu einem bestimmten Zeitpunkt. In der Wetterkarte sind die wichtigsten Klimaelemente verzeichnet Die Wetterkarte dient der kurzfristigen Wettervorhersage.

Zyklone: An der planetarischen Frontalzone im engeren Sinne entstehen dynamische Gebiete mit zu ihrer Umgebung relativ niedrigem Luftdruck. Diese Tiefdruckgebiete ziehen mit der Westwinddrift nach Osten über Mitteleuropa und bestimmen das Wettergeschehen maßgeblich.

Sachverzeichnis

Alle **fett** gedruckten Begriffe sind im TERRA Lexikon erläutert.

Strukturdaten ausgewählter Staaten

Land	Fläche in 1 000 km²	Einwohner 2005 in Millionen	Jährliches Bevölkerungswachstum Mittel aus 2000–2005 in %	Geburtenrate 2005 in %	Sterberate 2005 in %	Lebenserwartung 2005 in Jahren	Anteil der Bevölkerung unter 15 Jahren 2005 in %	Anteil der Bevölkerung über 65 Jahren 2005 in %	Städtische Bevölkerung 2005 in %	Wirtschaftsleistung je Einwohner 2005 in US-$[2]	Erwerbstätige in der Industrie[3] 2005 in % der Erwerbstätigen insgesamt	Erwerbstätige in Dienstleistungen[3] 2005 in % der Erwerbstätigen insgesamt	Anteil der Industrie[3] am BIP 2005 in %	Anteil der Dienstleistungen[3] am BIP 2005 in %	Arbeitslose 2005 in %	Energieverbrauch je Einwohner 2003 in kg Öleinheiten[1]	Analphabeten 2005 in %	Kalorienversorgung je Einwohner und Tag 2002	Einwohner je Arzt 2005	Internet-Nutzer 2005 je 1000 Einwohner
Europa																				
Belgien	31	10,4	0,2	1,1	1,0	79	16,9	17,5	97,3	35 712	24,4	73,5	24,0	74,9	8,4	5 701	1	3 584	244	461
Bosnien-Herzegowina	51	3,9	0,3	0,9	0,8	74	16,9	13,5	45,3	2 384	k.A.	k.A.	30,8	55,0	k.A.	1 136	k.A.	2 894	716	206
Bulgarien	111	7,8	-0,7	0,9	1,4	72	14,1	16,8	70,5	3 459	32,8	57,1	30,4	60,3	10,7	2 494	1	2 848	283	206
Dänemark	43	5,4	0,3	1,2	1,1	77	18,8	14,9	85,5	47 984	23,8	73,2	24,6	73,5	5,6	3 853	1	3 439	285	526
Deutschland	357	82,5	0,1	0,9	1,0	79	14,6	18,3	88,5	33 854	29,9	67,8	29,6	69,5	11,7	4 205	1	3 496	269	454
Estland	45	1,3	−0,6	1,0	1,3	72	15,6	16,3	69,6	9 727	32,5	61,3	29,4	66,6	7,9	k.A.	1	3 002	320	519
Finnland	338	5,2	0,3	1,1	0,9	79	17,5	15,7	60,9	37 504	25,9	69,2	29,5	67,6	8,4	7 204	1	3 100	317	630
Frankreich	544	60,4	0,4	1,3	0,8	80	18,2	16,6	76,7	33 918	24,2	71,9	21,4	76,4	9,8	4 519	1	3 654	294	432
Griechenland	132	11,0	0,3	0,9	1,0	79	14,4	18,0	61,4	20 327	22,4	65,1	21,3	73,3	10,4	2 709	2	3 721	211	176
Großbritannien	243	59,9	0,3	1,2	1,0	78	18,2	15,9	89,2	37 023	22,1	76,5	23,7	75,8	4,7	3 893	1	3 412	457	629
Irland	70	4,1	1,7	1,6	0,7	78	20,3	10,9	60,4	48 604	27,8	66,3	46,0	49,0	4,4	3 777	1	3 656	363	276
Italien	301	57,6	0,1	0,9	1,0	80	14,1	19,7	67,5	30 200	30,7	65,3	29,1	68,8	7,8	3 140	1	3 671	159	480
Kroatien	57	4,4	−0,2	0,9	1,2	75	15,8	17,0	59,5	8 675	28,5	54,2	30,8	62,2	13,6	1 976	1	2 799	542	319
Lettland	65	2,3	−0,6	0,9	1,4	72	15,2	16,6	65,9	6 862	27,0	59,2	26,1	69,9	8,7	1 881	1	2 938	344	447
Litauen	65	3,4	−0,4	0,9	1,2	72	17,7	14,2	66,6	7 446	27,8	57,4	32,5	62,0	8,3	2 585	1	3 325	256	357
Luxemburg	3	0,5	1,3	1,2	0,8	78	18,9	14,9	92,4	80 288	21,4	77,2	13,0	86,0	4,7	9 472	0	3 609	361	677
Niederlande	42	16,3	0,5	1,2	0,8	79	17,4	15,2	66,8	38 618	20,6	76,1	24,4	73,6	6,5	4 982	1	3 362	317	616
Norwegen	324	4,6	0,5	1,2	0,9	80	19,7	15,0	80,5	64 193	20,7	76,0	41,5	56,4	4,3	9 100	1	3 484	289	390.
Österreich	84	8,2	0,2	1,0	0,9	79	15,8	16,4	65,8	37 117	27,8	66,8	30,4	67,8	5,2	4 086	1	3 673	243	489
Polen	313	38,2	−0,1	0,9	1,0	75	16,8	12,8	62,0	7 946	29,7	53,2	31,1	64,0	17,8	2 452	1	3 375	436	260
Portugal	92	10,1	0,5	1,1	1,0	77	15,9	16,9	55,6	17 456	30,5	57,7	27,4	67,3	7,6	2 469	6	3 741	298	280
Rumänien	238	21,7	−0,4	1,0	1,2	71	15,9	14,6	54,7	4 539	30,8	36,5	35,0	54,9	5,9	1 794	2	3 455	505	208
Russland	17 075	143,8	−0,5	1,0	1,6	66	15,7	13,6	73,3	5 349	29,4	61,9	37,1	57,5	7,4	4 424	1	3 072	210	152
Schweden	450	9,0	0,4	1,1	1,0	80	17,7	17,1	83,4	39 694	21,9	75,8	28,2	70,7	5,9	5 754	1	3 185	334	755
Schweiz	41	7,4	0,2	1,1	1,0	81	16,8	15,7	67,5	50 532	23,0	73,0	34,0	64,5	3,8	3 689	1	3 526	266	496
Serbien und Montenegro	102	8,1	−0,1	1,2	1,1	73	18,6	14,0	52,3	2 880	34,2	58,4.	25,5	57,9	32,5	1 991	7	2 678	378	186
Slowakei	49	5,4	0,0	1,0	1,0	74	17,2	11,7	58,0	8 775	38,3	55,8	29,4	67,2	16,2	3 443	k.A.	2 889	270	463
Slowenien	20	2,0	0,0	0,9	1,0	77	14,2	15,4	50,8	16 986	37,5	53,7	36,9	60,3	6,1	3 518	1	3 001	427	554
Spanien	505	42,7	1,1	1,1	0,9	80	14,3	16,5	76,7	27 226	296	65,1	29,5	66,5	9,2	3 240	2	3 371	227	354
Tschechische Republik	79	10,2	−1,0	1,0	1,1	75	15,0	14,1	74,5	12 152	39,5	56,4	39,3	57,3	7,9	4 324	k.A.	3 171	288	500
Ukraine	604	47,4	−1,1	0,9	1,6	68	15,4	15,8	67,3	1 766	30,0	51,0	45,2	36,1	7,5	2 772	1	3 054	212	98
Ungarn	93	10,1	−0,2	0,9	1,3	73	16,0	15,1	65,9	10 814	32,4	62,8	31,2	65,1	7,2	2 600	1	3 483	300	297
Weißrussland	208	9,8	−0,6	0,9	1,5	69	15,8	14,6	71,6	3 031	34,1	54,6	31,6	59,1	1,5	2 613	1	3 000	217	348.
Amerika																				
Argentinien	2 780	39,1	1,0	1,8	0,8	74	26,7	10,1	90,6	4 799	19,9.	78,8.	35,8	54,7	11,7	1 575	3	2 992	316	178
Bolivien	1 099	9,4	2,0	2,9	0,8	64	38,5	4,5	64,4	993	19,7	76,9	35,2	52,0	11,7	504	12	2 235	2 806	52
Brasilien	8 547	188,9	1,4	2,1	0,7	71	28,1	6,0	84,2	4 320	20,9	58,4	40,0	51,6	8,3	1 065	11	3 050	378	120
Chile	757	16,5	1,1	1,6	0,5	76	25,5	7,9	87,7	7 124	23,6	63,0	49,3	44,7	7,8	1 647	4	2 863	770	180
Ecuador	284	13,4	1,4	2,8	0,6	74	32,8	5,7	62,8	2 761	21,4	69,3	31,2	61,8	8,3	708	7	2 754	626	47

Guatemala	109	12,9	2,4	3,4	0,6	66	43,5	4,3	47,2	1 995	20,0	38,0.	18,8	58,5	7,5	608	28	2 219	1 322	60
Haiti	28	8,7	1,4	3,3	1,4	52	38,0	4,0	38,8	478	k.A.	k.A.	20,0	52,0	k.A.	270	45	2 086	k.A.	61
Honduras	112	7,4	2,3	3,3	0,5	71	39,7	3,8	46,4	1 148	21,0	41,0	31,2	54,9	3,8	522	22	2 356	3 865	32
Kanada	9 985	32,6	1,0	1,0	0,7	80	17,9	13,0	81,1	35 133	22,3	75,0	29,4	68,4	6,8	8 240	4	3 589	475	624
Kolumbien	1 139	46,3	1,6	2,2	0,5	72	31,4	5,0	77,4	2 656	19,7	59,3	34,2	53,3	12,4	642	7	2 585	729	104
Kuba	111	11,3	0,3	1,1	0,7	77	19,5	10,5	76,0	k.A.	20,0	53,0	26,1	68,4	k.A.	1 000	3	3 152	161	17
Mexiko	1 964	108,3	1,3	2,3	0,5	75	31,6	5,2	76,0	7 298	24,8	58,8	25,9	70,2	3,6	1 564	7	3 145	836	174
Peru	1 285	28,4	1,5	2,2	0,6	70	32,7	5,2	74,6	2 841	20,6	78,7	27,0	65,0	7,8	442	8	2 571	820	165
USA	9 631	301,0	1,0	1,4	0,8	78	20,9	12,3	80,8	42 000	20,8	77,6	20,4	78,7	5,1	7 843	4	3 774	334	630
Venezuela	912	27,2	1,8	2,3	0,5	73	31,7	4,9	88,1	5 026	20,0	69,0	41,9	54,1	12,2	2 112	6	2 336	692	88
Afrika																				
Ägypten	1 002	75,4	1,9	2,6	0,6	70	33,9	4,7	42,3	1 265	21,0	52,0	35,7	49,3	9,8	735	41	3 338	1 605	68
Algerien	2 382	33,3	1,5	2,0	0,4	73	30,4	4,5	60,0	3 086	26,0	53,3	60,0	29,8	15,3	1 036	28	3 022	876	58
Äthiopien	1 112	79,3	2,4	4,1	1,6	48	44,8	2,9	16,2	153	22,5.	69,6	9,9	42,6	k.A.	299	55	1 857	k.A.	2
Burkina Faso	274	13,6	3,2	4,4	1,9	44	47,4	2,8	18,6	430	k.A.	k.A.	19,6	48,2	k.A.	k.A.	72	2 462	k.A.	5
Ghana	239	22,6	2,1	3,3	1,0	58	39,5	3,6	46,3	512	14,0	31,0.	24,6	38,7	30,0	400	23	2 667	k.A.	18
Kenia	582	35,1	2,2	3,8	1,5	47	42,9	2,8	41,6	560	k.A.	k.A.	18,8	65,1	28,0	494	13	2 090	7 427	32
Kongo, Dem. Rep.	2 345	59,3	2,8	4,5	1,4	50	47,2	2,7	32,7	119	k.A.	k.A.	11,0	34,0	k.A.	293	14	1 599	k.A.	2
Libyen	1 760	6,0	2,0	2,7	0,4	76	30,4	4,0	86,9	6 696	k.A.	k.A.	49,9	42,5	30,0	3 191	16	3 320	k.A.	36
Mali	1 249	13,9	3,0	5,0	1,8	48	48,3	2,7	33,7	432	k.A.	k.A.	17,0	38,0	k.A.	k.A.	71	2 174	k.A.	5
Marokko	459	31,9	1,5	2,1	0,6	70	31,5	4,8	58,8	1 713	20,2	35,9	35,7	42,6	11,0	378	47	3 052	1 961	146
Niger	1 267	14,4	3,4	5,6	2,2	43	49,0	2,0	23,3	274	k.A.	k.A.	17,0	44,0	k.A.	k.A.	81	2 130	35 806	2
Nigeria	924	134,4	2,2	4,3	1,9	44	44,5	3,0	48,3	678	k.A.	k.A.	48,7	24,4	k.A.	777	30	2 726	k.A.	4
Ruanda	26	9,2	2,4	4,1	1,8	44	44,1	2,4	21,8	242	k.A.	k.A.	22,9	37,0	k.A.	k.A.	27	2 084	k.A.	5
Sambia	753	11,9	1,7	4,1	2,3	37	46,0	3,0	36,5	627	k.A.	k.A.	29,0	48,9	k.A.	592	18	1 927	k.A.	20
Südafrika	1 219	47,6	0,8	2,3	1,6	52	32,8	4,1	57,9	5 106	24,5	65,2	30,3	67,1	26,5	2 587	13	2 956	1 355	108
Tansania	884	39,0	1,9	4,2	1,8	44	42,9	3,2	37,5	336	3,0	15,0	17,2	39,6	k.A.	465	20	1 975	k.A.	9
Tunesien	162	10,2	1,1	1,7	0,6	73	26,7	6,2	64,4	2 829	32,0	49,0.	31,8	55,0	14,2	837	24	3 238	1 202	95
Asien																				
Bangladesch	148	144,4	1,9	2,7	0,8	61	35,5	3,4	23,0	400	10,0	24,0	19,8	60,3	k.A.	159	57	2 205	3 714	2
China, VR	9 597	1 323,6	0,7	1,2	0,6	72	23,6	7,3	40,5	1 709	22,7	20,7	47,3	40,3	4,2	1 094	12	2 951	708	84
Indien	3 287	1 119,5	1,6	2,5	0,8	62	32,4	5,1	28,7	705	k.A.	k.A.	27,6	53,8	6,0	520	39	2 459	1 708	54
Indonesien	1 923	225,5	1,3	2,2	0,6	68	29,7	4,9	47,9	1 283	13,2	43,5	45,8	40,8	9,9	753	11	2 904	7 368	72
Irak	438	29,6	2,8	3,7	1,0	59	39,4	3,1	66,8	1 700	31,2	45,3.	66,6	26,1	28,0	943	59	k.A.	1 648	1
Iran	1 630	70,3	0,9	1,8	0,6	70	29,5	4,7	68,1	2 767	k.A.	k.A.	42,4	46,0	10,3	2 055	19	3 085	2 192	101
Israel	22	6,8	2,0	2,1	0,6	80	27,4	9,7	91,7	19 248	22,6	75,6	31,7	65,7	9,0	3 086	4	3 666	263	466
Japan	378	128,2	0,2	0,9	0,8	82	14,2	18,6	65,7	35 757	28,4	67,0	25,8	72,5	4,4	4 053	1	2 761	485	502
Kasachstan	2 725	14,8	−0,3	1,7	1,1	66	24,5	8,1	55,9	3 717	17,0	47,8	38,6	54,7	8,1	3 342	1	2 677	274	27
Korea, Republik	100	48,0	0,4	1,0	0,5	77	20,7	7,6	80,8	16 308	27,5	64,3	40,3	56,3	3,7	4 291	2	3 058	588	684
Malaysia	330	25,8	2,0	2,6	0,5	73	33,0	4,4	65,1	5 042	30,1	55,1	48,0	43,6	3,5	2 318	10	2 881	1 377	424
Pakistan	796	161,2	2,0	3,4	1,0	62	40,1	3,4	34,8	728	21,0	37,0	25,1	53,3	7,7	467	53	2 419	1 314	68
Philippinen	300	84,5	1,8	2,8	0,5	70	36,0	4,0	62,6	1 168	15,6	47,0	32,6	53,0	11,3	525	4	2 379	2 762	53
Saudi-Arabien	2 250	25,2	2,7	3,0	0,3	72	40,2	2,9	88,5	13 410	21,0	74,0	61,3	35,4	13,0	5 607	20	2 845	699	66
Syrien	185	19,5	2,5	3,0	0,4	72	38,2	3,1	50,3	1 464	27,0	43,0	23,0	51,9	11,7	986	22	3 038	699	58
Thailand	513	64,8	0,9	1,4	0,7	71	22,9	6,6	32,5	2 659	20,5	37,2	44,1	46,0	2,0	1 406	4	2 467	3 569	110
Türkei	779	74,2	1,4	2,1	0,7	69	28,3	5,9	67,3	5 062	23,0	43,0	29,8	58,5	10,3	1 117	13	3 357	725	219
Vietnam	332	85,3	1,4	1,9	0,6	72	30,6	5,3	26,7	618	17,4.	24,7.	41,0	38,1	5,6	544	7	2 566	1 637	127
Australien																				
Australien	7 692	20,4	1,1	1,3	0,7	80	20,0	12,5	92,7	34 740	21,2	75,0	26,2	70,0	5,1	5 668	1	3 054	391	704
Neuseeland	271	4,0	1,1	1,4	0,7	79	21,9	11,7	86,0	26 464	22,7	69,8	27,3	68,4	3,7	4 333	0	3 219	456	589

[1] 1 kg Öleinheit = Energie von 1 kg Erdöl (etwa 10 000 Kalorien). Mit dieser Maßeinheit kann man verschiedene Energiearten untereinander vergleichen. [2] Gemeint ist das Bruttoinlandsprodukt (BIP) = Maß für die wirtschaftliche Leistung eines Landes; misst den Wert der im Inland hergestellten Waren und Dienstleistungen, soweit diese nicht vorher für die Produktion anderer Waren und Dienstleistungen verwendet werden. [3] Der Anteil der Landwirtschaft ergibt sich, indem man die Anteile der Industrie und Dienstleistungen addiert und von 100 subtrahiert. - k.A. keine Angaben. Quellen: Statistisches Jahrbuch für das Ausland 2006; The World Factbook, Fischer Weltalmanach 2007.

Teste dich selbst – Lösungen

Seiten 44 / 45:

2 a) Kulturlandschaft

3 a) falsch: In dieser Zeit stagnierte das Wachstum der Städte.

3 c) falsch: Bahnhöfe wurden meist am Rand der Stadt erbaut.

5 Nummer	Städtebauliches Merkmal	Städtebauliche Epoche
2	Bahnhof	Industrialisierung
3	Schloss	Barock/Absolutismus
4	Altstadt	Mittelalter
5	Trabantenstadt	1960er-Jahre

Seiten 66 / 67:

2 a) perforierte Stadt

5 d) falsch: Bei Eigenheimen ist der Flächenbedarf zu hoch.

Seiten 104 / 105:

2 a) Asthenosphäre
b) Hotspots
c) Stratigraphie
d) Diagenese
e) Diskontinuitätsflächen
f) Konvektionsströme
g) Geosphäre

5 b) Die Entstehung der Geosphäre stellt insofern einen Strukturfortschritt des Systems Erde dar, weil sich Pedosphäre und Biosphäre erst später herausgebildet haben. Bis zur Ausbreitung des Lebens auf das Festland (vor etwa 400 Mio. Jahren) wurde die Geosphäre durch Wechselwirkungen von Atmosphäre, Lithosphäre, Hydrosphäre und Morphosphäre (Relief) geprägt. Mit der Herausbildung der Biosphäre und Pedosphäre wurde das System Erde um zwei Sphären erweitert. Damit war auch eine Zunahme der Wechselbeziehungen verbunden.

12 Vulkangebiete gleicher Entstehung lassen sich nach den Ursachen für den jeweiligen Vulkanismus zusammenfassen:
A Vulkanismus im Ergebnis von Subduktion: Alëuten, Japan, Chile;
B Vulkanismus im Ergebnis der Öffnung Mittelozeanischer Rücken: Island, Azoren;
C Vulkanismus im Ergebnis von Dehnungsvorgängen der Erdkruste in kontinentalen Gräben: Zentralafrikanischer Graben, Äthiopien

Seiten 132 / 133:

1 1 = Hurrikane, 2 = Cordonazos, 3 = Taifune, 4 = Willy-Willies, 5 = Bengalen-Zyklone, 6 = Monsun-Stürme, 7 = Mauritius-Orkane

3 a und c sind richtig

7 b) falsch: Aufsteigende Luft ist wärmer als die sie umgebende Luft. Während sie aufsteigt, dehnt sie sich aus, da der Luftdruck in der Höhe geringer ist. Dadurch wird Energie verbraucht und die Luft kühlt sich ab.

15 Da die Luftdichte in 20 – 30 km Höhe sehr gering ist und Ozon-Moleküle nur in einem geringen Mischungsverhältnis vorhanden sind, ergibt sich bei 1013 hPa Druck auf der Erdoberfläche nur eine 3 mm mächtige Ozonschicht.

Seiten 154 / 155:

2 Länder mit den höchsten CO_2-Emissionen
Quelle: Human Development Report 2006, Angaben für 2003:
- absolut:
  USA, China, Russland, Indien Japan, Deutschland, Kanada, Großbritannien, Italien, Südkorea
- Pro-Kopf:
  Qatar, Kuwait, Bahrein, VAE, Trinidad Tobago, Luxemburg, USA, Australien, Kanada, Estland

5 Brandrodung verstärkt den Treibhauseffekt, weil beim Verbrennen große Mengen CO_2 freigesetzt und an die Atmosphäre abgegeben werden. Die Erhöhung des CO_2-Anteils in der Atmosphäre kann zur Vergrößerung der langwelligen Gegenstrahlung beitragen. Außerdem wird durch Brandrodung die Waldfläche auf der Erde verringert. Wälder binden aber einen großen Teil von CO_2 durch Photosynthese.

12 Der Aussage, dass der anthropogene Treibhauseffekt auch eine ethische Dimension hat, ist zuzustimmen. Unabhängig davon, wie sicher unsere Kenntnisse über die Veränderungen des Klimas durch den Menschen und die damit verbundenen Auswirkungen sind, Klima und Umwelt gehören zu den gemeinsamen Gütern der Menschheit. Diese für künftige Generationen zu bewahren, setzt gemeinsames Handeln voraus. Maßnahmen zum Klimaschutz müssen auf der politischen Ebene zwischen den Staaten verhandelt werden. Der Politik fällt auch die Aufgabe zu beschlossene Maßnahmen zielgerichtet durchzusetzen. Die ethische Dimension äußert sich darin, dass hinter den Gefährdungen für das Weltklima immer das Handeln von Individuen steht. Im Sinne der Ethik wäre zu fragen inwieweit überhaupt Regeln oder Normen für ein nicht Klimabzw. umweltschädigendes Verhalten formuliert werden können. Nach den Ergebnissen der Klimaforschung könnte eine Aufforderung zum Handeln so formuliert werden: „Du sollst", so oder so handeln, weil... .
Individuelles Handeln für Klimaschutz hat auch etwas mit Verantwortung gegenüber künftigen Generationen bzw. der Umwelt zu tun.

Bildnachweis

Titelbild: Schuster, Eschenbergen

AEROPLOT Jörg Umrath, Tübingen: 24/25; AFSL, Hulme: 195.9; Alfred-Wegener-Institut, Bremerhaven: 138.8 (Hans Oerter); AP, Frankfurt/Main: 170.1 (Xinhua/Li Xin), 172.1 (MaxVision), 173.4 (Xinhua/Wang Chengxuan); Archives de l'Academie des Sciences de Paris: 117.3; Arup, London: 188.3, 189.4; Astrofoto, Sörth: 84.1.1 (NASA), 84.1.2 (van Ravenswaay), 84.1.3+4 (Numazawa), 108 links unten (Hughes/van Ravenswaay), 157 oben (Hughes/van Ravenswaay); atmosfair, Berlin: 153.12; Bauer, Fall City/WA: 122.1; BlueBox, Hamburg: 95.4 (Studio Achim Straub); Borsdorf, Innsbruck: 67.4; BPK, Berlin: 72.2, 136.3 (Gemäldegalerie, SMB/Jörg P. Anders); Brodengeier, Lichtenberg: 4.1, 16.1+3, 17.7+8, 78.14, 87.3; Corbis, Düsseldorf: 5.5 (RF), 15.5 (McNamee), 18.1+3 (Bob Sacha), 19.6 (Reynolds), 106/107, 126.3 (NOAA), 157 Mitte links (Jehad Nga), 171.3 (Yamashita), 178.1 (Hebberd), 179.3 (Ressmeyer), 186.1 (Lehman), 186.2 (Dorantes/Sygma); Das Luftbild-Archiv, Wenningsen: 44.1; Deutscher Wetterdienst, Offenbach: 131.5–7; de Wit, Maastricht: 100.7, 101.9; Dokufoto, Passau: 173.3; DPA, Hamburg: 4.2 (Ou Yanghe), 4.3 (epa afp Goh), 12.3 (epa Qilai Shen), 15.7 (epa Xiao Wang); Enkelmann, Filderstadt: 91.4; FOCUS, Hamburg: 120.2 (SPL); Frank, Dresden: 42.8, 45.7, 55.7–10, 65.13; Gamma-Liaison, New York: 159.5; Gehring, Bad Hindelang: 32.1; Geiger, Landau: 97.2, 135 (Sanddünen); Geißler, Pforzheim: 100.8, 101.10+11; Generallandesarchiv Karlsruhe: 26.1 (Landesarchiv Baden-Württemberg); Geo Data Solutions, Jena: 187.3; Geospace, Salzburg: 163.5+6; Getty Images RF, München: 68 links (PhotoDisc), 157 Mitte rechts (PhotoDisc); GFZ, Potsdam: 102.1, 102.2 (Astrium), 102.3 (Rother), 103.4 (Nachzeichnung von Wolfgang Schaar, Stuttgart); Global Footprint Network, Oakland/CA: 194.2; GLOBUS Infografik, Hamburg: 143.19 (Nachzeichnung von Wolfgang Schaar, Stuttgart); Göflug, Bovenden: 180.1; Greser & Lenz, Aschaffenburg: 176.1; Grohe, Kirchentellinsfurt: 48.3, 49.4; GTZ, Bonn: 171.5 (UNCCD); HafenCity Hamburg GmbH: 60.6 (Modell: Korol/Quelle: HafenCity Hamburg GmbH); hafenfoto.de, Hamburg: 58.2; Herzog & de Meuron, Basel: 58.1; Hoffmann, Lauf: 158.4, 164.1; ICRAF, Nairobi: 168.3 (Keith Shepherd); ifeu, Heidelberg: 153.10+11; IISG, Amsterdam: 10.3; IKSR, Koblenz: 167.4; Infineon Technologies, Dresden: 41.4; inphoris GmbH, Oberhaching – www.inphoris.de: 54.3; Joachim, Leipzig: 12.1, 14.3; laif, Köln: 5.4 (Wolf); Landesamt für Geologie, Rohstoffe und Bergbau (LGRB), Freiburg: 98.1 (aus: Rohstoffbericht Baden-Württemberg 2006, Nachzeichnung von Diana Jäckel, Erfurt) Landesmedienzentrum Baden-Württemberg, Stuttgart: 28.8; Landpix, Göttingen: 181.3; LebensRäume Hoyerswerda eG, Hoyerswerda: 63.8;

Mats Wibe Lund, Reykjavik: 74.1;
Max-Planck-Institut für Meteorologie, Hamburg: 144.2, 145.4+5;
MRG, Maßnahmeträger München Riem GmbH, München: 54.1+55.5, 56.11 (LHM Planungsreferat, Projektgruppe Messestadt Riem);
Mühr, Karlsruhe: 115.8;
Müller, Rettenberg-Altach: 69 links;
Museum, Ettlingen: 27.4;
NASA, Washington, DC: 171.4 (JPL);
NOAA, Washington, DC: 68 rechts;
Nolzen, Stegen: 123.3 unten (4 Fotos);
Oberfränkischer Ansichtskartenverlag, Bayreuth: 45.6;
Obermann, Ettlingen: 27.6+7, 29.13+14, 31.20-22;
Okapia, Frankfurt: 134.135 (Pölking), 160.2 (Ishokon/UNEP/Still Pictures);
Picture-Alliance, Frankfurt/Main: 69 rechts (dpa), 130.1, 141.15 (dpa);
Pingold, Langensendelbach: 33.2;
Rausch, Linsenhofen: 49.5-8, 50.9+10, 51.11+12, 88.1, 91.5+6, 93.4-6, 95.5+6, 112.1, 133.3;
Rees, Vancouver, BC: 194.3;
Rotermann, Haselünne: 114.1;
Rother, Schwäbisch Gmünd: 156 Mitte links, 170.2;
Schech, Leipzig: 168.1;
Six, Karlsruhe: 168.4;
SPIEGEL-Verlag, Hamburg: 182.3 (vereinfachte Nachzeichnung von Wolfgang Schaar, Stuttgart);
Stadt, Hoyerswerda: 63.6;
Subash Rai: 166.1;
ullstein bild, Berlin: 58.3 (Krüger), 124.1 (AP);
UN-HABITAT, Nairobi: 191.4+5;
University of Washington: 120.1;
Vivico Real Estate, Frankfurt/Main: 46.1+2, 47.3;
WBGU, Berlin: 175.4;
Wiedersich, Meckenbeuren-Liebenau: 89.4–6;
wilhelm innovative medien, Wuppertal: 153.14;
Zedfactory.com, Wallington, Surrey: 190.1.

Grafikernachweis

Steffen Butz, Karlsruhe: 2, 3, 148.1;
Rudolf Hungreder, Leinfelden-Echterdingen: 8.1–3, 40.2, 53.1, 66.2, 67.3, 90.1, 92.1, 94.1;
Diana Jäckel, Erfurt: 11.5+6, 12.2, 13.6+7, 14.2, 15.8+9, 16.2, 23.4, 33.4, 51.13, 57.16, 62.4, 64.9, 67.5, 78.15, 98.1 (nach Rohstoffbericht Baden-Württemberg 2006 des Regierungspräsidiums Freiburg, Landesamt für Geologie, Rohstoffe und Bergbau), 100.5, 136.2, 137.5, 138.6+7, 141.14+16, 142.17, 144.1, 145.7, 146.8, 150.2, 151.4, 152.5+8, 154.1+2, 158.1–3, 159.5–7, 162.3, 164.2, 165.6, 167.3, 168.2, 169.7, 176.4, 177.6, 179.4, 181.4, 182.1, 185.3, 195.5+6;
Klett-Archiv: 67.6, 87.4, 138.9, 142.18, 143.20;
Wolfgang Schaar, Stuttgart: 7.2, 26.3, 28.10, 30.17, 38.2, 44.2-5, 70.1, 71.2, 73.4–6, 74.2, 76.4–7, 77.8+10–12, 78.13, 79.16+18, 80.19+20, 81.22, 82.1+2, 83.3+4, 86.2, 90.2, 92.2, 94.2, 96.1, 100.4+6, 103.4 (nach GeoForschungsZentrum, Potsdam), 105.2+3, 108.1, 109.2, 110.1, 111.2, 112.2–4, 113.5+6, 114.2–5, 115.6+7, 116.1+2, 117.4–6, 118.7+8, 119.9, 121.4, 122.2, 123.3 oben, 125.3, 126.4, 127.5, 130.2, 131.4, 132.2, 133.5+6, 136.1, 138.6+7, 139.10+11, 140.12, 143.19 (nach Globus Infografik GmbH, dpa 6730), 147.13, 156/157, 182.3 (nach „DER SPIEGEL" Nr. 23/2000 S. 142/143), 184.1, 188.1+2.

Kartengrundlagen

S. 29.11 und S. 30.15: Grundlage: Topographische Karte 1:25000 – © Landesvermessungsamt Baden-Württemberg (www.lv-bw.de), vom 02.05.2007, Az.: 2851.2-D/5792
S.160.1: Atlas der Globalisierung. © „LeMonde diplomatique"/taz Verlags und Vertreibs GmbH, Berlin 2006. S. 15